药物合成技术

（供药学类、生物与医药类、化学类专业用）

主　编　翟　鑫

副主编　孙平华　刘永祥

编　者　（以姓氏笔画为序）

刘永祥（沈阳药科大学）

孙平华（石河子大学药学院）

李跃辉（上海交通大学智慧能源创新学院）

余　斌（郑州大学化学学院）

欧阳亮（四川大学华西医院）

秦　斌（沈阳药科大学）

徐从军（海南大学药学院）

展　鹏（山东大学药学院）

梁　广（杭州医学院）

翟　鑫（沈阳药科大学）

中国健康传媒集团

中国医药科技出版社

内容提要

本教材是"全国高等医药院校药学类研究生规划教材"之一，系根据化学制药工艺研究方法、不对称合成等课程标准的基本要求和课程特点编写而成，全书共分九章，涵盖药学及化学领域的前沿技术及新知识、新方法等内容。本教材具有创新性、专业性、系统性、普适性等特点。

本教材主要供全国高等医药院校药学类、生物与医药类、化学类专业师生使用，也可作为相关从业人员的参考用书。

图书在版编目（CIP）数据

药物合成技术 / 翟鑫主编 . -- 北京 : 中国医药科
技出版社 , 2025.5. -- （全国高等医药院校药学类专业
研究生规划教材）. -- ISBN 978-7-5214-5234-1

Ⅰ. TQ460.31

中国国家版本馆 CIP 数据核字第 2025HW4255 号

美术编辑　陈君杞
版式设计　友全图文

出版　**中国健康传媒集团** | 中国医药科技出版社
地址　北京市海淀区文慧园北路甲 22 号
邮编　100082
电话　发行：010-62227427　邮购：010-62236938
网址　www.cmstp.com
规格　889 × 1194 mm $^1/_{16}$
印张　17 $^3/_4$
字数　517 千字
版次　2025 年 5 月第 1 版
印次　2025 年 5 月第 1 次印刷
印刷　北京金康利印刷有限公司
经销　全国各地新华书店
书号　ISBN 978-7-5214-5234-1
定价　**69.00 元**

获取新书信息、投稿、
为图书纠错，请扫码
联系我们。

前言

　　《药物合成技术》教材致力于满足医药行业发展对医药学人才在专业能力及技术水平等方面的需求，助力高等学校高层次创新型、复合型、应用型人才的培养。

　　《药物合成技术》作为"全国高等医药院校药学类研究生规划教材"之一，是着眼于医药生产及研发领域药物合成技术的推陈出新以及各类新型技术的融合应用，重点研究不对称合成、光化学合成、电化学合成等新型合成技术，系统阐述各类技术的基本特点、合成原理、技术优势及生产过程，以探索工艺优化途径及方法的一本医药合成专业教材。

　　教材编写注重做到以下三点。

　　一是强化立德树人，融入思政元素。教材编写中强化思政资源建设，在各类新技术的阐述中充分发掘体现环境友好的"绿色"化学反应，通过"药知道"这一知识模块，在充分体现我国在药物合成领域的创新技术、培养研究生学术及实践创新能力的同时，通过融入可提升大国工匠、职业素质及科学家精神等思政元素，厚植绿色发展理念和爱国情怀，达到思政与育人相统一，实现"培根铸魂、启智增慧"。

　　二是立足学科前沿，丰富教材内容。教材编写注重凝练医药学领域的前沿技术及重点问题，有机融入合成新技术、新知识、新方法，专业性、系统性突出，同时吸收国内外同类教学用书的优秀成果，体现"创新"要素，极大拓展学生的知识面，为研究生教育教学及人才培养提供理论及技术支撑。注重基础理论与实践的结合，通过引入各类技术在药物合成中的应用实例及案例，深入浅出地阐明技术特点及优势，实现融会贯通、学以致用的学习效果。

　　三是创新教材模式，提升学生能力。本教材各章设置"学习目标""药知道""思考""目标检测"四个基本模块。学习目标提纲挈领，纲举目张，阐明知识要点及能力价值目标；设置思考题及类型丰富的目标检测习题，通过针对性的知识考核及答案解析，可检验研究生的学习效果，辅助提升学习成效。

　　本教材由翟鑫担任主编，孙平华、刘永祥担任副主编。全书共9章：绪论（翟鑫）、不对称合成技术（翟鑫、徐从军）、生物催化合成技术（秦斌）、微波辅助合成技术（梁广）、光化学合成技术（展鹏）、电化学合成技术（李跃辉）、流动化学合成技术（孙平华）、多肽固相合成技术（余斌）、计算机辅助合成技术（欧阳亮）及绿色化学合成技术（刘永祥）。本教材可作为药学类、生物与医药类、化学类相关专业的研究生及本科生的教学用书或科研工具书。

　　本教材的编写得到了各参编单位的大力支持，同时多位编者的研究生参与了部分文献检索、资料整合及制作等工作，在此一并表示感谢！

　　药物合成技术知识更新较快，且受编者能力所限，教材编写过程中难免存在诸多不足，恳请广大读者批评指正或提出宝贵意见，以便修订时完善。

编　者

2024 年 12 月

目录

绪 论

药物的发现及其合成在人类的生存与发展中发挥着重要作用。药物合成技术是研究药物合成路线、基本原理、工业生产过程及实现过程最优化的一般途径和技术方法。

一、药物合成技术的发展历程

基于药物发现及合成各阶段的技术特点，药物合成技术的发展历程可大致分为五个时期，即分离提纯时期、半合成时期、全合成时期、合成艺术时期和现代合成时期。

1.分离提纯时期 18世纪末到19世纪初，人类运用最原始的提纯手法获得植物提取物、动物成分和矿物质。药剂师舍勒在发现几种天然有机酸的过程中发明了如蒸馏、结晶等重要的实验室技术。此外，人们运用蒸馏、升华、烘焙等技术手段在矿物质中得到酒精、挥发油等物质。19世纪早期，药物的发现主要以从植物中分离提纯生物碱为主。1806年，从鸦片中提取了吗啡；1819年，从咖啡中提取了咖啡因、从金鸡纳树皮中分离出奎宁。传统的提取过程中，因有机溶剂可能与药效成分发生相互作用而失去原有效用，且提取过程复杂，当有效成分含量低时，分离变得更加困难。同时，分离过程中的高温操作会使热敏性药物分解失效。

2.半合成时期 随着有机化学的蓬勃发展，越来越完善的化学系统和有机物提纯、分析、合成理论体系逐步建立，科学家们从天然产物中分离出活性成分并可通过化学手段进行合成。1824年，德国化学家维勒首次人工合成尿素，开创立了人工合成新纪元。19世纪中期，大量有机化学理论相继建立，例如原子假说、酸碱理论、价键理论等，共同促进了化学转化的合成探索。1859年，Kekule建立了化学结构理论，奠定了人工合成药物的理论基础。这一时期的药物多以半合成为主，人们以植物的有效成分作为先导化合物，基于结构改造及简化得到大量有活性的半合成类似物。例如，基于柳树叶中的水杨苷和挥发油中的水杨酸甲酯的结构和药效关系，成功合成了水杨酸盐类解热镇痛药；基于毒扁豆碱合成了新斯的明；1886年，Albert合成了第一个生物碱——毒芹碱。但是，早期的有机合成由于缺乏科学理论，只能通过类比法完成一些物质的合成，通常需要多步反应，反应较为繁琐，产率纯度较低。

3.全合成时期 19世纪后期到20世纪，完成了从经典化学向现代化学的飞跃，不仅形成了完整的化学理论体系，而且在理论指导下创造了丰富的物质，进入药物的全合成时期。1907年，德国化学家Buchner开始进行发酵法生物化学研究，德国化学家Ostwald进行了催化、电化学和反应动力学研究。20世纪40年代，液-液色谱法、气-液色谱法被提出；20世纪50年代，抗精神疾病药物氯丙嗪被合成；20世纪60年代，新型半合成抗生素迅速崛起，多种结构类型的化学分子被合成。科学家们开创了现代谱学技术，应用于化合物结构确证。在红外光谱、质谱及核磁共振技术的指引下，结合经典有机反应及周环反应等新合成策略，有机合成大师Woodward先后完成了奎宁、胆固醇、可的松、叶绿素、利血平等天然产物的全合成。这个时期的有机化学家利用已掌握的化学方法，基本能够自主合成目标分子。

4.合成艺术时期 20世纪70年代后期，药物合成进入合成艺术时期，有机合成化学家在完成大量天然产物全合成后开始总结其中的规律，巧妙地设计合成路线，从而合成更复杂的产物分子，同时在合成反应的选择性领域取得重大突破。这一时期，美国化学家E. J. Corey提出了逆合成分析法，同时仪器分析理论逐渐形成，加快了合成药物开发的速度，提高了合成药物的质量。血红素、白三烯等众多天然产物实现了手性全合成。20世纪70—90年代，新试剂、新理论、新技术被应用于创新药物的合成开发，尤其是科学家开始将生物技术应用于有机合成，巧妙地合成出生物功能分子。例如，1965年，中国科学家人工合成出具有生物活性的牛胰岛素；1989年，美国化学家完成了世纪工程——海葵毒素的合成。

5. 现代合成时期 为了使有机合成反应更迅速、更完全，有机合成新技术不断发展，使药物研发更加现代化。20世纪末，光/电化学合成技术、组合化学技术、多样性导向合成、高通量自动化合成技术、连续流合成技术、仿生合成技术等系列新型技术被开发，极大提升了药物合成的水平。离子液体、超临界流体、分子筛、离子交换树脂等催化方法也应运而生。

随着人们生活水平的提高，对药品的质量和生产过程对环境的影响提出了更高的要求，药物合成不仅看重产量，还要关注如何提高合成效率以及实现清洁生产。传统的有机合成步骤受到热力学限制，进而导致反应步骤增多、反应过程资源消耗大、产物选择性不高、环境污染严重、生成的副产物对环境危害大等诸多问题。有机化学遇到的挑战是保护生态环境和社会可持续发展过程中的必然要求。

二、药物合成的新型技术

药物合成中的新技术、新方法为有机合成化学的发展起到了推动作用，也为新药开发提供了更坚实的基础。药物制造工业的发展进步在依托药物合成反应及合成工艺开发的同时，还有赖于药物合成新技术的推陈出新。例如，不对称合成技术可以合成出具有特定空间结构和生理活性的重要手性分子。生物催化技术可以利用酶或微生物来催化特定反应，在温和条件下实现反应的高效率和高立体选择性。光、电化学等绿色化学技术可以减少有机溶剂和废弃物的使用，提高原料的利用率和反应选择性，降低能源消耗和环境污染。这些新技术方法是对经典药物合成方法的补充和发展，本教材着眼于极具应用潜力的新型技术，包括不对称合成技术、生物催化合成技术、微波辅助合成技术等，阐明其技术特点及其应用。

1. 不对称合成技术 可通过引入手性试剂或催化剂，以高对映选择性获得单一构型异构体，已成为制备手性药物、天然衍生物等生命活性物质的重要手段之一。研究手性药物的立体化学性质，并通过不对称合成技术制备光学活性药物，对明确药物的药理作用、开发高活性药物分子具有重要意义。本教材以不对称催化化学反应的类型进行分类，重点介绍各类反应的特点和应用，阐明该技术在手性药物合成中的独特优势。

2. 生物催化合成技术 生物催化因具有高效性和高选择性，在手性药物及有机合成领域得到广泛应用，成为制药领域重要的技术。作为生物催化剂，酶具有高度的区域选择性，特别适合于一般化学方法难以实现的多功能化合物的合成，能很好地避免多取代产物等副产物的产生。此外，酶催化反应还具有催化反应条件温和、无环境污染等优越性，可以保证产物的光学纯度和收率。

3. 微波辅助合成技术 微波加热与水、离子液体、醇类等绿色溶剂的相容性较好，可应用于多种化学反应类型中，具有广阔的应用前景。微波辅助合成技术为大量有机分子的合成提供了简单、清洁、快速、高效和经济的方法，在微波辅助条件下，能够大大加速传统有机合成反应的进程，缩短反应时间，提高收率或者立体选择性，甚至改变主产物等，因而被广泛用于药物合成中。

4. 光化学合成技术 由于分子中某些基团能吸收特定波长的光子，光化学技术提供了使分子中某特定位置发生反应的最佳手段，对于那些使用传统热化学反应缺乏选择性，或反应物因稳定性差可能被破坏的反应体系，光化学反应更具优势。有机光化学反应具有操作简单、成本可控、效率高、环保等优点，其独特的反应机制可以实现热化学反应不能覆盖的反应类型，为构建特殊结构的有机分子提供了理论基础和实验方法，在药物合成领域发挥着举足轻重的作用。

5.电化学合成技术　通过电学与化学的交叉融合，电子转移和化学反应可同时进行，并可通过改变电极材料、电极电位、电解液组成来有效调节反应的选择性和效率。同时，电化学合成采用更安全经济的电子供体或受体替代危险有害的化学计量的氧化还原试剂，甚至不需任何试剂即可完成氧化还原过程，具有污染程度小、产物收率和纯度高、工艺流程简单和反应条件温和等优点，在药物及化工产品的复杂工业合成中显示出突出优势。目前广泛应用于各种具有特殊性能的新材料的制备，包括纳米材料、电极材料、多孔材料、超导材料、复合材料、功能材料等。

6.流动化学合成技术　具有传热与传质效率高、反应安全性高、反应时间短以及反应参数控制精准等优点，同时，通过串联和（或）并联技术实现反应的多步连续转化与在线监测分析、分离纯化、萃取、结晶、过滤和干燥等后处理步骤的连续操作，可实现制药领域的绿色工艺开发。采用该技术，可实现药物的连续自动化制备，创造了一种可以替代传统釜式生产方式的高度集约化制造方法，缩短药物生成时间并降低生产成本。

7.多肽固相合成技术　是一种在固相载体上快速大量合成肽链的技术。该技术以其特有的快速、简便、收率高的特点，在多肽及蛋白的合成中得到广泛应用。近年来，随着新型树脂、缩合剂、添加剂和氨基酸保护基的开发，微波、流动化学等新技术的快速发展，多肽自动化合成的不断完善，多肽固相合成技术已成为较为成熟的多肽类药物合成方法。

8.计算机辅助合成技术　随着计算机计算能力的提升、数据的积累和算法的不断进步，计算机辅助合成技术得到极大发展。通过在高性能的计算机及其网络系统上集成各种化学信息检索、结构解析、分子设计和合成设计功能的软件，借助更科学的计算机技术可设计目标分子的合成路线并通过智能化合成系统完成药物合成，从而突破单凭经验来解决合成路线设计这一难题。计算机辅助合成技术运用逆合成分析、反应预测和自动化合成手段，结合机器学习模型，可有效加速药物研发过程并提高所设计和合成的药物分子的质量。

9.绿色化学合成技术　是以"原子经济性"为原则，研究如何在生产过程中充分利用原料及能源、减少有害物质释放的新兴学科，是一门从源头上减少或消除污染的化学学科。利用绿色合成工艺制备药物，可提高原子利用率，降低废弃物的产生，同时减轻药物合成对环境和人体的影响。绿色化学强调从源头防止有毒试剂的使用、废物的产生，实现零污染，符合原子经济性和"5R"原则，主要涉及优化工艺流程，使用绿色原料、绿色催化剂、绿色溶剂等方面。

为彻底解决溶剂消耗，科学家提出不用或少用溶剂的机械反应；为减少实验次数、原料消耗、降低生产成本，利用量子化学计算筛选底物分子、催化剂和溶剂，设计工艺路线；为提高原子利用率，需将线式路线变为循环路线，不断优化顶层设计。药物合成的绿色化是一个持续改进的过程，需要科研人员和相关工作者不断引入新方法、新理论，对现有的传统方法进行创新和改进，以构建具有经济性和环境性的药物合成工艺。

三、药物合成技术的发展趋势

随着科学技术的进步与人们生活水平的提高，对药品质量和生产过程对环境提出了更高的要求，药物合成不满足于成功制得药物，而是要快速、高效、绿色地完成创新药物的制备。因此，合成药物创新研究呈现出以下发展趋势。

1.多技术手段融合，实现药物连续合成　传统的药物分子设计合成与评价的周期长，限制了可进入临床研究的化合物数量。为此，人们提出组合化学和多样性导向合成的平行探索方法，同时，高通量筛选、计算建模以及人工智能和学习机器等技术的出现，使对新化合物的大量快速设计评估成为可能。然而，高通量筛选活动的效率取决于化合物的合成速率和可用性，有效化合物的制备通常被认为是药物研发的限定因素。

在传统有机合成过程中，往往会产生一些不稳定、有爆炸风险的活泼中间体，尤其是在反应的后处理方面，由于溶剂和容器的切换而使风险增加。连续流反应技术作为药物及化工中间体制备的新型技术，具有传质传热效率高、参数控制精确、工艺稳定等诸多优点，可减少对环境的影响，能使"危险工艺"在安全高效的可控模式下运行。例如，科研人员通过在1微升体积中的迭代反应筛选，成功地优化了Buchwald–Hartwig偶联反应，在2.5小时内评估了1536个反应，实现了纳米级的分析筛选。同时，通过自动三步连续流法合成咪唑[1,2-a]吡啶衍生物，实现了4天以10%～70%的收率合成22个该类衍生物，反应效率高。

将微波技术、光化学、感应加热、电化学、色谱分析等其他技术与连续流化学相结合，从而使合成工艺完全自动化，有效提高了反应效率，实现反应的可持续性。例如，以南极洲念珠菌脂肪酶B作为催化剂，将连续流技术与生物酶催化技术相结合用于Curtius重排反应，连续流技术可通过增强的传质提高生物转化的速度，生物催化可以促进在连续流下的简单纯化，两种合成技术相互促进，有效降低了合成工艺后处理的难度，提高了整个连续化生产效率。利用电化学技术与连续流技术相结合，可消除Birch还原中数千升氢气的产生所引发的安全隐患问题，完成了连续放大生产。

由于连续流技术在生产过程中常受到溶剂或试剂兼容问题的制约，将连续流合成技术与固相合成技术相结合的策略被提出。这种连续又各步反应互不干扰的方式可以确保每一步反应进行独立的设计和优化，为自动化连续合成开拓了更广阔的空间。从传统的化学反应发展到自动化合成，并于多项现代合成技术并用，为药物的连续合成提供了更多的反应条件，缩短了反应时间，提高了反应选择性，使合成过程更加安全绿色，引领了药物设计合成的全新时代。

2. 结合生物新技术，实现药物仿生合成 分子生物学的研究突飞猛进，人类基因组学的研究不但有助于发现新型微量的内源性物质，如活性蛋白、细胞因子等，也为化学合成药物的研究奠定了重要基础。合成生物学的出现和发展，为复杂天然产物的绿色高效合成提供了新的思路，"师法自然"的合成生物学已经在全合成领域被广泛应用。对天然产物的生物合成途径进行解析，可以推动酶促天然产物的全合成，还可以启发化学全合成研究。例如，将青蒿素生物合成途径相关的基因导入酿酒酵母，并通过结合多种合成生物学策略，将青蒿酸的产量显著提高至可放大生产的25g/L。在此基础上，进一步通过化学合成手段将青蒿酸转化为青蒿素，这是合成生物学应用于全合成领域的典型案例。

合成生物学不仅可以促进复杂天然产物的合成，也在非天然产物的合成方面有所应用。一般来讲，参与生物合成的酶具有底物特异性，因此并不能直接用于非天然产物的合成。但是随着蛋白质工程的发展和人们对酶学的深入了解，经过改造的天然酶可用于非天然产物的合成。合成生物学与合成化学相结合，更利于推动小分子药物合成进展。

3. 集成现有新技术，实现药物绿色合成 随着计算机、生物学、物理学、控制论等学科在有机合成中的应用，药物合成技术也得到迅速发展。研究开发先进的合成技术，如声化学合成、微波化学合成、电化学合成、固相合成、纳米技术、冲击波化学合成等，选择新型催化剂，研究环境友好的合成技术以及新型高效的分离技术，在合成新的活性化合物或改造现有合成药物的生产工艺过程中更好地促进药物的绿色合成，是合成药物研究的发展趋势之一。

理想的药物绿色合成，不是某一种合成技术的"一枝独秀"，而是多种新型合成技术经发散、融合，从而形成的绿色化学技术网络。例如，利用生物催化技术，改进转氨酶的活性和选择性，将其应用于降糖药西他列汀的合成，避免了高压氢化、钌和铁等金属催化剂的使用和繁琐的手性纯化步骤，实现由酮直接合成*R*-构型的胺，使现有设备的生产能力提高了56%，反应效率提高10%～13%，还从总体上降低了19%的工业"三废"的产生。光催化技术在水分解产氢、二氧化碳和氮气还原等领域有潜在的应用价值。光化学和电化学能够实现光能、电能、化学能之间的转化和储存，已经成为开发新能源的有力手段，可有效解决化石能源消耗的危机。这些先进技术的联合应用能够减少物料的使用，易于自动化、小型化制备，在很大程度上提高了制药工艺的安全性，实现药物的绿色高效合成。

实现药物的绿色合成正逐步从理念变成现实，并发展为当前国际化学的前沿领域，不断更新人们对化学的认知。各国把"化学的绿色化"作为新世纪化学进展的主要方向之一，纷纷设立绿色化学相关奖项，不断激励人们挑战更简洁、更高效、更环保的合成路线和工艺设计，推动化学理论和应用的不断发展，使理论更多地应用于实际。绿色化学在有机化工生产中的应用，不仅可以降低化学反应过程给环境带来的影响，还可以促进化工产业可持续发展，助力打造节约型社会。

需要指出的是，本教材所涉及的多种药物合成新技术还处于动态的发展与成熟之中，只有在实践中不断综合应用各种合成技术与策略，才能有效促进各类合成技术的不断完善与使用，真正组合出药物合成的"集大成"方案，最终实现药物的绿色高效合成。随着科学技术的发展，新的药物合成技术还会不断出现，对于从事药物合成研发与生产的科研人员和工程技术人员而言，了解药物合成技术的最新进展，不断学习、掌握并利用药物合成的新方法、新技术，无疑具有十分重要的意义。

第一章　不对称合成技术

学习目标

1. 通过本章学习，掌握不对称合成技术的相关概念，不对称氧化、还原、缩合、烷基化、加成、环化等重要不对称合成反应的条件及影响因素、典型药物的合成方法；熟悉手性药物的检测方法、不对称合成反应机制；了解不对称合成的发展历程。

2. 具备分析并解决手性分子合成工艺设计及优化的专业能力，能够设计满足特定要求且体现创新意识、环境友好的合成路线。

3. 树立终身学习理念，培养严谨求实的科学态度、创新意识和批判性思维，培养良好的科学素养和科学家精神，不断追求工作优质高效和专业卓越发展。

不对称合成（asymmetric synthesis），也称手性合成、立体选择性合成或对映选择性合成，是一种向反应物引入一个或多个手性元素的有机合成方法。不对称合成在药物和天然产物全合成中占据十分重要的地位。生命体内的绝大多数生物活性物质均含有手性结构，它们与药物分子的相互作用是一个手性识别的过程；同时，药物在生物体内的吸收、转运、分布、代谢及排泄也体现出立体选择性。因此，通过不对称合成技术制备手性药物并明确其立体化学性质，对开发高活性的药物分子具有重要意义。

第一节　概　述

一、手性、不对称性及其测定

（一）手性及不对称性

1. 基本概念　一种物质不能与其镜像重合的特征称为手性（chirality），具有这种特征的分子称为手性分子，其实物与镜像之间互为对映关系，彼此称为对映异构体，简称对映体。手性分子都具有旋光性，其对映体旋转平面偏振光的方向不同，故对映异构体又称为旋光异构体。例如，乳酸分子具有一对对映体，它们旋转平面偏振光的方向分别为左旋和右旋，分别用(–)–乳酸和(+)–乳酸表示。

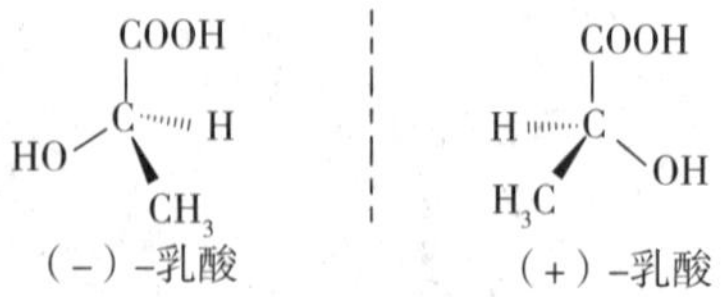

（–）–乳酸　　（+）–乳酸

若分子中仅有一个手性中心，则有一对对映体，即两个立体异构体。若分子中含有n个手性中心，则该化合物可能有2^{n-1}对对映体和2^n个立体异构体。例如，丁醛糖分子中有两个手性中心，因此有两对对映异构体、四个立体异构体，其中a和b、c和d互为对映体，a和c、b和d为非对映异构体。非对映异构体的旋光性不同，其物理化学性质也不尽相同。

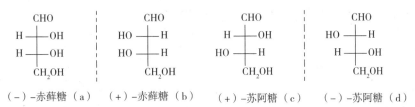

（－）-赤藓糖（a）　　（＋）-赤藓糖（b）　　（＋）-苏阿糖（c）　　（－）-苏阿糖（d）

2.手性化合物的命名　手性化合物的构型表示方法通常有两种。第一种为Fischer命名法，选择甘油醛为标准物，将其碳链放在垂直方向上，不对称碳原子处于中央位置，氧化态高的醛基在顶部，氧化态低的羟甲基在底部，其他基团放在水平方向上。垂直方向的基团伸向纸张内侧，水平方向的基团伸向纸张外侧。人为规定羟基在右侧的甘油醛为右旋体，构型为D；羟基在左侧的甘油醛为左旋体，构型为L。其他手性化合物的构型与甘油醛的构型相关联，进而分别命名为D/L构型，这种与标准物进行比较而得出的构型称为相对构型。1951年，现代结构分析方法研究证明，Fischer命名法规定的相对构型与实际测出的手性分子实际构型相一致。目前，该命名法在糖类化合物和氨基酸的命名中仍被采用。

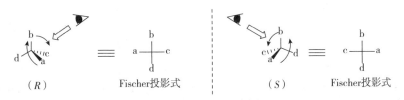

D-（＋）-甘油醛　　　　L-（－）-甘油醛

随着萜类、甾体类等多手性化合物的相继发现，其立体结构很难与甘油醛相关联。因此，新型的命名系统被提出，即Cahn-Ingold-Prelog规则（CIP命名法则）。该规则是以连接手性中心的四个基团优先顺序为基础，用前缀R或S来明确表示分子中不对称中心的绝对构型。例如，对于手性碳中心体系（Cabcd体系），若键合在碳原子上的原子或基团按a＞b＞c＞d的优先顺序规则编排次序，从C到最小的基团d的方向观察，如果a→b→c是顺时针方向，则这个手性碳中心的构型被定义为R构型；如为逆时针方向，则被认定为S构型（图1-1）。

（R）　　　Fischer投影式　　　　（S）　　　Fischer投影式

图1-1　R/S-构型的CIP命名法

3.判断手性的依据　分子的手性是由分子内存在的不对称因素引起的，因此，观察分子是否具有不对称因素是判断手性的重要方法，常见的不对称因素包括中心手性、轴手性、螺旋手性、八面体结构及假性手性中心等。

（1）中心手性　绝大多数手性化合物含有一个或多个四面体构型的不对称中心，碳、氮、磷、硫、硼和硅等原子均可作为手性中心原子。其中手性碳中心最为常见，对于Cabcd体系当连接到中心C原子上的a，b，c和d是不同的取代基团时，其没有对称性，称为中心手性体系（图1-2）。

图1-2　中心手性体系常见元素形式

（2）轴手性　对于四个基团分两对围绕一个轴排列在平面外的结构，若每对基团不同时，该结构称为轴手性体系。含有轴手性的化合物主要包括联芳烃类、螺烷类、丙二烯类及亚烷基环己烷类等（图1-3）。

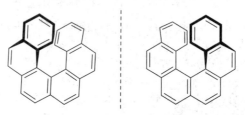

图1-3 常见的轴手性体系

（3）螺旋手性 螺旋手性化合物既无手性中心，也没有手性轴，但其分子的形状就像螺杆或盘旋的扶梯，这种结构上的特殊性使其实物与镜像不能重合，例如六联苯。

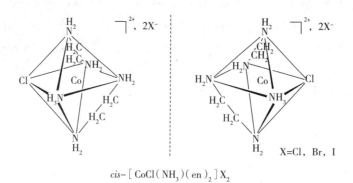

（4）八面体结构 是指一个分子中心原子上连有六个基团或配体而形成的分子构型，配位基团与数量的不同使该体系产生手性，常出现于一些多齿的金属配合物中。例如，首次成功拆分出的六配位络合物 cis-$[CoCl(NH_3)(en)_2]X_2$ 就是这种八面体手性结构。

cis-$\left[\,CoCl(NH_3)(en)_2\,\right]X_2$

（5）假性不对称中心 对于Cabcd体系，当a/b是一对对映基团，c/d与a/b互不相同时，该中心称为假性不对称中心。如果体系中c和d都是非手性的，那么整个分子也是非手性的；反之，整个分子就是手性的。例如，D-(−)-核糖醇和D-(+)-木糖醇的C-3原子均是假性不对称中心。

D-（−）-核糖醇   D-（+）-木糖醇

（二）对映体组成的测定

无论从什么途径获得的手性药物，都需要知道其对映体的组成情况。样品的对映体组成可用术语"对映体过量"或"$e.e./\%$"来描述，它表示一个对映体对另一个对映体的过量值。如果指定一个不对称中心的(S)-对映体对于(R)-对映体过量，计算方法如下：

$$e.e. = \frac{[S]-[R]}{[S]+[R]} \times 100\% \text{（对映体过量）}$$

相应地，样品的非对映体组成可描述为"非对映体过量"或"$d.e./\%$"，它指一个非对映体对另一个非对映体的过量值。在非对映异构体情况下，假定某一非对映体(S^*S)的量大于其非对映体(S^*R)，计算方法如下：

$$d.e. = \frac{[S^*S]-[S^*R]}{[S^*S]+[S^*R]} \times 100\% \text{（非对映体过量）}$$

测定对映体组成有多种方法，有的无需对样品进行预处理，有的则要求对样品进行预处理，将对映体转化为非对映体或利用非共价键的形式在对映体分子的周围形成一个手性环境，使两个对映体产生一定的区别而便于分析，具体方法如下。

1. 比旋光度法 一个待测样品的光学纯度可直接通过该样品的旋光值与其两个对映体之一的最大旋光值之比求得，计算方法如下：

$$\text{光学纯度} = \frac{[\alpha]_{\text{测定值}}}{[\alpha]_{\text{绝对值}}} \times 100\%$$

$$[\alpha]_D^{20} = \frac{\alpha}{L \times c} \times 100\%$$

式中，α 为测定的旋光值；L 为样品池的光路长度，dm；c 为浓度，g/100ml；D 为用于测定的光波长；20 为样品测定时温度，℃。

该方法是用来测定对映体组成的常规方法，简单快速，但具有一定的局限性，在多数情况下不是很准确，且必须知道在实验条件下单一纯度对映体的比旋值。

2. 核磁共振法（NMR） 该方法采用手性衍生化试剂或手性位移试剂，使对映体形成非对映体混合物或处于类似非对映体的手性环境下，进而用核磁共振法测定对映体的组成。例如，最经典的手性衍生化试剂Mosher酸（α-甲氧基-α-三氟甲基-α-苯基乙酸），其与手性醇作用可生成非对映体混合物MTPA酯（Mosher酯），由于MTPA酯中α-三氟甲基和α-甲氧基NMR的不等性，可通过观察MTPA酯的氢谱、氟谱或碳谱信号来确定手性醇的对映体组成。

（R）–Mosher酸　　（S）–Mosher酸　　　　　　（S）–酰氯　　　　　　（R）–酯

3. 色谱法 该方法是测定对映体组成的最有效方法，可通过样品在固定相上的完全分离来确定对映体组成。方法一是将对映体转化为非对映体混合物，然后再进行分离分析，上文提到的MTPA酯就可用于色谱法测定对映体组成；方法二是应用手性溶剂或手性固定相（手性柱）创造手性环境，继而测定对映体组成。由于手性溶剂用量大、价格高且不可回收，更多的是采用手性固定相直接分离对映体的方法来测定其组成。如今，手性固定相气相色谱、高效液相色谱及毛细管电泳均已商品化。

（三）绝对构型的测定

为了解手性分子在生物体系中的功能，确定其绝对构型是非常重要的。某一手性中心绝对构型的测定是指确定分子的空间取向，并将空间取向和该化合物在给定条件下比旋值的正负符号关联起来。测定化合物绝对构型的常用方法主要有X射线衍射法、化学相关法和NMR法。

1. X射线衍射法 该方法是确定手性化合物绝对构型最直接、最有效的方法。普通的X射线衍射法仅能判断化合物的相对构型，如果手性分子中含有重原子，则可用X射线来测定该分子的绝对构型。对于不含或难以引入重原子的分子，可向分子引入另一个已知绝对构型的手性单元作为参照，再用X射线来测定该分子的绝对构型。例如，抗生素PF1140的绝对构型是通过其(*S*)–(+)–2–甲氧基–2–(1–萘基)丙酸衍生物的X射线衍射分析确定的。

PF1140

2. 化学相关法 该方法通过化学反应将待测样品的绝对构型与另一已知构型的化合物相关联，然后通过比较二者的物理性质（比旋光或物理常数等）来推测样品的绝对构型。例如，构型未知的化合物(+)–Ⅰ经过烷基化反应和氯代反应生成构型保持的产物(–)–Ⅲ，再转化为已知构型的化合物(*R*)–(–)–Ⅳ。这样将构型未知的化合物(+)–Ⅰ与已知构型的化合物(*R*)–(–)–Ⅳ之间建立了联系，由此推断(+)–Ⅰ的绝对构型为*R*。

(R)–$(+)$–Ⅰ $\qquad$ $(-)$–Ⅱ $\qquad$ $(-)$–Ⅲ $\qquad$ (R)–$(-)$–Ⅳ

3. NMR法 在NMR图谱中，当一个共振信号受饱和或倒向的微扰时，其他共振信号的净强度可能发生改变，这种现象称为核的Overhauser效应（简称NOE）。NOE强度与距离的6次方成反比，据此可以通过NOE现象来推测分子的空间结构。应用手性衍生化试剂的NMR法可测定分子的绝对构型，该方法首先在分子中引入具有芳香基团的手性衍生化试剂，由于芳香基团的抗磁屏蔽效应，导致(*R*)–和(*S*)–衍生物H信号的不等性，从而推断出样品的绝对构型。手性衍生试剂主要有 α–甲氧基苯基乙酸（MPA）、1,2,3,4–四氢–1,4–环氧萘–1–羧酸（THENA）、2′–甲氧基–1,1′–联萘–2–羧酸（MBNC）以及蒽基甲氧基乙酸（AMAs）类手性衍生试剂。

(R)–MPA $\qquad$ THENA $\qquad$ MBNC $\qquad$ (R)–9–AMA

二、手性药物及其分类

（一）手性药物

手性药物是指分子立体结构与其镜像彼此不能重合的一类药物，它通过与体内的大分子之间严格的手性识别和匹配而发挥药理作用。通常情况下，手性药物的对映体之间可能会在理化性质、药理活性、代谢过程与速率以及毒性等方面存在显著的差异。人类对手性药物最深刻的认知，来自20世纪50年代史上严重的"药害"事件——"反应停"事件。"反应停"即沙利度胺，是典型的手性药物，其右旋异构体具有镇静作用，而左旋异构体则可引发致畸毒性，由于早期人们对其对映异构体缺少认识，药物中有约50%的左旋体成为"杂质"，从而导致"反应停"悲剧的发生，这也让人们深刻地认识到研究手性药物的必要性及重要意义。

为此，美国食品药品管理局在1992年明确规定：对含有手性因素的药物应倾向于开发其单一的对映体产品；对于外消旋的药物，则要求提供详细的立体异构体的生物活性和毒理学研究的数据。我国也于2006年颁布了《手性药物质量控制研究技术指导原则》，明确规定对手性药物必须研究其所有对映体的药代、药效和毒理学性质，择优进行临床研究和批准上市，为手性药物的研发提供明确的标准原则。

手性药物近年来迅猛发展，在研发药物中的占比可达到67%以上，年销售额增速大于15%，我国手性药物市场份额更是超过千亿元。手性药物的研发及不对称合成技术在现代合成技术中占有重要的地位。

（二）手性药物的分类

根据手性药物对映体之间的药理作用及毒理性质的差异，可将手性药物大致分为3类：①两种对映体的作用相同，该类药物发挥作用的活性中心往往不是手性中心，属于静态手性类药物；②一种对映体对靶标有较高亲和力并具有药理活性，被称为"活性体"，而另一种作用弱或无活性，为"非活性体"，甚至可看作是杂质；③对映体具有不同的药理活性，主要包括4类，详见表1-1。

表1-1　手性药物的分类、代表药物及不同对映体的药理作用

分类	药物	对映体的药理作用
对映体的作用及强度相同	普罗帕酮	抗心律失常
	索他洛尔	β 受体阻断作用
	布比卡因	局部麻醉作用
对映体的作用及强度不同	华法林	抗凝血作用，(S)-对映体比(R)-对映体强5倍
	维拉帕米	钙通道拮抗剂，(S)-对映体比(R)-对映体强10倍
	瑞格列奈	降血糖作用，(S)-对映体比(R)-对映体强100倍
一种对映体有治疗作用，另一种有毒性	多巴胺	(S)-对映体可治疗帕金森病，(R)-对映体无法通过血-脑屏障
	氯胺酮	(S)-对映体可安眠镇痛，(R)-对映体导致术后幻觉
	米安色林	(S)-对映体有抗抑郁作用，(R)-对映体有细胞毒作用
对映体的作用互补	茚达立酮	(R)-对映体有利尿作用且升尿酸，(S)-对映体排尿酸
	多巴酚丁胺	(S)-对映体有 α_1、β_1受体激动作用，(R)-对映体有 α_1受体拮抗作用和β_1受体激动作用
	曲马多	(1S,2S)-对映体为去甲肾上腺素重摄取抑制剂，(1R,2R)-对映体为5-羟色胺摄取抑制剂
对映体的作用靶点不同	噻吗洛尔	(S)-对映体β受体拮抗作用，(R)-对映体治疗青光眼
	丙氧芬	(2R, 3S)-对映体镇痛作用，(2S,3R)-对映体可止咳
	乐卡地平	(S)-对映体有钙通道拮抗作用，(R)-对映体可抑制血管平滑肌的增殖和纤维蛋白诱导的细胞迁移
对映体的作用相反	依托唑啉	(R)-对映体有利尿作用，(S)-对映体有抗利尿作用
	派西拉朵	(R)-对映体为阿片受体激动剂，(S)-对映体为阿片受体拮抗剂
	扎考必利	(R)-对映体为5-HT$_3$受体拮抗剂，(S)-对映体为5-HT$_3$受体激动剂

三、不对称合成及其方法

（一）不对称合成的定义

"不对称合成"术语于1894年被首次提出，广义定义为"在一个反应中，底物分子中的非手性单元由反应试剂以不等量地生成立体异构产物的途径转化为手性单元"，反应试剂可以是化学试剂、生物试剂、溶剂、催化剂或物理因素等。另外，从一个纯手性试剂出发，通过与非手性底物反应形成光学活性分子的过程，也被认为是不对称合成。

不对称合成的目的是在制备光学活性化合物的同时，达到高度的立体选择性（包括非对映选择性和对映选择性）。成功不对称合成反应的标准：①高的对映体过量（*e.e.*）或非对映体过量（*d.e.*）；②手性辅剂或手性催化剂易于制备并能循环使用；③可以制备 *R* 和 *S* 两种构型的异构体；④为催化型不对称反应且具有高催化效率。

（二）不对称合成方法

按照手性基团的影响方式，不对称合成的方法可大致分为以下4类，即底物控制法、辅基控制法、试剂控制法和催化剂控制法。

1. 底物控制法　该方法是利用底物分子中已存在的手性元件通过分子内定向诱导生成新手性单元的不对称合成方法。手性底物与非手性试剂发生反应时，底物原有的手性基团对反应试剂进攻的途径产生影响，从而生成以某一种构型为主的手性产物。底物控制法一般应用于环状化合物的手性合成中，如在 $LiAlH_4$ 还原降樟脑（a）的反应中，底物手性产生的空间效应支配了新手性中心的立体选择性，产物 *endo* 和 *exo* 的比例达8：1。然而对于开链体系，底物控制的反应要得到较高的立体选择性是较困难的，如 $LiAlH_4$ 还原开链酮（b）得到外消旋产物。

endo：*exo*=8：1

endo：*exo*=1：1

2. 辅基控制法　该方法是利用底物中已经存在的手性基团实现反应的立体选择性，不同点在于辅基（即"手性控制基团"）是有意识引入的，完成反应后需要被除去。辅基控制的不对称合成多用于羰基加成、不对称缩酮、缩醛的合成及羰基α烷基化、芳基化等。手性辅基主要包括氨基醇类、噁唑啉酮类、酰亚胺类和手性腙类等。例如，在以L-缬氨醇类化合物为手性辅基制备生物活性分子L-(–)-733061的反应中，首先在底物中引入手性辅基成吡啶鎓盐衍生物（Ⅰ），然后发生辅基控制的立体选择性加成得到手性化合物（Ⅱ），最后经还原后再脱除辅基即可得到目标产物L-(–)-733061。

Ⅰ

Ⅱ

L-（–）-733061

3.试剂控制法　该方法是依赖分子间的手性诱导作用实现产物的立体化学控制，反应中一般需要使用化学计量或过量的手性试剂，包括手性硼化物、手性金属络合物及手性负氢化物等，将非手性底物直接转化为手性产物。手性硼化物主要包括手性硼烷、烯丙基硼及手性硼酸酯等，常用于不对称氢化和羟醛缩合反应。例如，噁唑啉化合物用三氟甲磺酸硼化物处理得到氮杂烯醇硼化物，然后再与醛发生不对称羟醛缩合，产物的立体选择性较高，*e.e.*值为77%~84%。

R="Pr，'Hex，'Bu
77% ~ 84% *e.e.*
收率=25% ~ 36%

(−) − (Ipc)₂BOTf

有机金属化合物主要有各种烷基锌、烷基锂以及手性铜锂络合物等，在亲核进攻时，可与体系中存在的手性配体形成具有适合三维结构的金属络合物，空间诱导特定构型过渡态的形成，从而实现立体选择性合成。例如，以(*S*)-DAIB作为手性配体，可实现有机锌试剂Et₂Zn对苯甲醛的不对称加成反应，以95%的光学纯度得到*S*-构型产物。

95% *e.e*
收率=98%

(*S*) −DAIB

手性负氢试剂集中在对LiAlH₄和NaBH₄等金属氢化物的性能改良上，多用于酮类化合物的不对称还原反应，例如，LiAlH₄配以联萘酚得到(*S*)-BINALH试剂后，对(*E*)-1-溴辛烷-1-烯-3-酮进行选择性还原，以96%的立体选择性得到产物(*S*,*E*)-1-溴辛烷-1-烯-3-醇。

96% *e.e.*
收率=96%

(*S*) −BINALH

4.催化剂控制法　在催化剂控制的手性不对称合成中，手性催化剂通过分子间作用力诱导非手性底物与非手性试剂反应直接生成手性产物，该过程几乎不消耗催化剂，一个高效率的催化剂分子可以产生成百上千乃至上百万个光学活性产物分子，符合原子经济性，是最有工业应用前景的手性合成技术。

（1）酶催化的不对称合成　具有高反应活性和高立体选择性的特点。按照酶催化反应的类型和机制，可将酶分为氧化还原酶、转移酶、水解酶、裂合酶、异构酶和连接酶6类。例如：利用*ω*-转氨酶（*ω*-transaminase）不对称胺化苯并二氢吡喃-3-酮，得到光学纯的(*R*)-苯并二氢吡喃-3-胺（>99% *e.e.*），收率为78%。

>99% *e.e.*
收率=78%

（2）有机金属催化的不对称合成　该法是催化量的金属与有机物络合催化的反应，常见的催化金属包括铑、钌、钯、钛、铬、铁、铜及铂等，具有高对映选择性和高反应活性等特点。金属催化剂的对映选择性主要取决于所选用的手性配体，常用的有膦配体（如DIPAMP）、杂原子双齿配体（如BOX）及C_2对称轴配体（如BINAP）等。

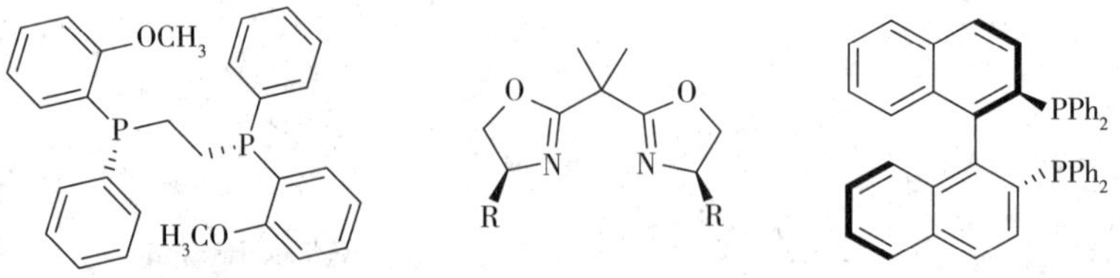

|DIPAMP|BOX|BINAP|
|膦配体|杂原子双齿配体|C_2对称轴配体|

膦配体多是手性中心体系，能与多种金属离子形成高性能的络合催化剂，其中，手性碳双膦配体分子中两个磷原子同时与金属配位，具有很好的空间效应。杂原子双齿配体分子中含有N、O、S等杂原子，它们可分别与金属形成双齿配位键，从而实现光学选择性催化。最具代表性的C_2对称轴化合物是双膦2,2′-双（二苯基膦）-1,1′-联萘（BINAP），其芳香骨架稳定性好，与金属配位后具有较强的刚性和高度扭曲的构象，立体选择性强。例如，在(S)-BINAP-Ru络合物的催化下，以92%的收率获得高光学纯度(S)-萘普生[(S)-naproxen]。

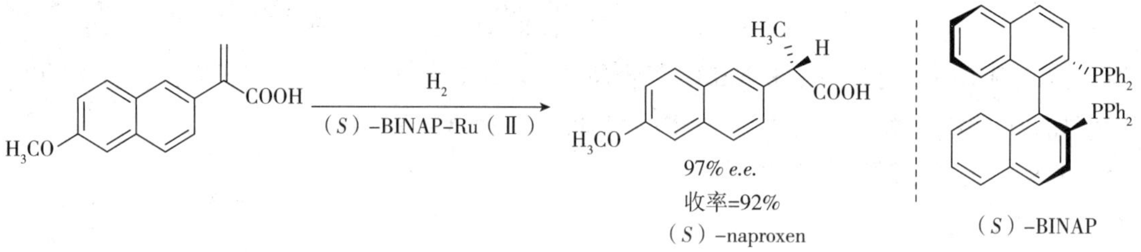

97% e.e.
收率=92%
(S)-naproxen

(S)-BINAP

（3）有机分子催化的不对称合成　该方法是基于模拟酶的非金属催化反应。有机催化剂具有无毒、易得、稳定且操作简便等优势。多数作为催化剂的有机小分子同时具有活化底物和试剂的双重功能，代表性催化剂有胺类、脲及硫脲类、手性磷酸类及唑盐类等。

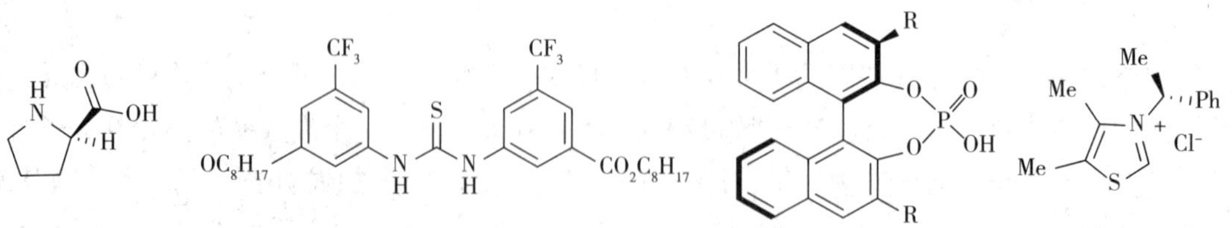

|胺类|脲及硫脲类|有机磷酸类|唑盐类|

胺类催化剂主要包括各种氨基酸、咪唑酮类似物及奎宁衍生物，是目前应用最广泛的有机催化剂，在胺基化、Aldol反应、Mannich反应等多种反应中显示出优异的催化性能。例如，在脯氨酸类手性催化剂4-氧二甲基叔丁基硅基脯氨酸的催化下，进行的aza-Michael/Aldol反应，实现了三个连续手性中心的构建，该反应以99%的e.e.值得到目标产物。

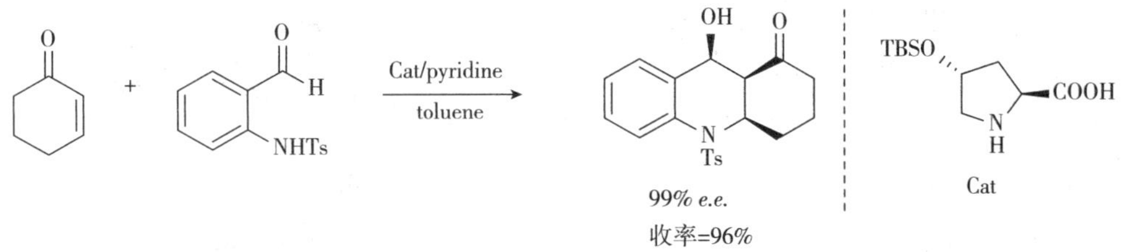

99% e.e.
收率=96%

脲及硫脲类催化剂多是 Brönsted 胺，两个氮上的氢可作为双氢键供体，可降低底物不饱和双键的电子云密度，使其更容易受亲核试剂的进攻，多用于各种加成反应。手性磷酸催化剂作为 Brönsted 酸可以形成离子对活化亚胺底物，同时磷氧双键上的氧可作为 Lewis 碱活化亲核试剂，多用于环加成反应，在不对称 1,3- 偶极环加成及 Diels-Alder 反应中都能得到较好的立体选择性产物。例如，手性磷酸催化乙醛酸酯参与的 Diels-Alder 反应，产物 e.e. 值达到 95% 以上。

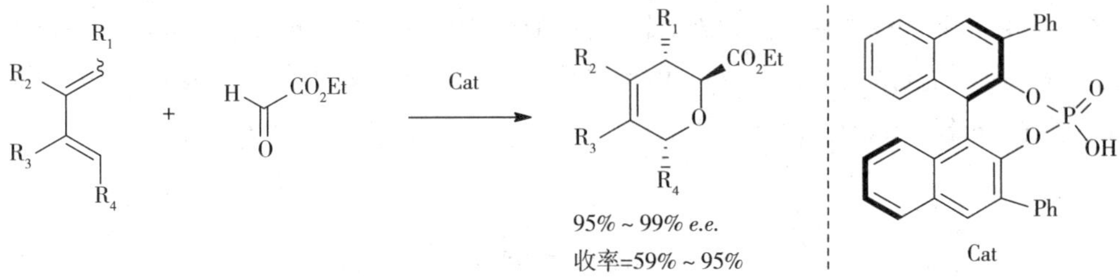

95% ~ 99% e.e.
收率=59% ~ 95%

唑盐类催化剂是模拟维生素 B_1 的活性噻唑环结构得到的，多应用于安息香缩合。此外，其他有机小分子如果糖酮类、N- 氧化物类、胍类、手性二茂铁类、硼杂噁唑烷类以及各种手性相转移催化剂等也被用于不对称合成。

第二节　不对称合成反应

一、烯烃的不对称氧化反应

不对称氧化反应指在反应物中引入氧原子使其产生特定手性中心的反应。烯烃在多种氧化剂的作用下可以转变成连氧手性化合物，是最重要的不对称氧化反应的底物，根据产物结构类型，烯烃的氧化可以分为不对称环氧化、不对称双羟基化和不对称氨基羟基化。

（一）烯烃的不对称环氧化反应

烯烃在过氧化物，如过氧酸、过氧醇或过氧化氢的作用下可转变为过氧化物，早期的不对称环氧化通常使用手性过氧化物直接氧化烯烃得到环氧化物，但过氧化物手性中心距离反应中心较远导致产物的选择性不高。过渡金属，尤其是最高氧化态的过渡金属如 Ti（Ⅳ）、V（Ⅴ）和 Mo（Ⅵ）等可以催化烯烃过氧化，Ti（OR）$_4$ 为目前最常有的手性氧化催化剂。

1.烯丙醇 Sharpless 不对称环氧化反应

（1）反应通式与机制　在催化量的左旋或右旋酒石酸二酯和异丙基钛酸酯 [Ti（i-PrO）$_4$] 存在下，过氧化叔丁醇（TBHP）能光学特异性的氧化烯丙醇类化合物，形成高光学活性（>90% e.e.）环氧化物，该反应被命名为 Sharpless 不对称环氧化反应。

Sharpless 不对称环氧化的反应通式如下：

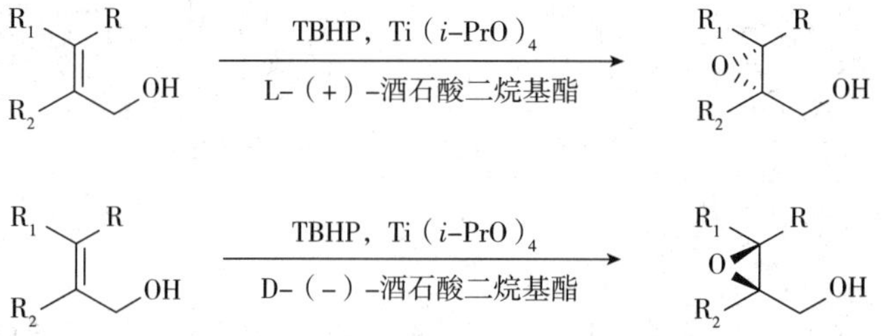

Sharpless 不对称环氧化反应机制如图1-4所示：以 D-(-)-酒石酸酯为例。酒石酸中两个羟基置换 Ti(i-PrO)$_4$ 中的两个烷氧基，形成稳定的手性络合物（1）；烯丙醇和过氧叔丁醇（TBHP）相继置换（1）中另两个烷氧基形成底物-TBHP 的钛络合物（2）；（2）结构中源于 TBHP 的氧原子从面上进攻烯丙醇的双键形成 R-构型烯丙氧基环氧化物-钛配合物（3）；配合物（3）中的叔丁氧基和烯丙氧基环氧化物分别被异丙醇置换，生成烯丙醇环氧化物和手性络合物（1），完成一个催化循环。

该反应体系中存在多种钛(Ti)-酒石酸酯配合物，但以双核配合物 A 占主导地位，Ti(i-PrO)$_4$ 与酒石酸等摩尔比络合时，催化活性最高，比 Ti(i-PrO)$_4$ 单独使用的反应速率要快得多，表明酒石酸不仅提供手性诱导中心，还有对映选择性的配体加速作用。

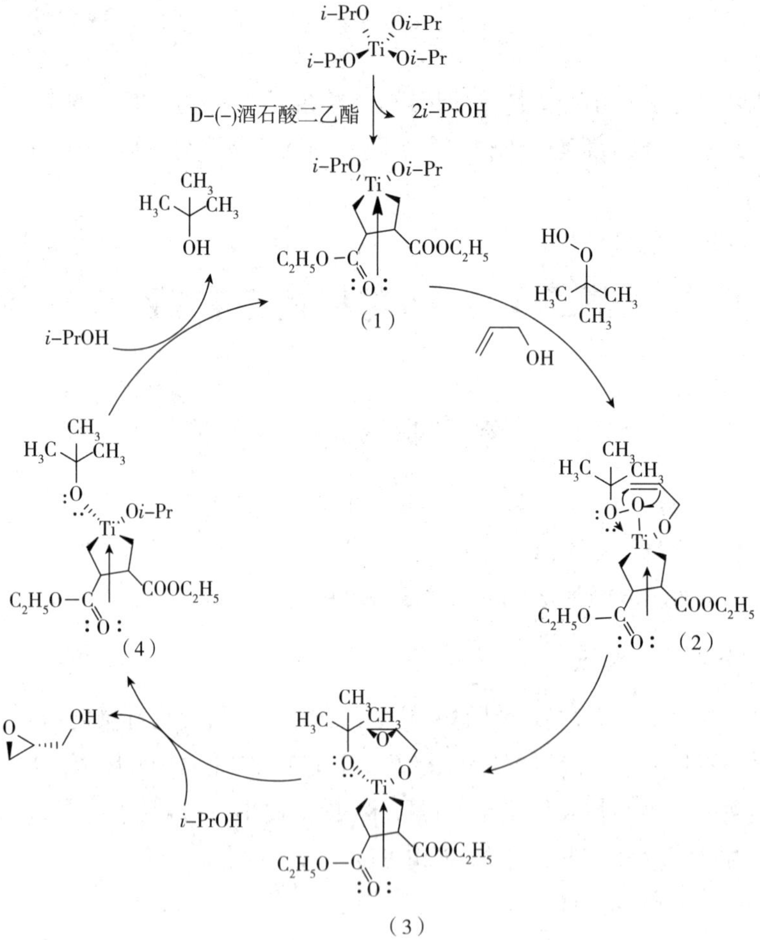

图1-4　Sharpless 不对称环氧化反应机制

（2）反应特点及应用实例　Sharpless 环氧化反应是一种高效、高选择性的不对称氧化反应，烯丙位的羟基作为官能团参与催化剂络合物的配位，因此底物限定在烯丙醇类化合物。常用催化剂为烷氧基钛酸酯 Ti(OR)$_4$，其中，Ti(IV)虽然催化活性不强，但是可以与4个烷氧基配位，在与二齿手性配体相互作用时，2个烷氧基被手性配体交换，剩余2个烷氧基分别被反应物和氧化剂交换，从而实现高效的不对称催化作用。Ti(OR)$_4$与酒石酸酯的比例以1∶1.2为佳，若酒石酸酯比例增加会使Ti^{++}络合位点饱和而降低反应速度；反之，酒石酸酯比例太低会使部分催化剂不含手性配体，导致产物$e.e.$下降。

TBHP为Sharpless环氧化反应的常用氧化剂，由于TBHP不稳定，市售的TBHP以70%的水溶液为主，反应时通常需要萃取干燥。该反应最常用溶剂为二氯甲烷，若底物不溶解可以尝试使用其他溶剂，但需避免使用醇、酮和酯等具有配位能力的溶剂。反应一般在低温条件（通常为–20℃）下进行。反应体系中加入催化量的氢化钙或硅胶可大大缩短反应时间，同时，加入少量4Å分子筛可通过降低反应体系中的水含量并增加催化络合物的稳定性而降低催化剂的用量。

该反应具有如下特点：①极高的手性选择性，$e.e.$值一般大于90%；②底物适用范围广，除了与羟甲基顺位的取代基为位阻较大的基团或为手性中心，其他底物均可以高效地转化为相应产物；③产物的绝对构型可以预测；④催化剂廉价易得；⑤应用广泛，产物为环氧醇，可以选择性开环生成含有不同官能团的中间体。

底物存在手性中心，且与羟甲基处于反式，对产物的手性无影响。例如，E-烯丙醇在L–(+)–酒石酸二乙酯[(+)–DET]存在下进行的环氧化反应，15小时内能以大于20∶1的比例得到主要产物（R–型）；当用(–)–DET反应时，也能以大于20∶1的非对映选择性得到目标产物（S–型）。

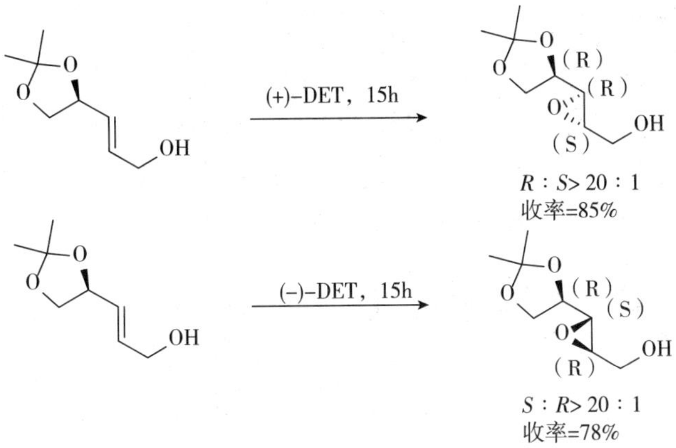

$R∶S > 20∶1$
收率=85%

$S∶R > 20∶1$
收率=78%

Sharpless环氧化反应可用于脂肪烷基或芳香基取代的烯丙醇底物。例如，含有多取代的吡啶基团的底物在L–(+)–酒石酸二乙酯和TBHP作用下，制得相应的环氧化合物，收率为79%，$e.e.$值为93%。

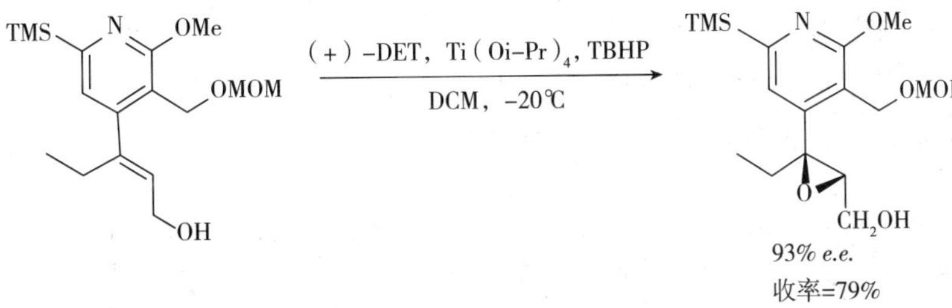

93% $e.e.$
收率=79%

大环内的丙烯醇在动力学上更容易进行Sharpless环氧化反应，例如，天然产物Laulimalide全合成的最后一步，环内的丙烯醇结构在L–(+)–酒石酸二异丙酯((+)–DIPT)、Ti(i–PrO)$_4$和TBHP的作用下可得到100% $e.e.$值的目标产物，反应收率达73%。

$$\xrightarrow[\text{DCM}, \ -20^\circ\text{C}]{(+)\text{-DIPT}, \ \text{Ti}(Oi\text{-}Pr)_4\text{TBHP}}$$

100% e.e.
收率=73%
Laulimalide

2. 非官能团化烯烃的不对称环氧化　烯丙位不含羟基取代的化合物不适合采用Sharpless不对称环氧化反应的催化体系，该类烯烃化合物被称为非官能团化烯烃。Jacobsen等人于1990年发展了Jacobsen环氧化反应，是不对称环氧化领域的另一重要突破。

（1）Jacobsen环氧化反应

1）反应通式与机制　以锰–席夫碱配合物（Mn–salen catalyst）为手性催化剂，次氯酸钠（NaClO）为氧化剂可以将各种非官能团化烯烃不对称氧化为环氧化物的反应称为Jacobsen环氧化反应。绝大多数顺式二取代烯烃为底物也具有较好的反应活性，e.e.值可大于90%。Jacobsen环氧化的反应通式如下：

锰–席夫碱配合物：

$$\xrightarrow[\text{CH}_2\text{Cl}_2]{\substack{\text{aq.NaClO} \\ \text{锰–席夫碱配合物}}}$$

关于Jacobsen环氧化的反应机制，多数认为氧化剂NaClO将氧原子转移到Mn–salen催化剂的锰离子上从而形成活性中间体作为氧化剂，Mn–salen催化剂中的手性二胺和苯环大位阻基团诱导烯烃底物以一定的取向接近氧化剂从而产生对映选择性。

2）反应特点及应用实例　Jacobsen环氧化反应的催化剂通常是具有对称性的双席夫碱手性配体与Mn(V)的配合物，金属离子可以是钴、铜和钌等；结构中苯环上的大位阻取代基对对映体选择性至关重要，若叔丁基被氢替换则产物的e.e.值大幅下降。

顺式烯烃甚至大位阻的顺式烯烃均具有较好的Jacobsen环氧化反应活性，例如2,2-二甲基-2H-苯并吡喃-6-甲腈可以较高产率和手性选择性地得到相应环氧化合物。

$$\xrightarrow[\text{DCM}]{\substack{\text{NaClO （eq.）} \\ \text{Mn–salen催化剂（4\%）}}}$$

80% e.e.
收率=75%

（2）史一安不对称环氧化反应（Shi Epoxidation）　酮经过氧硫酸氢钾（Oxone，KHSO5）氧化会产生二氧杂环丙烷，后者对烯烃具有较强的氧化能力。因此，多种手性酮被用来催化非官能团化烯烃的不对称环氧化，其中以我国化学家史一安教授发展的史一安不对称环氧化反应最为著名。

1）反应通式与机制　史一安不对称环氧化反应是指反式二取代或三取代的烯烃在果糖衍生的手性酮(C1~C3)催化下利用Oxone作为氧化剂进行的不对称环氧化反应。反应通式如下：

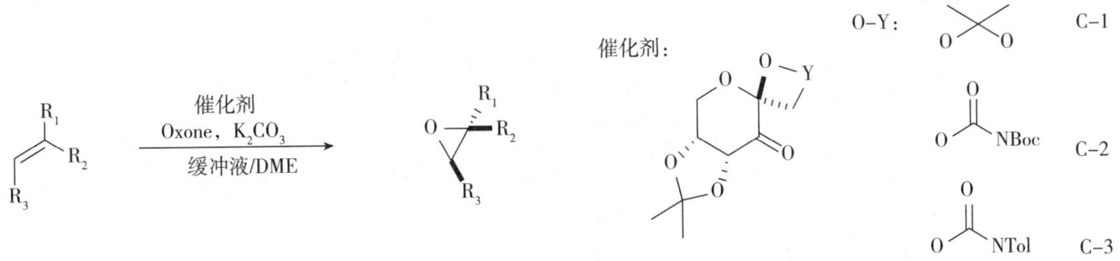

该反应的机制如下图1-5所示，首先手性酮与Oxone发生氧化，形成过氧化螺环化合物（1），其脱氢中间体（2）发生分子内环氧化形成二氧杂环丙烷螺环氧化剂（3），该氧化剂对双键进行环氧化，经历螺环过渡态形成环氧化物，同时释放出手性酮并进入下一个催化循环。

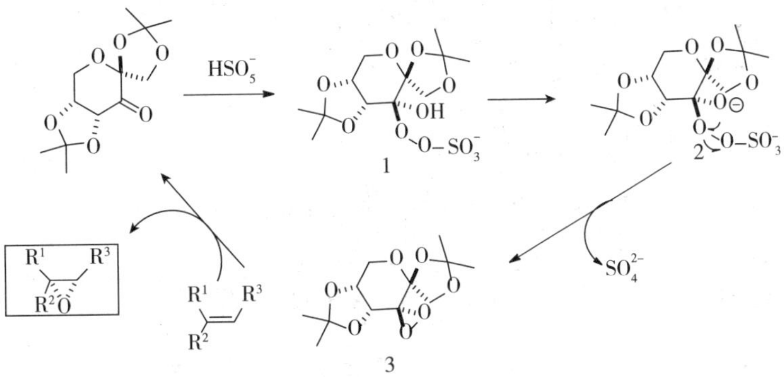

图1-5　史一安不对称环氧化反应机制

2）反应特点及应用实例　催化剂C-1原位生成的二氧杂环丙烷可催化各种二取代或三取代的烯烃不对称氧化，表现出较好的催化活性，但具有一定的局限性，如催化剂用量（20%~30%）较高，端烯为底物时反应活性不强。

手性酮催化剂六元环中的氧杂原子对手性识别具有重要影响，氧原子被碳原子替换，则产物*e.e.*大幅下降。催化剂C-1的缩酮结构被*N*-取代氨基甲酸酯取代后的得到的C-2和C-3，对顺式烯烃以及端烯均具有较好的对映选择性。

史一安不对称环氧化反应的关键为二氧杂环丙烷螺环氧化剂的形成，反应体系的pH值对反应具有较大的影响。如pH过高，则Oxone分解加快；pH过低，手性酮将发生Baeyer-Villiger反应产生内酯，故pH控制在10.5左右为佳。例如，日中花碱（mesembrine）中间体的合成中，苯环取代的环烯烃在二甲氧基甲烷和乙腈（2∶1）和醋酸钾/醋酸缓冲液中发生史一安不对称环氧化反应后与烯丙基氯化镁发生不对称开环得到关键中间体，两步总收率73%，*e.e.*值高达96%。

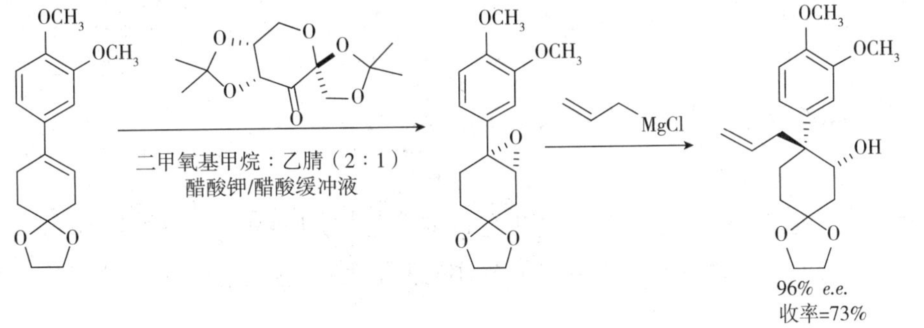

（3）Julia-colonna不对称环氧化反应 α,β-不饱和醛、酮、酸及其衍生物的双键因为电子云密度低，导致环氧化反应的活性降低，不适用Jacobsen环氧化等方法。该类缺电子的烯烃可通过Julia-colonna不对称环氧化反应顺利进行环氧化。

1）反应通式与机制 碱性条件下，手性聚 α-氨基酸催化缺电子烯烃被氧化剂[过氧化氢或过氧化脲（$NH_2CONH_2 \cdot H_2O_2$，UHP）]氧化得到单一构型的环氧化物的反应称为Julia-colonna不对称环氧化反应。反应通式如下：

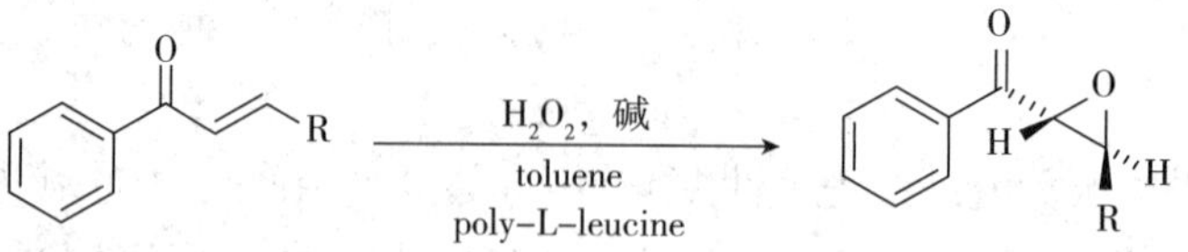

该反应属于亲核氧化，分子中的吸电子基团（羰基）是反应必需基团，过氧化氢与氢氧化钠反应形成过氧化氢阴离子；在聚亮氨酸催化剂的作用下，过氧化氢阴离子与查耳酮结构的碳-碳双键亲核加成形成复合物，反应生成稳定的过氧化物阴离子中间体；最后在催化剂手性控制下迅速关环，立体选择性地形成环氧化物产物（图1-6）。

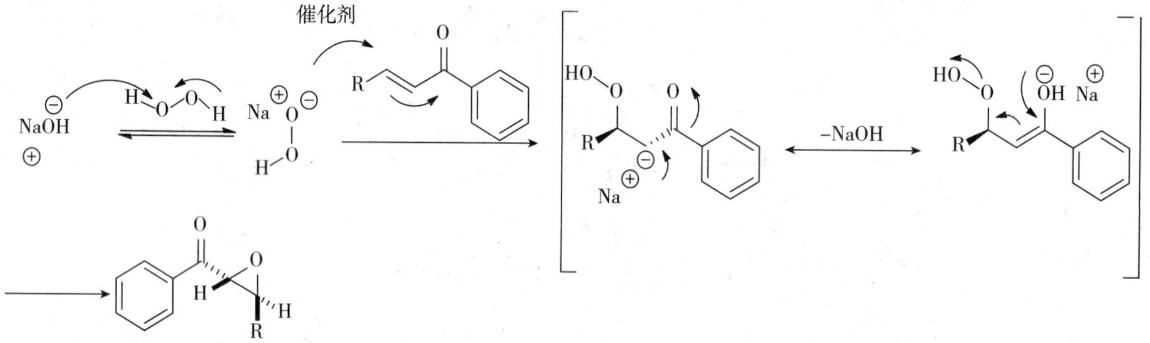

图1-6 Julia-colonna不对称环氧化反应机制

2）反应特点及应用实例 该反应催化剂采取 α-螺旋构象，反应中聚氨基酸 N 末端与反应物形成氢键，聚氨基酸的 α-螺旋成分越大，反应的立体选择性也越好。因而用聚亮氨酸或聚丙氨酸做催化剂，可以使反应的立体选择性最佳。使用硅基修饰的催化剂可有效减少催化剂在反应中失活，提高催化效率。

使用聚酰胺酸（poly-L-leucine，PLL）作为催化剂，过氧化脲作为氧化剂，1,8-二氮杂双环[5.4.0]十一碳-7-烯（1,8-diazabicyclo[5.4.0]undec-7-ene，DBU）作为碱参与不对称环氧化反应，可得到高选择性环氧化合物，其收率为70%，*e.e.*值为96%。

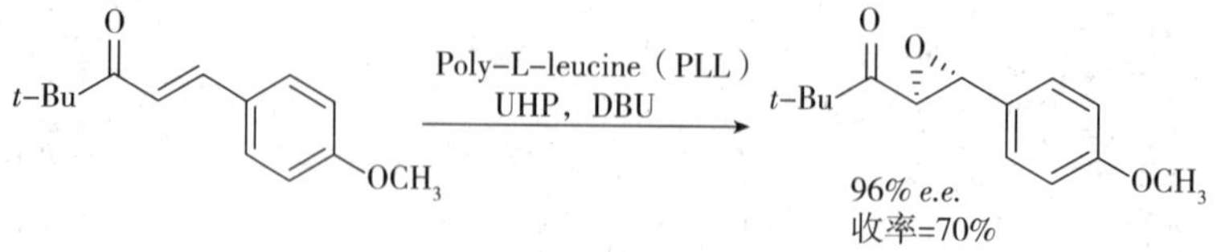

（二）烯烃的不对称双羟基化反应（AD反应）

1. Sharpless 双羟基化反应

（1）反应通式与机制 Sharpless 双羟基化反应是在金鸡纳碱二氢奎宁（DHQ）或二氢奎尼丁（DHQD）的手性配体衍生物的存在下，锇催化剂对映选择性催化烯烃生成不对称邻位二醇的反应。多种金鸡纳碱类配体被开发用于烯烃不对称双羟基化，研究发现DHQD（或DHQ）9位羟基以醚键连接在芳香基团的对称两侧所得的配体效果好，其中R_2-PHAL、R_2-AQN和R_2-PYR（图1-7）效果最好。反应通式如下：

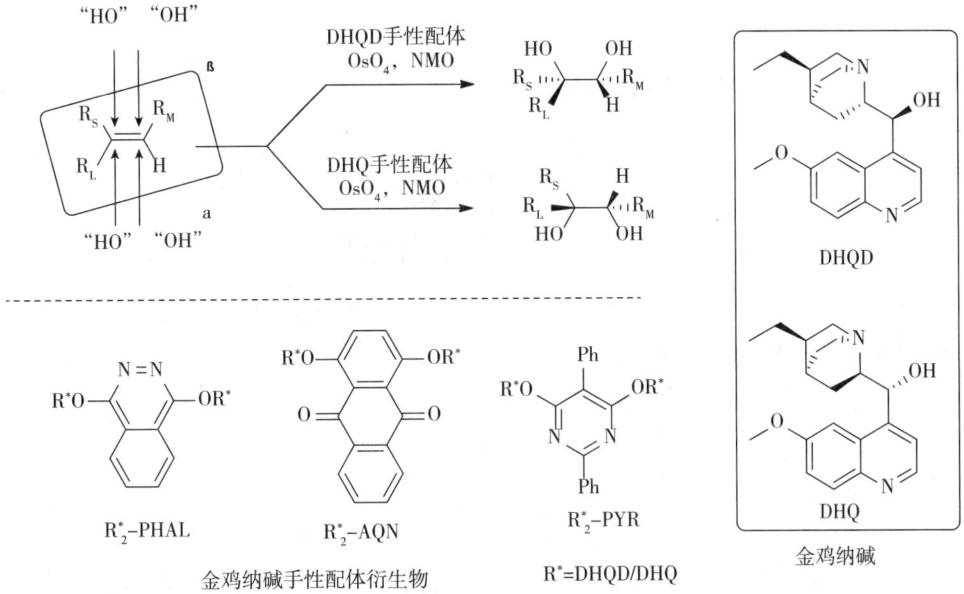

金鸡纳碱手性配体衍生物　　　R*=DHQD/DHQ

图1-7　Sharpless 双羟基化反应通式及配体结构

Sharpless 双羟基化反应机制如图1-8所示。R_2^*-PHAL（图1-7）等手性配体与OsO_4配合生成配合物，在配体特异性手性诱导下，配合物与烯烃立体选择性加成得到锇酸单二醇酯A，氧化剂将A氧化成氧化锇酸单二醇酯B，随后可水解为二羟基产物和配体–Os配合物C，完成催化循环。在反应中，催化量氧化锇酸单二醇酯B很容易与底物烯烃发生第二次加成得到不含手性配体的双二醇酯D，缺少手性配体诱导，因此第二循环中产物没有立体选择性。增加氧化剂N–甲基吗啉氧化物（NMO）用量可以加速A氧化为B，但是不能避免第二循环。

减少第二循环的方法：①降低体系烯烃的浓度，将烯烃缓慢滴加到反应体系中；②加速B的水解，向反应体系加入甲磺酰胺，可以提高B水解速率约50倍；另外，采用$K_3Fe(CN)_6$氧化剂，碳酸钾提供碱性条件，叔丁醇与水为溶剂，可以大大加速B的水解，从而抑制第二循环。

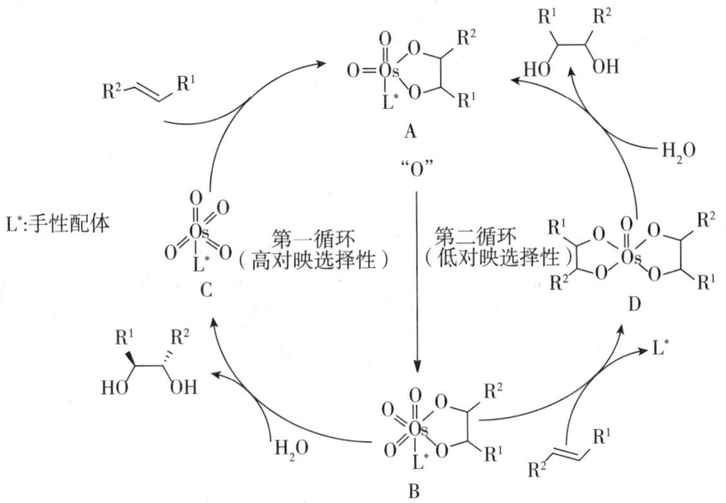

图1-8　Sharpless 双羟基化反应机制

（2）反应特点及应用实例　Sharpless 双羟基化反应底物适用性广、条件温和、产率和选择性好，富电子及含芳环的烯烃反应活性更好，产物构型可预测。R_2^*-PHAL 为应用最多的配体，其与改进的锇源 $K_2OsO_2(OH)_4$、氧化剂 $K_3Fe(CN)_6$ 三者按一定比例混合做成 AD 反应的催化剂已经市售。$(DHQD)_2$-PHAL 倾向于从 β 面将羟基加到烯烃上，因此 $(DHQD)_2$-PHAL 组成的商品化 AD 反应试剂称为 "AD-mix-β"，$(DHQ)_2$-PHAL 组成的 AD 反应试剂称为 "AD-mix-α"。海鞘素-743（ecteinascidin-743）全合成中重要邻二醇中间体可采用 AD-mix-α 进行 Sharpless 双羟基化反应制得，收率可达 93%，e.e. 达到 97%。

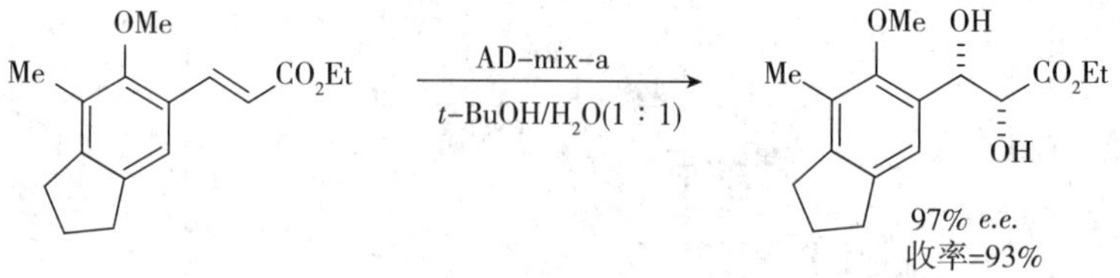

2. 普雷沃斯特反应（Prévost reaction）

（1）反应通式与机制　烯烃与碘和苯甲酸银盐反应，先得邻二醇二酯，再经水解，得反式邻二醇的反应称为普雷沃斯特反应。反应通式如下：

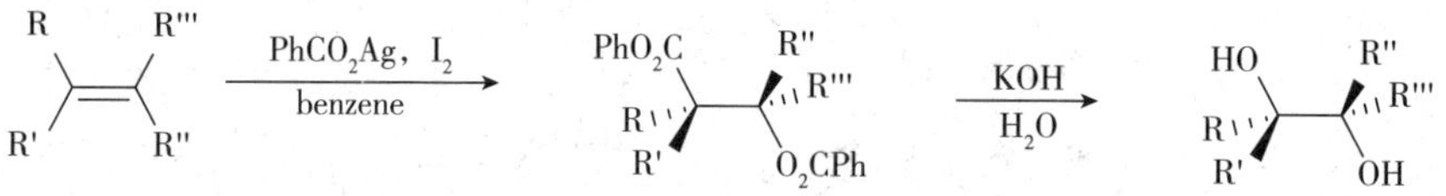

该反应的机制为烯烃与碘形成三元环碘鎓离子，随后一分子苯甲酸负离子从碘离子对侧 S_N2 进攻，得到的酯中间体羰基作为亲核位点进行分子内取代，形成 1,2-二氧代环状化合物，另一分子苯甲酸负离子进攻并开环得到反式二醇（图 1-9）。

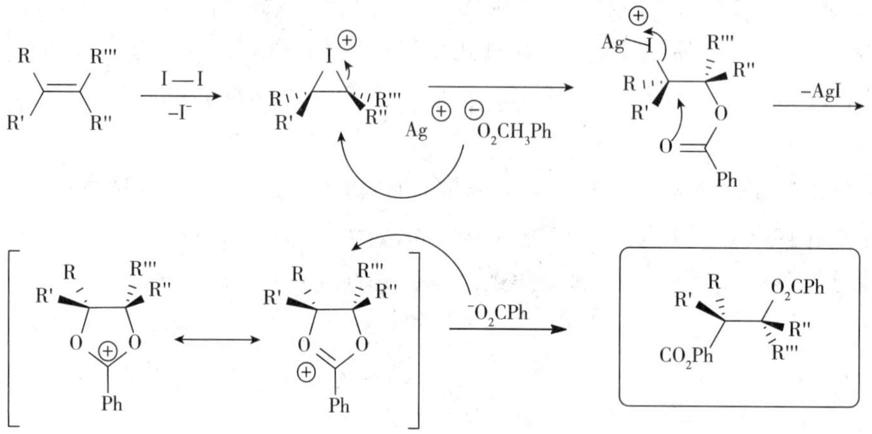

图 1-9　普雷沃斯特反应机制

（2）反应特点及应用实例　普雷沃斯特反应的产物为反式二醇，底物适用性较广，刚性环状底物对映选择性更高；最常用的催化试剂为苯甲酸银，醋酸银和醋酸铊也可以催化该反应。氟取代二氢苯并丁苯在苯甲酸银和碘作用下，可高选择性的得到相应的邻二醇衍生物。

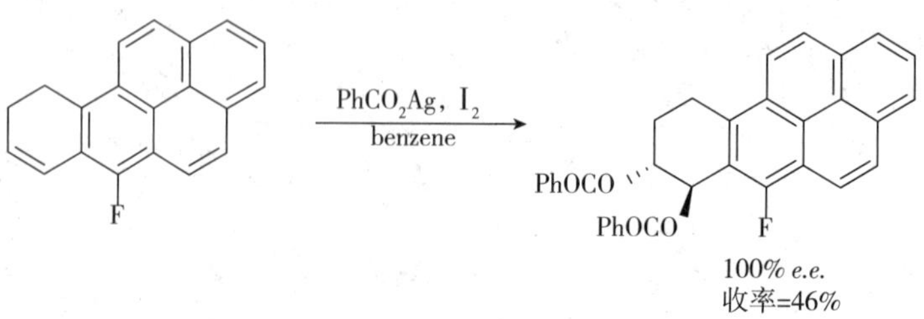

（三）烯烃的不对称氨基羟基化反应（asymmetric amino hydroxylation，AA反应）

β-氨基醇结构与邻二醇结构一样，广泛存在于活性天然产物和合成化合物中，将氨基和羟基立体选择性的加到烯烃中以合成 β-氨基醇结构在合成领域至关重要。

1. 反应通式与机制 以 N-卤代酰胺盐为氮源，(DHQD)$_2$-PHAL 或 (DHQ)$_2$-PHAL 等作为手性配体，K$_2$OsO$_2$(OH)$_2$ 作为金属配合核心将烯烃不对称氨基羟基化的反应称为不对称氨基羟基化反应。反应通式如下：

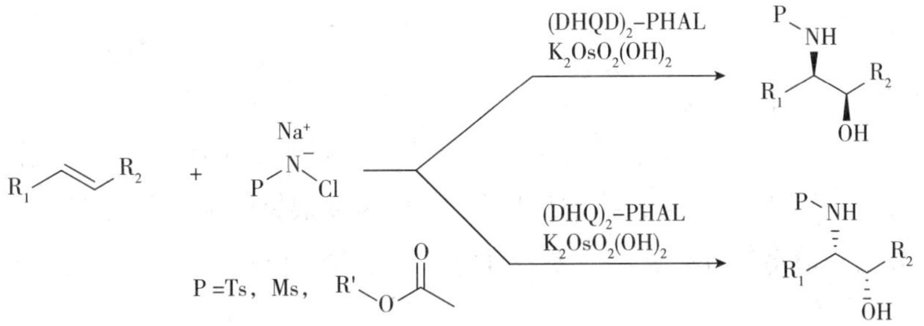

AA反应的反应机制如1-10所示。氮源试剂首先取代OsO$_4$上的一个氧原子后与手性配体形成配合物，在手性配体的诱导影响下，加成到烯烃上，另一分子氮源试剂取代另一氧原子后，经水解得到目标产物，完成催化循环。

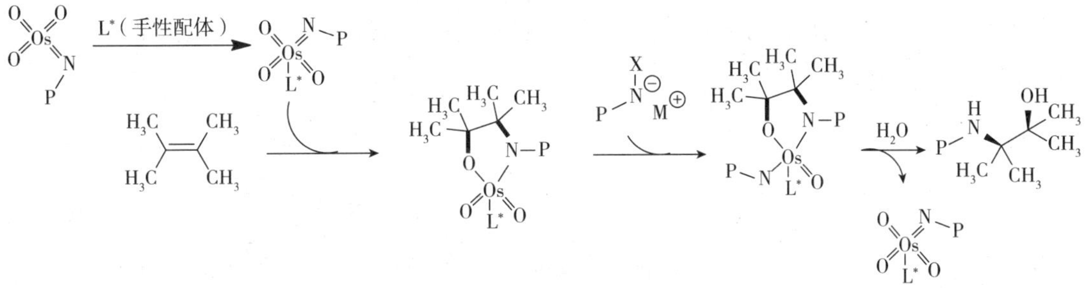

图1-10 不对称氨基羟基化反应机制

2. 反应特点及应用实例 与烯烃的不对称双羟基化（AD反应）反应相比，烯烃的不对称氨基羟基化反应（AA反应）有三点不同：①需要特殊试剂作为氮源；②烯烃为不对称烯烃时，产物可能有两种位置异构体；③除了生成氨基醇外，还可能生成邻二醇副产物。因此，合适的氮源试剂以及手性催化体系是AA反应所需的。

与AD反应类似，(DHQD)$_2$-PHAL 和 (DHQ)$_2$-PHAL 等手性配体的引入，不仅可产生手性识别，还可以提高反应的位置选择性。例如，肉桂酸甲酯的氨羟基化反应，不加手性配体时，磺酰胺基加到C-3位的产物占66%，加入手性配体后提高到83%。氮源分子的位阻小有利于提高反应的速率以及位置和立体选择性，通常 N-卤代氨基甲酸酯盐优于氯胺-M（N-氯代甲磺酰胺钠）及氯胺-T（N-氯代对甲苯磺酰胺钠盐）。

磺酰基作为胺的保护基，其脱去需要用氢溴酸高温反应条件，而氨基甲酸酯片段在温和条件下就可脱除。该反应中羟基的来源为水，当 N-氯代氨基酸酯盐作为氮源时，最优的条件为50%正丙醇（或叔丁醇）水作溶剂，如水的量过多则反应很难发生。例如，环孢菌素A（Cyclomarin A）的全合成中需要合成罕见的含有二氢吲哚环的氨基酸，当以二氢吲哚丙烯酸酯为底物，采用AA反应可顺利制得目标产物。

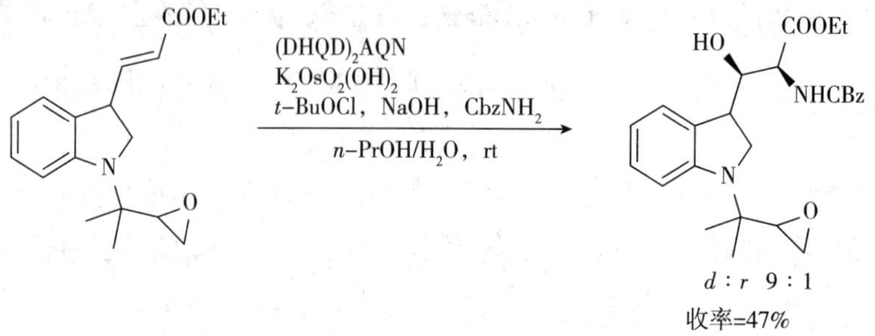

d : r 9 : 1
收率=47%

（四）其他烯烃氧化反应

Davis 氧杂氮丙啶氧化反应（Davis oxaziridine–amine oxidation）

（1）反应通式与机制　利用2-芳基磺酰基-3-芳基氧杂氮丙啶（Davis试剂）作为氧化剂将烯醇氧化为 α-羟基羰基（酮、酯或酰胺）化合物的反应称为Davis氧杂氮丙啶氧化反应，是在温和条件下在羰基或酯基 α 位引入羟基的最常用方法。反应通式如下：

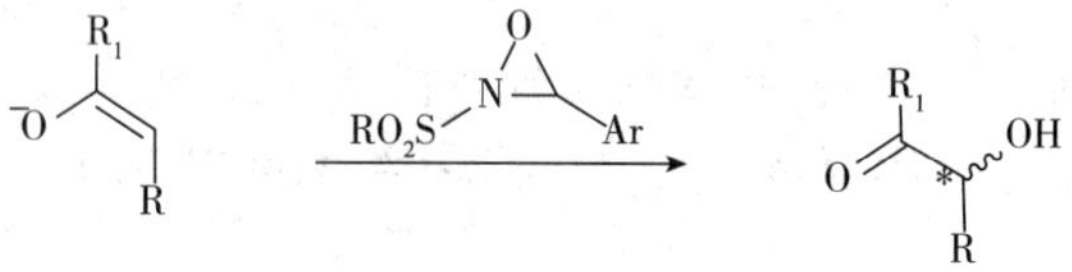

反应机制如1-11所示。含羰基和酯基的底物发生烯醇互变；N-磺酰基氧杂氮丙啶衍生物作为氧化试剂，因其N原子具有大位阻取代基而易被上述底物进行 S_N2 亲核取代；N-磺酰基部分作为大基团离去，得到手性 α-羟基酮化合物。

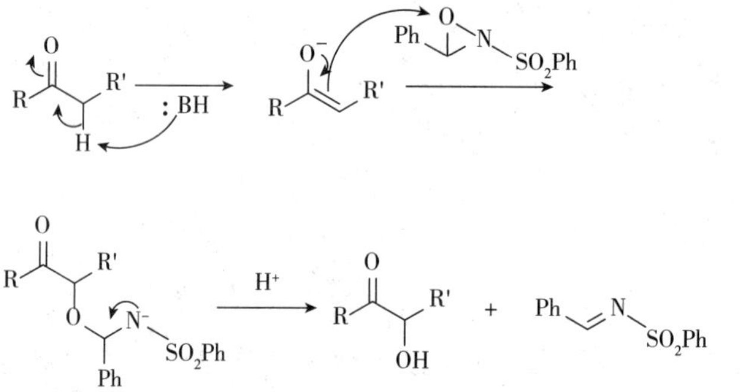

图1-11　Davis氧杂氮丙啶氧化反应机制

（2）反应特点及应用实例　Davis氧杂氮丙啶氧化反应条件温和，通常在室温下进行，反应效率高，可在几小时内完成。该反应具有高立体选择性和高化学选择性，可进行复杂分子的氧化反应，还可以将具有不同几何异构体的底物转化为具有相同立体结构的产物，被广泛应用于不对称合成和天然产物合成领域。

例如，以苯基磺酰基-3苯基氧杂氮丙啶作为Davis试剂，在二（三甲基硅基）氨基钠（NaHMDS）等试剂的作用下，可以在(S)-4-异丙基-3-(3-苯基丙酰基)噁唑-2-酮酰胺 α 位引入羟基，得到 α 羟基衍生物，收率为85%，d.e.值为90%。

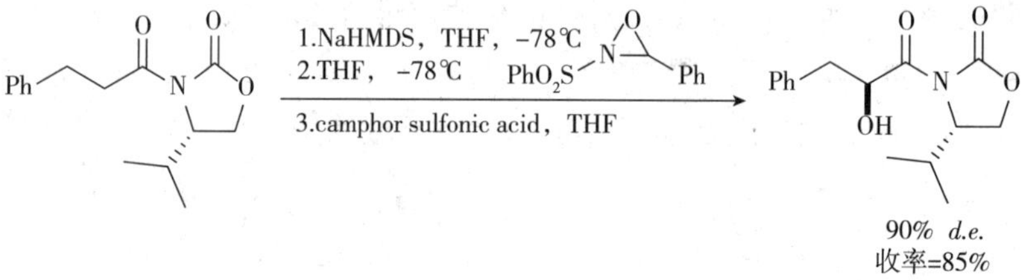

90% d.e.
收率=85%

用具有手性氧氮环丙烷母体结构的樟脑磺酸衍生物作为Davis手性催化剂，可提升反应的对映选择性。例如，用（10-樟脑磺酰基）氧杂氮丙啶衍生物作为Davis试剂，可实现邻芳基羰基衍生物 α 位引入羟基，目标 α-羟基衍生物的 d.e. 值提高至95%。

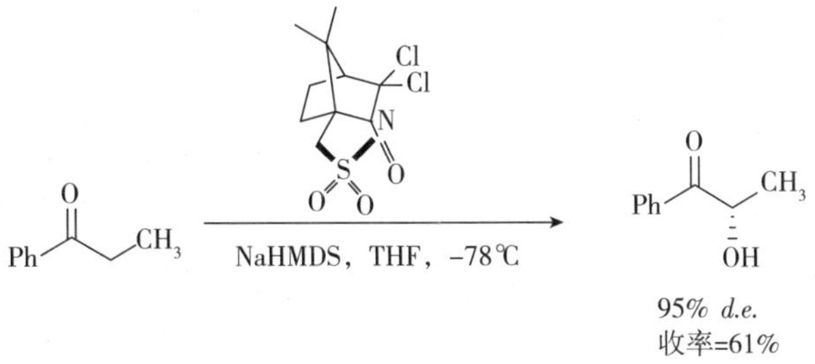

95% d.e.
收率=61%

二、不对称还原反应

不对称还原反应主要包含烯烃的不对称氢化还原、羰基和亚胺的不对称氢化还原等。不对称氢化反应的关键是寻找合适的手性配体，各种手性有机磷配体被开发用于该类反应，其中与Rh（Ⅰ）形成稳定配合物的双齿手性膦配合物应用最为广泛，且具有较好的对映选择性。

（一）含功能基烯烃的不对称氢化反应

1. 反应通式与机制 双键上连接氨基、羟基、羰基、羧基及其衍生物等极性基团的烯烃，其不对称氢化反应通常具有较高的对映选择性。含功能基烯烃的不对称氢化反应通式如下：

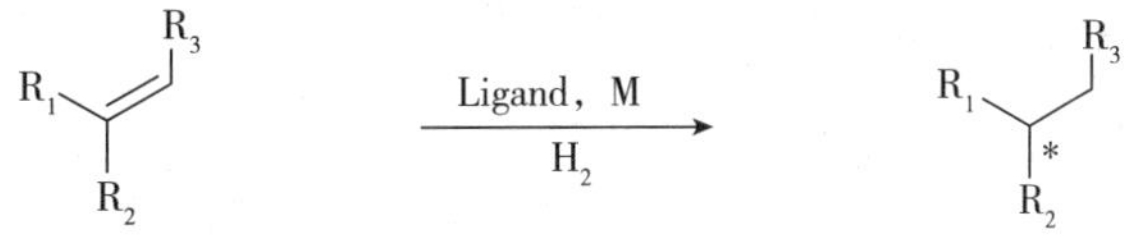

R_1，R_2，R_3至少有一个为氨基、羟基、羰基和羧基等功能基团
Ligand 为配体，M为金属离子

以3-位取代的 α-乙酰氨基丙烯酸不对称催化氢化反应为例说明反应机制，底物中烯烃共轭的羰基氧原子与烯键共同与铑配位形成 Ⅰ 和 Ⅰ′ 一对非对映异构体，由于中间体Ⅰ的加氢速率远大于Ⅰ′的，因此Ⅰ氢化后得到的(R)N-乙酰氨基酸酯为主要产物。氢气加成到 Rh（Ⅰ）形成 Rh（Ⅲ）的二氢化物中间体 Ⅱ，在不对称膦配体限制下，铑上一个负氢就近加成到烯烃的双键得到中间体Ⅲ，随后还原消除得到产物和不对称膦配体-Rh（Ⅰ）配合物，完成催化循环（图1-12）。

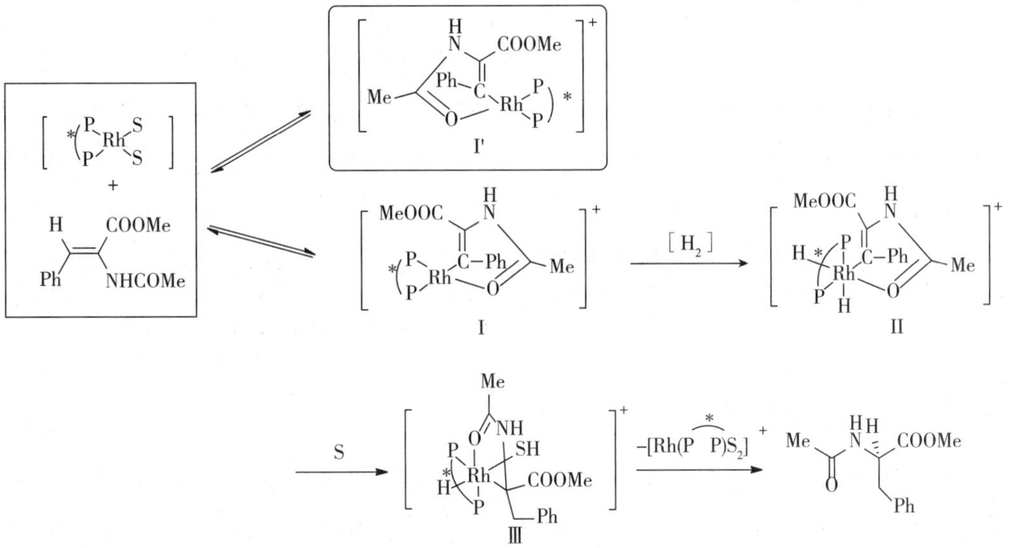

图1-12 含功能基烯烃的不对称氢化反应通式

2. 反应特点及应用实例 烯烃相连的极性基团可与催化剂金属配位，限制了烯烃的空间位置，从而提高了反应的对映选择性。3-位取代的 α-乙酰氨基丙烯酸催化加氢是合成各种 α-氨基酸的重要途径，(*S*)-DIOP、(*S*)-BINAP、(*S*,*S*)-Et-DuPHOS、(*R*,*R*)-DIPAMP和(*R*,*S*)-BPPFA等多种配体都可以有效催化该反应，得到*e.e.*值大于95%的产物。

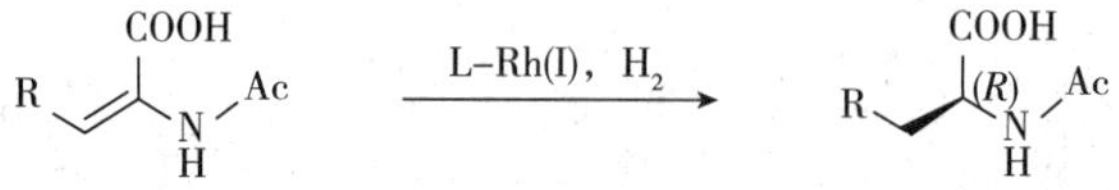

e.e. > 95%

配体

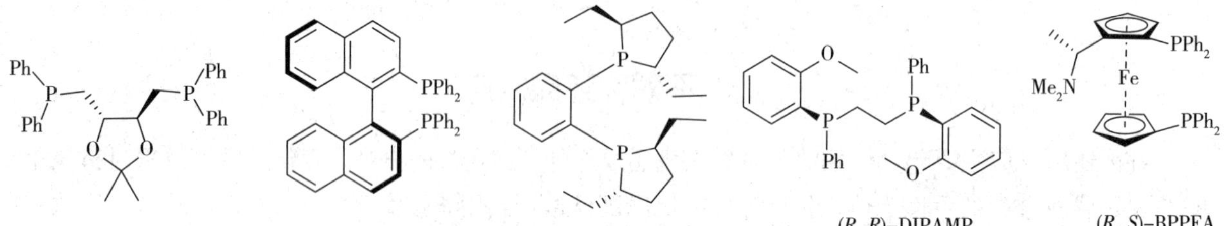

(*S*)-DIOP　(*S*)-BINAP　(*S*, *S*)-Et-DuPHOS　(*R*, *R*)-DIPAMP　(*R*, *S*)-BPPFA

3-取代 β-乙酰氨基丙烯酸酯的不对称氢化可以合成光学活性的 β-氨基酸衍生物，(*S*,*S*)-FerroPHOS与Rh（Ⅰ）配合物可催化该不对称氢化反应。

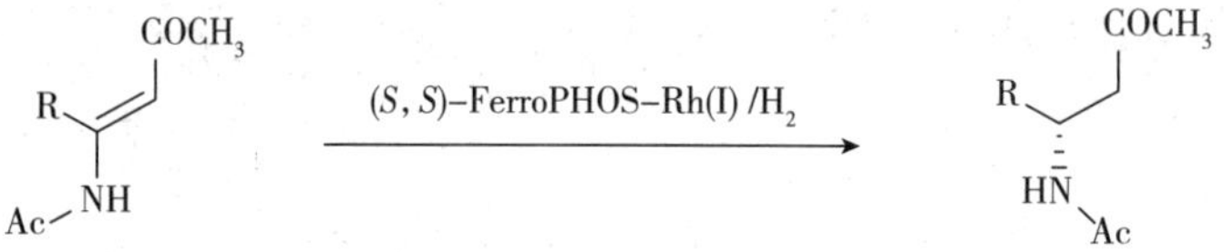

98%~99% *e.e.*

收率>60%

不饱和羧酸及其衍生物在手性膦配体-Rh（Ⅰ）的催化下也可以有效的不对称氢化，例如，采用(*S*)-BINAP-Rh（Ⅰ）催化体系，高效完成了非甾体抗炎药(*S*)-萘普生的合成。

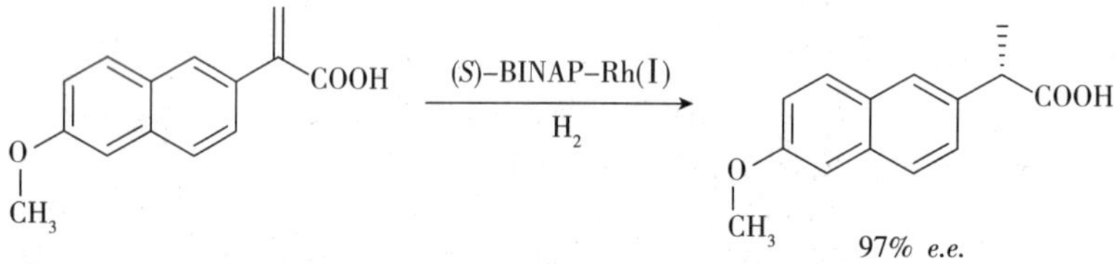

97% *e.e.*

收率=92%

(*R*,*R*)-Me-DuPHOS-Rh（Ⅰ）的催化下，烯醇高产率且高对映选择性的生成加氢产物，只有烯醇的双键可以被还原，孤立双键不参与反应。

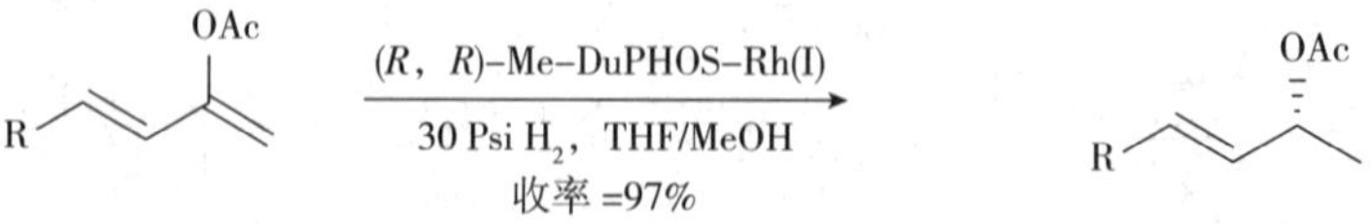

R= Ph，94% *e.e.*

R=*n*-C_5H_{11}，94% *e.e.*

（二）酮羰基的不对称氢化

1. 氢气为氢源的还原 酮羰基的不对称氢化反应是合成手性仲醇重要手段。α-氨基酮衍生物不对称氢化，多种手性膦配体如BINAP、双（二苯基膦）丁烷（CHIRAPHOS）和DIOP等，与Ru或者Rh的配合物均能高效的催化反应的发生（> 95% *e.e.*）。

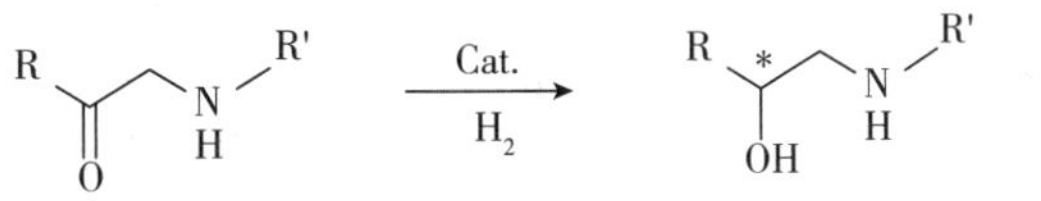

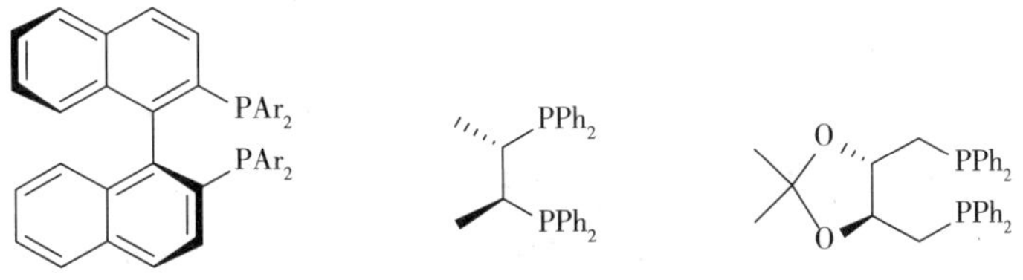

(S)-BINAP：Ar=Ph (S,S)-CHIRAPHOS (S,S)-DIOP

β-羰基丁酸酯类化合物使用BINAP与RuX$_2$（X=Cl，Br或I）配位催化可以高活性获得高对映选择性的产物（收率>99%，>99% e.e.）。该催化体系对于β-羰基酰胺类底物的还原同样有效。

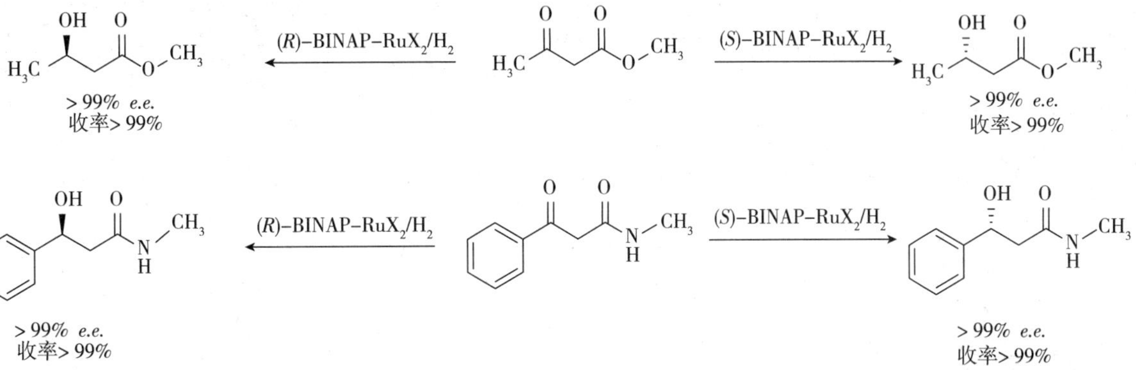

但该催化体系不能实现酮羰基和烯烃的选择性。将RuCl$_2$、双膦手性配体和手性二胺以1∶1∶1混合组成的配合物RuCl$_2$-DPDA不仅对众多的酮羰基具有较好的不对称催化氢化作用，还对含有碳碳双键的酮羰基化合物表现出极高的羰基选择性，许多α,β-不饱和烯酮在RuCl$_2$-DPDA的催化下可高选择性的转化成手性丙烯醇。其中手性二胺常用有(1S,2S)-1,2-二苯基乙二胺[(S,S)-DPEN]和(1S,2S)-1,2-环己基二胺[(S,S)-CHDA]。

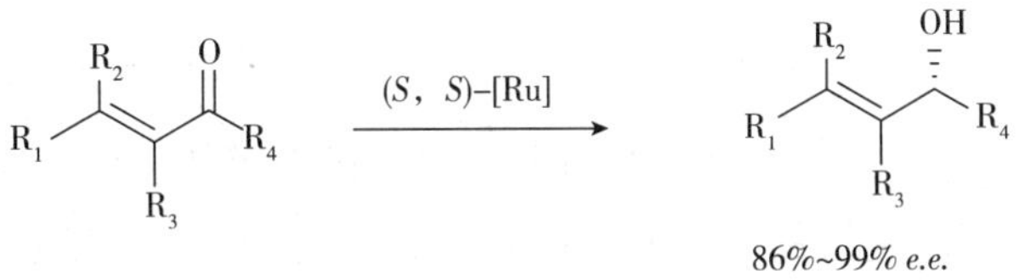

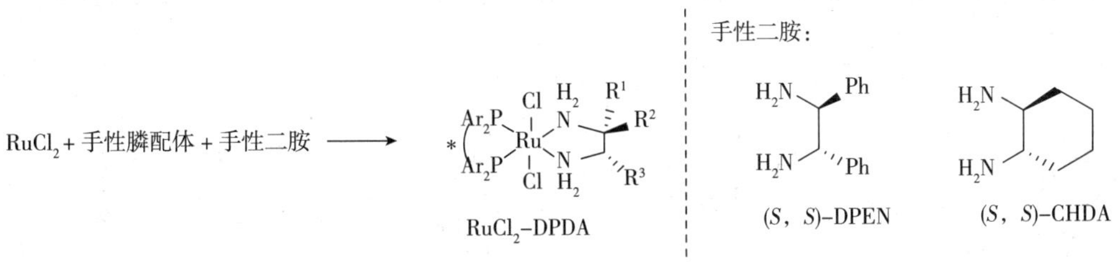

86%~99% e.e.

手性二胺：

RuCl$_2$ + 手性膦配体 + 手性二胺 $\longrightarrow$

RuCl$_2$-DPDA (S,S)-DPEN (S,S)-CHDA

2. 氢转移还原

（1）Corey-Bakshi-Shibata还原反应

1）反应通式与机制 Corey-Bakshi-Shibata还原反应简称CBS还原，是指酮在手性硼杂噁唑烷（CBS催化剂）和硼烷作用下被立体选择性还原为醇的反应。反应通式如下：

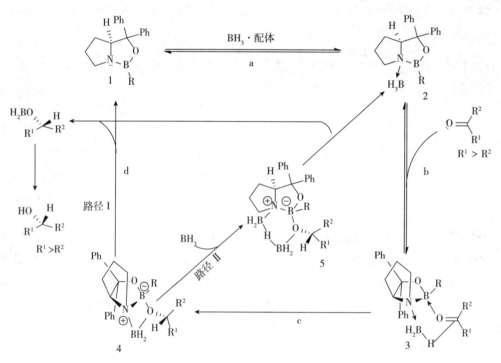

CBS催化剂同时作为手性助剂与Lewis酸参与反应，CBS催化剂中氮作为Lewis碱活化还原剂硼烷。该反应的可能机制见图1-13:（a）硼烷与环氮的络合;（b）酮氧与环硼的配位（孤电子对在空间上更加接近酮的较小的取代基）;（c）氢通过六元循环过渡态从NBH$_3$转移到羰基碳上;（d）最后中间体4经消除得到硼酸酯和催化剂（1），硼酸酯水解得到手性醇。中间体4还可以与另一分子硼酸络合后消除得到硼酸酯和中间体2完成催化循环。

图1-13　Corey-Bakshi-Shibata还原反应机制

2）反应特点及应用实例　CBS还原反应具有速率快、操作简便、产率高、对映选择性好及产物构型可以准确预测等特点，在复杂化合物的合成中得到广泛应用。CBS催化剂易于制备，在空气中可稳定存在。例如，以噁唑硼烷作为催化剂，硼烷作为还原剂，通过催化还原制备手性苯基氯乙醇，收率高达97%，对映体纯度可达96.5%。

（2）Midland还原反应

1）反应通式与机制　利用 α-蒎烷-硼烷（Alpine-borane）为手性还原试剂将炔基酮不对称还原为炔基醇的反应称为Midland还原反应。反应通式如下：

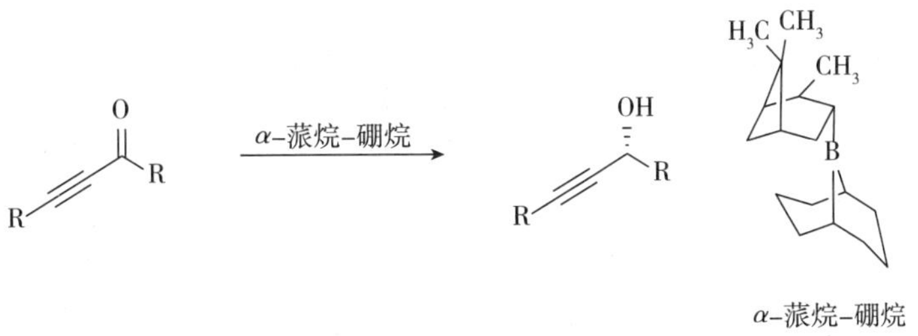

温和条件下，乙炔酮（A）可与 α-蒎烷-硼烷（B）中硼原子和其邻位氢发生络合形成六元过渡态 C，在硼原子的吸电子作用下进行氢转移，得到的手性硼酸酯经水解得到丙炔醇（E）。具体如图1-14所示。

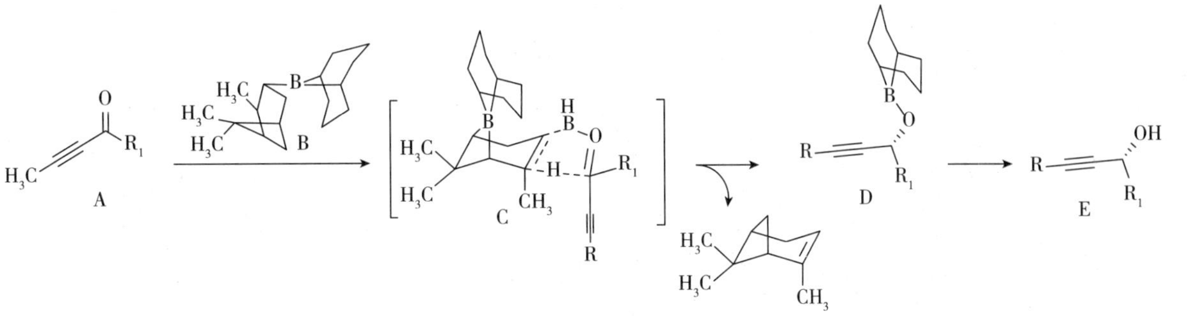

图1-14 Midland还原反应机制

2）反应特点及应用实例 Midland还原反应操作简单，反应条件温和，可大规模进行，反应适用范围广、化学产率高、产物的对映体纯度良好。α-蒎烷-硼烷即B-异松蒎基-9-硼烷双环[3.3.1]壬烷（B-isopinocampheyl-9-borabicyclo[3.3.1]nonane，(S)-Alpine-borane）是一类具有高度对映选择性、立体选择性和化学选择性的新型还原剂，可用于还原醛和乙炔酮。例如，在果胶内酯H的立体选择性合成中，应用Midland还原反应得到相应的醇类化合物，反应收率高达95%，对映体纯度可达88%。

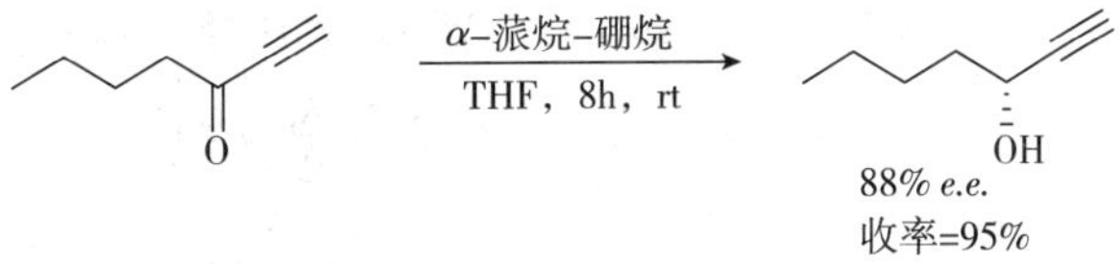

88% e.e.
收率=95%

三、不对称加成反应

（一）羰基的不对称加成

羰基的加成可以衍生出各种类型的羟基化合物，常见的反应类型有不对称羟醛缩合、不对称Baylis-Hillman反应、不对称Reformatsky反应和有机金属试剂对羰基的不对称加成等。

1. 不对称羟醛缩合 是有机合成中构建碳-碳键，合成手性 β-羟基酮的方法之一，可以分为两类：一是底物或手性辅剂诱导的不对称羟醛缩合，二是Lewis酸催化的不对称羟醛缩合反应。

（1）Evans羟醛缩合反应

1）反应通式与机制 含有Evans手性辅基（R^*）的手性酰基噁唑烷酮和醛进行不对称羟醛缩合形成 β-羟基酮的反应称为Evans羟醛缩合反应。它是典型的由手性辅剂诱导的不对称羟醛缩合反应，通式如下：

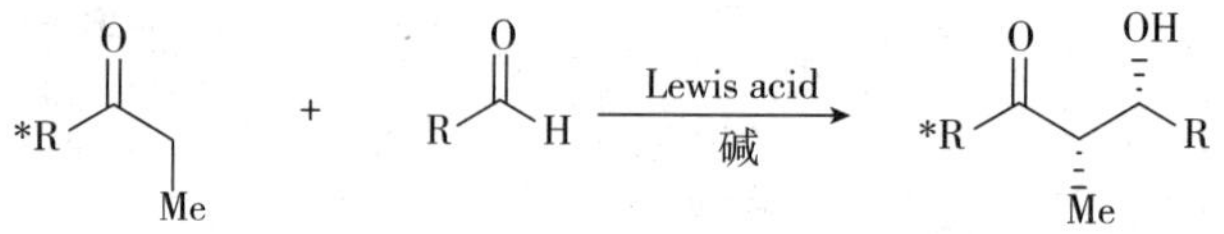

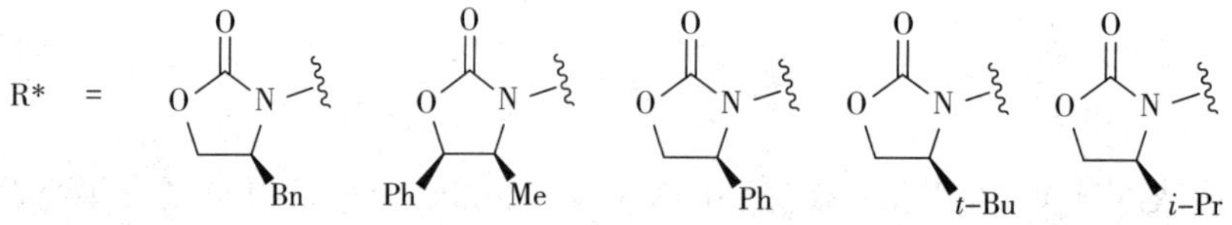

反应机制如图1-15所示，首先手性酰基噁唑酮中的羰基在硼三氟甲磺酸酯（路易斯酸）的作用下活化，三乙胺等碱作用下与酰胺 α 位的H消除形成 Z-构型的硼化烯醇，并与分子内的羰基形成硼烯醇介导的六元环过渡态，与醛进行羟醛缩合反应得到顺式产物。对于六元环过渡态，手性辅助基的羰基与烯醇的朝向相反，羰基底物从相对于手性辅助基异丙基的反方向进攻。

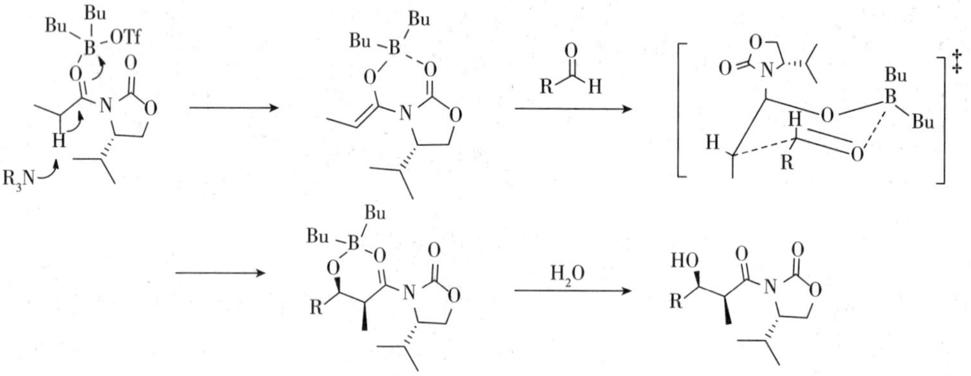

图1-15 Evans羟醛缩合反应机制

2）反应特点及应用实例 Evans羟醛缩合反应中，N-酰基噁唑烷酮在一般条件下可以得到单一构型的 Z-烯醇盐，易于制备、脱除和回收使用；反应具有很高的非对映立体选择性和光学纯度；反应条件温和且实用性强，可广泛用于羟醛缩合反应并且得到顺式产物。例如，抗乳腺癌物质去甲木脂素Catunaregin的全合成中，采用该反应合成关键中间体，反应产率为98%，产物为19∶1的非对映混合物，顺式产物占主导。

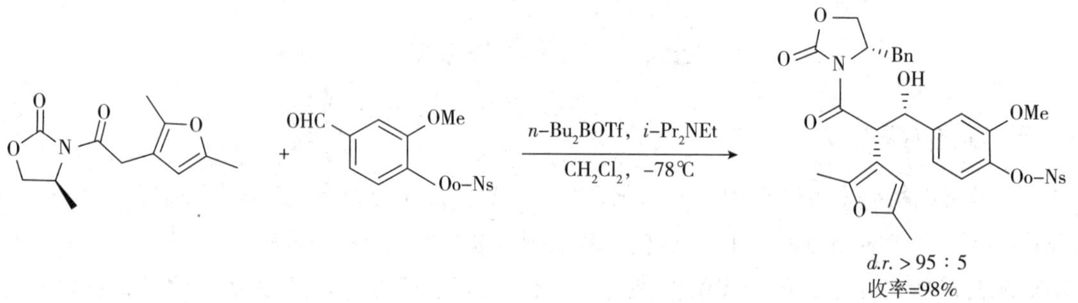

d.r. > 95∶5
收率=98%

（2）Mukaiyama羟醛缩合反应

1）反应通式与机制 Mukaiyama羟醛缩合反应是醛在Lewis酸催化下和烯醇硅醚进行羟醛缩合得到手性 β-羟基羰基化物的反应。反应通式如下：

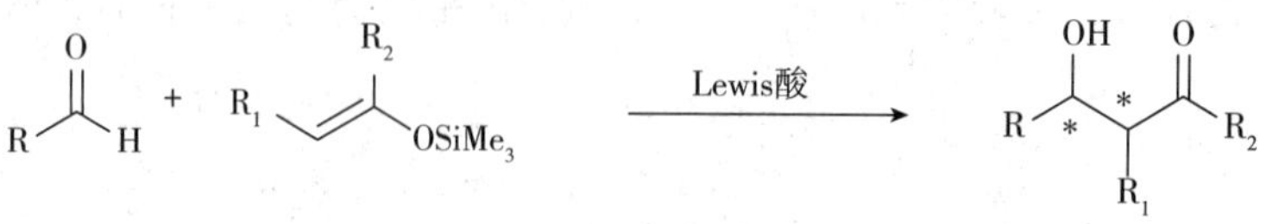

反应机制如图1-16所示。硅的Lewis酸性较弱，不易和羰基发生配位形成六元环反应过渡态，而是以线型过渡态形式发生反应，由于硅的烯醇化物的中间态的自由度很高，所以很难实现反应的高立体选择性，硅的烯醇化物有形成syn体的倾向，与烯醇的几何异构无关。

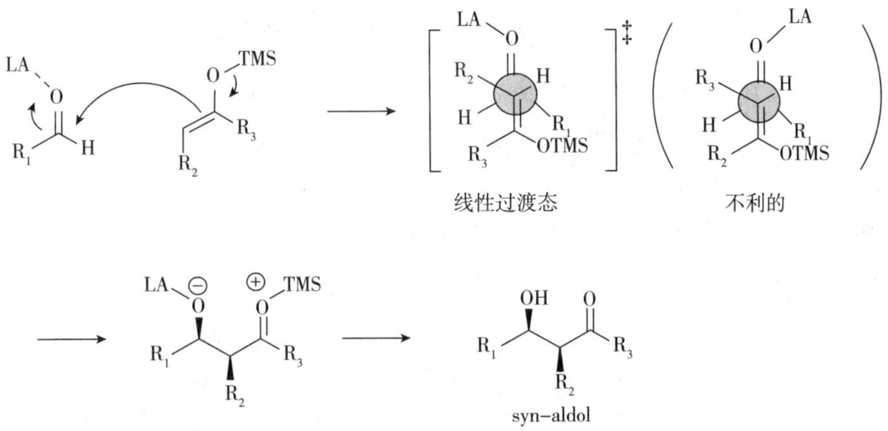

图1-16　Mukaiyama缩合反应机制

2）反应特点及应用实例　Mukaiyama羟醛缩合反应的硅试剂主要有烯醇硅醚，烯基硅缩酮，烯基硅硫缩酮。烯醇硅醚为烯醇负离子的等效体，但其亲核性不够强，不能直接与酮反应，因此需要加入Lewis酸以活化羰基，催化剂包括有机钛、有机锆试剂等。如噁唑硼烷酮可以有效催化苯甲醛与苯基烯醇硅醚发生Mukaiyama反应，收率可达82%，R构型产物$e.e.$值为89%。

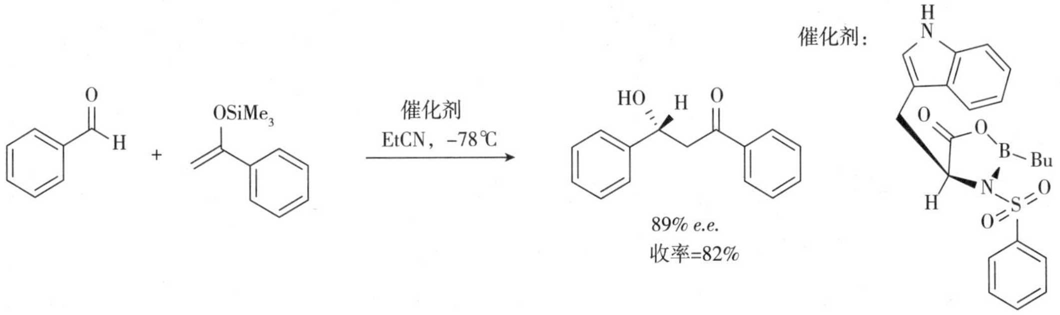

2. 不对称Baylis-Hillman反应

（1）反应通式与机制　活化烯烃［一般是烯烃与吸电子基团（electrondrawing group，EWG）连接］α位与醛、酮或亚胺等含缺电子sp^2型亲电试剂在适当催化剂的作用下生成烯烃α位加成产物的反应称为Baylis-Hillman反应。反应通式如下：

R=aryl, alkyl, heteroaryl；R'=H, COOR；X=O, NCOOR, NTS, NSO$_2$Ph；
EWG=COR, CHO, CN, COOR, PO(OEt)$_2$, SO$_2$Ph, SO$_3$Ph, SOPh

该反应是活化烯烃、亲电试剂和碱性催化剂共同参与的加成-消除反应：叔胺催化剂与活化烯烃（Michael型受体）发生亲核加成，生成两性离子烯醇盐，随后进攻亲电试剂羰基发生缩合，质子转移后经消除得到产物，如图1-17所示。

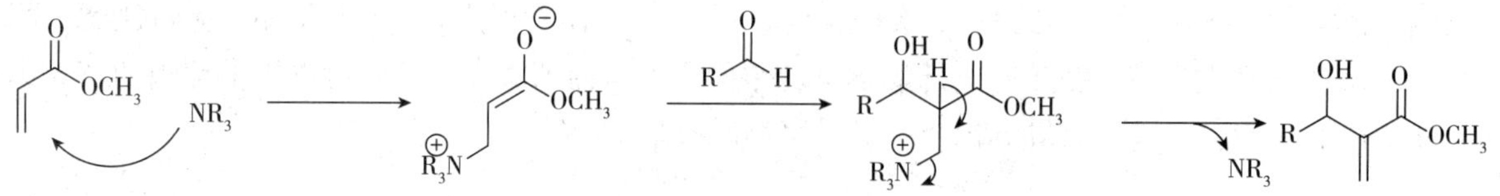

图1-17 不对称Baylis-Hillman反应机制

从反应机制中可以看出，该反应产物形成一个新的手性中心，如果在反应过程中引入手性环境或使用手性催化剂，该反应可能立体选择性地生成光学产物。

（2）反应特点及应用实例 该反应常用的催化剂是叔胺类化合物，包括三乙烯二胺（1,4-Diazabicyclo[2.2.2]octane，DABCO）、奎宁环-3-醇（3-Quinuclidinol，3-QDL）、1,8-二氮杂双环[5.4.0]十一碳-7-烯（1,8-Diazabicyclo[5.4.0]undec-7-ene，DBU）和 B-6′-羟基异辛可宁（β-Isocupreidine，TQO）等。

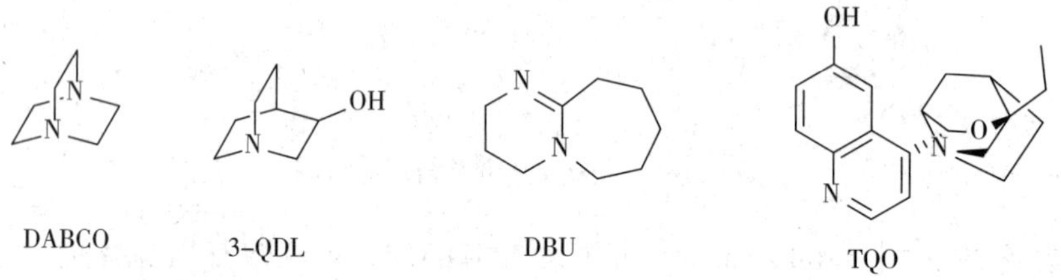

DABCO　　　3-QDL　　　　DBU　　　　　TQO

底物中含有手性诱导基团可促进该反应的手性选择性，如当醛基连接到具有大位阻手性基团的氮杂四元环上所得的手性醛与活化烯烃反应时，具有很好的诱导效果。

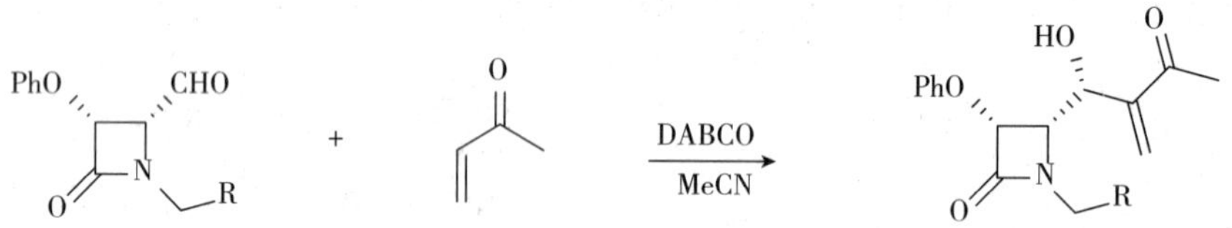

92% d.e.
收率=60%~80%

虽然底物诱导的不对称Baylis-Hillman反应取得了较好的效果，但限于底物适用性和需要增加脱除手性结构，该类不对称反应的应用受限。现已有多类催化剂被开发用于该反应，如手性叔胺催化剂、手性膦催化剂、手性含硫催化剂和手性Bronsted酸催化剂等，其中手性叔胺催化剂和手性Bronsted酸的催化效果较好。例如，小分子手性叔胺TQO催化亚胺和活性烯烃反应，可获得极高的对映选择性e.e.值96%～99%。

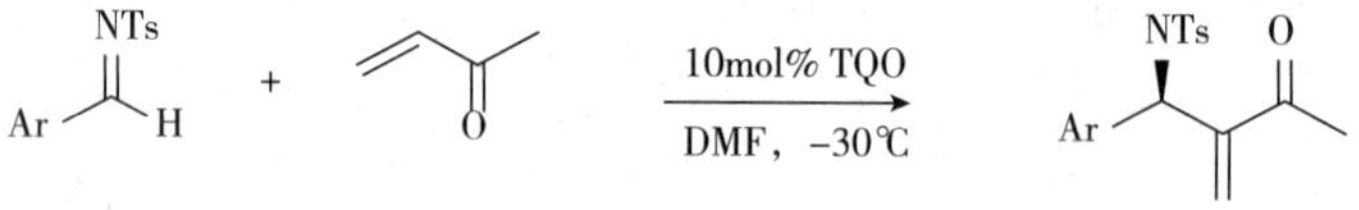

96%~99% e.e.
收率=80%~80%

3. 不对称Reformatsky反应

（1）反应通式与机制 α-卤代酯（或酰胺）在金属锌的作用下与醛或酮发生加成反应得到β-羟基（或氨基）酯的反应称为Reformatsky反应，该反应是构建新C—C键的重要反应之一，可以构建光学活性的β-羟基（或氨基）酸及其衍生物。反应通式如下：

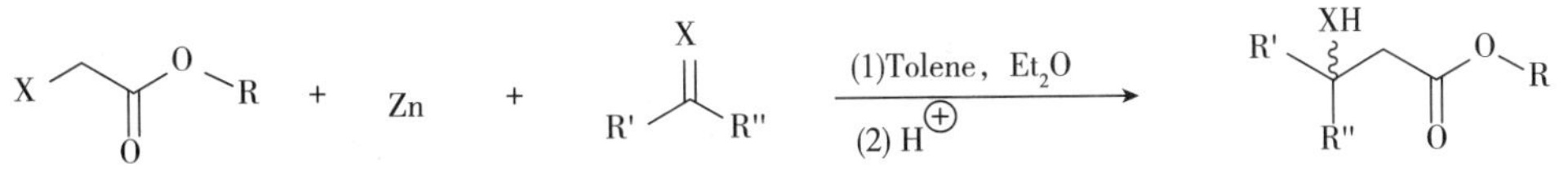

X=O，NH

该反应的机制与格氏试剂和醛酮反应类似，首先α-卤代酯（或酰胺）与金属锌得到格氏试剂，后与醛酮发生亲核加成得到相应产物。

（2）反应特点及应用实例　反应的底物除了醛酮外，还可是亚胺、环氧化物等，金属锌也可以由镉、锡、铟等金属替代。该反应产物的对映选择性可由手性底物诱导，手性噁唑烷酮作为手性诱导基团可取得较好的效果，如α-溴代丙酰手性噁唑烷与异丁基醛反应，可选择性得到反式产物，且*e.e.*值大于96%。

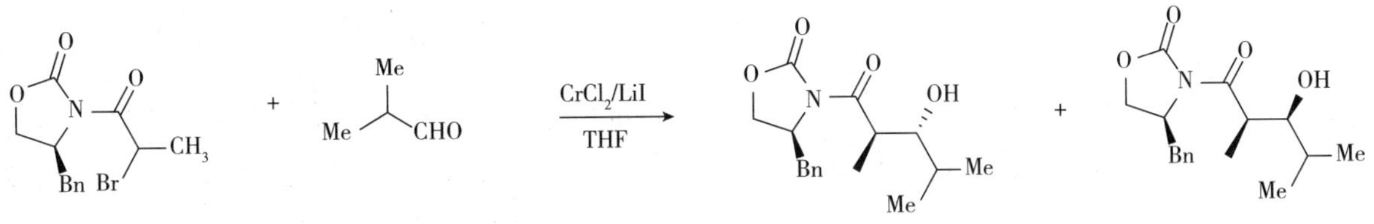

anti=95%
>96% *e.e.*
收率=88%

syn=5%

目前已发展了不对称Reformatsky反应的催化体系，如Troger碱配体、糖衍生化手性配体、氨基醇手性配体、二肽类手性配体等，其中氨基醇手性配体是目前效果最好、应用最广的不对称Reformatsky反应的手性配体，在催化溴代乙酸酯与醛的不对称Reformatsky反应中，获得*e.e.*值大于75%的选择性，产率大于90%的*R*型产物。

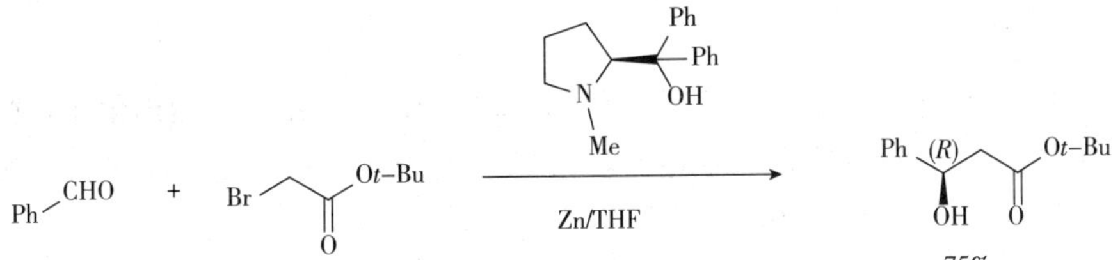

75% *e.e.*
收率=91%

4. 有机锌试剂对羰基的不对称加成

（1）反应通式与机制　醛酮与有机锌试剂在手性催化剂条件下加成得到手性醇的反应，反应通式如下：

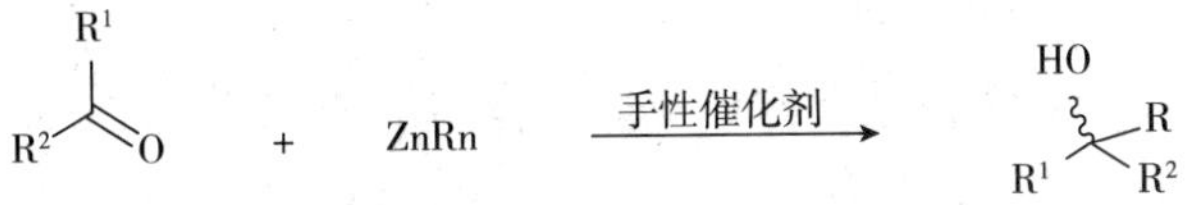

不同于有机锂、镁或铝等金属试剂，有机锌对羰基化合物加成的活性较低甚至很难发生反应，氨基醇等手性配体与有机锌配位后形成近似四面体的有机锌配合物提高反应活性的同时可获得光学活性产物。

该反应的机制如图1-18所示，手性配体[(-)-DAIB]，（1）与二甲基锌生成配合物2，该配合物并不能直接与醛基反应，需要第二分子的甲基锌配位到手性配体中的氧原子上生成配合物3，随后第一分子二甲基锌与醛基氧反式配位（4），后形成5/4/4三环过渡态（5），第二分子的甲基*Si*面亲核进攻羰基碳，

生成 *S*- 型苯基乙醇。

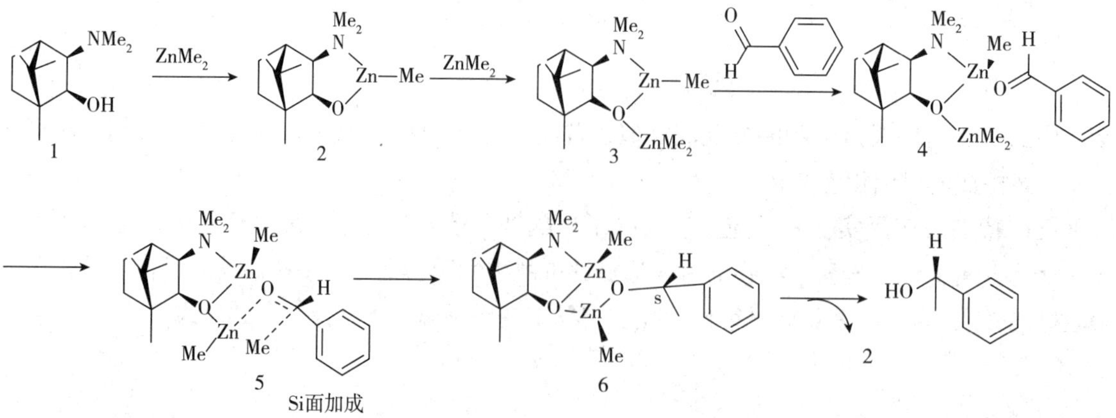

图1-18　有机金属试剂对羰基的不对称加成反应机制

（2）反应特点及应用实例　该反应至少需要两当量的甲基锌，缺少原子经济性，但手性识别效果好。多种类型的手性配体在该反应中均具有极好的选择性，例如手性氨基醇类、手性吡啶醇或亚胺醇类配体、手性硫醇或氨基硒配体和手性二氮（或二酚、二醇）配体等，其中手性氨基醇配体是报道最多、手性识别效果最好的一类手性配体。

例如，采用高对映选择性的手性催化剂[(−)-DAIB]，在催化苯甲醛与二甲基锌反应时，生成(*S*)-1-苯基乙醇产物的 *e.e.* 值高达95%。

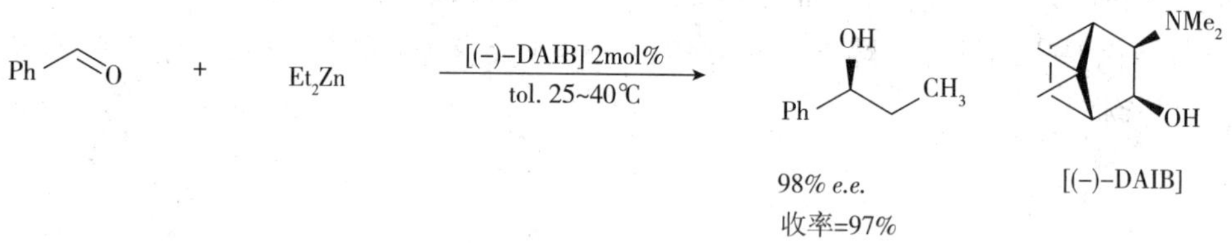

由氨基酸衍生的氨基醇中，苯甘氨酸衍生的手性氨基醇配体表现出极好的催化和对映体选择性。例如，用6mol%的手性配体，无论是芳香醛还是脂肪醛，反应产率都接近定量，*e.e.* 值大于92%。

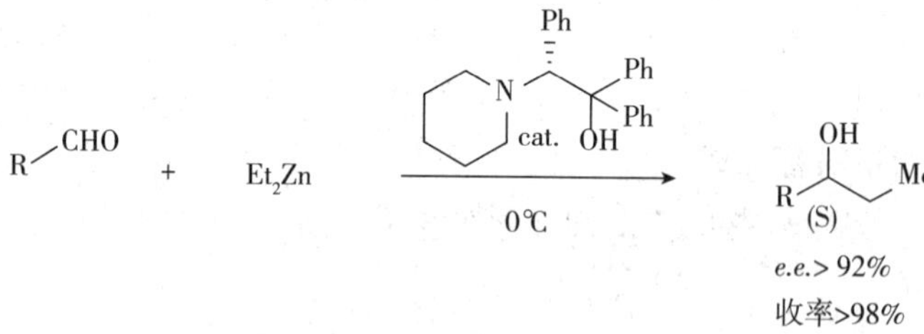

除了烷基金属化合物，炔基锌和芳基锌在手性配体的作用下也可以取得较好的产率和对映选择性。如炔基乙基锌与多种芳香醛或脂肪醛在吡啶醇类配体的作用下加成，产物 *e.e.* 值均大于80%。

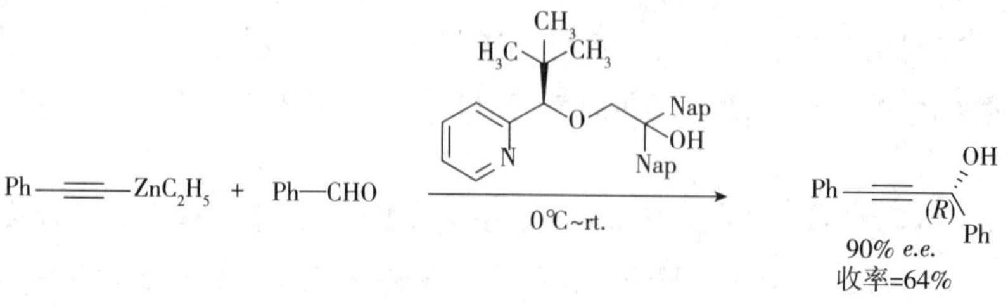

（二）不对称Micheal加成反应

1. 反应通式与机制　亲核试剂（NuR）在催化条件下与 α,β-不饱和醛、酮、酯、腈、硝基化合物等进行1,4-共轭加成，得到 β-取代化合物的反应称为Michael加成反应。反应通式如下：

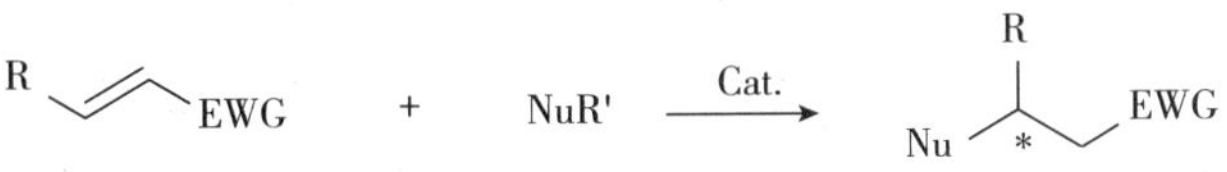

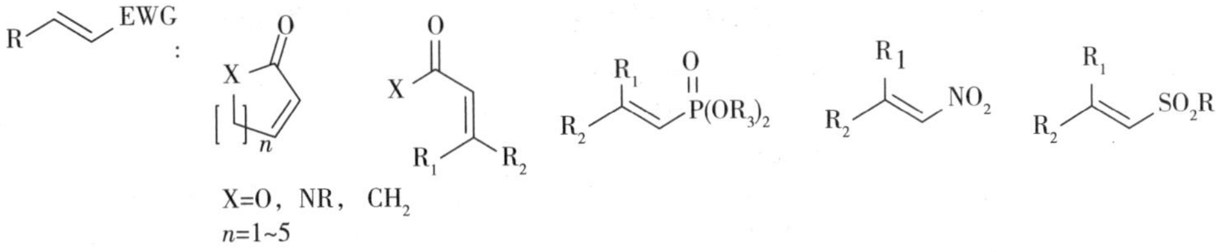

X=O，NR，CH_2
$n=1\sim5$

NuR'：　R_2Zn，R_3Al，RMgX，RLi，$RB(OH)_2$，$RCH(COOR)_2$，$RRCHCNO_2$，

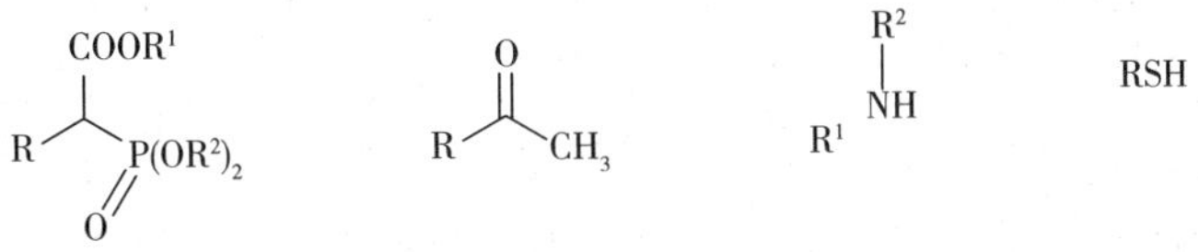

RSH

2. 反应特点及应用实例　不对称Micheal加成反应可分为金属催化和有机催化两类。金属催化的不对称Micheal加成反应是通过金属与手性配体的络合物催化实现的，Cu、Ni、Rh或Ir等过渡金属的手性配合物均可较好的催化该反应。例如，芳基硼酸和烯基硼酸对烯酮的1,4加成，用Rh（acac）$(C_2H_4)_2$作催化剂前体与1当量的 (S)-BINAP组成的催化体系，仅用3mol%即可得到产率为51%~99%，*e.e.*值大于91%的手性产物。

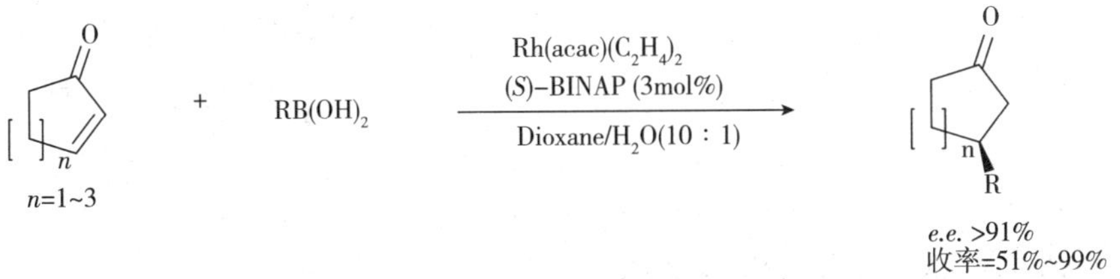

e.e. >91%
收率=51%~99%

有机催化的不对称Micheal加成反应主要是通过手性胺催化剂实现，例如丁醛和2-硝基乙烯苯在羟基四氢吡咯甲酰胺类手性催化剂的作用下可高效的得到Micheal加成产物，*e.e.*值大于99%。

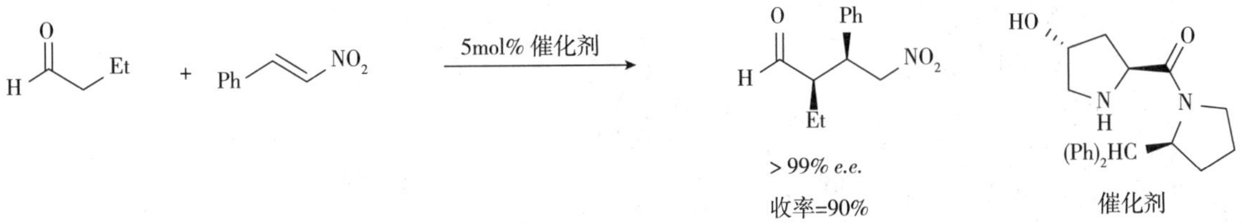

> 99% *e.e.*
收率=90%

催化剂

四、不对称偶联反应

偶联反应是重要的构建C—C键的合成手段，主要分为片呐醇偶联和交叉偶联等。

1. 不对称片呐醇偶联

（1）反应通式与机制　醛、酮或亚胺在电子供体的存在下进行单电子转移，接着通过双分子还原偶联，制备得到邻二醇、邻二胺或氨基醇等产物的反应，称为片呐醇偶联反应（pinacol coupling）。反应通式如下：

该反应的机制如下所示，以金属镁为电子供体，首先镁作为还原剂提供电子给羰基发生单电子还原形成镁–羰基自由基，镁原子同时结合两个氧原子使碳自由基靠近发生偶联反应，后在水或其他质子供体作用下得到邻二醇。

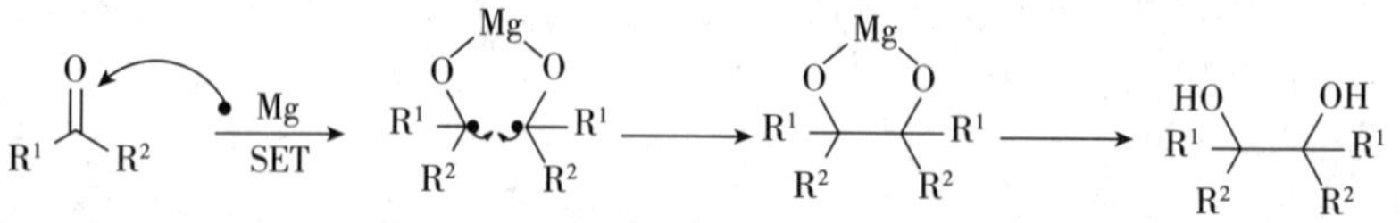

（2）反应特点及应用实例　早期片呐醇偶联反应主要使用活泼金属作为还原剂将羰基化合物还原偶联生成邻二醇，但通常存在还原和偶联消除等副产物，且无法实现产物的立体选择性。过渡态金属低价态催化体系提高了该反应的产率和立体选择性可如 $TiCl_4/Zn/TMEDA$、TiX_2/Zn、Bu_3SnH 和 SmI_2 等，但其用量大，至少需化学计量。手性席夫碱–Ti（Ⅲ）配合物催化芳香醛的片呐醇偶联反应，用 Mn 为还原剂可获得高对映选择性的片呐醇产物。当催化剂用量为 10mol% 时，*e.e.* 值达 64%，有效实现了不对称片呐醇偶联反应。

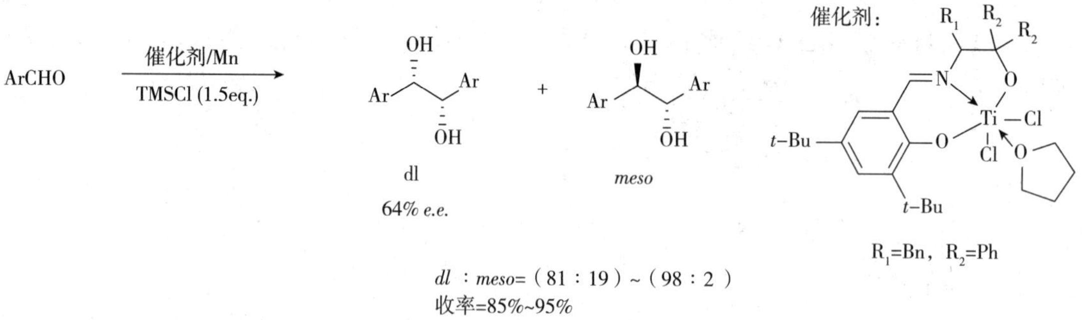

除了醛酮，亚胺也可以发生片呐醇偶联反应产生邻二胺，使用 Zn 为还原剂，在甲醇/四氢呋喃的混合溶液中，完成了底物诱导的不对称的亚胺片呐醇反应。如下反应中，当 $n=3$，$Ar=4-MeO-C_6H_4-$ 时，产物 *dl*：*meso* 比为 97：7，*e.e.* 值高达 100%。

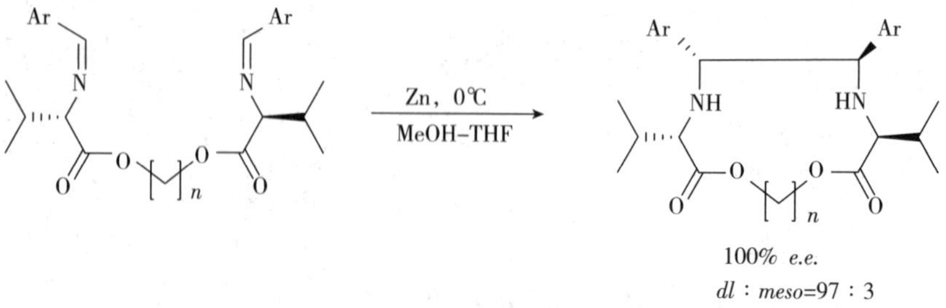

SmI_2 可高效诱导 *N*–特丁亚磺酰化的手性芳基亚胺发生不对称片呐醇偶联，获得高对映选择性的邻二胺。

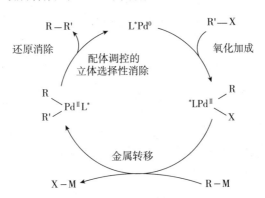

2. 不对称交叉偶联

（1）反应通式与机制　有机金属试剂（R—M）与芳基、烯基或烯丙基等的卤代物（R′—X）在金属催化剂和手性配体的作用下通过 C—C 键结合形成具有手性的分子的反应为不对称交叉偶联。常用催化剂为镍和钯，反应通式如下：

$$R—M \quad + \quad \xrightarrow{\text{[Ni] 或 [Pd] 手性配体}} \quad R′—R$$

M= Mg, Zn, Al, Zr, B, Hg, Si⋯
R′=aryl, alkenyl；X=Cl, Br, I, OSO$_2$CF$_3$⋯

该反应的机制普遍认为是经历氧化加成、金属转移和还原消除三个过程。如图 1-19 所示，首先零价催化剂 L*Pd^0 与卤代物发生氧化加成，得到中间体 R′—L*Pd^{II}—X，接着有机金属试剂将烷基转移到该中间体上，得到 R′—L*Pd^{II}—R，最后释放出 R—R′ 并释放 L*Pd^0 完成催化循环。

图 1-19 不对称交叉偶联反应机制

（2）反应特点及应用实例　该反应底物和手性配体繁多，从碳原子类型可以分为 sp^2-sp^2 碳或 sp 碳的不对称交叉偶联和含 sp^3 碳的不对称偶联反应。现已有数百种手性配体可以用来参与催化不对称交叉偶联，如双膦手性配体、二茂铁膦配体、席夫碱配体、双噁唑啉配体以及氨基膦配体等。

sp^2-sp^2 碳的不对称交叉偶联反应研究较多，联萘类手性配体通常由此方法得到。2-取代萘硼酸与 2-取代-1-溴萘为底物，在二茂铁膦配体[(S)-(R)-PPFA]与钯配位催化下可得到高对映选择性的联萘产物，e.e.值达到 85%。

含sp³碳的不对称偶联反应同样可以取得较好的收率和对映选择性，例如，NiCl₂与[(S)-(R)-PPFA]催化下溴乙烯与格氏试剂反应，可得到高收率、中等对映选择性的产物。

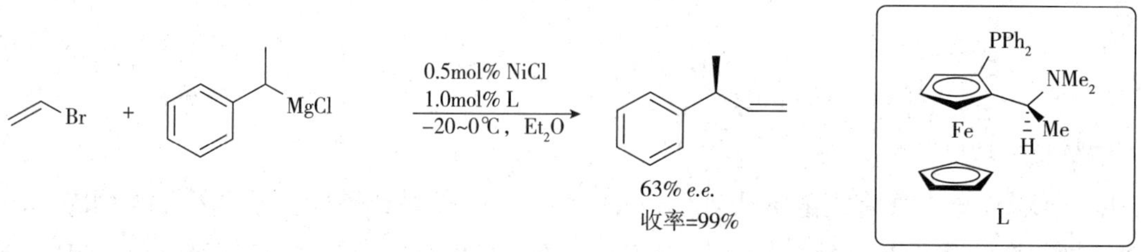

63% e.e.
收率=99%

双噁唑啉配体也可催化sp³碳的不对称偶联反应，如1-溴二氢茚与Zn格氏试剂在该体系下以高收率和高对映选择性的得到产物。

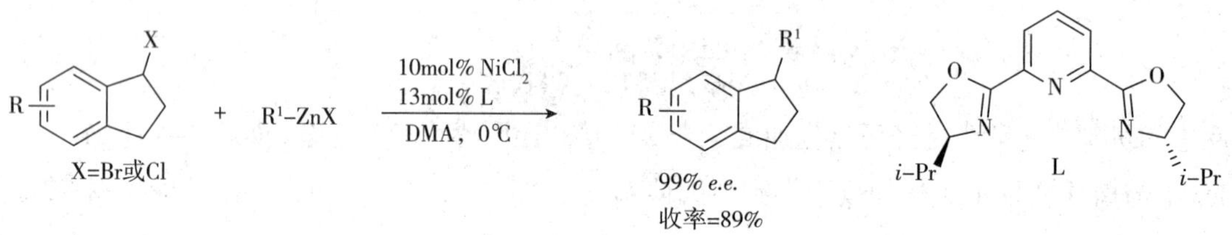

99% e.e.
收率=89%

五、不对称环化反应

不对称环化反应（asymmetric cyclization reaction）是一类利用分子空间结构或者手性催化剂，使原本还有对称结构的底物形成新的碳环或杂环，同时产生不等量立体异构体混合物的反应。

（一）不对称环丙烷化反应

利用环丙烷调节化合物空间位置与限制构象是药物设计中重要的策略，手性合成环丙烷最常用的试剂有重氮乙酸酯和碘甲烷等。

1.重氮乙酸酯与烯烃的不对称环丙烷化反应

（1）反应通式与机制　重氮乙酸酯与烯烃的在金属催化下发生环加成反应得到可形成环丙烷，多种过渡金属如Cu，Rh，Ru和Co等与相应的手性配体配合，可催化不对称环丙烷化反应，其中，铜络合物是最常用的催化剂。反应通式如下：

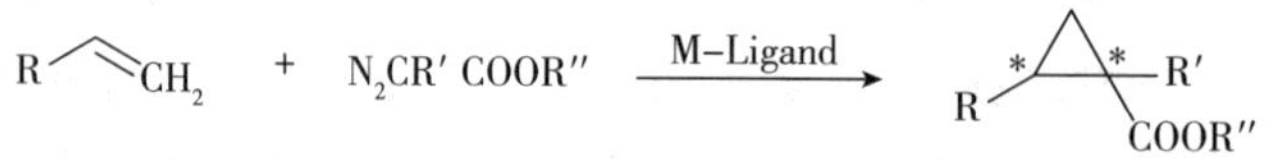

以席夫碱类配体催化的反应为例说明反应机制如图1-20所示。双金属配合物自发裂解为有催化活性的单金属配合物A，A结构中铜存在一个空轨道，结构中的手性中心大位阻的苯环使得重氮化合物形成的卡宾结构亲核进攻铜络合物从空间阻碍较小的一侧进行，形成铜-卡宾配合物B。配位后的卡宾碳原子以sp²形式杂化，酯朝向外方向。烯烃进攻环丙烷只能从sp²的平行面进攻，也就是a，b两个方向，因为位阻原因，烯烃只能从a方向进攻。烯烃中取代基的推电子作用使α-碳进攻铜，β-碳进攻卡宾形成稳定的四元环中间体，最后配体中的羟基重新与铜配位，产生手性产物完成催化循环。

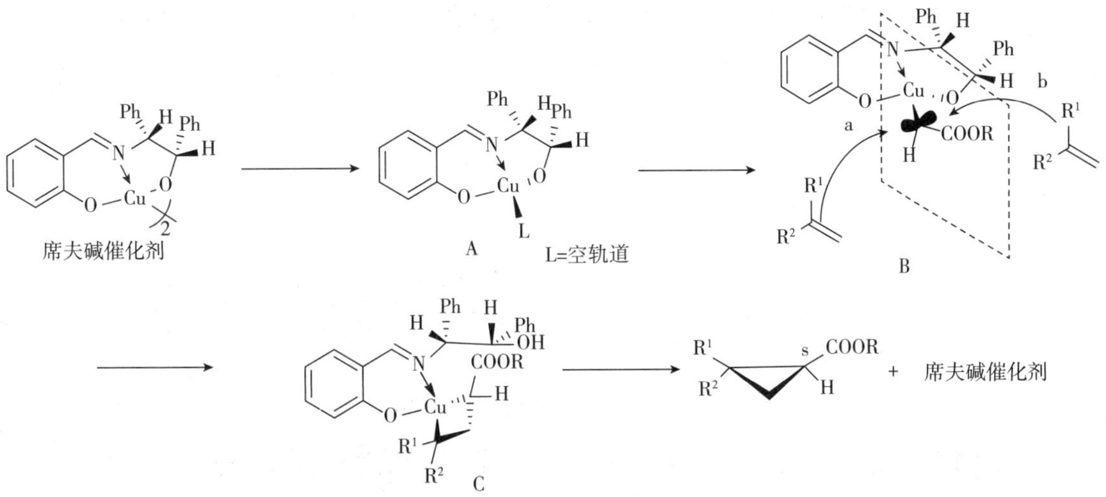

图1-20　重氮乙酸酯与烯烃的不对称环丙烷化反应机制

（2）反应特点及应用实例　手性胺和水杨醛生成的席夫碱与Cu（Ⅱ）的配合物（1）可催化苯乙烯与重氮乙酸乙酯的不对称环丙烷化，但该催化剂的对映选择性较差（*e.e.* 值<10%）。优化手性席夫碱结构得到对映选择性大幅提高的手性催化剂（2）。除此之外，手性噁唑啉（3）、β-二酮（4）和手性二胺类配体也表现出较好的对映选择性和催化活性。

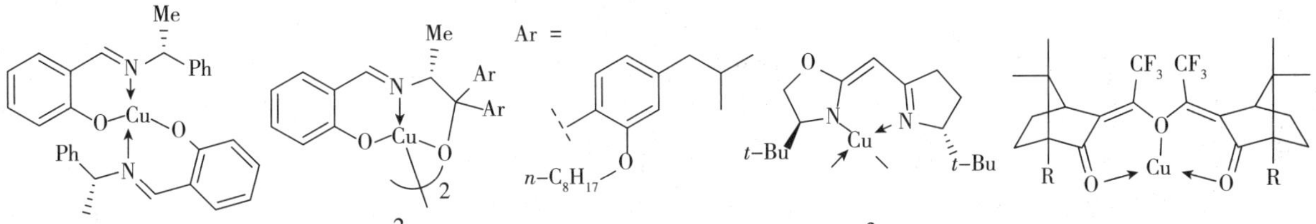

苯乙烯为原料与重氮乙酸酯在手性噁唑啉配体的催化下生成反式为主的环丙烷化合物，该步反应对映选择性大于94% *e.e.* 。

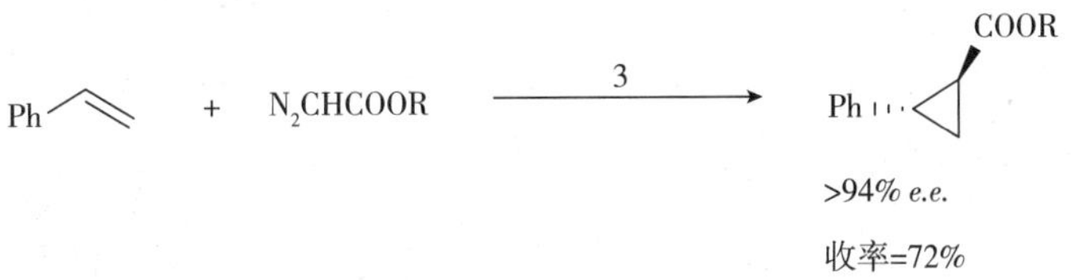

>94% *e.e.*

收率=72%

2. 碘甲烷与烯烃的不对称环丙烷化反应　二碘甲烷是环丙烷化最常用的试剂，在催化下与烯烃发生环加成反应可制得相应的环丙烷。与重氮乙酸酯不同的是，碘甲烷参与的环丙烷反应中，烯烃只添加一个碳，典型反应为Simmons-Smith环丙烷化反应和Charette不对称环丙烷化反应。

（1）Charette不对称环丙烷化

1）反应通式与机制　二碘甲烷在Zn-Cu合金的催化下与烯烃环加成得到环丙烷的反应为Simmons-Smith环丙烷化反应。其中，使用手性硼酸酯为催化剂，烯丙醇为底物的Simmons-Smith环丙烷化反应称为Charette不对称环丙烷化反应，底物中的烯丙醇作为导向基团是该反应立体选择性的关键。反应通式如下：

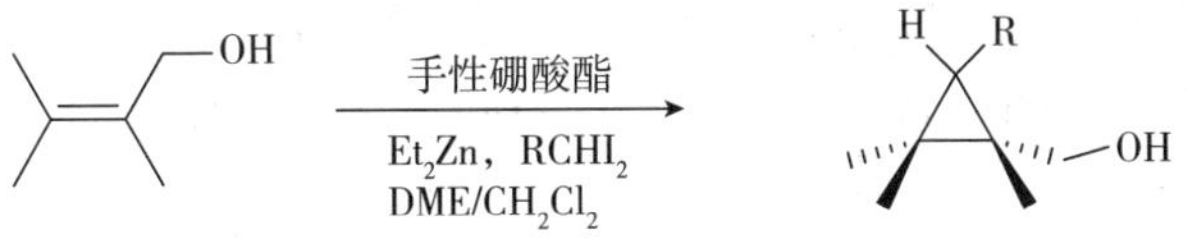

该反应是一个协同反应，卡宾锌与硼酸酯酰胺的羰基、烯丙醇的氧络合同时进行，过程中形成一个

环状过渡态，这种配位作用是将亚甲基从 α 相转移到烯烃的关键，发生 α- 环丙烷化反应，反应机制如图 1-21 所示。

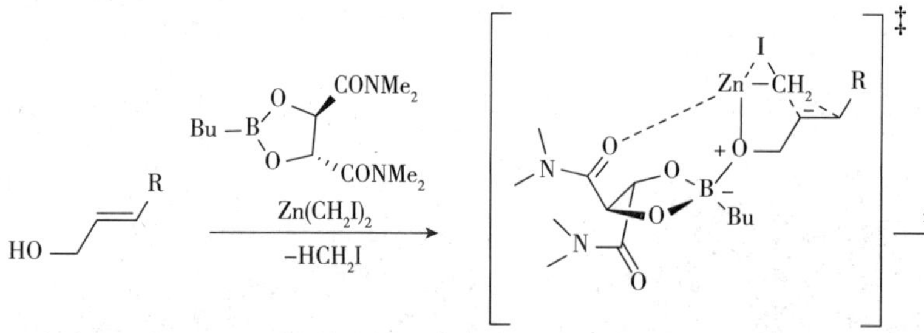

图 1-21　Charette 不对称环丙烷化反应机制

手性硼酸酯催化剂是由 N,N,N',N'- 四甲基酒石酸二胺衍生而来的两性双功能配体，既包含一个酸结合位点，也包含一个碱结合位点，可以同时螯合酸性的锌类卡宾和碱性的烯丙醇或相应的金属烷醇。

2）反应特点及应用实例　Charette 环丙烷化反应具有如下特点：①反应条件温和：一般在室温下进行，2 小时即可反应完全。②产物选择性高：反应过程中配体的配位十分严格，有较高的对映体选择性。③反应产率高：一般产率可达到 95% 以上。

手性配体与烯丙醇的不对称环丙烷化反应中，在 0℃ 条件下使用四倍量的 $Zn(CH_2I)_2$ 后能够发生不对称环丙烷反应，产率高达 95%，此法可选择性地使离羟基近的双键发生环丙烷化。

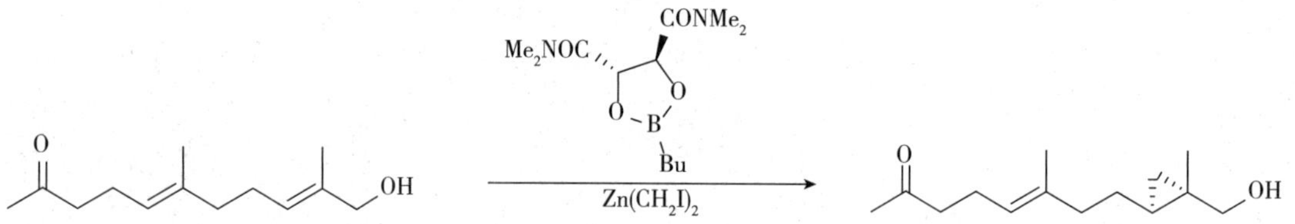

（二）不对称 Diels-Alder 反应

1. 反应通式与机制　Diels-Alder 反应是共轭双烯（称为双烯体）和不饱和键（称为亲双烯体）的 [4+2] 环加成反应。如图 1-22 所示，以 1,3- 丁二烯与乙烯的反应为例，反应时，双烯体和亲双烯体彼此靠近，旧键的断裂和新键的生成是在同一步骤中完成的，手性酸催化剂一般与亲双烯体中杂原子作用后提高底物亲电活性的同时引入手性。

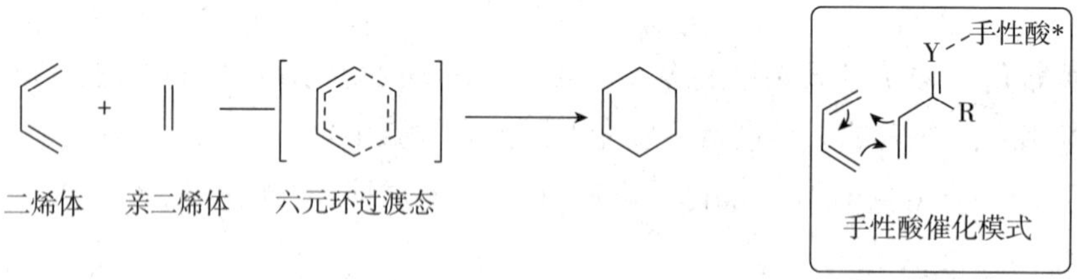

二烯体　　亲二烯体　　六元环过渡态

手性酸催化模式

图 1-22　1,3- 丁二烯与乙烯的不对称环化反应

2. 反应特点及应用实例　不对称 Diels-Alder 反应主要包括底物诱导的和手性手性酸催化的反应两类。早期不对称 Diels-Alder 反应通过手性底物诱导产生对映选择性，其中在亲双烯体上连接手性辅助基团较为容易，如手性醇（胺）与丙烯酸形成的酯（酰胺）。樟脑衍生的丙烯酸酯与环戊二烯的 D-A 反应得到的产物具有很高的 endo : exo 值，且 endo 产物中的对映选择性极高。

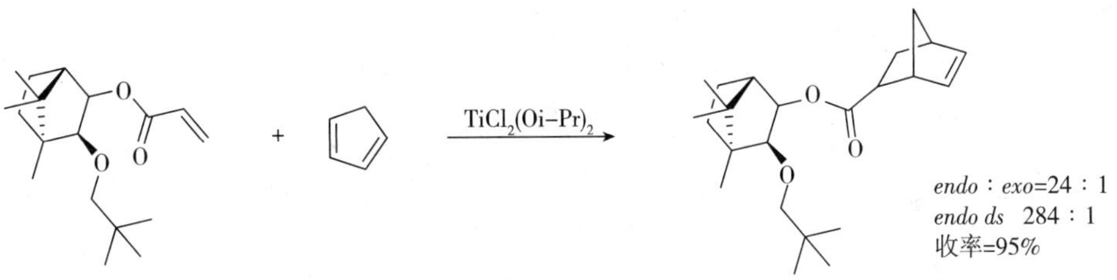
TiCl2(Oi-Pr)2
endo：exo=24：1
endo ds　284：1
收率=95%

双烯体上连接手性辅助基团的不对称DA反应也可实现对映选择性，如将手性酸连接在1,3-丁二烯-1-醇上，与5-羟基萘-1,4-二酮可高选择性的发生DA反应。

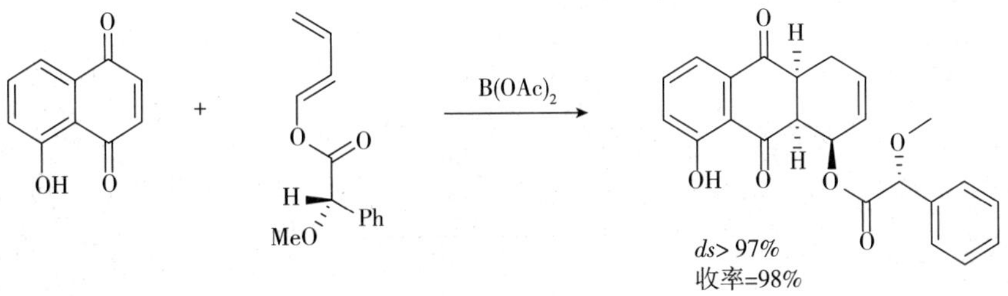
B(OAc)2
ds> 97%
收率=98%

手性Lewis酸催化体系在不对称DA反应中，催化剂具有选择性、合成容易等优点。迄今已发展多类型的手性配体，如手性二醇、二酚、氨基醇、双噁唑啉、席夫碱和二磺酰胺等配体，配位原子也可以为B、Ti、Cu、Zr、Cr、Yb、Ru和Rh等。各种不同手性Lewis酸络合物被开发用来催化不对称Diels-Alder反应。联二萘酚（1）与硼或钛的络合物，催化1,4-萘二酮与1-烷氧基1,3-丁二烯反应，均具有较佳的对映选择性。

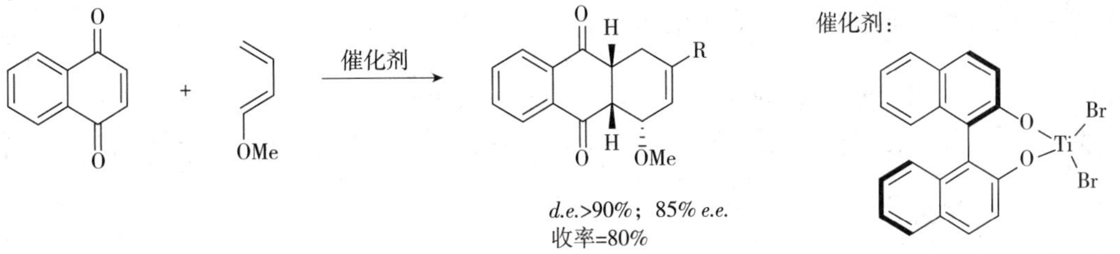
催化剂
d.e.>90%；85% e.e.
收率=80%
催化剂：

又如，手性双噁唑啉与$FeCl_2I$、$Cu(OTf)_2$或$Cu(SbF_6)_2$等金属盐形成的配合物催化环戊二烯与3-丙烯酰-2-噁唑烷酮发生不对称DA反应，*e.e.*值大于99%。

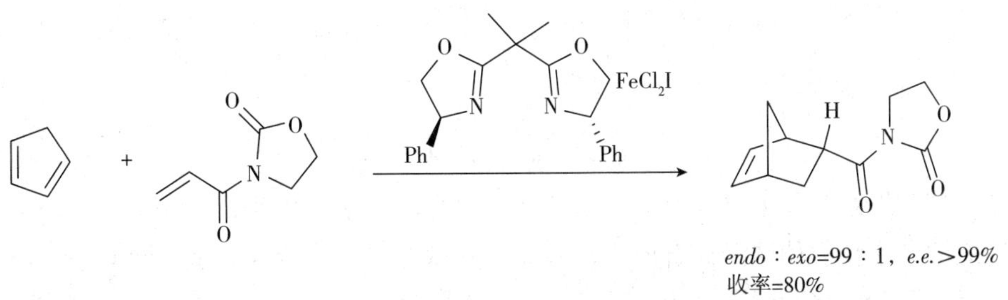
FeCl2I
endo：exo=99：1，e.e.>99%
收率=80%

由于含有杂环的亲双烯体反应活性比烯烃差，一般需要C=O、—C=N连有强吸电子基团，或者共轭双烯1,3位连有强给电子基团时，该反应在高活性Lewis催化剂的作用才可发生杂Diels-Alder反应。例如，用联二萘酚的与Ti的络合物催化1-甲氧基-1,3-戊二烯与乙醛酸甲酯反应，可以得到构型选择性好的产物。

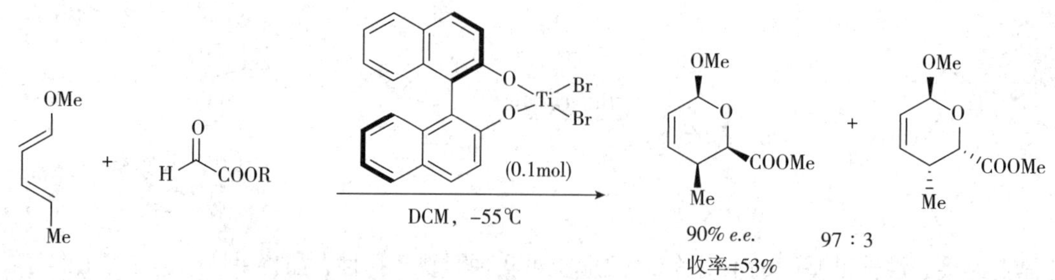

1-苯磺酰基取代的 α,β-不饱和酮与乙烯基醚的不对称杂 Diels-Alder 反应在酒石酸衍生物与钛的配合物催化下，可以高对映选择性的得到目标产物。

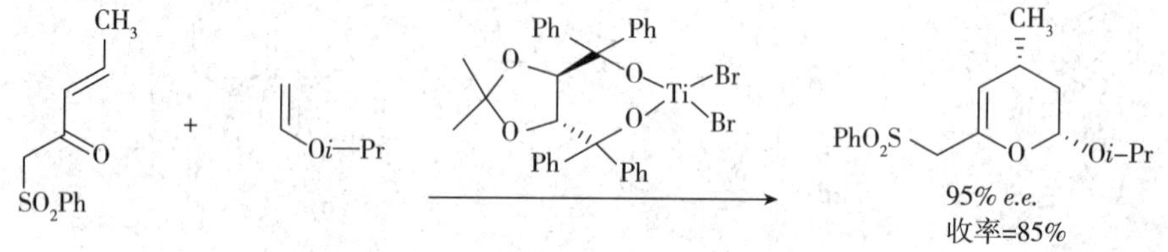

第三节　不对称合成技术在药物研究中的应用及发展前景

一、不对称合成技术在药物研究中的应用案例及解析

（一）不对称合成应用案例一——盐酸地尔硫䓬

盐酸地尔硫䓬（diltiazem hydrochloride），化学名为 (2S,3S)-5-[2-二甲氨基)乙基]-2-(4-甲氧基苯基)-3-乙酰氧基-2,3-二氢-1,5-苯丙硫氮杂䓬-4-(5H)-酮盐酸盐，临床上主要用于治疗心绞痛和轻、中度高血压。

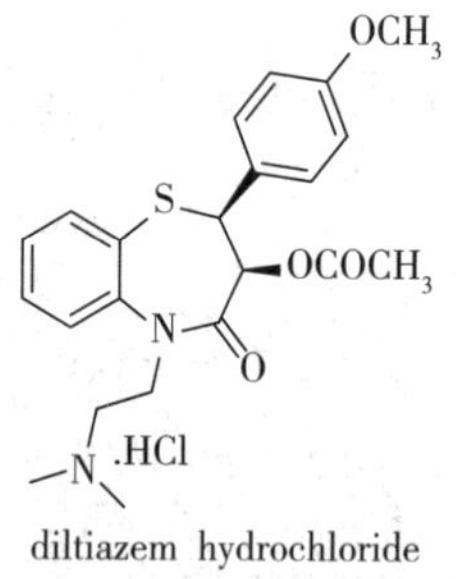

diltiazem hydrochloride

1.合成方法　盐酸地尔硫䓬其结构中C-2和C-3位含有两个手性中心，其中（2S,3S）异构体为其活性结构，合成的关键在于其立体选择性合成。盐酸地尔硫䓬的不对称合成方法主要有以下两类。

方法一：不对称催化环氧化法

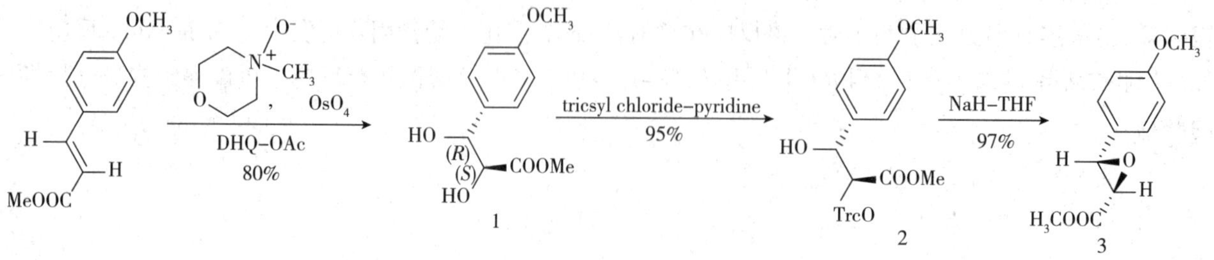

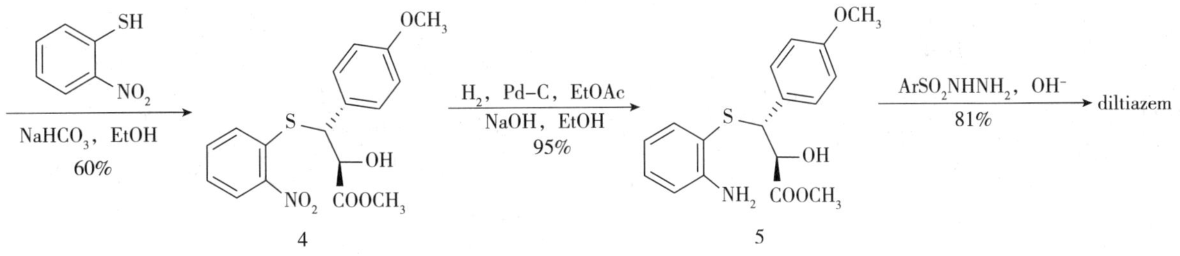

图1-23 盐酸地尔硫䓬不对称合成路线一

方法二：手性辅基或试剂诱导的不对称亲核加成

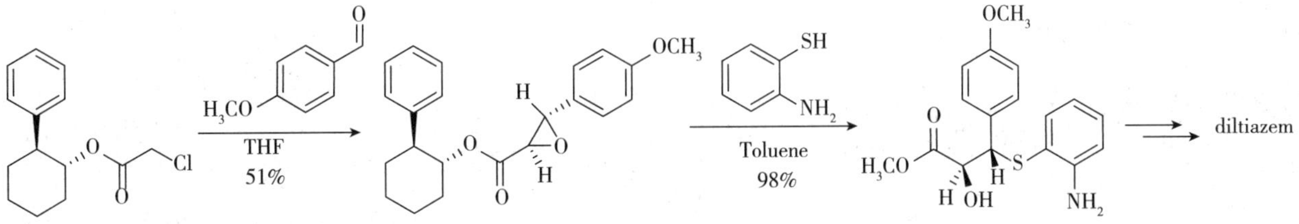

图1-24 盐酸地尔硫䓬不对称合成路线二

2.案例解析 方法一（图1-23）采用的是Sharpless双羟基化合成得到地尔硫䓬，以(E)-3-(4-甲氧基苯基)丙烯酸甲酯为原料，使用N-甲基吗啉氧化物为氧化剂，OsO$_4$和DHQ-OAc为催化体系，发生Sharpless双羟基化得到(2S,3R)-2,3-二羟基-3-(4-甲氧基苯基)丙酸甲酯（1），产率80%，*e.e.* 大于88%，该步反应产率高、手性选择性好，原料和催化体系均已商业化。中间1与2,4,6-三氯苯磺酰氯（tricsyl chloride-pyridine）酰化得到中间体2，随后环氧化选择性得到手性环氧化中间体3，中间体3经亲核和还原等反应得到地尔硫䓬。

方法二（图1-24）利用手性助剂诱导的Darzens缩合反应实现地尔硫䓬中间体的不对称合成。利用手性助剂(1R,2S)-2-苯基环己醇的氯乙酸甲酯诱导的Darzens缩合反应，合成了对映体含量过半的中间体4-甲氧基苯基-2,3-环氧丙酸-(2-苯基)环己酯的混合物，再利用二者在四氢呋喃中溶解性的差异，分离得到单一构型的(2R,3S)-(4-甲氧基苯基)-2,3-环氧丙酸-(1R,2S)-2-苯基环己酯，产率可以得到51%，从而实现地尔硫䓬的合成。该方法分离提纯快捷方便，已实现工业化生产。

（二）不对称合成应用案例二——奥司他韦的不对称合成

奥司他韦（oseltamivir），化学名为(3R,4R,5S)-4-乙酰氨基-5-氨基-3-(1-乙基丙氧基)-环己-1-羧酸-乙酯，是一种高效、高选择性神经氨酸酶抑制剂，是目前治疗流感的最常用药物之一，也是公认的抗禽流感、甲型H1N1病毒最有效的药物之一。

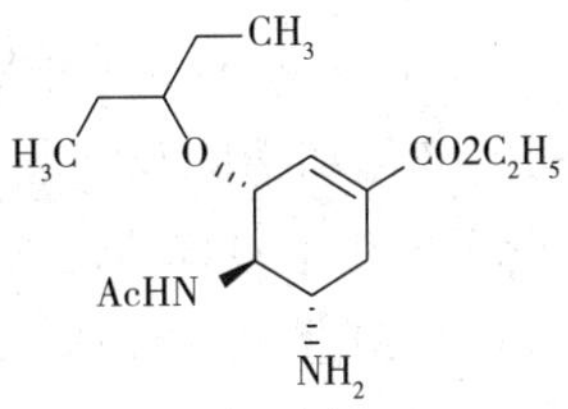

oseltamivir

1.合成方法 奥司他韦结构中含有三个手性中心，其合成路线有多种，但多以莽草酸或奎宁为原料，合成路线较长。奥司他韦不对称合成主要包括不对称Diels-Alder反应法和不对称Micheal法。

方法一：不对称Diels-Alder反应法

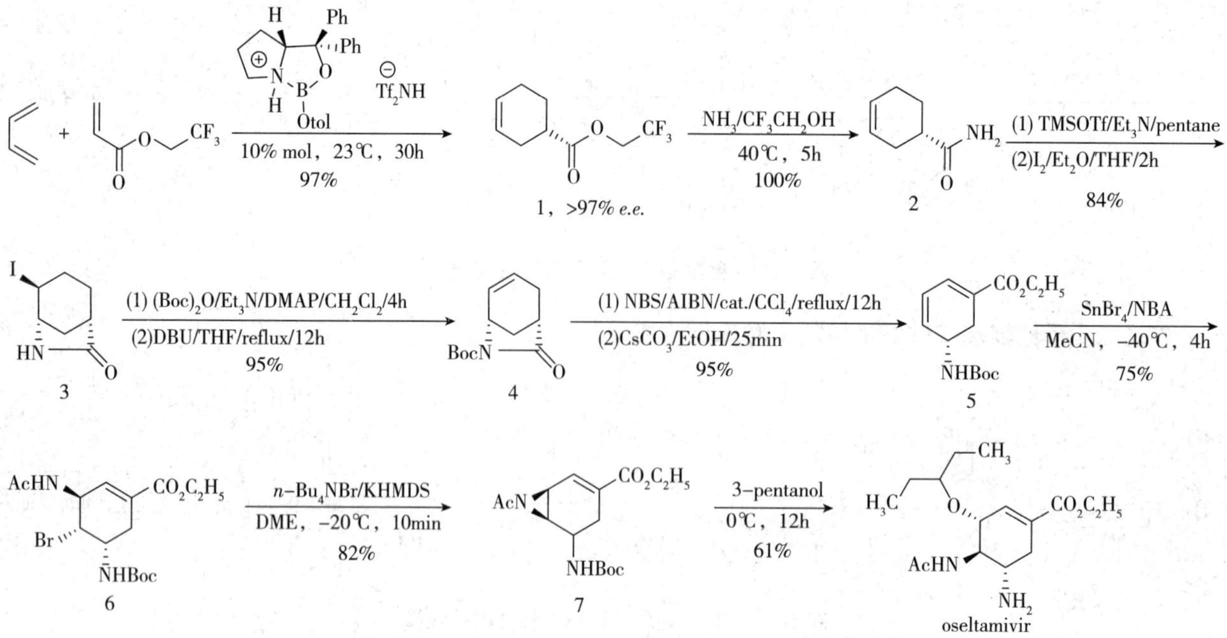

图1-25 不对称Diels-Alder反应法合成奥司他韦

方法二：不对称Micheal加成反应法

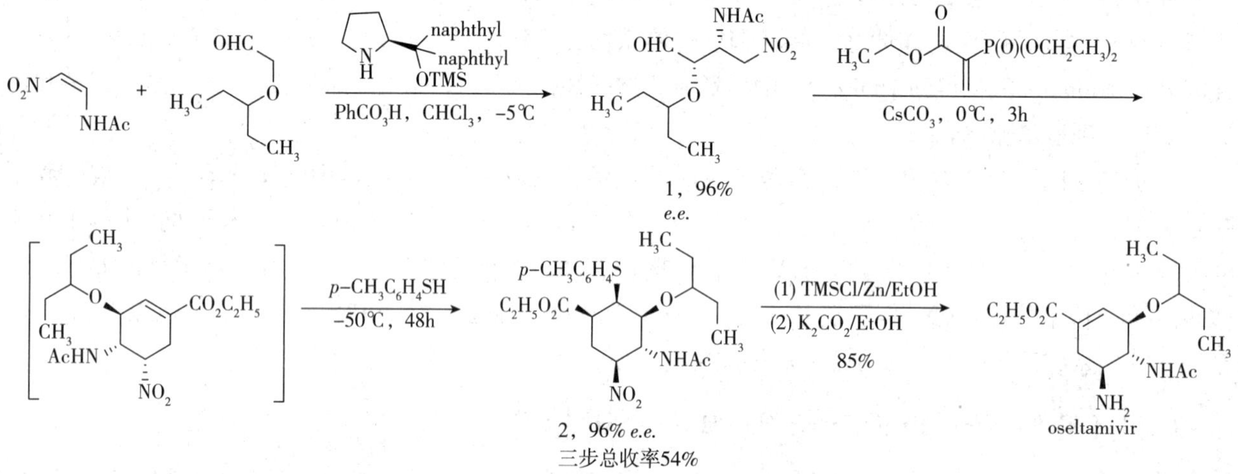

图1-26 不对称Micheal加成反应法合成奥司他韦

2.案例解析 不对称Diels-Alder反应法（图1-25）以丁二烯和2,2,2-三氟乙基丙烯酸酯为原料，在手性酸催化下发生不对称Diels-Alder反应，得到2,2,2-三氟乙基-(S)-环己基-3-烯基-1-羧酸酯（1），该反应产率高达97%，e.e.值大于97%。随后经氨解得到中间体(S)-环己-3-烯-1-甲酰胺（2）、2经过Knapp碘取代得到内酰胺中间体3后发生酰化和消除反应得到中间体5，中间体5与N-溴代乙酰胺（N-bromoacetamide，NBA）在SnBr4的催化下发生不对称溴乙酰胺基化得到中间体6，6在碱性催化下亲核取代得到氮杂环丙烷中间体7，7与3-戊醇反应合成奥司他韦，总收率为27%。

不对称Micheal加成反应法（图1-26）为我国科学家自主开发的奥司他韦不对称合成法，以(Z)-N-(2-硝基乙烯基)乙酰胺和2-(戊-3-基氧基)乙醛为原料，在手性胺催化下发生不对称Micheal加成反应得到关键中间体N-[(1R,2S)-2-(戊-3-基氧基)-1-(硝基甲基)-3-氧代丙基]乙酰胺（1），该步反应收率可达80%，e.e.值为96%。中间体1与2-(二乙氧磷酰基)丙-2-烯酸乙酯发生Horner-Wadsworth-Emmons反应后还原得到奥司他韦，该工艺采用串联反应和一锅法，总收率高达46%，相较于不对称

Diels-Alder反应法，该路线具有反应路线短、产率高和操作简洁等优势。

（三）不对称合成应用案例三——度洛西汀

度洛西汀（duloxetine），化学名为(*S*)-*N*-甲基-3-(1-萘氧基)-3-(2-噻吩基)丙胺，临床上主要用于治疗抑郁症、广泛性焦虑障碍、慢性肌肉骨骼疼痛。

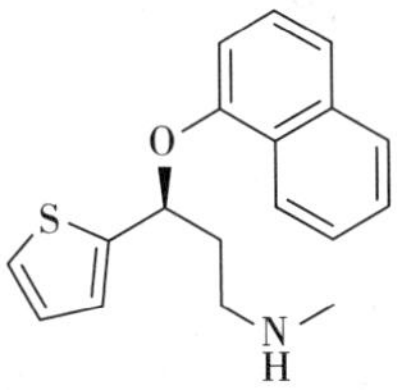

duloxetine

1.合成方法　度洛西汀其分子结构中含有手性噻吩基甲醇的结构，构建该手性中心为合成度洛西汀的关键，国内常用的合成工艺为手性拆分法，如图1-27所示，以2-噻吩乙酮为原料，经Mannich反应和硼氢化钠还原得到3-二甲氨基-1-(噻吩-2-基)丙-1-醇，经手性拆分得到单一构型(*S*)-3-二甲氨基-1-(噻吩-2-基)丙-1-醇（收率小于50%），随后与1-氟萘反应后脱一个甲基得到度洛西汀。

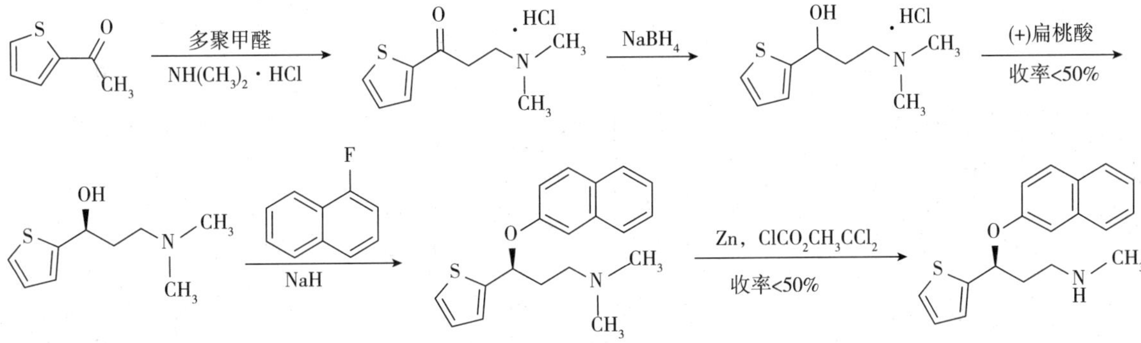

图1-27　手性拆分法合成度洛西汀

通过对噻吩基酮的不对称氢化可实现度洛西汀的绿色合成，如图1-28所示，以噻吩-2-乙酮为原料，经Mannich反应得到3-甲氨基-1-(2-噻吩基)-丙-1-酮盐酸盐（1），中间体1在Rh与DuanPhos配合物的催化下不对称还原得到(*S*)-3-甲氨基-1-(噻吩-2-基)丙-1-醇（2），收率达93%，*e.e.*值大于99%，手性中间体2发生取代反应得到度洛西汀，总收率为62%。

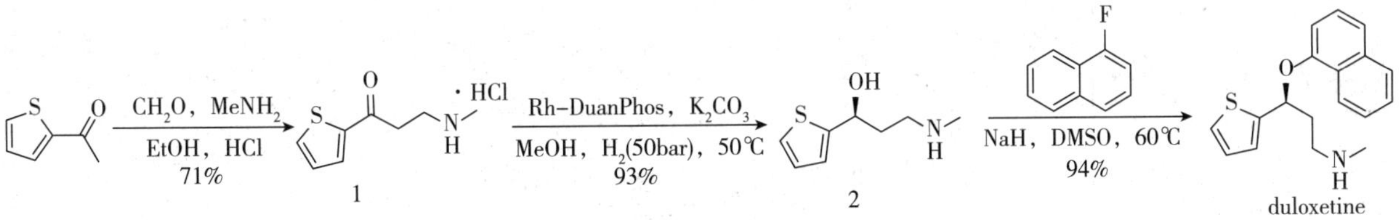

图1-28　度洛西汀的不对称合成

2.案例解析　传统手性拆分合成法路线需5步反应，使用到拆分，合成效率较低，最后一步的脱甲基化条件苛刻且容易引入新杂质。不对称合成法仅需三步即可得到目标产物度洛西汀，不需脱甲基，且无异构体废料产生，成本较原研路线可降低74%。

度洛西汀的关键手性中间体苯基(*S*)-3-(*N*-甲基氨基)-1-(噻吩-2-基)丙-1-醇的合成即利用手性催化剂Rh-DuanPhos催化的不对称环催化氢化反应，在催化剂的作用下，分子氢被活化，生成氢原子。活化的氢原子与β-氨基酮发生加成反应，氢化羰基和亚胺键。Rh-DuanPhos配体提供的手性环境确保了氢化反应的立体选择性，高对映选择性生成(S)-3-甲氨基-1-(噻吩-2-基)丙-1-醇。该中间体再通过一步转化得到度洛西汀，实现了度洛西汀的高效、环保和低成本生产。

（四）不对称合成应用案例四——沙库必曲

沙库必曲（sacubitril），化学名是4-[[(1S,3R)-1-([1,1'-联苯基]-4-基甲基)-4-乙氧基-3-甲基-4-氧代丁基]氨基]-4氧代丁酸，通常与缬沙坦联合用于治疗心力衰竭。

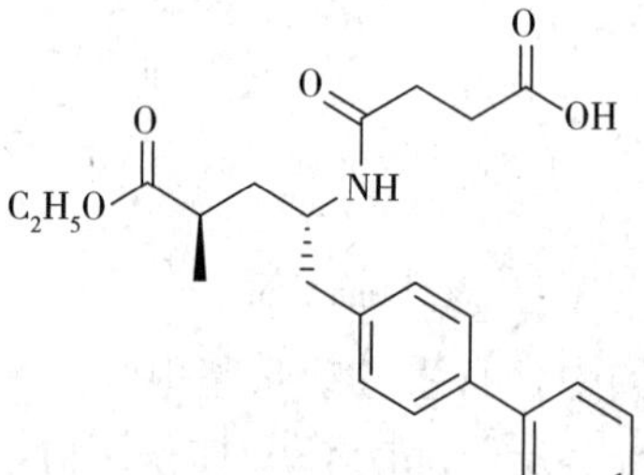

sacubitril

1. 合成方法 沙库必曲的合成采用Grignard反应、Mitsunobu反应及不对称催化氢化等方法。其中，通过使用手性催化剂Ru(OAc)$_2$，实现高对映选择性生成手性醇为关键步骤。这一方法确保了最终产物的高纯度和高收率，提高了生产效率。

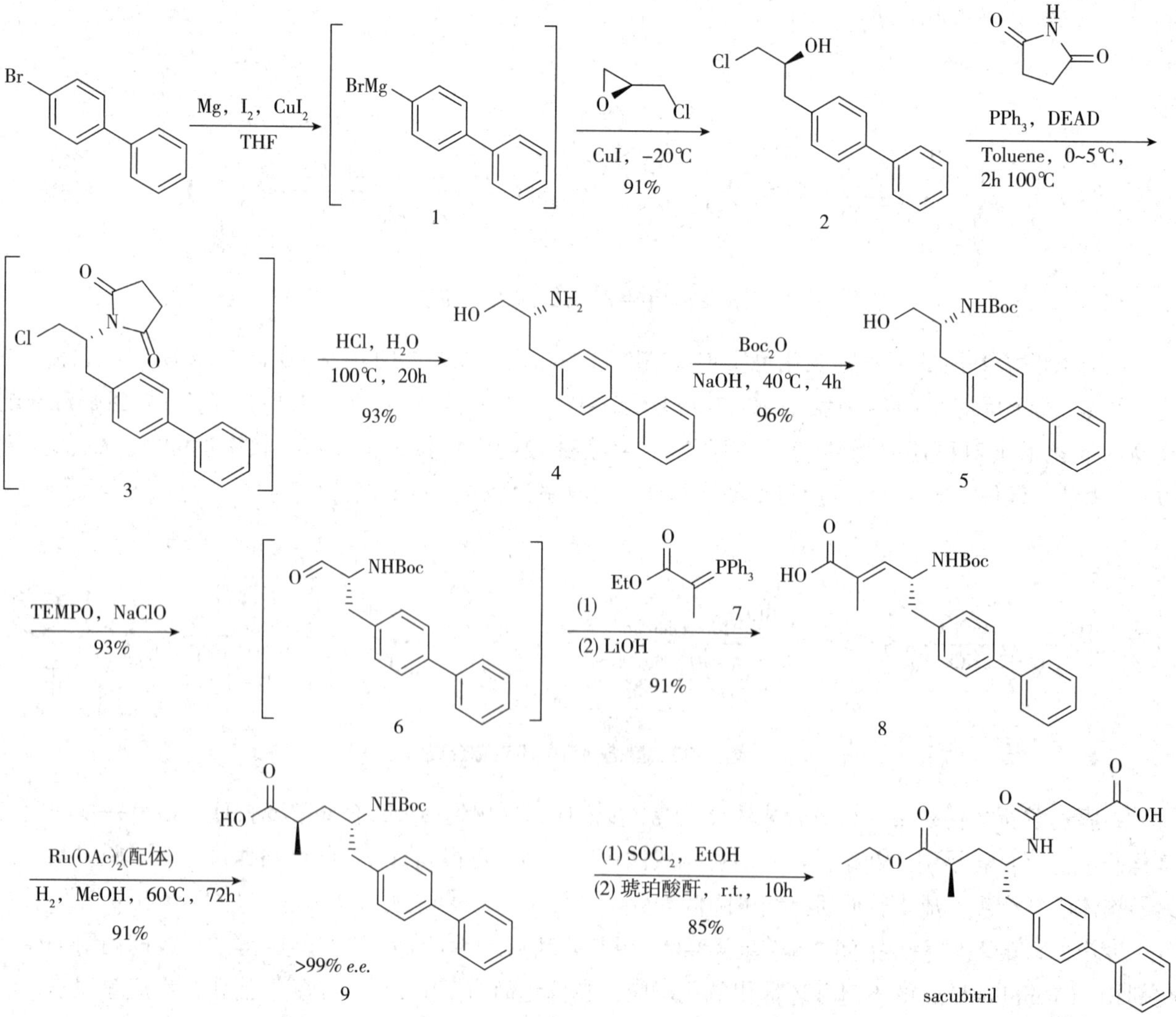

图1-29 沙库必曲的合成

2. 案例解析 该合成路线以对4-溴联苯为起始物料，先制备格氏试剂，后与(S)-环氧氯丙烷在碘化亚铜的催化下反应得到中间体2。紧接着与琥珀酰亚胺通过光延反应、使得手性翻转，得到中间体3，在盐酸中水解得到单一构型中间体(R)-3-(1,1'-联苯-4-基)-2-氨基丙-1-醇(4)，4依次经Boc保护、氧化、Wittig反应和水解反应得到中间体8，这几步反应均不涉及构型变化，8在Ru催化剂和手性膦配体作用下，加氢还原双键得到两个R-构型的中间体9。该步反应采用Ru(OAc)₂和二茂铁手性配体为催化体系，可高效率的得到手性选择性中间体9，产率为91%，*e.e.*高达99%。最后中间体9经酯化、酰胺化得到沙库巴曲（图1-29）。

二、不对称合成技术的发展历程及研究意义

（一）不对称合成技术的发展历程

不对称合成技术作为制备手性化合物的重要手段，历经百余年的发展，取得了突破性的研究进展。1894年，Fischer通过将氢氰酸与糖进行反应，得到了不同比例的氰羟化物异构体，从而开创了不对称合成反应这一研究领域，促进了以获得单一手性化合物为目标的不对称合成技术的发展。然而，由于当时技术条件的限制，早期的不对称合成方法主要是以手性源、手性助剂和手性试剂介导的手性合成，由此促进了以糖类、酒石酸、手性硼化物等为代表的手性物质在不对称合成中的应用。这些手性合成法均需要使用化学计量的手性物质，虽然在某些情况下可回收利用，但试剂价格昂贵，不适合大规模生产。

进入20世纪后，不对称催化合成技术被认为是合成手性化合物的最有效途径。该时期化学及生物催化剂迅速发展，其中，常用的化学催化剂以金属络合物、有机小分子化合物为主，而生物催化剂则以不同种类的酶为代表，被广泛用于不对称合成领域。

1956年，金属催化法在不对称合成中得以应用。S.Akabori等首次将PdCl₂负载于蚕丝蛋白纤维上，用于催化肟和噁唑酮的不对称氢化，尽管产物的对映选择性并不理想，但在不对称催化合成领域的探索中迈出了第一步。1968年，手性膦配体与金属铑形成的Wilkinson催化剂[Rh(PPh₃)₃Cl]被首次应用，开创了均相催化合成手性化合物的先河，W.S. Knowles等采用该催化剂利用不对称氢化法首次合成了帕金森病治疗药物L-多巴。70年代，Nayori开发出以BINAP为代表的新型配体分子，该配体通过与金属配位形成的一系列新颖高效的手性催化剂，可用于不对称催化氢化反应，实现高达100%的立体选择性，从而促进了不对称催化合成的高效性和实用性，将不对称合成技术提升到新的发展高度。80年代，K.B. Sharpless成功地在四异丙氧基钛和酒石酸二乙酯存在下，用叔丁基过氧化氢为氧化剂实现了对烯丙醇的不对称环氧化反应，被认为是不对称催化领域划时代的成就，该催化体系被命名为Sharpless体系，成为不对称合成研究领域的又一里程碑。基于W.S. Knowles、Noyori、K.B. Sharpless在不对称催化氢化反应和氧化反应等研究方面作出的卓越贡献，这三位化学家于2001年被授予诺贝尔化学奖。

1971年，有机小分子L-Proline被首次报道可用于催化分子内不对称羟醛缩合反应，但直到2000年，有机小分子催化的不对称合成技术才引起人们的重视，Benjamin List与David MacMillan等通过使用脯氨酸和手性咪唑作为催化剂，分别建立起新型催化体系并实现多种不对称转化反应，提出了"有机催化"的概念，于2021年获得诺贝尔化学奖，极大促进了有机小分子催化的新型不对称合成技术。同时，其他常见的有机小分子催化剂也得到发展，如手性硫脲、手性磷酸、手性二胺、手性二醇等，该类催化剂因具有环境友好、廉价易得、条件温和等优势，成为不对称有机催化领域中的高效合成助剂，对药学研究和绿色化学发展具有重要的意义。

生物酶催化具有专一性，能有效提高化学反应速率，被认为是最高效的不对称合成催化手段。1908年，Rosenberg等用杏仁（D-醇氰酶）作催化剂合成具有光学活性的氰醇，这一创造性工作证明了自然界中存在的生物活性物质可催化不对称合成反应。1958年，我国有机化学家黄鸣龙和微生物学家方心芳合作开展微生物转化甾体类药物合成的研究，仅用7步即成功制备可的松。此外，其他甾体激素如黄体酮、睾丸素、地塞米松等的制备也取得成功，为我国不对称合成工业的发展迈出了决定性的一步。80年代后，酶催化的不对称合成技术取得快速发展，在依那普利、度洛西汀等大多数手性药物的工业合成中得到广泛应用。进入21世纪，多酶级联反应与化学生物催化技术的发展为苯甘氨醇、氨基酰胺等药物中间体的不对称合成路线设计和安全的工艺开发提供了全新途径，使手性药物的开发更高效环保。

近年来，用于构建多种手性分子的新型不对称合成技术被相继报道。2018年，发现一种光催化与酶催化相结合的不对称合成新方法，可使烯烃发生异构化并进行碳-碳双键的还原，以高选择性获得单一对映异构体产物。此外，连续流动化学、电化学和微波催化等辅助技术也被广泛应用于不对称合成中，例如，通过微波辅助合成单一对映体(S)-1,3-二(2-苯并咪唑)-1-丙胺，40分钟内产率即可达到80%，与常规方法相比，反应速度提高了近30倍。这些新兴技术与经典不对称合成方法的结合普遍具有经济高效、绿色节能等优点，是对当前不对称合成技术的完善和有益补充。

（二）不对称合成技术的研究意义

不对称合成技术可通过引入手性试剂或催化剂，以高对映选择性获得单一构型异构体，已成为制备手性药物、天然衍生物等生物活性物质的重要手段之一，其研究具有重要意义。

不对称合成技术可防止产生对人体和环境无用甚至有害的对映体杂质，实现手性药物单一异构体的高效合成。目前，不对称合成技术已在手性药物、天然产物全合成及化工领域中得到广泛应用，采用不对称合成法制备内酰胺类、甾体类、萜类等手性药物及天然活性产物，可避免传统合成法步骤长、收率低、立体选择性差及拆分过程繁琐等弊端，不仅提高合成效率，同时在降低成本及实现工业化等方面也具有重要意义。

与传统合成法相比，不对称合成技术普遍具有条件温和、环境友好、化学及立体选择性高等优点。随着生物和酶工程技术的发展与进步，生物酶催化的不对称合成技术提供了高效环保的手性合成策略，在制药行业中主要用于合成结构复杂的单一异构体，可实现兼顾安全、环境友好的绿色化学，实现制药工业的可持续发展，兼具经济效益和生态效益。

不对称合成技术作为手性分子合成的重要手段，显示出巨大的应用潜力，同时也面临挑战，如何提高手性催化剂的立体选择性和催化效率，是不对称合成技术发展要解决的重要难题。针对以上问题，要开发高选择性的不对称合成催化剂，以适应各种不对称合成反应的多元化需求；提高不对称催化合成技术的效率，使转换数（number of turnover，TON）>10000，满足工业生产的要求；因手性催化剂一般价格昂贵，要实现催化剂的回收与重复利用。因此，还需要开发更高效的新方法或新型催化剂以推动不对称合成技术的快速发展。

相信随着合成研究的不断深入，不对称合成技术与光、电、微波等辅助技术的联合应用，以及新的催化体系被不断发现，将是未来不对称合成发展的重要趋势，可促进不对称合成技术实现新的飞跃。

药知道

手性催化剂

　　是不对称催化的关键，通常认为具有刚性骨架的配体或者催化剂是"优势手性催化剂"的重要条件，许多配体或催化剂一般只适用于个别反应和部分底物，不具通用性。我国冯小明教授团队设计合成了具柔性直链烷基链接的C2对称型双氮氧酰胺化合物，建立了结构多样性、可满足不同反应需求的手性双氮氧–金属络合物催化剂库，这是一类具有自主知识产权的新型"优势手性配体"，突破了对配体骨架的传统要求，获得了具有最佳"手性口袋效应"的手性催化剂，为新手性催化剂的设计提供了新思路，是目前对反应类型和底物最具广谱性、价格最低的催化剂之一。此外，运用双功能催化、分子识别、自组装、不对称活化等新策略和新概念，建立了脲–酰胺和二胺类双功能有机催化剂库和组合配体金属络合物催化剂库。利用上述催化剂的独特催化性能，高效、高选择性地实现了30多类重要的不对称催化反应，实现了7类具有挑战性的不对称催化新反应，其中一类反应被专著冠名为"Roskamp-Feng"反应。

？思考

　　野依良治（Noyori）在酮的不对称氢化方面作出了巨大贡献，请结合本章所学内容，简述如何实现含烯烃羰基化合物的选择性不对称还原羰基？

目标检测

答案解析　　本章小结

一、单选题

1. 以下关于不对称合成的标准的说法，不正确的是（　　）

　　A. 具有高的对映体过量　　　　　　　　B. 手性试剂易于制备并能循环使用

　　C. 可制备 R 和 S 两种构型的目标产物　　D. 手性控制最好是化学计量型的

2. 药物分子的手性对于其发挥药效非常重要，不同的手性分子其生理活性往往完全不同。如目前广泛使用的青霉素是 S– 型青霉素，而其对映体 R– 型青霉素则具有毒性。下图为 S– 型青霉素的结构式，以下说法正确的是（　　）

　　A. 该结构式中共有4个手性碳原子　　　B. 2号碳原子为 S– 构型

　　C. 5号碳原子为 S– 构型　　　　　　　D. 6号碳原子为 S– 构型

3. 在Sharpless不对称环氧化反应中，配体的作用是（　　）

　　A. 催化反应　　　　　　　　　　　　　B. 提供手性识别

　　C. 还原底物　　　　　　　　　　　　　D. 氧化底物

4. Charette不对称环丙烷化反应时卡宾锌与硼酸酯酰胺的羰基、烯丙醇的氧络合，形成环状过渡态，发生（　）反应

    A. δ-环丙烷化

    B. β-环丙烷化

    C. γ-环丙烷化

    D. α-环丙烷化

5. 在Corey-Bakshi-Shibata还原反应机制中，不涉及的历程是（　）

    A. 硼烷与环氮的络合

    B. 酮氧与环硼的配位

    C. 形成六元循环过渡态

    D. 硼酸酯氧化得到手性醇

二、多选题

1. 命名手性化合物的方法有（　）

    A. 中心手性

    B. 轴手性

    C. 平面属性

    D. 螺手性

    E. 八面体结构

2. 除了不对称碳中心的化合物外，能够构建手性中心的结构还有（　）

    A. 手性胺

    B. 手性膦

    C. 手性硫

    D. 手性硅

    E. 手性砷

3. 以下关于Evans羟醛缩合反应的说法，正确的是（　）

    A. 要加入Lewis酸以活化羰基

    B. 标准条件下可以得到单一构型的(Z)-烯醇盐

    C. 标准条件下生成syn的产物

    D. 是手性催化剂诱导的不对称合成

4. 最常用的手性亲双烯体是（　）

    A. 手性丙烯酸酯

    B. 不饱和酮类

    C. 不饱和醛类

    D. 丙烯酰胺

5. 烯烃不对称氢化反应中，为获得高对映选择性，下列说法正确的是（　）

    A. 烯烃 α-碳上有强的极性基团

    B. 除C═C双键外，具有有第二个配位基团，以便与中心金属生成整合环，增强配合物的刚性

    C. 不含有功能基团的烯烃光学选择性高

    D. 选择合适有效的手性配体是关键

三、简答题

1. 不对称Diels-Alder反应中应用的有机小分子催化剂主要是哪些结构的化合物？其反应机制是什么？手性控制是如何实现的？

2. 从真菌次生代谢产物分离提取得到的化合物色胺酮类化合物 *rac*-phaitanthrin B 具有较好的抗结核病活性，其全合成路线如下：

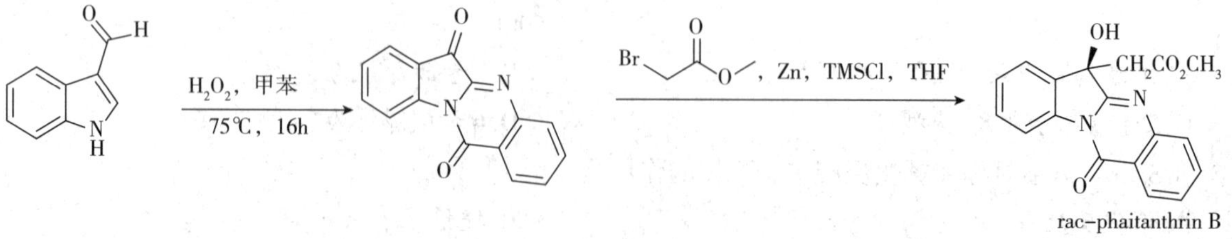

rac-phaitanthrin B

请根据图中条件判断该路线采用了哪种不对称反应，并简述其机制。

第二章 生物催化合成技术

学习目标

1. 通过本章学习，掌握生物催化的基本概念、原理、方法及特点，醇脱氢酶、P450单加氧酶、亚胺还原酶、转氨酶、脂肪酶等常见生物剂所催化的反应类型；熟悉生物催化在药物合成中的应用实例；了解人工智能、人工酶等前沿技术在生物催化中的应用。

2. 具有利用常见生物催化剂及其所催化反应合成有机化合物及手性化合物的能力，并能够根据药物结构设计其化学–酶法合成路线。

3. 树立绿色、低碳、可持续发展理念，在药物合成中注重运用生物催化等绿色合成技术，为建设美丽中国作出新的贡献。

第一节 概 述

一、生物催化的发展

生物催化（biocatalysis）是指利用天然催化剂对有机化合物进行化学转化的过程。天然催化剂通常是酶，可以是分离出来的酶，也可以是存在于（活）细胞中的酶，其中，利用细胞进行转化的过程也称为生物转化（biotransformation）。科学家通过对生物催化相关技术及方法的研究及创新，使其被广泛应用于药物、精细化学品等领域，并成为绿色生物制造的核心技术之一。

生物催化技术的发展大致可分为三个阶段。早期的生物催化和生物转化的兴起与微生物学科的发展密切相关，第一阶段起源于公元前2000年。在该时期人们就已能够利用微生物氧化乙醇生产醋（乙酸），这通常被认为是最早的生物转化案例，即将活细胞的成分应用于一步或两步的化学转化反应中。这个过程与发酵有所不同，发酵是一种更广泛的生物过程，通常涉及微生物的生长和代谢，其产物一般是在多步反应中产生的，比如从淀粉到乙醇的发酵过程（酿酒）。而利用微生物（如醋酸菌）将乙醇转化为乙酸则被称为生物转化。1858年，法国微生物学家及化学家路易斯·巴斯德（Louis Pasteur）发现微生物能够快速代谢外消旋酒石酸中的L-(+)-酒石酸，而D-(-)-酒石酸的代谢速度相对较慢，因此被留下，进而实现了酒石酸的拆分。这一发现被视为现代生物催化或生物转化的开端。在生物催化的早期阶段，还有其他代表性实例，如罗森塔勒（Rosenthaler）使用植物提取物从苯甲醛和氰化氢合成(R)-扁桃腈，利用微生物细胞催化甾体化合物的羟基化反应，利用葡萄糖异构酶将葡萄糖异构为更具有甜味的果糖等。生物催化在这一阶段的主要挑战是生物催化剂的稳定性有限，解决该问题的主要策略是通过对酶的固定化提高其稳定性并促使其被循环使用。此外，该阶段生物催化反应所涉及的底物一般局限于天然底物，使得生物催化的应用领域受到限制。

在生物催化发展的第二阶段（20世纪80—90年代），科研人员已经可以利用一些简单的蛋白质工程技术来拓展酶的底物范围，从而使其用于一些药物中间体或精细化学品的制备。例如，脂肪酶催化的手性拆分用于抗高血压药物地尔硫䓬（diltiazem）的合成、羟基腈裂解酶用于除草剂中间体的合成、红球菌用于丙烯酰胺的合成等。在这一阶段，科研人员除了利用生物催化相关技进一步提升了酶的稳定性外，还通过简单的蛋白质工程手段实现了对部分酶的优化使其能够催化非天然底物。

生物催化的第三个阶段始于20世纪90年代中后期，开启这一阶段的代表性科学家包括Pim Stemmer、Frances Arnold和Manfred Reetz等，他们开创了利用分子生物学技术实现酶的体外快速进化的创新方法，即定向进化（directed evolution）。这一方法通过对蛋白质进行随机突变，生成突变库后进行选择或筛选，以获得具有更高催化活性、选择性和稳定性的突变体。在这一阶段，生物催化的发展主要体现在两个方面：酶的定向进化技术的发展和生物催化在药物合成中的应用。从技术角度看，随着分子生物学技术、结构生物学、基因合成、序列分析、生物信息学工具和计算模拟等领域的进步，酶的改造手段得到了显著提升。通过蛋白质工程优化后的酶不仅具有更高催化活性和选择性，还可以接受更宽泛的底物类型，同时具备较高的热稳定性和有机溶剂耐受性，进而在工业中得以广泛应用。从应用角度看，越来越多的有机反应可以通过酶催化得以实现，并具备拓展的底物类型和产物结构，可应用于更多具有复杂结构的药物的合成。此外，生物级联催化在小分子药物的合成中也得到了广泛应用。

二、酶的定义和分类

酶是一类能够催化化学反应的生物大分子的总称。尽管一些RNA分子也具有催化活性，通常情况下，酶主要指具有催化功能的蛋白质。除了少数分子量较低的酶外，大多数酶的分子量在10000Da以上。酶的催化活性由它们的结构决定，有些酶还需要辅因子（cofactor）参与。这些辅因子可以是铁、镁、锰、锌等金属离子，也可以是有机小分子或金属有机配合物，一般被称为辅酶（coenzyme）。一个结合了辅酶的完整、具有催化功能的酶被称为全酶（holoenzyme），而单独的蛋白部分则被称为脱辅基酶（apoenzyme）或脱辅基蛋白（apoprotein）。

根据其所催化的反应，酶大致可分为七大类（表2-1）。在这些类别中，水解酶和氧化还原酶是目前在生物催化领域应用最广泛的两类。此外，酶的分类不仅基于其功能类型，还可以根据其底物的种类、辅因子的类型等进一步划分为不同的亚类和亚亚类。这种更为详细的分类体系由国际酶学委员会（Enzyme Commission）规定，采用EC X.X.X.X的编号系统来表示各类酶及其亚类。这种精细的分类系统有助于科学家更准确地理解和研究各种酶在体内外的功能和作用机制。

表2-1 酶的分类、名称及其催化的反应类型

编号	酶的分类	具体名称（举例）	催化的反应类型
EC 1	氧化还原酶	脱氢酶、氧化酶、加氧酶、过氧化酶	氧化或还原反应
EC 2	转移酶	转氨酶、糖基转移酶、转醛醇酶	基团从一个分子转移到另一个分子
EC 3	水解酶	脂肪酶、蛋白酶、酯酶、腈水解酶、糖苷酶、磷酸酶	水解反应（水作为被转移基团的受体）
EC 4	裂合酶	脱羧酶、脱水酶、脱氧核糖-磷酸醛缩酶、腈水合酶	水解及氧化以外的方式断裂各种化学键，通常形成新的双键或新的环结构
EC 5	异构酶	外消旋酶、变位酶	将一个分子转化为其异构体
EC 6	连接酶	DNA连接酶	通过形成新的化学键将两个分子连接
EC 7	易位酶	ABC型β-葡聚糖转运体	离子或分子跨膜转运或在膜内移动

三、酶的作用原理

酶催化的反应通常发生在酶活性口袋中，酶通过活性口袋中的氨基酸残基与底物分子的相互作用，促进其更快地进行化学反应。一般来说，活性口袋会包裹底物，将其与周围溶液隔离开来，这种特性对某些反应尤为重要。酶-底物复合物的存在最早由Charles-Adolphe Wurtz于1880年首次提出，这是酶作用原理的核心，也是定义酶催化反应动力学和酶机制理论描述的基础。

如果用E、S和P分别代表一个酶催化反应中的酶、底物和产物，用ES和EP代表酶与底物和产物的瞬时复合物，S和P之间的平衡则反映它们基态的自由能差异，平衡的位置和方向不受催化剂的影响。为了发生反应，分子必须克服障碍，提高到更高的能级，这一状态称为过渡态（图2-1）。过渡态不是某种化学物质，不应与反应中间体（如ES或EP）混淆。过渡态是一个转瞬即逝的分子时刻，用于描述反应过程中键的断裂和形成、电荷转移等过程所达到的一个精确点。在该点时，过渡态可以继续生成产物，也可能退回到底物的原始状态。基态和过渡态能级之间的能量差为反应的活化能$G^{\ddagger}$，与反应速率常数相关联，活化能越高反应速率越慢，反之亦然。因此，对于有机反应可以通过提高温度或压力来提高反应速率，从而增加具有足够能量以克服能量势垒的分子数量，或者通过使用催化剂来降低活化能，从而提高反应速率。酶作为一种生物催化剂，可以将反应速率提高5~17个数量级。

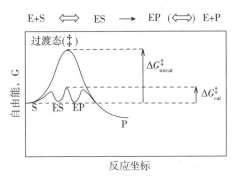

图2-1 酶催化的原理

酶对反应速率的提升可以归结为共价相互作用和非共价相互作用两种因素。关于第一种因素，许多反应发生在底物和酶的官能团（包括特定的氨基酸侧链、金属离子和辅酶）之间，酶的催化官能团可以与底物形成瞬时共价键并激活它进行反应，或者基团可以从底物瞬时转移到酶上。酶和底物之间的共价相互作用提供了替代的低活化能反应路径来加速反应。关于第二种因素，弱的非共价相互作用对酶和底物之间复合物的形成至关重要，这些相互作用包括氢键、疏水相互作用和离子相互作用等，降低活化能所需的大部分能量来自这些相互作用。酶与大多数其他催化剂的真正区别在于特定ES复合物的形成，ES复合物中每个弱相互作用的形成伴随着少量自由能的释放，从而稳定相互作用。从酶-底物相互作用中获得的能量称为结合能，是酶用来降低反应活化能的主要来源。

酶催化的现代概念首先由Michael Polanyi和Haldane分别于1921年和1930年提出，并由Linus Pauling和William P. Jencks在1946年和1969年进一步阐述。现代理论普遍认为，酶和底物之间的弱结合相互作用为酶催化提供了巨大的驱动力，为了催化反应，酶必须与反应过渡态互补，即底物和酶之间的最佳相互作用仅在过渡态下发生。

四、酶的改造与优化

在过去几十年，分子生物学技术得到显著发展，为酶的改造提供了重要工具。除此之外，进行酶的改造需要结合多方面的知识，包括酶的三维结构、反应的催化机制、活性位点氨基酸残基的作用、同源蛋白序列及其进化关系等。

　　理性设计和定向进化是改造酶的两种主要途径（图2-2）。理性设计利用对被改造酶的信息进行预测，以确定突变某些氨基酸残基可能产生的效果，从而优化酶的催化活性、选择性或其他特性［图2-2（a）］。但由于突变带来的影响难以准确预测，实现酶催化性质的优化并非易事。定向进化的概念非常简单，即创建一个突变库，通过适当的选择或筛选方法鉴定具有所需催化性质的突变体；多次重复这一过程，直至获得最佳突变体［图2-2（c）］。相较于理性设计，定向进化不需要事先考虑突变位点，但结合一些结构等信息有助于加快定向进化的速度。虽然定向进化的原理简单，但在实际操作中需要考虑两个关键问题，即文库的构建是否高效和是否具有高通量筛选或选择方法。除了理性设计和定向进化之外，将二者进行结合的半理性设计也被广泛用于酶的改造与优化［图2-2（b）］。

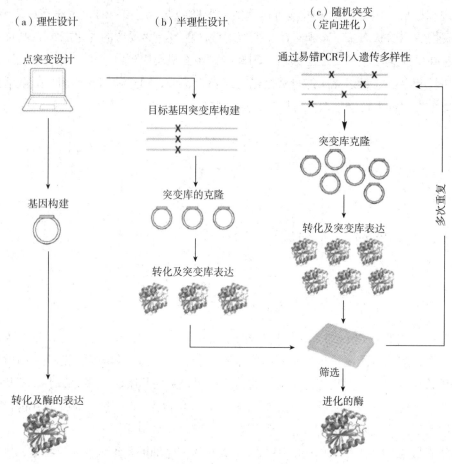

图2-2　常见酶工程策略

五、生物催化的优势

　　生物催化在有机合成、药物和精细化学品制造领域具备多方面优势，包括高选择性（立体选择性、区域选择性及化学选择性等）、温和的反应条件（常温、常压及使用水作为溶剂）、可拓展性（可通过蛋白质工程等手段提升酶的催化性能）和高效率等特点。然而，相较于化学催化，生物催化也存在一些缺陷，例如酶的稳定性较差（包括热稳定性和溶剂稳定性等）、较高的成本以及底物适用范围较窄等问题。通过利用前文提到的蛋白质工程等优化手段，可以在一定程度上解决或部分解决上述缺陷。

六、酶的生产

目前，大部分工业酶来源于微生物且可通过微生物发酵生产，其中异源表达常见的宿主包括大肠埃希菌（*Escherichia coli*）、毕赤酵母（*Pichia pastoris*）、曲霉菌属（*Aspergillus* spp.）、芽孢杆菌属（*Bacillus* spp.）和假单胞菌属（*Pseudomonas* spp.）等。这些宿主中的酶表达量较高，易于处理，并且可以通过基因工程手段提高其性能。此外，还可以利用整合分泌系统促进酶的分离和纯化。

在酶的生产过程中，含有编码所需酶的基因的细胞在发酵罐或生物反应器中规模化生长，并可以通过控制培养体系的pH，以及氧气、氨和二氧化碳的浓度来提高细胞密度。生长好的细胞可以通过分批或连续离心进行收集，也可通过膜过滤装置进行收集。随后，可使用均质机对细胞进行破碎，在离心除去细胞碎片后，粗酶保留在上清液中。另外，可以通过添加无机盐（如硫酸铵）或有机溶剂（如丙酮）使粗酶沉淀从而进行浓缩。最后，可通过透析或色谱方法对粗酶进行纯化，并将其冷冻干燥得到干燥酶粉末。

第二节 生物催化的反应

一、还原反应

还原反应是有机合成中重要的反应类型之一，特别是基于过渡金属催化剂（如Rh、Ru等）的碳碳双键、碳氧双键的不对称氢化技术不仅开创了手性合成这一研究领域，还在手性化学品制造（医药、农药、精细化学品）工业中取得了巨大成功。尽管如此，基于金属催化剂的不对称还原反应仍存在一些缺陷，如催化剂成本昂贵、催化剂难以去除、需要高压氢气等。酶催化的还原反应不仅具有很好的化学选择性、区域选择性和立体选择性，还可以有效规避上述基于金属催化剂的不对称氢化技术的缺陷，因此在小分子药物合成及有机合成中被广泛应用。目前，被广泛研究及应用的酶催化还原反应主要分为三类（图2-3）：①醇脱氢酶（alcohol dehydrogenase，ADH，也称为羰基还原酶（carbonyl reductase，CR）或酮还原酶（ketoreductase，KR或KRED）催化的羰基化合物（醛、酮）还原生成醇；②亚胺还原酶（imine reductase，IRED）催化的亚胺（碳氮双键）还原生成胺；③烯还原酶（ene-reductase，ERED）催化的碳碳双键的还原。

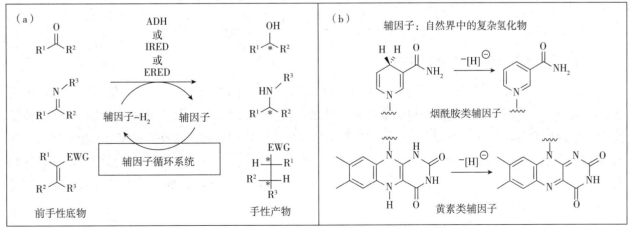

图2-3 还原反应举例

（a）常见还原反应类型；（b）常见辅因子类型（EWG：吸电子基团）

（一）概述

酶催化的还原反应需要还原剂来推动。大多数氧化还原酶利用烟酰胺腺嘌呤二核苷酸（NADH）或其磷酸盐（NADPH）作为负氢供体，在还原反应中将NAD(P)H氧化为NAD(P)$^+$并将负氢提供给底物。少数氧化还原酶则利用黄素（FMN，FAD）或吡咯并喹啉醌（PQQ）作为辅酶。在体外进行氧化还原反应时，如果大量使用NAD(P)H（化学计量），合成成本将显著上升。此外，积累的辅酶氧化产物也可能产生抑制作用。这一难题可以通过建立辅酶再生系统来解决，即通过第二个同时进行的氧化还原反应在原位再生NAD(P)H，使其重新进入反应循环。这样，还原反应仅需使用催化量的NAD(P)H或NAD(P)$^+$，从而降低生产成本。

如表2-2所示，现已经发展出多种NAD(P)H再生系统，其中在醇脱氢酶催化的还原反应中，最常见的是依赖葡萄糖脱氢酶（glucose dehydrogenase，GDH）的辅酶循环系统，或者是醇脱氢酶自身催化的异丙醇氧化为丙酮的辅酶循环系统。此外，利用微生物全细胞进行催化时，可以使用廉价的氧化还原等价物（如碳水化合物），因为微生物具备代谢所需的各种酶和辅因子。

表2-2 辅因子循环系统

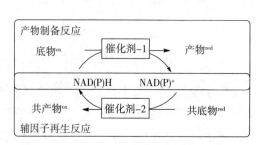

共底物	催化剂-2	共产物
H$_2$	氢化酶	—
HCO$_2$H	甲酸脱氢酶	CO$_2$
葡萄糖	葡萄糖脱氢酶	葡萄糖酸
异丙醇	醇脱氢酶	丙酮
MeOH	醇脱氢酶	CO$_2$
	醛脱氢酶	
	甲酸脱氢酶	
二醇		内酯（不可逆的再生反应）
H$_2$O	藻类	$^1/_2$O$_2$

（二）羰基（醛及酮）的还原反应

醇脱氢酶是一类广泛分布且具有重要应用的生物催化剂，能够催化醇的脱氢氧化和羰基的还原反应。在有机合成领域，利用这类酶将前手性酮不对称还原为手性醇是其中最重要的应用之一。在这些反应中，还原产物的构型取决于酶催化口袋的手性环境和底物的空间结构。在反应过程中，如果酶从酮的 *Re* 面传递负氢，则生成 *S*-构型的仲醇（称为Prelog产物），这类酶被称为Prelog酶。相反，如果酶从酮的 *Si* 面传递负氢，则生成 *R*-构型的仲醇（称为反-Prelog产物），这类酶被称为反-Prelog酶。目前广泛应用的脱氢酶见表2-3。

表2-3 有机合成中常用的醇脱氢酶举例

$$H^{\ominus} \quad \underset{S}{\bigcirc} \underset{}{\overset{O}{\|}} \underset{L}{\bigcirc} \xrightarrow[\substack{NAD(P)H \quad NAD(P)^+ \\ \text{按照CIP顺序L>S}}]{\substack{\text{Prelog规则} \\ ADH}} \quad \underset{S}{\bigcirc} \underset{(S)}{\overset{OH}{\|}} \underset{L}{\bigcirc}$$

脱氢酶	专一性	辅因子	商业可得
酵母–ADH	Prelog	NADH	+
马肝–ADH	Prelog	NADH	+
Thermoanaerobium brockii–ADH	Prelog[a]	NADPH	+
Hydroxysteroid–DH	Prelog	NADH	+
Rhodococcus ruber ADH–A	Prelog	NADH	+
Rhodococcus erythropolis –ADH	Prelog	NADH	+
Candida parapsilosis–ADH	Prelog	NADH	+
Lactobacillus brevis–ADH	反–Prelog	NADPH	+
Lactobacillus kefir–ADH	反–Prelog	NADPH	+
Macor javanicus–ADH	反–Prelog	NADPH	–
Pseudomonas sp.–ADH	反–Prelog	NADH	–

注：[a] 对于空间结构较小的酮表现出反–Prelog规则。

　　醇脱氢酶具备接受多种类型底物的能力，包括但不限于脂肪酮、芳香酮、酮酯、二酮和醛等，如图2-4所示。此外，通过蛋白质工程改造后，醇脱氢酶还能够接受结构更为复杂、位阻更大的底物（详见本章第三节）。例如，使用醇脱氢酶EA可以将底物浓度为150g/L的3-氧代-3-(吡啶-4-基)丙酸乙酯不对称还原为(S)-3-羟基-3-(吡啶-4-基)丙酸乙酯，产物的收率为93%，*e.e.*值>99%。与基于金属Ru催化剂的不对称氢化策略相比，使用酮还原酶的生物催化路线具有更高的产物收率及更低的催化剂成本。

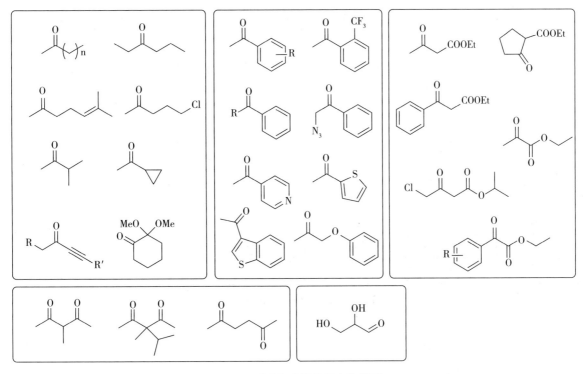

图2-4 醇脱氢酶的常见底物类型

（三）亚胺的还原反应

手性胺广泛存在于许多药物的结构中，有机化学家们也已经开发多种方法来实现它们的不对称合成，其中，利用亚胺还原酶来实现亚胺的不对称还原是一种高效的策略。最初，亚胺还原酶主要用于环状亚胺类化合物的还原，其适用的底物范围较为有限［图2-5（a）］。随着基因组测序技术和生物信息学的进步，近年来已发现众多源自微生物的亚胺还原酶。另外，利用定向进化等策略，可进一步提高亚胺还原酶的催化活性、选择性和稳定性，并扩展其底物范围。值得一提的是，科研人员从米曲霉（*Aspergillus oryzae*）中鉴定出一种NADPH依赖的还原胺化酶（reductive aminase，RedAM），其能够催化1∶1的醛和胺进行还原胺化反应［图2-5（b）］，且具有高转化率、立体选择性和广泛的底物适用范围的特点。此外，许多亚胺还原酶不仅具备亚胺还原活性，还展现出还原胺化能力，从而进一步扩展了这些酶在有机合成领域的应用范围。例如，使用挖掘得到的IRED-33可以催化750mM的环己酮及环丙胺在8小时内还原胺化为N-环丙基环己胺，反应转化率为100%，收率>90%，时空产率为12.9g/（L·h）。

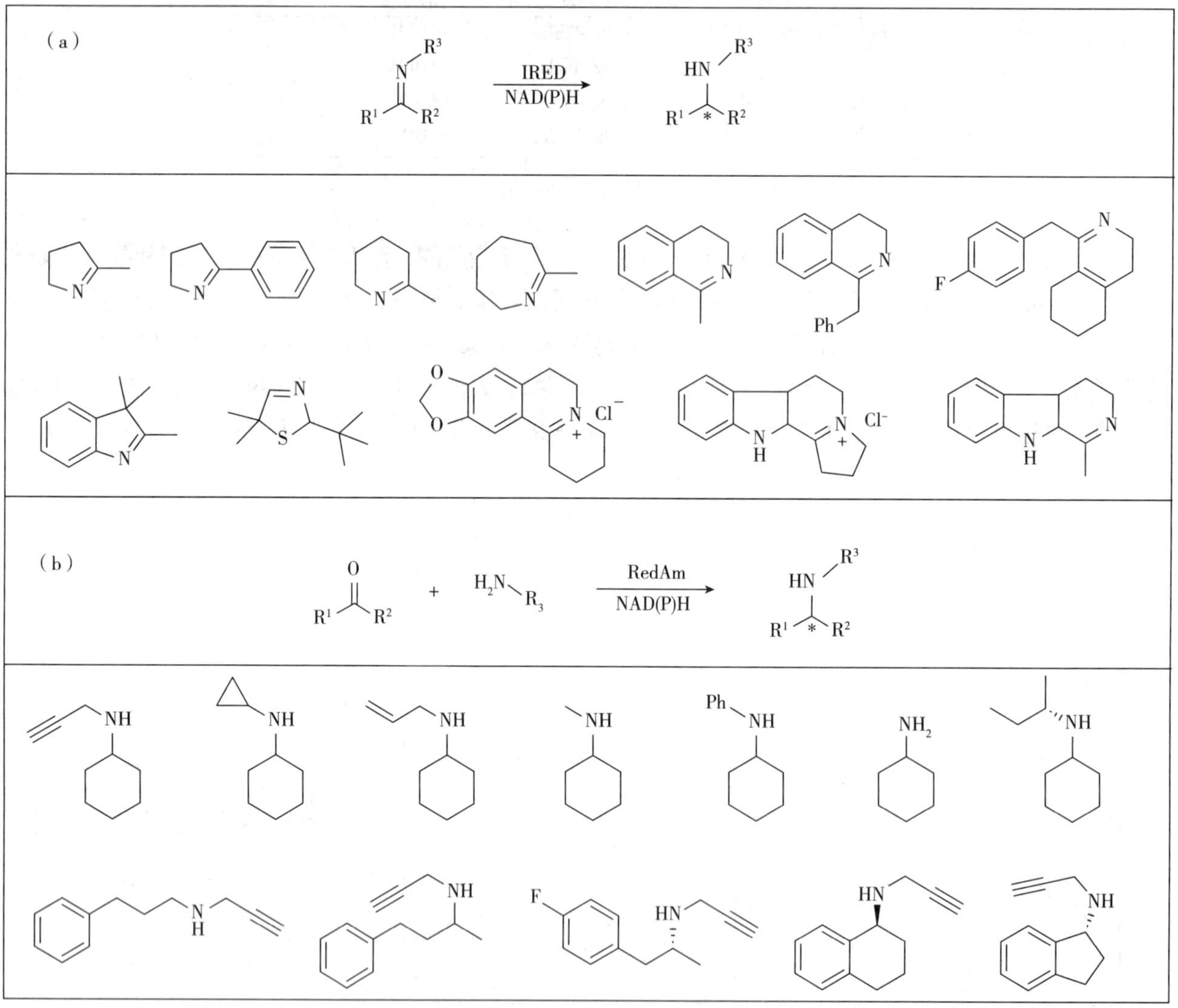

图2-5 亚胺还原与还原胺化反应
（a）酶催化亚胺还原反应及常见底物类型；（b）酶催化还原胺化反应及产物举例

（四）碳碳双键的还原反应

不对称还原碳碳双键是制备手性化合物重要的方法之一，其中，碳碳双键的生物催化还原反应可以通过在微生物和植物中广泛存在的黄素依赖性烯还原酶（ene-reductase，ERED）实现。烯还原酶催化的还原反应中，被还原的底物通常是含有吸电子基团的 α, β- 不饱和羰基化合物（图2-6），其中较为常见的为环状的 α, β- 不饱和酮（烯酮）化合物，其他底物还包括含有醛、硝基、氰基等吸电子基团的化合物（图2-6）。烯还原酶催化的还原反应类似于手性氢化物对 α, β- 不饱和羰基化合物进行不对称迈克尔加成。对于该反应机制的研究表明，还原状态的黄素提供氢负离子并立体选择性进攻底物 β 位碳原子，同时底物 α 位碳原子从另一侧的酪氨酸残基获得质子。因此，两个氢原子以立体选择性的方式反向加成到碳碳双键上，这与金属催化的顺式氢化过程有所不同。此外，依据催化机制，未活化的碳碳双键不会发生反应。基于ERED催化的碳碳双键还原反应在有机合成中具有重要的应用，其不仅可以用于药物中间体的合成，而且可以用于风味和香味化合物的合成。例如，使用来源于 *Pseudomonas brassicacearum* 的 Pbr-ER 可以将反式-2-癸烯醛还原为癸醛（一种被广泛应用于食品添加剂行业中的香料成分）。该反应经优化后可在底物浓度为40g/L下放大至100ml，反应24小时后收率可达到93%。

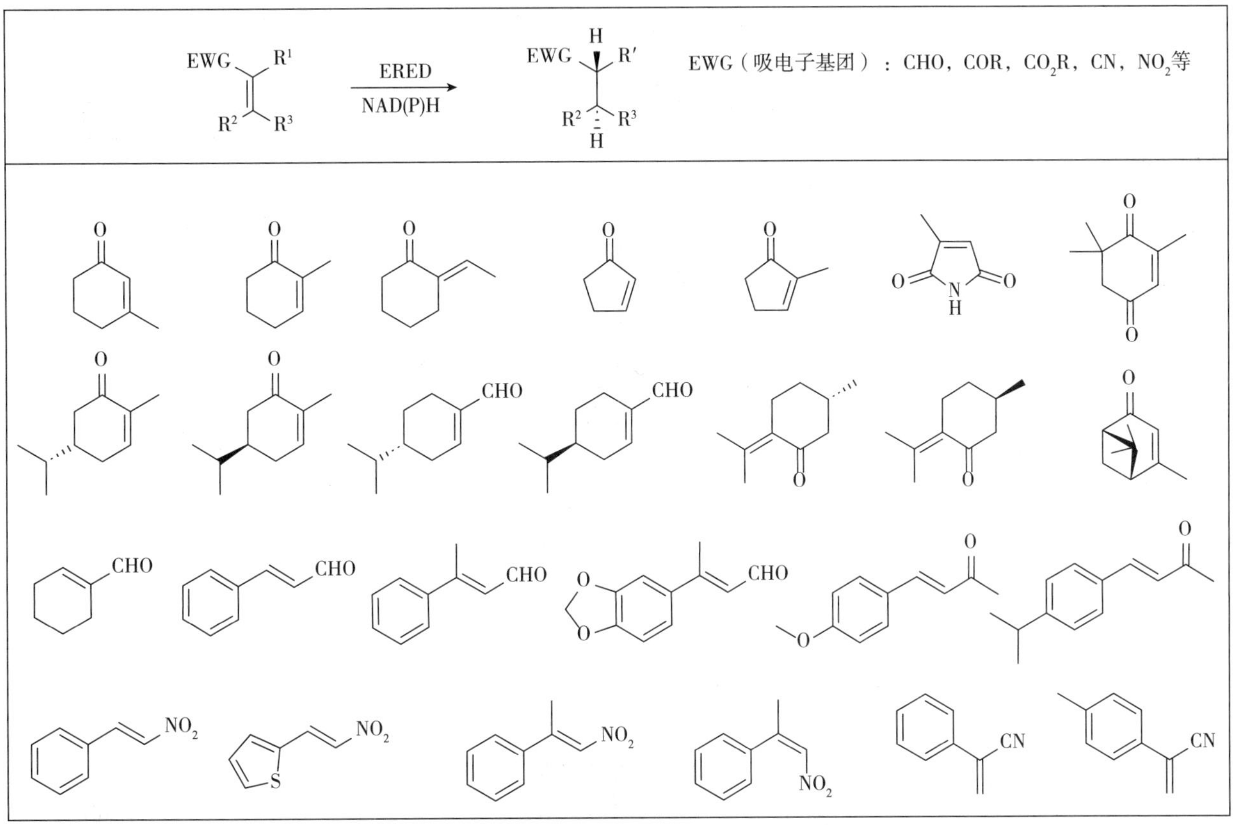

图2-6　烯还原反应及烯还原酶常见的底物类型

二、氧化反应

氧化反应在有机合成中扮演着至关重要的角色，是其中最为重要的官能团转换反应之一，常见的反应底物包括醇、醛、烯烃等。然而，传统的化学氧化方法存在着一些缺点：①许多常用的氧化剂为金属氧化剂，如铜、锰、铁、镍、铬等，其中一些容易对环境造成不利影响；②许多氧化方法的化学选择性不佳，容易导致过度氧化或其他副反应；③很多氧化方法难以实现高度的区域选择性和立体选择性。尽管有机化学家们不断尝试利用廉价、无害的氧化剂（如氧气）来解决环境友好性问题，通过开发各种金属配合物来提高反应的区域选择性和立体选择性，但上述问题目前仍未完全解决。相比之下，酶催化的氧化反应往往表现出更好的化学选择性、区域选择性和立体选择性，同时具备反应条件温和、环境友好等优点。因此，酶催化的氧化策略受到学术界及工业界的广泛关注。

（一）概述

根据反应机制，生物催化氧化反应可以分为两类：脱氢（dehydrogenation）反应和氧官能化（oxyfunctionalisation）反应。在脱氢反应中，脱氢酶（dehydrogenase）、氧化酶（oxidase）等利用受体分子（主要是烟酰胺或黄素等辅酶）从被氧化的碳原子上夺去一个氢负离子；漆酶（laccase）和过氧化物酶（peroxidase）则是通过自由基机制夺去底物（主要是酚类化合物）的氢原子（图2-7）。在氧官能化反应中，分子氧在单加氧酶（monoxygenase）和双加氧酶（dioxygenase）催化下被还原活化，或者过氧化氢在过加氧酶（peroxygenase）催化下被还原活化，然后对底物进行亲电插入或加成（图2-8）。

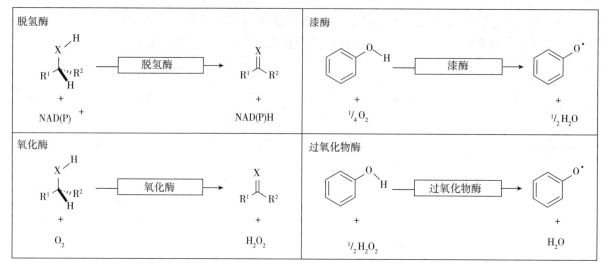

图2-7 酶催化脱氢反应

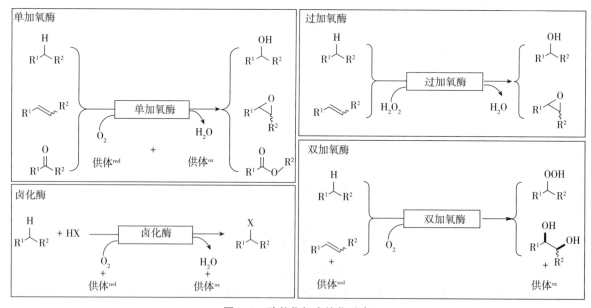

图2-8 酶催化氧官能化反应

1.脱氢反应催化剂 醇脱氢酶和亚胺还原酶能够介导负氢从醇或胺的碳原子转移到NAD(P)$^+$，即与还原反应相对的氢的可逆转移。尽管这两种酶具有催化氧化反应的能力，但其更常被应用于还原反应。黄素依赖性氧化酶则利用与酶结合的黄素（通常是黄素腺嘌呤二核苷酸，FAD）作为主要的负氢受体对底物进行脱氢。其生成的氧化辅因子可通过直接被空气氧化，生成副产物过氧化氢，再在过氧化氢酶的催化下发生分解从而促进辅因子的循环再生。在铜依赖性氧化酶中，最常见的是半乳糖氧化酶，其工程化变体在动力学拆分反应中有一定的应用。例如，来源于禾谷镰刀菌的半乳糖氧化酶可将 α-四氢萘酚氧化为1-四氢萘酮，且改造后的半乳糖氧化酶突变体对(R)-及(S)-α-四氢萘酚的转化率的最高比值可达到36.9。漆酶也属于铜依赖性氧化酶，能将分子氧还原为水，其底物范围主要限于酚类和具有相似活性的化合物。漆酶生成的主要产物为苯氧基自由基，可进一步发生化学转化生成低聚物或醌类产物。

2. 氧官能化反应催化剂　在化学工业中，使用氧气作为零价氧化剂直接氧化简单化合物（如烷烃、烯烃和芳烃）至关重要。然而，这些化学反应的适用范围有限，对于复杂底物缺乏区域选择性和立体选择性。而利用加氧酶，可以实现有机化合物的选择性氧化官能化。重要的加氧酶类生物催化剂包括单加氧酶（monooxygenase）、双加氧酶（dioxygenase）和过加氧酶（peroxygenase）等。单加氧酶家族包括血红素依赖性单加氧酶和黄素依赖单加氧酶，能将分子氧中的一个氧原子结合到底物中，同时还原另一个氧原子生成水。这些生物催化剂可催化多种反应，如环氧化、羟基化、卤化、杂原子加氧和Baeyer-Villiger氧化等。过加氧酶在结构上类似于P450单加氧酶，同样使用血红素作为辅酶，但其利用过氧化氢形成氧合物质，与P450酶的机制有所不同。双加氧酶能通过形成过氧物进而同时将氧气的两个氧原子转移到底物上。其中，α-酮戊二酸依赖性双加氧催化的羟基化反应在有机合成中有较为重要的应用。例如，来源于尖孢镰孢菌的双加氧酶FoPip4H可将4-氟-7-(甲基磺酰基)-2,3-二氢-1H-茚满-1-酮羟基化为(R)-4-氟-3-羟基-7-(甲基磺酰基)-2,3-二氢-1H-茚满-1-酮（图2-9）。该反应可在底物浓度为40g/L的情况下扩大至1.5kg规模，产物 $e.e.$ 值为99%，收率为92%。

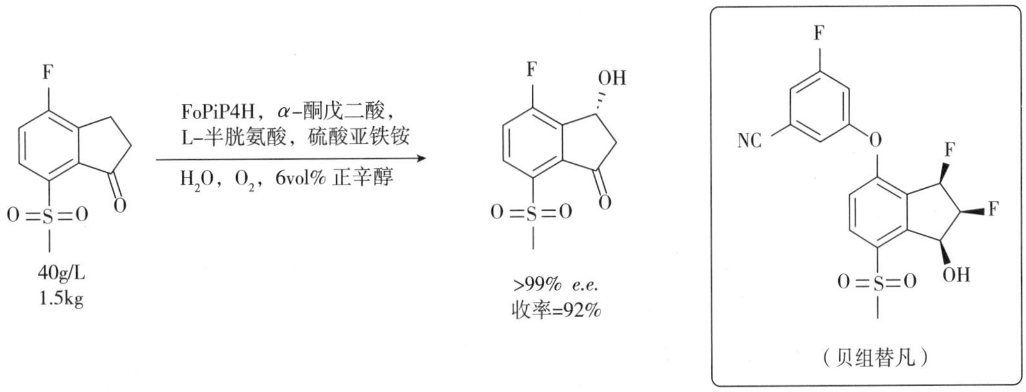

图2-9　双加氧酶催化的氧化反应

（二）醇和醛的氧化反应

醇氧化生成醛或酮的反应可以通过醇脱氢酶催化实现，该反应同时需要辅酶循环系统。相比于羰基的还原反应，使用脱氢酶进行醇氧化的报道较少，这主要由以下原因导致：①使用NAD(P)$^+$依赖性脱氢酶氧化醇在热力学上是不利的，且氧化烟酰胺辅因子再生较为复杂；②醇脱氢酶催化的氧化反应通常在pH为8~9时效果最好，在这种条件下，烟酰胺辅因子和产物（特别是醛）的稳定性变差；③氧化产物，尤其是醛容易与脱氢酶的疏水活性位点结合紧密，导致产物抑制现象。因此，酶催化的醇氧化反应通常应用于一些化学氧化难以实现的底物或转化过程中。尽管如此，在有机合成领域，通过结合醇的氧化反应和酮的还原反应，可以制备光学纯的手性化合物。如图2-10所示，利用对不同辅因子有偏好性的醇脱氢酶，可以将消旋醇中的R-构型醇氧化为酮，然后将酮还原为S-构型醇，从而实现对消旋醇的去消旋化。这种方法为制备光学纯度化合物提供了一种有效途径。

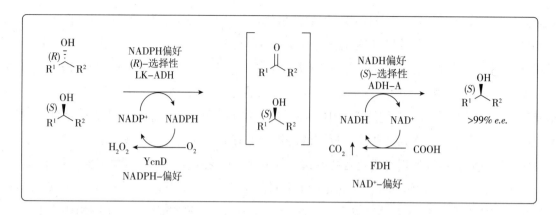

图2-10 醇的选择性氧化及酮的选择性还原实现消旋醇的去消旋化

（三）胺的氧化反应

胺氧化酶能够在氧气的参与下将胺氧化，并产生过氧化氢。这种酶主要来源于微生物，其在生物体内的主要功能是氧化降解胺，为同化和生长过程提供必需的氨。在生物催化领域，来自黑曲霉（*Aspergillus niger*）的黄素依赖性单胺氧化酶（monoamine oxidase，MAO）被广泛改造成多种突变体，并能够实现对伯胺、仲胺和叔胺的高立体选择性氧化。如图2-11所示，胺氧化酶可以将含有相邻手性碳原子的胺底物进行对映选择性氧化，生成相应的非手性亚胺，而未转化的对映异构体保持不变，从而实现外消旋体的拆分。为了克服动力学拆分收率低于50%的限制，可以使用温和的还原剂（例如胺-硼烷络合物）原位还原亚胺（非立体选择性），从而产生等摩尔量的25%胺对映异构体。通过多个周期，反应对映异构体逐渐耗尽，而未反应的对映异构体逐渐积累，最终实现未转化的对映异构体的积累（图2-11）。

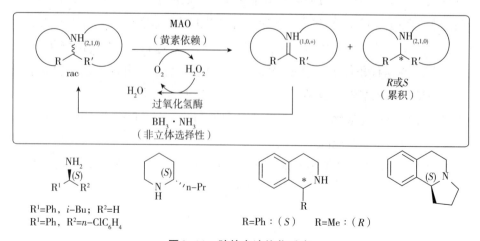

图2-11 胺的去消旋化反应

三、水解反应

水解酶是最常见的一类酶，无需辅酶参与，具有广泛的底物适用性，并且有许多现成的酶可供选择。在早期的酶促有机合成中，大约有一半的反应使用的是水解酶。

（一）反应机制

在有机合成中使用较多的酰胺水解酶和酯水解酶的催化机制非常相似，以丝氨酸水解酶的催化机制为例，机制如图2-12所示：首先，起催化功能的丝氨酸残基与邻近的天冬氨酸和组氨酸形成所谓的催化三元组（catalytic triad），这三个残基的特殊排列可以降低丝氨酸羟基的pK_a，从而使其能够对底物R^1—CO—OR^2的羰基进行亲核进攻（步骤Ⅰ）；上述过程使底物的酰基部分与酶共价连接，并通过释放离去基团（R^2—OH）形成"酰基–酶中间体"。之后亲核试剂（通常是水）可以反过来进攻酰基–酶中间体，释放羧酸R^1—COOH并使酶再生（步骤Ⅱ）；猪肝酯酶（pig liver esterase, PLE）、枯草杆菌蛋白酶（subtilisin）和大多数微生物脂肪酶都是利用丝氨酸的羟基作为亲核基团，天冬氨酸（例如胃蛋白酶）的羧基或者半胱氨酸（如木瓜蛋白酶）的巯基也可以起到相同的作用。

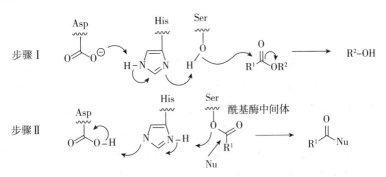

图2-12　水解酶反应机制

（二）酯的水解反应

酯酶、脂肪酶等水解酶能够催化酯的水解反应。其中，猪肝酯酶作为酯酶家族中应用最广泛的酯酶之一，由多种同工酶组成，且展现出独特的手性水解特性。这些同工酶通常具有相似的氨基酸序列，但由于某些关键氨基酸序列的不同而导致催化性质存在差异。在有机合成中，酯酶涉及的反应类型多种多样，例如猪肝酯酶能够催化区域选择性水解［图2-13（a）］、非对映选择性水解［图2-13（b）］、去对称化水解［图2-13（c）］、动力学拆分［图2-13（d）］等多种反应。此外，其他常用于酯水解反应的酶还包括南极假丝酵母脂肪酶B（*Candida antarctica* lipase B, CALB）、米根霉脂肪酶（*Rhizopus oryzae* lipase, ROL）等。值得一提的是，固定化的CALB，也称为Novozym 435，具有出色的热稳定性和广泛的底物特异性。在酯类和胺类化合物的合成中，Novozym 435发挥着重要的作用。

（a）

$$
\begin{array}{ccc}
\text{1 COOMe} & & \text{COOH} \\
\text{HO} \cdots | & \xrightarrow[\text{缓冲液}]{\text{PLE粗酶}} & \text{HO} \cdots | \\
\text{CH}_2 & & \text{CH}_2 \\
\text{4 COOMe} & & \text{COOMe}
\end{array}
$$

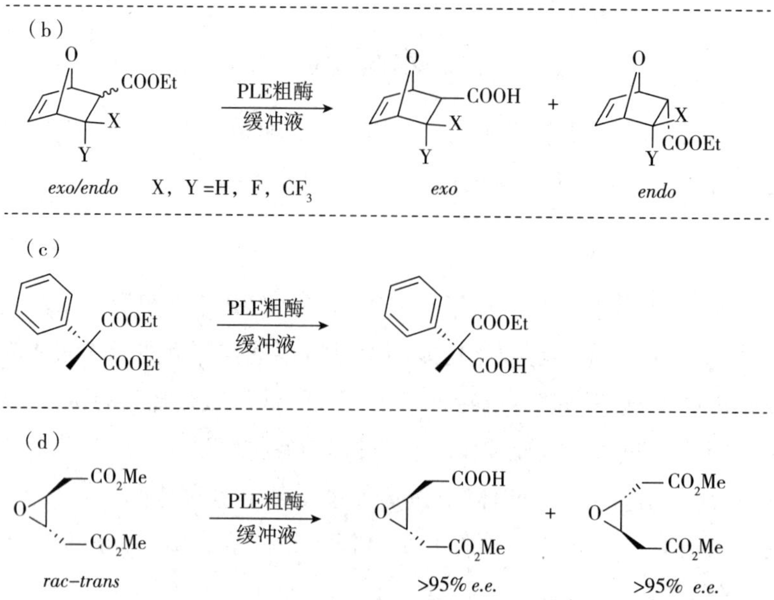

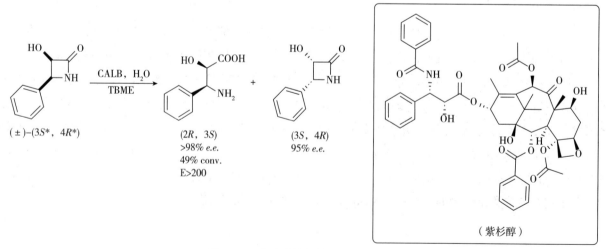

图 2-13 猪肝酯酶催化的水解反应举例

（a）区域选择性水解；（b）非对映选择性水解；（c）去对称化水解；（d）动力学拆分

（三）酰胺的水解反应

酶催化的酰胺键水解可用于制备光学纯 D- 和 L- 型氨基酸，其中 L- 型氨基酸可用作动物饲料和氨基酸注射液，并作为许多药物、农药或人造甜味剂等的起始原料，而 D- 型非天然氨基酸则是许多生物活性化合物的重要组成部分，如 D- 苯基甘氨酸及其对羟基衍生物可用于合成抗生素氨苄西林（ampicillin）、阿莫西林（amoxicillin）和抗肿瘤药物紫杉醇（paclitaxel），D- 缬氨酸是合成杀虫剂拟除虫菊酯氟缬氨酸（pyrethroid fluvalinate）的重要原料。如图 2-14 所示，南极假丝酵母脂肪酶 B（CALB）催化的酰胺键水解反应（动力学拆分）可制备光学纯非天然氨基酸，该产物可用于抗肿瘤药物紫杉醇的合成。

图 2-14 脂肪酶催化的酰胺水解反应

（四）氰基的水解反应

根据底物结构中的电子效应和空间效应的不同，酶催化的腈水解可通过两种不同途径进行（图

2-15）。在第一种依赖于腈水合酶（nitrile hydratase）的途径中，酶所接受的底物主要是脂肪腈，且反应通常分两个阶段进行：首先，氰基在腈水合酶的作用下生成酰胺，然后通过酰胺酶（amidase）转化为羧酸。芳香腈、杂环腈和某些脂肪腈的水解则通过第二种途径进行，由腈水解酶（nitrilase）催化。在该催化过程中，氰基直接被水解为相应的酸，而不经过中间体酰胺。值得注意的是，第一种途径中的腈水合酶通常被归类为裂合酶类。

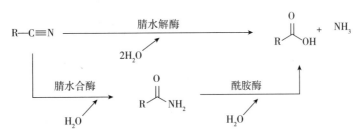

图2-15 腈水解酶与腈水合酶催化氰底物反应示意图

四、加成与消除反应

不饱和键（如碳碳双键和碳氧双键）的加成反应在有机合成中扮演着重要的角色，其既是官能团转化的关键步骤，也是新碳碳键形成的重要途径。目前已知的酶催化加成反应包括水或氨对烯烃的加成、氰基对醛的加成以及迈克尔加成等。这类反应由裂合酶催化，会形成一个或两个新的手性中心，在药物合成领域具有重要意义。

（一）氨对烯烃的加成反应

烯烃的氢胺化反应可以由氨裂解酶（ammonia lyase）催化，例如天冬氨酸酶、3-甲基天冬氨酸酶和苯丙氨酸氨裂解酶等。由于这一反应是可逆的，使用高浓度氨会推动反应向氢胺化方向移动。其中，天冬氨酸酶催化富马酸生成L-天冬氨酸是一个重要的工业生物催化反应，其反应规模可达到每年1万吨。天冬氨酸酶是已知特异性最高的酶之一，只能催化其天然底物（富马酸），但可以接受其他氮亲核试剂，如羟胺、甲胺、甲氧胺和肼，并与富马酸反应生成相应的N-取代的L-天冬氨酸衍生物。

另外，L-苯丙氨酸氨裂解酶（phenylalanine ammonia lyase，PAL）催化E-肉桂酸进行不对称氢胺化生成L-苯丙氨酸的加成反应，也是一种重要的工业生物催化反应，年产量约为1万吨。这种酶还能够催化含有多种卤素取代基苯环底物和杂环底物（如吡啶基和噻吩基衍生物）的反应［图2-16（a）］。此外，来自红豆杉（*taxus chinensis*）的苯丙氨酸氨基变位酶（phenylalanine aminomutase，PAM）是一种重要的异构酶，其能够催化α-苯丙氨酸与β-苯丙氨酸之间的相互转化，从而合成β-氨基酸［图2-16（b）］。

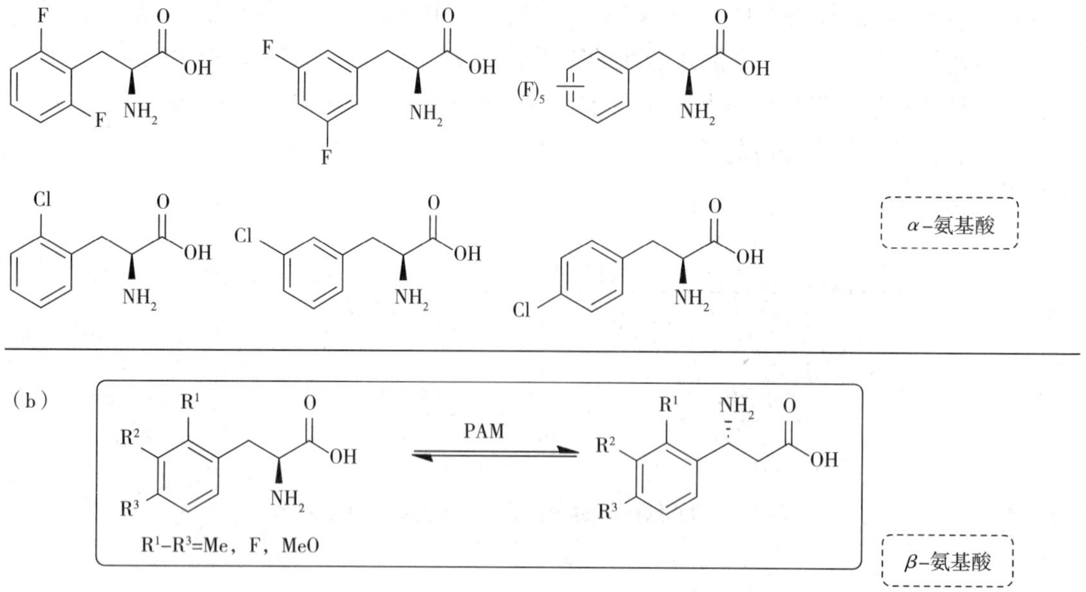

图2-16　氨裂解酶及氨变位酶催化的 α- 及 β- 氨基酸的合成

（二）氰基对醛和酮的加成反应

羟腈裂解酶（hydroxynitrile lyase，HNL）属于裂合酶类，能够催化氰化氢与醛或酮的羰基进行不对称亲核加成并生成手性氰醇。羟腈裂解酶催化的加成反应是最早用于有机合成的酶催化反应之一。产氰植物是羟腈裂解酶的来源之一，其中分离出的酶可用于催化加成反应并产生R- 或S- 氰醇。此外，羟腈裂解酶还可以催化硝基烷烃对羰基化合物的亲核加成，即有机合成中的亨利（Henry）反应，并获得产物邻硝基醇。例如，使用来自橡胶树（Hevea brasiliensis）或拟南芥（Arabidopsis thaliana）的S- 羟腈裂解酶能够催化硝基甲烷与苯甲醛的不对称加成，生成高对映选择性的硝基醇（图2-17）。此外，S- 羟腈裂解酶也可以催化苯甲醛与硝基乙烷反应，形成具有两个立体中心的产物。在该反应中，尽管与羟基相连的二级碳（C1位）的立体选择性可高达95%，但与硝基相连的二级碳（C2位）的选择性只能达到中等水平，因此会生成非对映异构体（图2-17）。

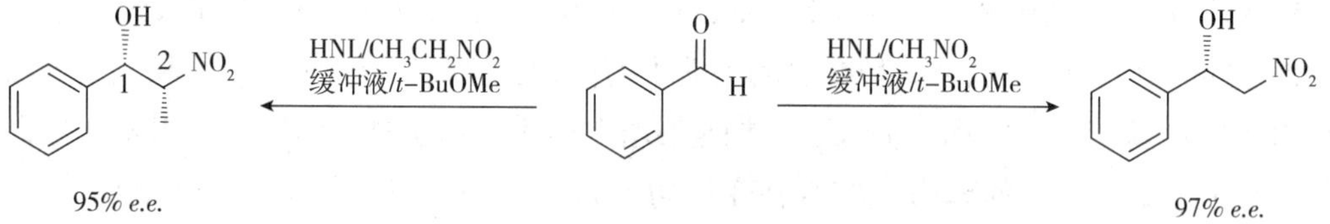

图2-17　羟腈裂解酶催化亨利反应

五、转移反应

转氨酶（transaminase，TA）催化的转氨反应是合成手性胺的重要方法之一。这一反应利用磷酸吡哆醛（pyridoxal-5'-phosphate，PLP）作为辅因子，促使氨基在供体和受体之间的转移［图2-18（a）］。在该过程中，PLP首先与胺供体结合形成醛亚胺席夫碱，酶活性位点上的赖氨酸残基催化碳氮双键的互变异构，生成酮亚胺，随后水解形成胺化形式的辅因子吡哆胺（pyridoxamine，PMP）。接着，吡哆胺与受体底物的羰基发生反应，形成酮亚胺，然后发生互变异构生成醛亚胺，最后水解产生胺并再生PLP［图2-18（b）］。

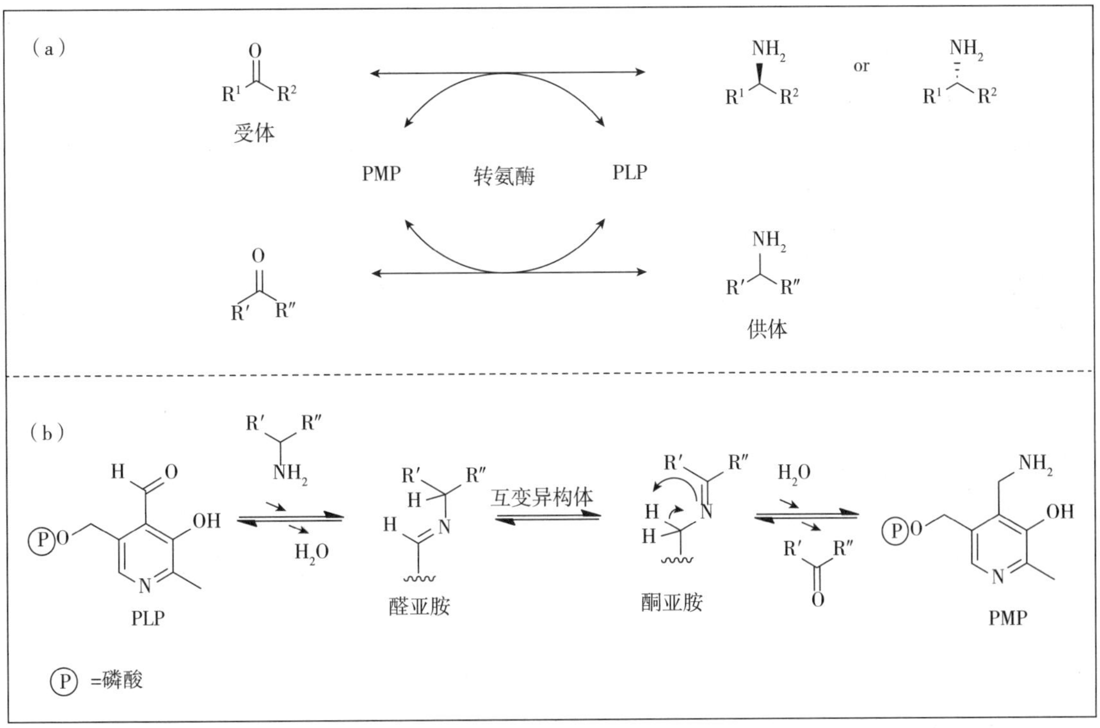

图2-18 转氨反应

（a）转氨反应需要氨基供体及受体；（b）转氨反应中辅酶PLP的机制

转氨酶可分为多个亚族，其中，α-转氨酶表现出高度特异性，主要催化α-氨基酸转化为相应的α-酮酸。与之不同，ω-转氨酶（ω-TA）则更为灵活，能够接受带有远端羧酸盐部分的底物，如赖氨酸、鸟氨酸、β-丙氨酸和ω-氨基丁酸。此外，它们还可催化不带羧基的伯胺，例如异丙胺和2-丁胺，因此也被称为胺转氨酶。例如，利用改造的转氨酶CDX-043可以不对称催化（R）-5-（[1,1'-联苯]-4-基）-2-甲基-4-氧代戊酸转氨为（2R,4S）-5-（[1,1'-联苯]-4-基）-4-氨基-2-甲基戊酸。该反应使用异丙胺为氨基供体，底物浓度为75g/L，酶载量为1%，24小时转化率为90%，产物具有>99.9：0.1 $d.r.$ 的光学纯度。

在转氨反应中，平衡常数通常只接近于1，这表明从α-氨基酸到酮酸的氨基转移并无明显优势。对于ω-TA，高浓度条件下可能出现共底物和（或）副产物抑制，因此不能简单通过使用过量的胺供体来推动胺的形成。一般来说，通过剔除副产物来推动平衡更为有效。常用的方法包括：①使用异丙基胺作为胺供体，副产物丙酮可以通过提高反应温度蒸发除去；②通过额外的酶催化反应去除非挥发性副产物，例如使用丙酮酸或苯丙酮酸脱羧酶将生成的α-酮酸脱羧，形成醛和二氧化碳，但这种方法生成的醛通常是良好的底物，也可在反应体系中发生胺化；③存在NAD(P)H循环的情况下，可通过利用适当的脱氢酶将酮副产物还原为相应的醇，例如丙酮酸可通过乳酸脱氢酶还原为乳酸。

第三节 生物催化技术在药物合成中的应用

一、手性小分子药物的生物催化合成

（一）手性醇类化合物的合成

手性醇在众多手性小分子药物的结构与功能中扮演着关键角色，同时手性醇也是许多药物合成过程中至关重要的中间体。利用生物催化方法合成手性醇具有高选择性、条件温和、无需过渡金属介入以及环境友好等优势而备受关注。

1. 醇的选择性酯化 脂肪酶催化的醇的动力学拆分或去对称化是合成手性醇的重要方法之一。例如，对环戊烯二醇（图2-19）进行选择性单酯化可以制备多种前列腺素的关键中间体，包括前列腺素E1（alprostadi，前列地尔）、前列腺素E2（dinoprostone，地诺前列酮）和硫前列酮（sulprostone）等。这种方法通常使用商业可获取的脂肪酶QL，且通过优化反应条件，可以提高反应收率和选择性。有报道表明，该酶催化的酯化过程可在200kg原料规模下进行，催化剂负载量为49g/kg，产物浓度可达到140g/L（图2-19）。

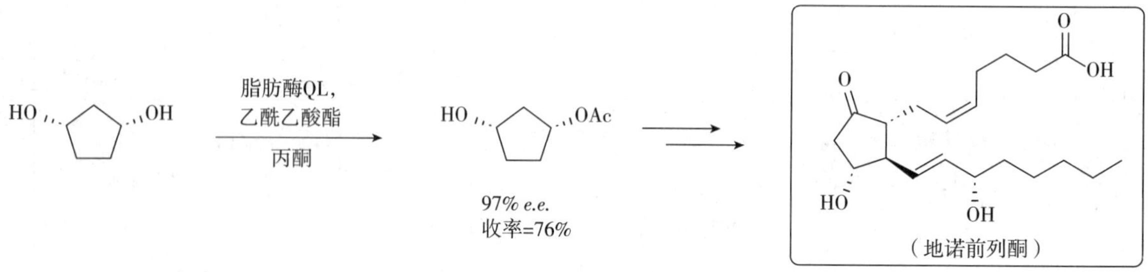

97% e.e.
收率=76%

（地诺前列酮）

图2-19 脂肪酶选择性酯化合成前列腺素中间体

抗HIV药物替拉那韦（tipranavir）是一种蛋白酶抑制剂，于2005年获得FDA批准（图2-20）。替拉那韦关键手性中间体可借助手性色谱对相关对映异构体的分离获得，但效率较低。为了实现替拉那韦的大规模生产，可以利用洋葱伯克霍尔德菌（*Burkholderia cepacia*）脂肪酶（Amano P30）对消旋底物进行动力学拆分，获得(S)-1-(3-硝基苯基)丙醇中间体。在该反应中，未反应的S-构型醇的收率接近50%，其e.e.值>98%（图2-20）。

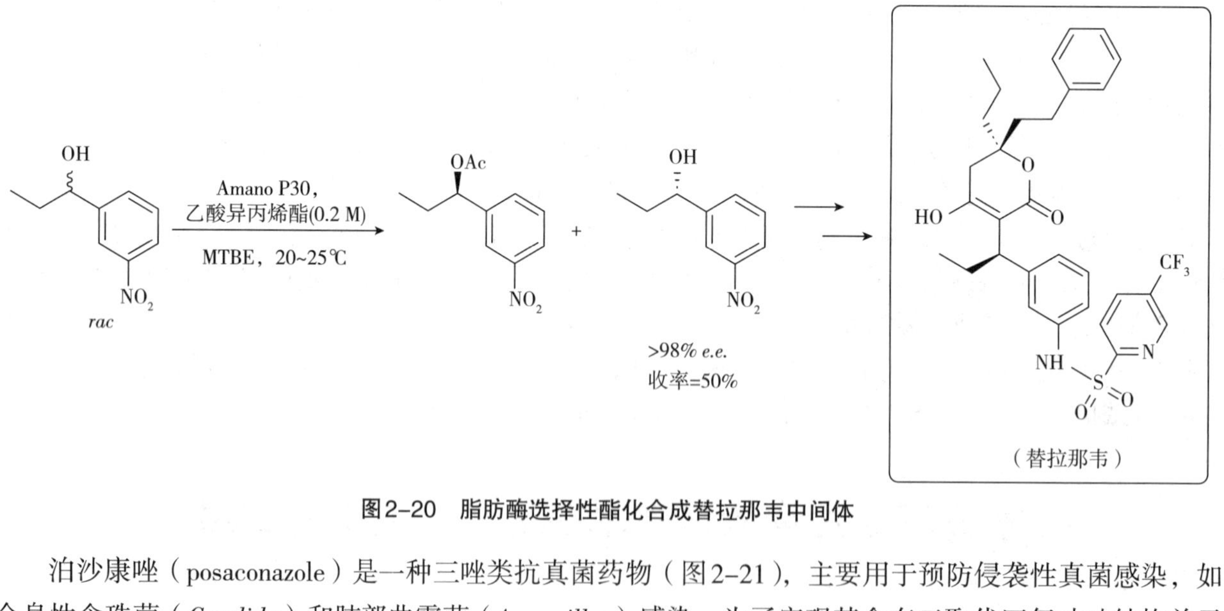

Amano P30,
乙酸异丙烯酯(0.2 M)
MTBE，20~25℃

>98% e.e.
收率=50%

（替拉那韦）

图2-20 脂肪酶选择性酯化合成替拉那韦中间体

泊沙康唑（posaconazole）是一种三唑类抗真菌药物（图2-21），主要用于预防侵袭性真菌感染，如全身性念珠菌（*Candida*）和肺部曲霉菌（*Aspergillus*）感染。为了实现其含有三取代四氢呋喃结构单元的对映选择性合成，可以利用固定化的南极假丝酵母脂肪酶B（CALB）对1,3-二醇进行酶催化的手性拆分（图2-21）。该反应的规模可达30kg，固定化的酶可在多达6个循环中重复使用，而且活性没有明显降低。

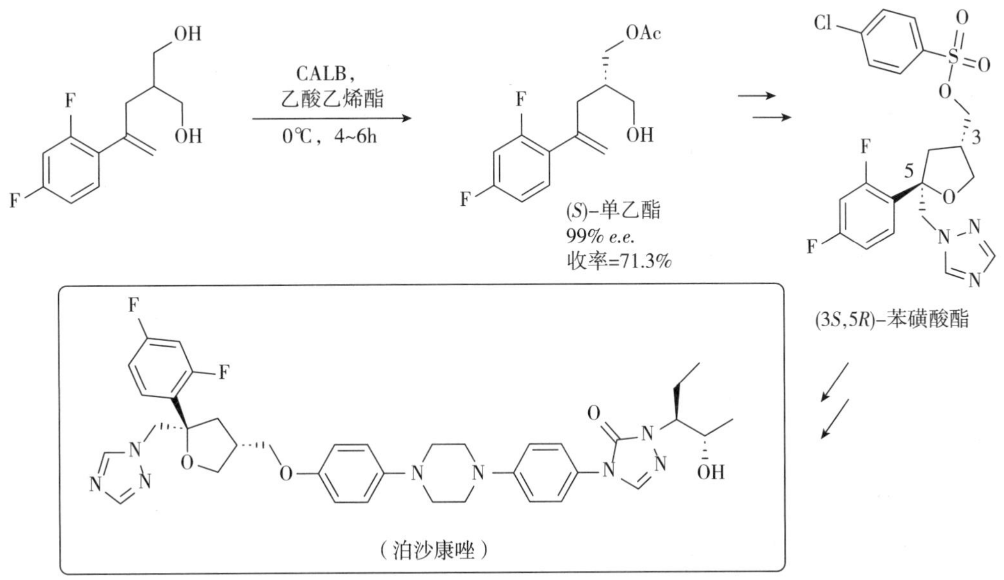

图2-21 脂肪酶选择性酯化合成泊沙康唑中间体

2. 酯或二酯的选择性水解 手性醇也可通过酯的酶水解来制备。例如，在抗病毒药物索非布韦（sofosbuvir）的合成中，可以利用脂肪酶对中间体进行拆分（图2-22）。该反应采用固定化的南极假丝酵母脂肪酶B（CALB），通过选择性水解消旋乙酸酯中间体生成所需构型的仲醇，反应收率可达40%。

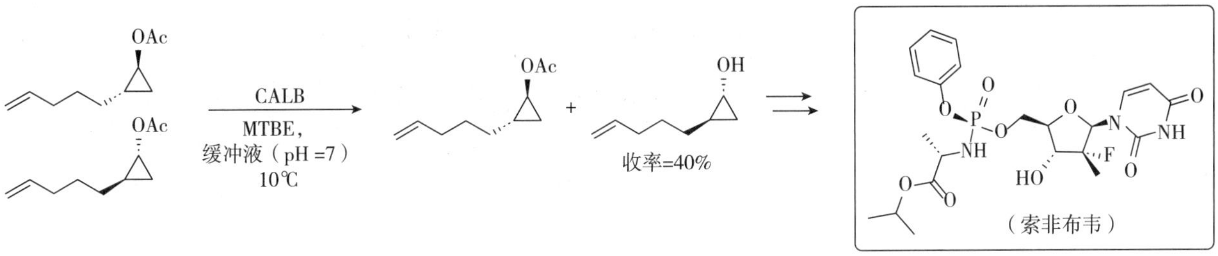

图2-22 脂肪酶选择性水解合成索非布韦中间体

格列卡普雷韦（glecaprevir）是一种高效的丙型肝炎病毒NS3/4A蛋白酶抑制剂（图2-23），其大规模合成是通过化学酶法实现的。如图2-23所示，外消旋的反式环戊二醇酯可以通过使用脂肪酶CALB水解其单乙酸酯进行拆分，并以高达47%的收率和优异的对映选择性（98.8% *e.e.*）获得关键中间体，该中间体可以经过进一步的化学转化制备成格列卡普雷韦。

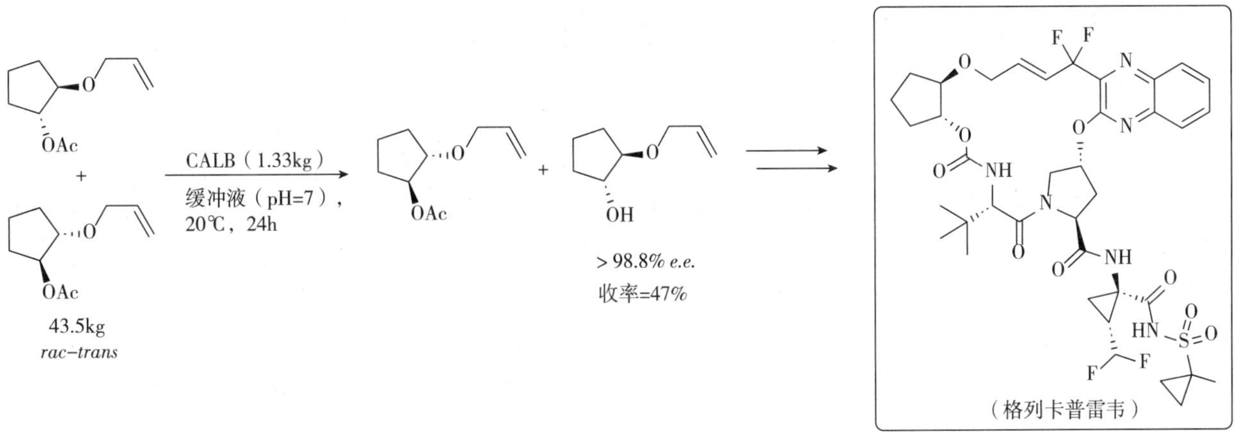

图2-23 脂肪酶选择性水解合成格列卡普雷韦中间体

3. 酮的立体选择性还原 利用酮还原酶进行不对称还原以制备手性醇是获得手性醇的重要生物催化策略之一。其中，最著名的例子之一是阿托伐他汀的手性二醇中间体的合成。这种二醇中间体不仅可用于合成阿托伐他汀，还可用于制备其他他汀类药物。

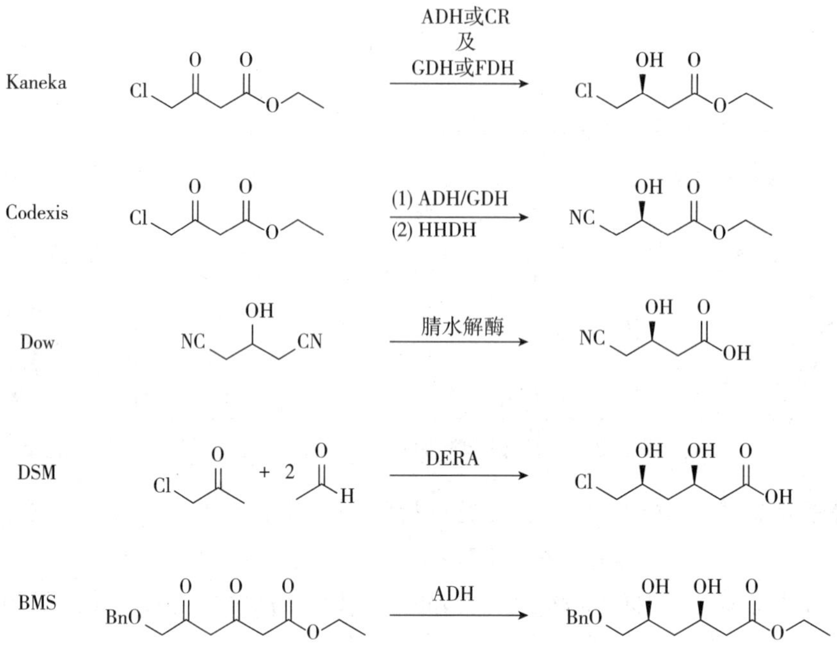

图2-24 合成他汀类药物侧链中间体的生物催化策略举例

由于该中间体市场需求巨大，多种酶催化路线被开发。这些路线利用的生物催化剂包括醇脱氢酶、腈水解酶、醛缩酶（2-deoxy-D-ribose-5-phosphate aldolase，DERA）等（图2-24）。其中，基于醇脱氢酶的路线被工业化，并成功应用于阿托伐他汀的合成（图2-25）。

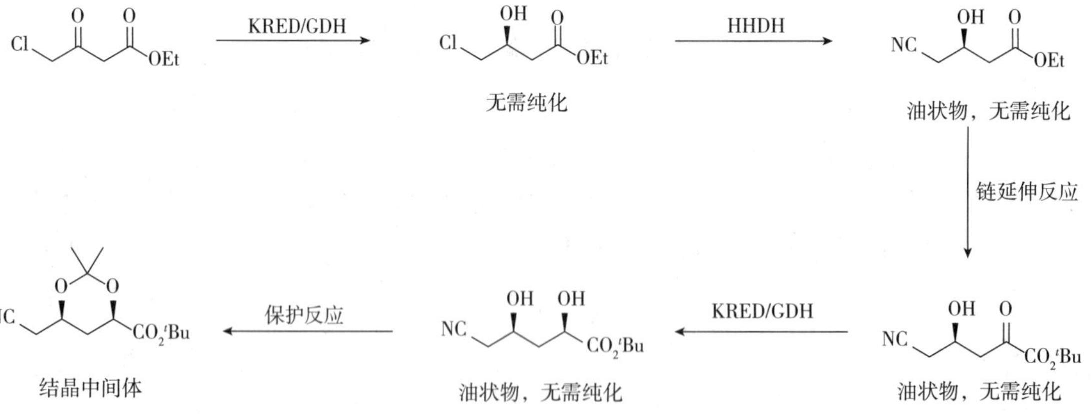

图2-25 他汀侧链中间体的生物催化合成路线

这一生产路线利用了酮还原酶（醇脱氢酶，ADH）、卤醇脱卤酶（halohydrin dehalogenase，HHDH）、葡萄糖脱氢酶（glucose dehydrogenase，GDH）等催化剂（图2-25）。这些生物催化剂都经过了多轮的蛋白质工程改造，旨在提高其活性、选择性和稳定性等催化性质。相较于传统的化学合成路线，该生产工艺具备多重优势，包括出色的选择性和收率、仅在最后一步需要纯化、环保安全、副产物较少、反应条件温和、高效、可扩展且经济高效。基于这些优势，该工艺荣获了2006年美国总统绿色化学挑战奖。

此外，基于酮还原酶和蛋白质工程改造技术，多种药物手性醇中间体的生物催化策略开发出来（图

2-26）。在这些策略中，科学家不仅利用蛋白质工程提升了酮还原酶的活性和选择性，还对酶的稳定性、溶剂耐受性和pH偏好性等催化性质进行了优化。

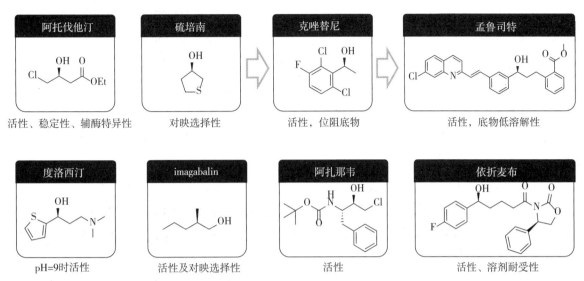

图2-26　利用改造后具有更优催化性质的酮还原酶合成重要药物手性醇中间体的实例

4. 碳氢键的羟基化反应　细胞色素P450单加氧酶与α-酮戊二酸依赖的非血红素铁依赖双加氧酶均具备催化碳氢键选择性羟基化的能力。在早期药物的合成中，羟基化反应通常通过全细胞催化的方式进行，例如，对类固醇的羟基化反应。羟基化反应的区域和立体选择性对于甾体药物的精准合成至关重要，直接影响药物的疗效和安全性。

羟基化反应在其他类别药物的合成过程中同样具有重要意义。普伐他汀作为一种重要的他汀类药物，其工业化生产通常通过两个连续的发酵步骤完成。首先，利用桔青霉进行发酵制备美伐他汀，然后再通过嗜碳链霉菌将美伐他汀羟基化为普伐他汀。上述两步法存在明显的劣势，因此迫切需要开发一种一步发酵法来提高效率。研究表明，嗜碳链霉菌中用于羟基化美伐他汀的酶是P450酶。因此，将该酶导入桔青霉中并使其功能化，就可以实现普伐他汀的一步发酵生产。然而，嗜碳链霉菌中的P450酶在桔青霉中无法表达。科研人员后期从东方拟无枝酸菌中发现了一种P450酶，并通过蛋白质工程提高了其立体选择性，最终在产黄青霉中构建了普伐他汀的合成路径并实现了其一步发酵，产量可达6g/L（图2-27）。

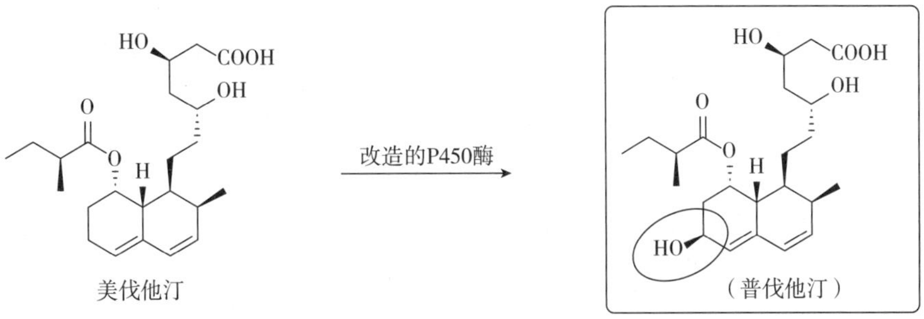

图2-27　用于普伐他汀一步发酵的P450单加氧酶

（二）胺类化合物的合成

胺是小分子药物中的重要结构基元，目前最畅销的和最新批准的小分子药物中超过90%含有胺的片段，其中大部分为手性胺。因此，胺类化合物，尤其是手性胺的合成是生物催化领域的重要研究内容。

1. **转氨酶催化的手性胺的合成**　酶催化的氨基转移反应作为合成手性胺的关键技术之一，已在多种手性小分子药物的合成中发挥重要作用。其中，2型糖尿病治疗药物西他列汀（sitagliptin）的化学－酶法合成过程，便是这一技术应用的杰出代表。在最初采用的化学催化路线中，手性胺的合成依赖于不对称催化氢化技术，这一过程不仅需要使用金属铑催化剂和较高压力的氢气，而且产物的分离和纯化过程较为复杂［图2-28（a）］。为了克服这些缺陷，科学家巧妙地利用转氨酶催化的反应，实现了从西他列汀前体酮到西他列汀的高效转化［图2-28（b）］。科学家通过对转氨酶ATA-117进行蛋白质工程改造，并经过多轮定向进化，最终得到能够将200g/L的酮高效转化为西他列汀的酶变体。上述反应展现出极高的立体选择性（99.95% e.e.），收率高达92%，且仅使用廉价易得的异丙胺作为胺供体［图2-28（b）］。

与传统的化学工艺相比，这种酶法合成路线不仅总收率更高，生产效率提升了53%，而且大幅减少了化学废弃物的产生，并有效避免了可能的过渡金属催化剂残留问题。西他列汀的酶法合成路径因其在环保和效率方面的显著优势，荣获了2010年美国总统绿色化学挑战奖，这是对生物催化技术在药物合成领域应用潜力的肯定。

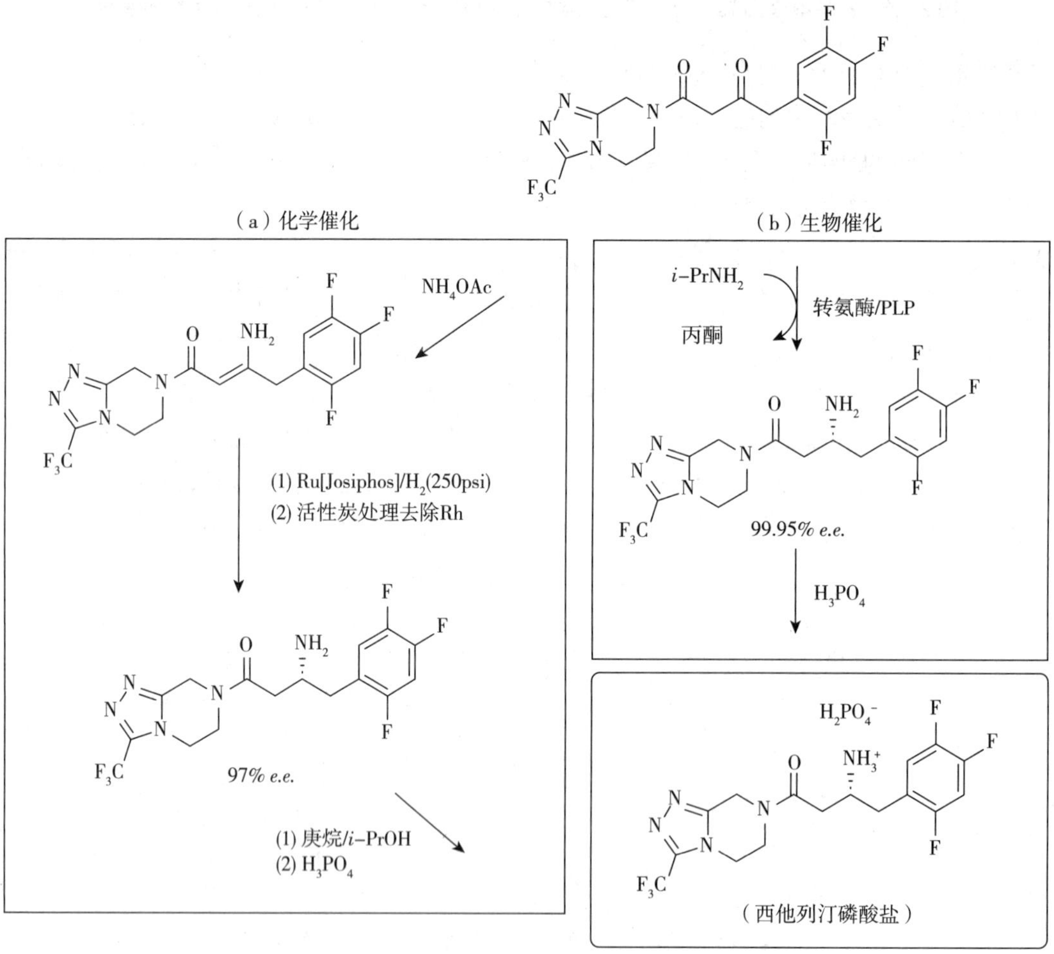

图2-28　西他列汀中间体的金属催化及生物催化策略

2. **基于单胺氧化酶的手性胺的合成**　奈玛特韦（nirmatrelvir）是SARS-CoV-2-3CL蛋白酶抑制剂，主要用于新冠病毒感染的治疗。在奈玛特韦的合成砌块中（图2-29），关键的双环吡咯烷片段可以通过一种基于单胺氧化酶（MAO）的生物催化路线来构建。这一合成策略首先利用单胺氧化酶对特定化合物进行去对称化，然后通过亲核加成反应引入亚硫酸基团，进而将其转化为 CN 基团，最终通过水解步骤获得目标片段（图 2-29）。尽管这一生物催化路线在技术上具有可行性，但由于供应链的挑战而未被采用。值得注意的是，这一生物催化合成方法早在十年前便成功应用于另一种抗病毒药物波普瑞韦（boceprevir）的合成过程中。

波普瑞韦是主要用于治疗慢性丙型肝炎的口服小分子药物，其分子结构由三个非天然氨基酸构成，特别是第二个氨基酸，具有独特的双环[3.1.0]脯氨酸结构。在传统的化学合成方法中，这一结构的合成需要经过多达 11 步的反应，且在合成过程中需要进行手性分离，导致合成效率并不理想。为了提高合成效率并简化工艺流程，科学家开发了一种创新的化学–酶法合成策略（图 2-29）。这一策略的关键步骤包括利用单胺氧化酶催化的去对称化反应和 Strecker 反应，显著提升了合成过程的效率（与 11 步的药物发现中的合成路线相比）和选择性（>99% *e.e.*），为抗病毒药物的合成开辟了新的可能性（图 2-29）。

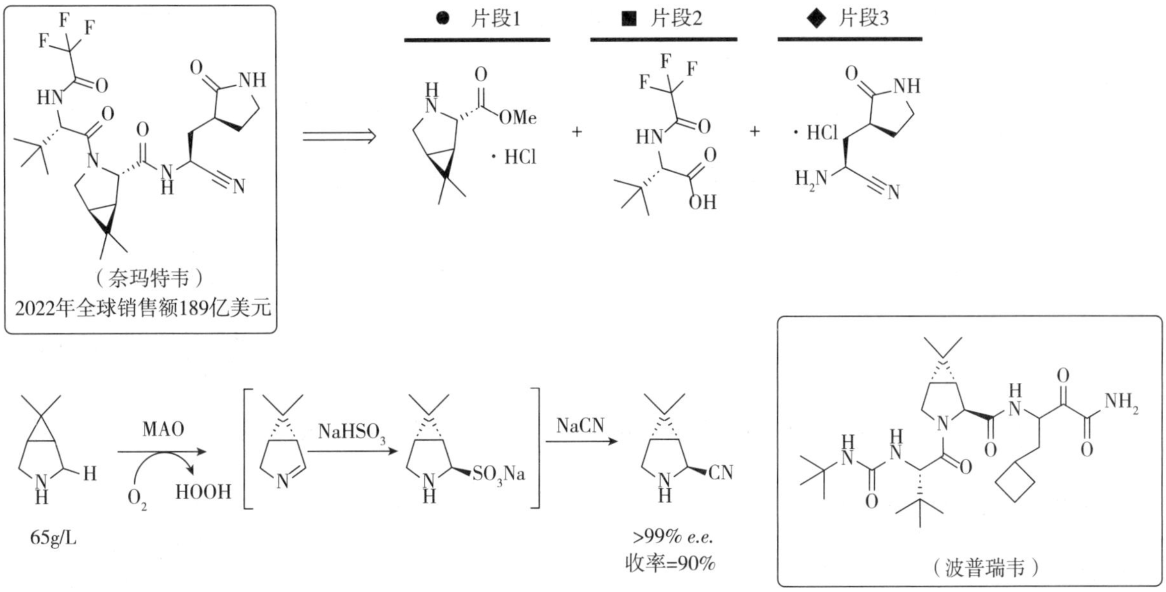

图 2-29 基于单胺氧化酶的双环吡咯烷化合物的合成

3. 基于亚胺还原酶与还原胺化酶的手性胺的合成 亚胺还原酶（IRED）催化的碳氮双键还原反应是制备手性胺的重要策略。尽管 IRED 在早期主要被应用于环状亚胺、水中稳定的芳香族亚胺和杂环亚胺的还原，但 IRED 也具有还原胺化活性，并可通过蛋白质工程改造来提升其催化性能。与亚胺还原反应相比，还原胺化反应的应用范围更为广泛。

IRED 催化的还原胺化反应可被应用于 LSD1 抑制剂 GSK2879552 的制备（图 2-30）。科学家通过三轮定向进化，成功获得了活性和稳定性更高的 IRED 突变体。这一突变体能够催化醛与外消旋反式苯环丙胺的还原胺化拆分，并以 84% 的收率和 99.7% 的立体选择性高效获得目标中间体（图 2-30）。与传统的化学合成路线相比，基于 IRED 的生物催化路线显著提升了绿色化学方面的相关指标。此外，2021 年的一项研究表明，使用还原胺化酶（RedAM）催化的还原胺化反应可以用来制备 JAK1 抑制剂阿布昔替尼（abrocitinib）（图 2-30）。这种经过蛋白质工程改造的还原胺化酶，最终被应用于阿布昔替尼的商业化生产，并且成功将反应规模扩大至吨级。

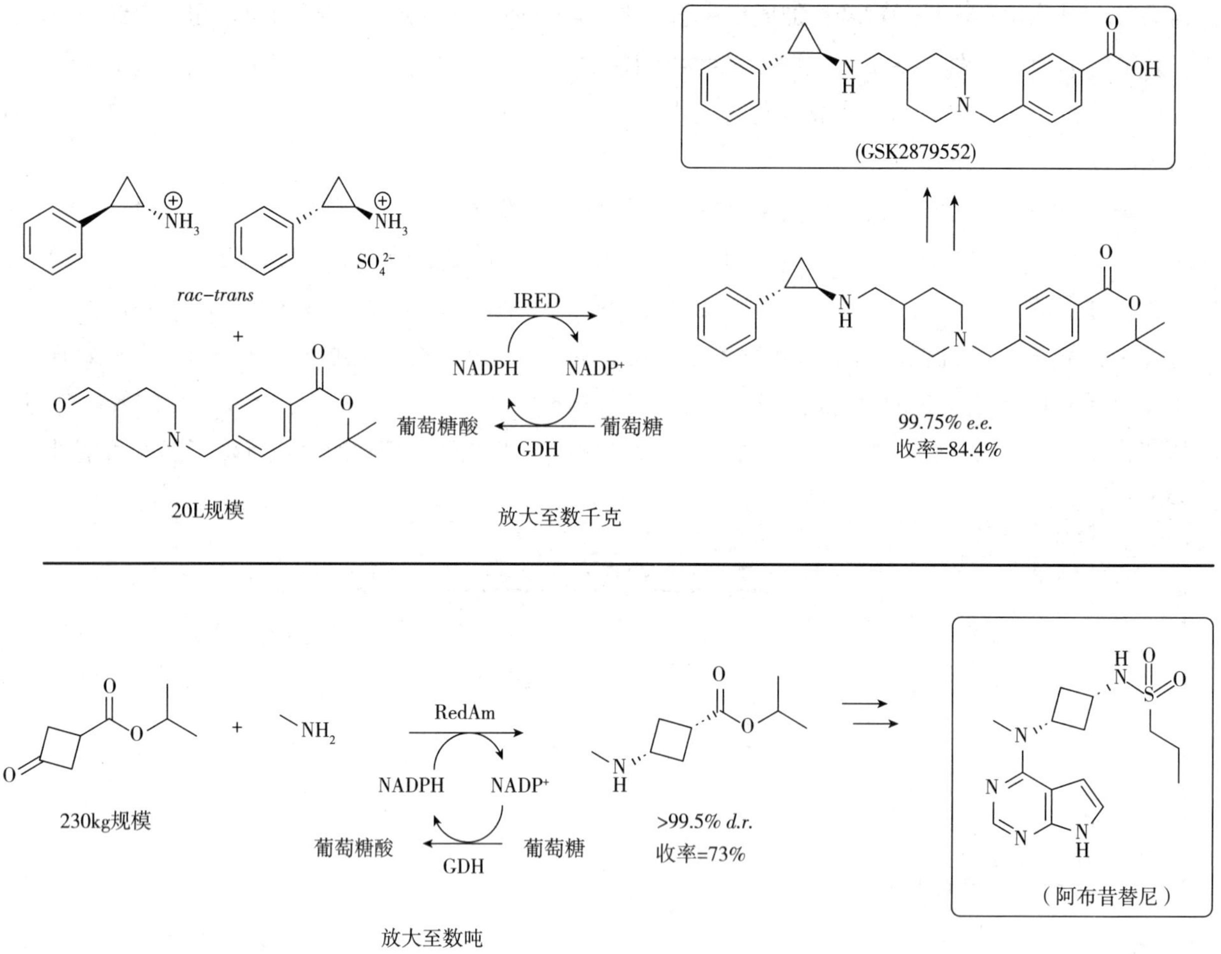

图2-30 基于IRED及RedAm的还原胺化反应在药物合成中的应用

（三）羧酸类化合物的合成

通过酯酶或脂肪酶催化酯的水解是生物催化合成羧酸的常用方法之一。众多商业可得的脂肪酶和酯酶，因在有机溶剂中具有很好的稳定性，在动力学拆分或去对称化反应中具有很高的对映选择性，被广泛应用于制备手性羧酸类药物中间体。

例如，脂肪酶可应用于普瑞巴林（pregabalin）的生物催化合成。如图2-31所示，来自疏松嗜热真菌（*Thermomyces lanuginosus*）的脂肪酶（TLL）可以水解二酯底物生成(S)-产物，反应具有非常高的对映选择性（$E > 200$）。经过进一步优化，在反应中高浓度的二酯底物（765g/L）被TLL水解生成(S)-产物，且24小时底物转化率为47.5%，时空收率（STY）为13.5g/（L·h），最终该工艺放大到3.5吨（使用8000L反应器）。

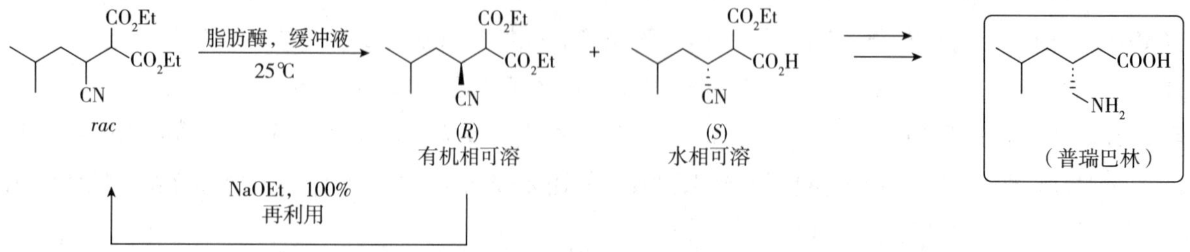

图2-31 基于脂肪酶的普瑞巴林中间体的合成

（四）酰胺类化合物的合成

左乙拉西坦［(S)-2-(2-氧代吡咯烷-1-基)丁酰胺，levetiracetam］是一种用于治疗癫痫的抗惊厥药物，其可利用腈水合酶制备。如图2-32所示，2-(2-氧代吡咯烷-1-基)丁腈可被腈水合酶动力学拆分，获得具有94% e.e.值的左乙拉西坦，重结晶后的左乙拉西坦的e.e.值高达99.5%。剩余未反应的(R)-2-(2-氧代吡咯烷-1-基)丁腈可再被外消旋化为底物从而实现再利用。

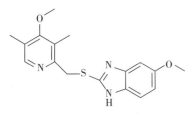

图2-32　基于脂肪酶的左乙拉西坦的合成

（五）亚砜类化合物的合成

手性亚砜不仅在不对称合成中具有非常重要的作用，还是很多小分子药物的结构基元。迄今已经有多种亚砜化合物被FDA批准。生物催化合成手性亚砜可以从硫醚出发，通过黄素依赖性单加氧酶（主要是Baeyer-Villiger单加氧酶）催化实现。

埃索美拉唑（esomeprazole）是一种质子泵抑制剂，可减少胃食管反流。它的化学合成是通过改进的Sharpless试剂对奥美拉唑硫醚进行磺胺氧化来制备的（图2-33）。但是该反应的立体选择性对反应体系中存在的水量非常敏感，并且易发生过渡氧化。基于Baeyer-Villiger单加氧酶（BVMO）的生物催化方法很好地解决了上述问题（图2-33）。该反应利用氧气作为氧化剂，通过三种酶催化来促进反应发生：改造的BVMO催化硫醚的氧化，醇脱氢酶催化烟酰胺辅因子的循环再生，过氧化氢酶用于淬灭反应中产生的当量过氧化氢。上述反应在磷酸盐缓冲液（pH=9）中进行，异丙醇作为辅助因子（4% v/v）的还原剂。通过对pH、奥美拉唑硫醚粒径和氧气供应等关键工艺参数的优化，可在24小时内实现96%的转化率，反应收率为87%，e.e.值大于99%。

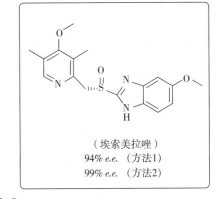

图2-33　基于BVMO的埃索美拉唑的合成

二、全酶级联催化合成

单一类型酶催化反应可应用于小分子药物的合成，由于许多酶催化反应具有相似的条件（如反应温度和pH），因此，可以将这些酶催化反应串联使用，前一步反应的产物作为下一步反应的原料，实现"一锅法"制备。这一设计理念类似于有机合成中的多米诺反应或串联反应。与化学级联反应相比，酶催化级联反应更易构建，并具有以下优点：①简化了分离和纯化过程，降低了中间体的损失和废弃物的产生；②维持各个反应速率在相近水平上，有利于维持敏感中间体处于较低浓度，减少分离过程造成的降解；③利用勒夏特列原理（化学平衡移动原理），例如将对上一步反应有抑制效果的中间产物利用下一步级联反应转化为最终产物，使反应克服不利的平衡或向最终产物方向移动；④对于涉及氧化和还原反应的级联过程，可以设计通过"借氢"方式让氢化物在氧化与还原过程之间转移。目前已经有多个药物活性分子通过多酶级联催化的方式被高效合成。

（一）依斯拉韦的合成

依斯拉韦（islatravir）一种正处于临床阶段的新型长效核苷类抗逆转录酶抑制剂，主要用于治疗HIV感染。2019年，一项研究报道了依斯拉韦的多酶级联催化合成策略（图2-34）。该合成路线通过三步酶催化反应实现，涉及5个改良的酶和4种辅助酶，且在合成过程中无需分离中间产物，总收率可达到51%。首先，2-乙炔基甘油经半乳糖氧化酶（galactose oxidase，GOase）氧化，而副产物过氧化氢则被过氧化氢酶（catalase）和辣根过氧化物酶（horseradish peroxidase，HRP）分解。接着，泛酸激酶（panthothenate kinase，PanK）突变体对敏感的醛中间体进行区域选择性磷酸化，而所需的ATP则通过乙酸激酶（acetate kinase，AcK）循环再生。随后，醛缩酶（deoxyribose-5-phosphate aldolase，DERA）催化磷酸化的醛与乙醛进行羟醛缩合反应，而缩合产物的磷酸基团则在磷酸戊糖变位酶（phosphopentomutase，PPM）的作用下从5位转移到1位。最终，2-氟腺嘌呤在嘌呤核苷磷酸化酶（purine nucleoside phosphorylase，PNP）的催化下与上述脱氧核糖衍生物结合产生依斯拉韦（图2-34）。为了推动反应朝着生成产物的方向进行，体系中生成的磷酸盐通过蔗糖磷酸化酶（sucrose phosphorylase，SP）催化得以消耗。这种生物催化级联方法在水溶液中进行，无需保护基团。与之前采用的化学全合成方法相比，这一方法减少了一半的步骤，同时将总收率提高了近1倍。

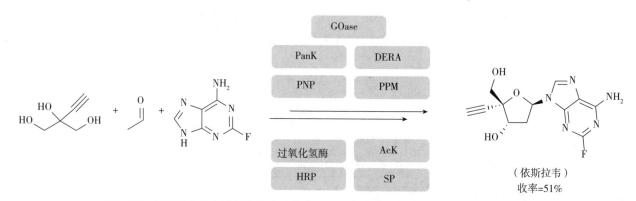

图2-34 依斯拉韦的多酶级联合成（箭头上、下方分别为经过改造和未经过改造的酶）

（二）莫诺拉韦的合成

莫诺拉韦（molnupiravir）是默克公司开发的一种用于治疗新型冠状病毒（COVID-19）感染的活性小分子药物。这种药物的合成可以通过多酶级联反应完成（图2-35）：第一步利用脂肪酶Novozym 435催化核糖的5位进行选择性酰化，第二步在5-S-甲基硫代核糖激酶的催化下对产物进行磷酸化。在第三步中，尿苷磷酸化酶催化中间体与尿嘧啶发生偶联，而反应产生的副产物磷酸盐则经由丙酮酸氧化酶催化与丙酮酸反应生成乙酰磷酸。乙酰磷酸在乙酸激酶的作用下将第二步产生的ADP转化为ATP，实现了

ATP的循环。整个反应体系还会生成过氧化氢，其可由过氧化氢酶催化分解。最终，通过化学转化生成莫诺拉韦，总收率达到69%，比之前报道的化学合成路线高出7倍。

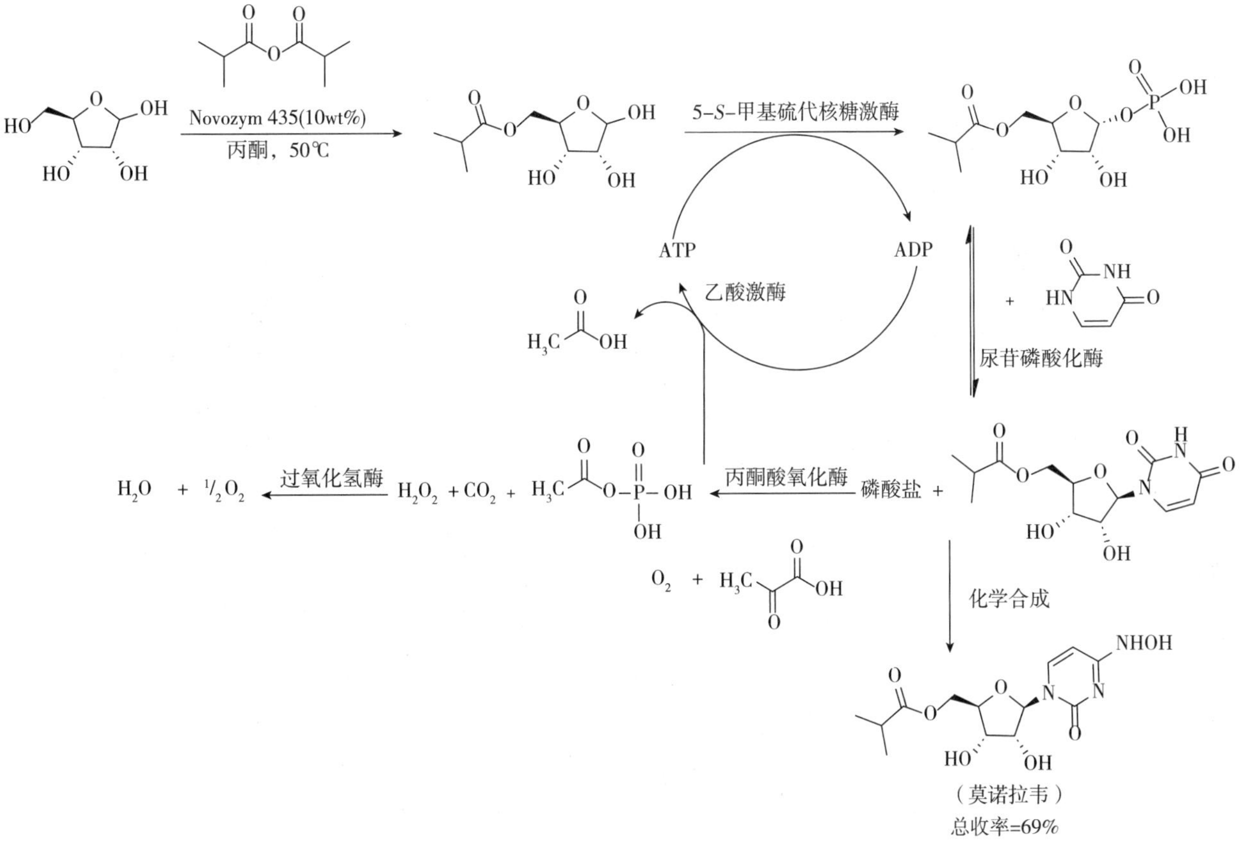

图2-35 莫诺拉韦的多酶级联合成

三、合成生物学在天然药物合成中的应用

（一）青蒿素的合成

青蒿素（artemisinin）是菊科蒿属黄花蒿（*Artemisia annua*）的主要活性成分，具有抗疟疾的作用，并于2002年被世界卫生组织指定为一线抗疟疾药物。加州大学伯克利分校Jay D. Keasling研究团队通过利用微生物为底盘的青蒿素前体青蒿酸的异源生物合成与终产物青蒿素的化学转化，实现了青蒿素的克级制备（图2-36）。

首先，研究人员尝试利用大肠埃希菌合成青蒿素的骨架前体紫穗槐二烯。他们在大肠埃希菌中过表达了萜类化合物生物合成途径MEP或MVA途径的相关基因，并进行了系列优化，最终成功将紫穗槐二烯的产量提高至25g/L。然而，将紫穗槐二烯转化为青蒿酸需要P450酶（CYP71AV1）的参与。由于大肠埃希菌通常不适合表达真核生物的P450酶，无法实现高效的青蒿酸生产。因此，研究人员转向利用真核生物酵母作为宿主细胞来生产青蒿酸。通过利用工程酵母菌作为宿主细胞，研究人员成功将紫穗槐二烯的产量优化至40g/L（图2-36）。他们进一步过表达了氧化紫穗槐二烯所需的P450酶、相关还原伴侣蛋白及能够减少中间产物生成的酶，并通过系统优化，最终使青蒿酸的产量达到25g/L（图2-36）。最后，通过化学转化，青蒿酸可以经过4步反应规模化生成青蒿素，总收率达到40%~45%。

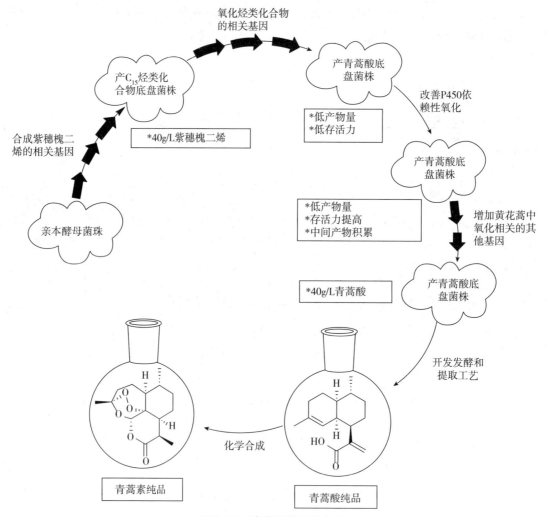

图2-36 青蒿酸的生物合成

（二）四氢大麻酚的合成

大麻（*Cannabis sativa* L.）因其药用价值而在全球种植和使用已有数千年。大麻的特征性成分大麻素及其类似物如 Δ^9-四氢大麻酚（Δ^9-tetrahydrocannabinol，Δ^9-THC）和大麻二酚（cannabidiol，CBD）作为主要药理活性成分，被广泛研究并用于治疗癫痫、癌症化疗引起的恶心、多发性硬化症痉挛，以及缓解晚期癌症患者的疼痛等。然而，由于大麻法律限制、植物中大麻素含量较低以及结构复杂性，大麻素的研究和药物使用受到一定阻碍。

2019年，研究人员报道了一项重要研究，他们通过在酿酒酵母中引入和改造来自不同物种近20个基因，利用简单的半乳糖途径成功实现了主要大麻素的完全生物合成，包括大麻萜酚酸（cannabigerolic acid，CBGA）、Δ^9-四氢大麻酚酸（Δ^9-tetrahydrocannabinolic acid，THCA）、大麻二酚酸（cannabidiolic acid，CBDA）、Δ^9-四 氢 次 大 麻 酚 酸（Δ^9-tetrahydrocannabivarinic acid，THCVA）和次大麻酚酸（cannabidivarinic acid，CBDVA）（图2-37）。研究团队改造了甲羟戊酸途径，提高了香叶基焦磷酸的通量，并引入了多生物来源的己酰-CoA生物合成途径以提供橄榄酸的前体。他们进一步通过引入大麻四酮合酶（tetraketide synthase，CsTKS）和橄榄酸环化酶（olivetolic acid cyclase，CsOAC）等基因，成功合成了大麻素前体CBGA。最后，通过引入 Δ^9-四氢大麻酚合成酶（Δ^9-tetrahydrocannabinolic acid synthase，THCAS）和大麻二酚合成酶（cannabidiolic acid synthase，CBDAS）的基因，实现了相应大麻素的完全生物合成。

该研究证实了将植物来源的酶转移到微生物细胞中可获得 Δ^9-THCA 和 CBDA，进而通过非酶脱羧反应转化为中性形式的 Δ^9-THC 和 CBD，展现了巨大潜力。虽然 THCA 和 CBDA 的产量分别仅为 2.3mg/L 和 4.2μg/L，但这项具有里程碑意义的研究为未来更广泛的大麻素合成研究提供了启示，为植物大麻素类新药的研发提供了新策略。

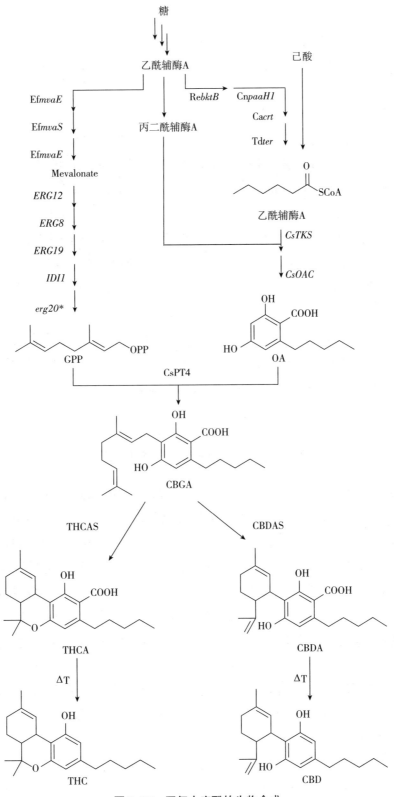

图 2-37　四氢大麻酚的生物合成

（三）生物碱的合成

近年来，类似上述研究，基于合成生物学策略，多种复杂生物碱类天然产物已成功在微生物如酵母中进行生物合成。这些生物碱包括吗啡（如氢可酮，hydrocodone）、长春质碱（catharanthine）、文多灵（vindoline）、阿义马林（ajmaline）、血根碱（sanguinarine）等。这种基于生物催化与合成生物学的方法不仅有望更高效地生产这些复杂化合物，还有助于解决天然资源有限和环境可持续性的挑战。

第四节　生物催化技术在药物合成中的发展前景

绿色生物制造是生物技术与工业制造融合产生的一个新兴领域，由于其原料资源来源的可再生性、制造方式的高效、环境友好、相对安全等优势，将在未来部分取代传统化石制造产业。生物催化是绿色生物制造的核心技术之一，在小分子药物合成中发挥越来越重要的作用。但是，生物催化领域仍有一些关键问题需要解决。第一，与有机合成中的各种反应类型和反应试剂相比，酶催化的反应类型与商业获得的酶试剂非常有限，极大地限制了酶催化反应在药物合成中的应用。第二，如何发展更高效的方法来优化酶的活性、选择性、底物范围、稳定性等，仍然是生物催化领域亟待解决的核心问题。第三，目前生物催化合成小分子药物的主要策略是将某个酶催化反应应用于一条化学合成路线中，应用多个酶进行级联催化仍然较少。第四，发展新技术来提高生物催化的自动化，将极大地提升生物催化的应用潜力。

为了解决上述问题，可以预见未来生物催化的发展将依赖于多学科的交叉融合，如利用人工智能等手段提高酶的优化效率，与有机合成化学融合以拓展酶催化的反应类型，通过构建酶催化反应数据库、发展生物逆合成分析方法实现生物催化在更多药物分子合成中的应用，将流动化学、自动化技术引入生物催化以提升合成效率等。

一、人工智能加速生物催化剂的发现及改造进程

人工智能在加速生物催化剂的发现和改造过程中扮演着日益重要的角色。传统上，对蛋白质或酶的改造通常依赖于其三维结构，而结构的准确性往往是改造成功的关键。然而，传统方法如蛋白结晶获取结构费时费力，成功率也较低，无法满足当下的需求。自2020年起，强大的AlphaFold、RoseTTAFold等人工智能蛋白质结构预测工具因其高达90%的准确率而被广泛运用于蛋白质结构预测，将该领域的研究方法彻底革新。AlphaFold不断演进，最新版AlphaFold3甚至可以预测复合物的联合结构，包括蛋白质、核酸、小分子、离子和修饰残基等，其蛋白质与配体相互作用预测的准确性甚至可以超过先进的对接工具。因此，将AlphaFold等人工智能工具用于酶与底物复合物结构的预测将加速对重要生物催化剂的改造。

另一方面，蛋白质或酶的改造工作通常需要对目标蛋白质进行多轮反复的突变、表达和筛选，以分离或富集具有一个或多个催化性能改进的酶突变体。这个过程往往需要大量的计算或实验筛选工作。近年来，基于人工智能的机器学习正逐渐渗透到这个领域。科学家可以利用机器学习技术分析大量的突变体数据，以预测更优的突变体。这种方法加速了酶的发现和改造过程。例如，华盛顿大学David Baker（2024年诺贝尔化学奖得主）研究团队基于深度学习算法设计出了高稳定性和高水解活性的PET水解酶

突变体，使得51种未经改性的热塑性PET垃圾在1周内完全降解，并成功实现了使用降解后的单体重新聚合成PET的闭环回收过程。

此外，基于深度学习和大语言模型的蛋白质从头设计工作正逐渐崭露头角。传统的蛋白质工程或基于机器学习的蛋白质工程通常针对自然界中已有的蛋白质（或其结构）进行改造，而蛋白质的从头设计则是指设计出自然界中尚不存在的蛋白质（或其结构）。例如，科研人员结合多种蛋白质设计方法，利用基于深度学习的技术从头设计出了高活性和特异性的荧光素酶。这为我们展示了未来解决蛋白质设计难题的可能性，即创造出可定制功能性并满足特定需求的蛋白质。

2024年诺贝尔物理学奖的殊荣，授予了两位在利用人工神经网络进行机器学习领域作出开创性发现和创新发明的杰出科学家；同样，2024年诺贝尔化学奖授予了三位在蛋白质设计和蛋白质结构预测领域作出杰出贡献的科学家。他们的研究成果不仅推动了科学研究的边界，也展示了人工智能技术在相关领域的巨大潜力和广泛应用前景，预示着一个由智能技术驱动的科学新时代的到来。

二、与多学科交叉拓展生物催化的应用场景

本章详细阐述了利用生物催化技术合成药物中间体的多个案例。在这些案例中，生物催化技术通常被应用于药物合成的特定步骤，特别是涉及手性形成或手性拆分的阶段。除了生物催化步骤外，药物合成的其余部分通常采用化学合成方法，即整个药物合成路径是通过化学–酶法完成的。近年来，新型的化学–酶策略不断涌现。例如，华中科技大学、南京大学、浙江大学、浙江工业大学的团队等，成功开发了光酶协调催化策略。这种策略将光催化技术与酶催化相结合，实现了自由基介导的非天然生物催化反应。此外，近年来，人工酶的设计和开发也取得重大突破。研究人员将金属催化剂、非天然氨基酸等引入酶的活性口袋中，创建了含有过渡金属复合物或有机催化官能团的酶催化中心。通过利用蛋白质工程技术对上述人工酶进行进一步改造，他们成功实现了与天然酶相媲美的非天然化学反应。这些创新性反应有望开拓新型生物催化非天然反应，拓展生物催化技术在有机合成领域的应用前景。

除了在药物合成中作为催化剂应用外，酶本身也被应用于药物治疗中。迄今为止，FDA已批准超过40种酶疗法。结合蛋白质工程技术，我们能够开发出更为高效的酶疗法。例如，科研人员利用蛋白质工程技术，成功提升了苯丙氨酸氨裂解酶（PAL）的胃酸稳定性和胰酶耐受性，使得PAL可以通过口服途径使用，从而有效降低肠道中的苯丙氨酸含量，进而用于治疗苯丙酮尿症。此外，科研人员还开发了用于治疗胰腺外分泌功能不全的脂肪酶，同样利用蛋白质工程技术提升了其稳定性。这些例子突显了现代生物催化及蛋白质工程技术在开发酶疗法方面的潜力，为创新药物治疗提供了新的可能性。

三、生物催化赋能药物绿色生物制造新质生产力

生物制造是现代生物产业的核心之一，而生物催化则是生物制造的重要科学基础。作为生物制造的"芯片"，生物催化在生物制造的多个方面展现出了巨大的应用潜力。围绕复杂天然产物的生物合成酶及合成路径，如前文所述，科学家已经能够在酿酒酵母、大肠埃希菌等微生物中构建萜类化合物、聚酮类化合物、生物碱类化合物等天然产物细胞工厂。最近，科研人员在工程酵母中实现了疫苗佐剂QS-21、其前体以及结构衍生物的完全生物合成。QS-21是当前唯一获批用于人类疫苗的皂苷佐剂，其来源主要

依赖于从智利皂树中进行提取。由于QS-21结构复杂，其化学合成要76步，效率和产能较低。因此，该QS-21生物制造方法有望提供可持续和可扩展的替代生产工艺。

相较于合成复杂天然产物，利用酶或微生物从头合成结构复杂的非天然化合物如药物则更具挑战性。尽管如此，科研人员开发了非天然化合物依斯拉韦（一种长效抗HIV候选药物）的生物催化级联合成路线。该级联反应基于细菌核苷补救合成途径的逆向设计，通过使用了9种酶的3步生物催化反应，立体选择性地合成依斯拉韦，总收率为51%，优于之前报道的化学合成路线（12步，总收率15%）。这项研究探索了使用全生物催化路线合成复杂非天然产物的可能性，具有突破性意义。

综上所述，在药物合成中，无论是针对结构复杂的天然产物药物分子还是非天然药物分子，生物催化将持续赋能药物合成反应（图2-38），助力形成绿色生物制造新质生产力。

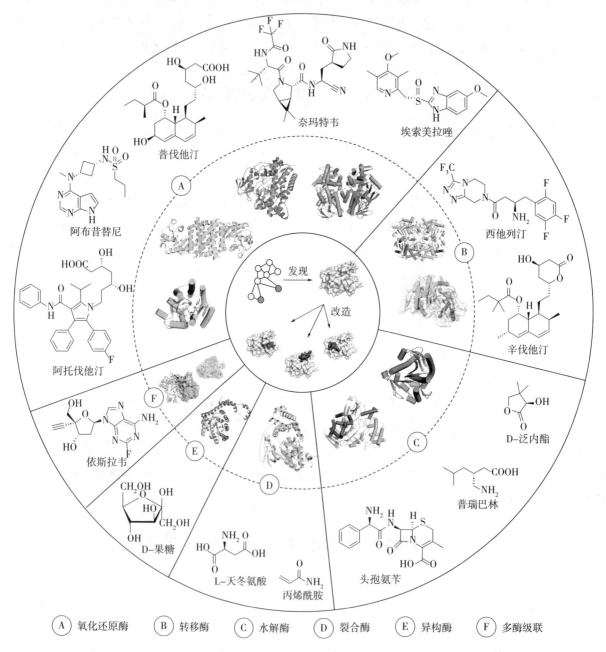

图2-38 生物催化在药物及化学品合成中的应用

药知道

青蒿素的提取

青蒿素是从中药青蒿中分离得到的一种具有抗疟疾活性的倍半萜天然产物。将青蒿用于疟疾治疗可以追溯到东晋葛洪的《肘后备急方》。20世纪60年代，我国政府设立523国家项目，致力于从中药中筛选抗疟新药。屠呦呦教授领导的研究组通过深入钻研和不断尝试，成功提取得到活性保留成分。此后，我国科学家鉴定了青蒿素的结构，并开发了更多的青蒿素衍生物。据世界卫生组织统计，现在全球每年有2亿多疟疾患者受益于青蒿素联合疗法（ACT），青蒿素的发现挽救了全球数百万人的生命。

青蒿素作为源自植物的天然产物，传统的获取方式主要依赖于从黄花蒿（*Artemisia annua* L.）中提取。这一过程首先需要大规模种植黄花蒿，随后通过干燥、粉碎和溶剂提取等传统步骤来提取青蒿素。然而，这种方法受到天气、土地和病虫害等自然条件的影响极大，导致提取效率有限，使青蒿素供应不稳定且成本较高。此外，通过种植黄花蒿获取青蒿素的方式因为周期较长，往往难以及时应对突然暴发的疟疾疫情。随着合成生物学的不断发展，科研人员已经开始探索利用微生物如酵母或细菌来生产青蒿素，通过将青蒿素生物合成途径中的相关酶的基因导入微生物中，已经实现借助微生物利用简单的碳源进行发酵生产青蒿素前体。

？思考

氨基酸是一类含有氨基和羧基的有机化合物，其中天然氨基酸（20种）是构成蛋白质的基本单元，具有重要的生理功能，在多个行业中有着广泛的应用，包括食品工业、农业、畜牧业、医药、保健品、化妆品等。而非天然氨基酸，是指不由现有的61种遗传密码子编码的氨基酸，如D-型氨基酸、非α-氨基酸、天然氨基酸衍生物等。非天然氨基酸在医药和精细化工领域也有着广泛的应用，例如其可被用于合成紫杉醇、阿莫西林、依那普利等药物。请思考，除了本章介绍的例子外，如何利用基于其他酶催化剂（如氨基酸氧化酶、氨基酸脱氢酶、氨基酸脱氨酶等）的生物催化策略来合成手性氨基酸？

目标检测

答案解析

本章小结

一、单选题

1.首先利用微生物转化拆分外消旋酒石酸的科学家是（　　）

 A.列文·虎克　　　　　　B.罗伯特·柯赫　　　　　　C.路易斯·巴斯德

 D.李斯特　　　　　　　E.弗莱明

2.商业上使用的酶的最主要来源是（　　）

 A.动物　　　　　　　　B.植物　　　　　　　　　C.微生物

 D.人　　　　　　　　　E.放线菌

3.酶不能通过蛋白质工程解决的问题是（　　）

　　A.活性低　　　　　　　　　　B.选择性差　　　　　　　　C.热稳定性差

　　D.溶剂稳定性差　　　　　　　E.改变反应总自由能变化

4.酶的优点不包括（　　）

　　A.选择性高　　　　　　　　　B.活性高　　　　　　　　　C.反应条件温和

　　D.在有机溶剂中稳定　　　　　E.反应效率高

5.以下不属于理性设计范畴的是（　　）

　　A.随机突变　　　　　　　　　B.底物与酶结合模型的分析　　C.迭代突变

　　D.少量突变体　　　　　　　　E.组合突变

6.转氨酶使用的辅因子是（　　）

　　A. NADH/NADPH　　　　　　　B. PLP　　　　　　　　　C. FMN

　　D. FAD　　　　　　　　　　　E.ATP

7.Novozym 435是（　　）固定化的形式脂肪酶

　　A.猪胰脂肪酶　　　　　　　　B.南极假丝酵母脂肪酶B　　C.米根霉脂肪酶

　　D.假单胞菌脂肪酶　　　　　　E.黑曲霉脂肪酶

二、多选题

1.下列因素中会影响酶催化反应活性的是（　　）

　　A.温度　　　　　　　　　　　B. pH　　　　　　　　　　C.底物浓度

　　D.酶的浓度　　　　　　　　　E.离子强度

2.酶催化反应的机制通常包括的步骤有（　　）

　　A.底物结合　　　　　　　　　B.酶–底物复合物形成　　　C.产物释放

　　D.酶的再生　　　　　　　　　E.酶的变性

3.在工业生物催化中，下列可以用来提高酶稳定性的技术有（　　）

　　A.基因工程　　　　　　　　　B.蛋白质工程　　　　　　　C.酶固定化

　　D.使用有机溶剂　　　　　　　E.添加稳定剂

三、简答题

1.什么是生物催化及生物转化，哪些技术的进步促进了生物催化的发展？

2.生物催化有何特点与优势？

3.生物催化在药物合成中代表性的例子有哪些？使用的是哪种类型的生物催化反应？

第三章　微波辅助合成技术

 学习目标

　　1.通过本章学习，掌握微波的性质、加热原理和非热效应，微波辅助有机合成技术用于周环、取代、加成与消除、重排、脱羧、氧化、偶联等反应的反应条件及优势；熟悉微波辅助合成技术在化合物库的建立和药物合成中的应用；了解微波辅助合成的发展历程。

　　2.具有分析并优化微波反应合成工艺的能力，能够将微波反应应用于药物发现以及工艺优化的研究中，培养良好的道德修养和职业素质。

　　3.树立正确的科学态度和创新意识，认识到微波辅助合成技术在化学及相关领域的重要性和发展潜力，培养对科学研究的兴趣，激发探索未知的热情。

　　微波辅助合成（microwave-assisted organic synthesis）是一种通过微波手段促进的有机合成反应，具有穿透性强、传热距离短、加热均匀、环境友好等优势。微波辅助条件下，能够大大加速传统有机合成反应的进程，缩短反应时间，提高收率或者立体选择性，甚至改变主产物等。因此，微波辅助合成技术被广泛应用于药物的合成以及发现过程。

第一节　概　述

一、微波的性质

（一）概念及性质

　　微波（microwave）是一种频率在0.3 ~ 300GHz的电磁波，波长范围在1mm~1m，介于红外光波与无线电波频率之间。各类电磁波参数对比见表3-1。目前，家用微波炉和用于大多数化合物合成的微波反应器的工作频率在2.4 ~ 2.5GHz，主要是为了避免对无线电通讯以及手机通讯的频率干扰。

表3-1　电磁波参数对比

电磁波	频率/MHz	光子能量/eV
γ 射线	3.0×10^{14}	1.24×10^{6}
X 射线	3.0×10^{13}	1.24×10^{5}
紫外光	3.0×10^{9}	4.1
可见光	3.0×10^{8}	2.5
红外光	3.0×10^{6}	0.012
微波	2.45×10^{3}	0.0016
无线电波	1.0	4.0×10^{-9}

　　微波的光子能量大约为0.0016eV，远远低于紫外或者可见光的光子能量（2.5 ~ 4.1eV），也远远低于

各种共价键的键能（O—H：4.8eV；C—C：3.61eV；C—O：3.74eV）。这就说明微波促进有机反应的进行与光化学不同，不是简单地通过能量吸收来催化有机反应。

（二）微波加热与常规加热的比较

传统的有机合成反应主要是通过外部加热传导的条件进行反应，其加热方式主要包括水浴、油浴、沙浴、电磁炉等。此外，受到反应液热传导效率的制约，传统有机合成反应通常加热不均匀，可能导致反应局部温度过高而产生副产物，使反应效率降低；同时，受限于反应液的沸点，导致不能继续提高反应温度，从而影响转化率及收率等。

微波加热可以直接作用于反应溶液中的分子（包括溶剂、反应物、催化剂等），是一种由内而外的加热模式，具有较强的穿透性和均一性，可使反应液均匀受热，从而极大地提高了加热效率及反应收率，减少副反应的发生。微波与油浴加热的温度变化如图3-1所示。

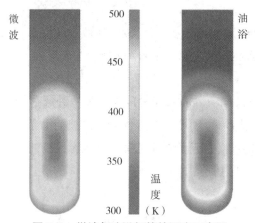

图3-1　微波与油浴加热的温度示意图

二、微波加热的原理

微波作为电场和磁场组成的电磁波，其与物质之间相互作用并产生热的机制非常复杂。在微波照射反应的过程中，其中的电场成分与物质的相互作用对加热起到了主要作用，而电场成分主要通过偶极极化作用和离子传导作用两种机制实现加热。

（一）偶极极化加热

偶极极化加热的物质必须具有偶极矩。当微波照射在极性溶剂或者分子时，样品的偶极子在电场的作用下实现排列，当电场发生振荡时，偶极子试图在交流电场中进行重新排列，在这个过程中，分子与分子之间的摩擦以及介电损耗的能量会转化为热的形式。这一过程中产生的热能与分子在电场频率下的排列能力相关。但存在两种极端情况：①在高频电场的照射下，偶极子没有足够的时间进行重排，也就不产生能量损耗，几乎不会产生热；②在低频电场的照射下，偶极子有足够的时间随着电场响应重排，就会导致分子间没有摩擦，同样几乎不会产生热。所以，只有电场频率介于两种极端情况之间，使分子偶极子在电场照射下既有一定的重排时间，又不能完全跟上电场的变化，从而使得能量通过分子摩擦和碰撞被消耗，实现介电加热。目前微波反应器的工作频率为2.45GHz，该频率即位于上述两种极端情况之间的有效频率。

（二）离子传导加热

离子传导加热的本质与偶极极化加热类似。在离子传导的过程中，离子在微波场的作用下振荡，从而与其他分子或者原子相互碰撞，引起搅动或者运动，从而形成了热。在加热效率上，一般离子传导加热的效应要强于偶极极化效应。例如，同样体积的蒸馏水和自来水，在相同照射频率下加热，自来水由于离子成分的存在而加热得更快。

（三）介电性质

微波对物质的加热效率不仅与微波的频率有关，同时也取决于物质本身将电磁能转化为热能的性质。在一定的频率和温度下，物质的这种转化能力取决于损耗角正切 $\tan\delta$。

$$\tan\delta = \varepsilon''/\varepsilon'$$

式中，ε'' 为介电损耗，是指电磁能转化为热的效率，ε' 则是电场中分子的可极化性的介电常数。反应介质的 $\tan\delta$ 值越高，说明其越能有效地吸收微波能量，从而快速加热。例如，在相同的微波场内，乙醇的加热速率高于水，这主要是因为乙醇的损耗角正切 $\tan\delta$ 值较高（乙醇为0.941，水为0.123）。同时，$\tan\delta$ 值也与温度密切相关。例如，乙醇在20℃，50℃，80℃的损耗角正切分别为0.941，0.802和0.445。常见溶剂的 $\tan\delta$ 值见表3–2。

表3-2　常见溶剂的 $\tan\delta$ 值（2.45G，20℃）

溶剂	$\tan\delta$ 值	溶剂	$\tan\delta$ 值
乙醇	0.941	水	0.123
2-丙醇	0.799	氯仿	0.091
甲酸	0.722	乙酸乙酯	0.059
甲醇	0.659	四氢呋喃	0.047
乙酸	0.174	甲苯	0.040

三、微波的非热效应

微波的非热效应是指不能用简单的热力学效应来解释微波场对化学反应促进的效应。微波的加热若只存在热效应，则相同反应温度下，反应速率应该相同。但在用冰水混合物对反应控温后，发现微波下的实验结果与传统加热方式不同。同时，一些低温条件下不能进行的反应在同样的温度条件下，以微波辐射则可使反应进行。以上实验结果证明，微波对有机合成反应的影响不仅有热效应，还存在一种不是由温度引起的非热效应。

非热效应主要由反应体系中的特殊分子和微波场中的电场成分相互作用引起的，而不是由反应体系温度提升所产生。这些效应可以通过阿伦尼乌斯公式（Arrhenius equation）进行解释。阿伦尼乌斯公式是瑞典的阿伦尼乌斯所创立的化学反应速率常数随温度变化关系的经验公式，通式如下：

$$k=Ae^{-Ea/RT}$$

式中，k 为速率常数，R 为摩尔气体常量 [J/（mol·K）]，T 为热力学温度（K），Ea 为表观活化能（J/mol），A 为指前因子（也称频率因子）。

由公式我们可以发现，反应速率 k 与指前因子 A 呈正相关。对于某些特定的反应体系，微波中的电场成分和化学反应中分子或介质之间的相互作用可增加碰撞概率，提高指前因子 A，从而加速反应的进行。活化能的降低也被认为是微波可提高反应速率的另一主要原因。当反应从基态到过渡态其极性增大时，微波可降低反应的活化能，从而提高反应活性。

第二节 微波辅助的有机合成反应

微波辅助可应用于各种有机反应，如周环反应、取代反应、加成和消除反应、重排反应、脱羧反应、氧化反应和偶联反应等。同时，一系列工业上重要的化学实体和前体，如亚胺、烯胺、烯酮、硝基烯烃、硫化合物和杂环化合物等，在相对环境友好的情况下可使用微波方法合成。在本节中，将围绕微波在上述反应中的具体应用，着重介绍代表性反应的特点和反应实例。

一、周环反应

协同反应是一种基元反应，是指在反应过程中，若有两个或两个以上的化学键断裂和形成，都必须相互协调地在同一步骤中完成。在化学反应过程中，能形成环状过渡态的协同反应统称为周环反应，它广泛用于有机分子和药物的合成中，在构建新母核和天然产物的全合成中具有重要应用。当没有微波辅助时，周环反应条件通常比较苛刻，反应时间长且化合物基团往往不能耐受，使目标分子难于制备。当引入微波辅助条件后，能够有效缩短反应时间，极大提高反应收率，有利于目标分子的合成。下面重点介绍微波辅助的 Diels-Alder（D-A）环加成反应和 1,3-偶极环加成反应。

（一）Diels-Alder 环加成反应

1. 反应特点 D-A 反应是由共轭双烯与含有烯键或炔键的化合物相互作用生成六元环状化合物的反应，是制备六元环的重要方法，在有机合成中应用广泛，是一类最早应用微波辅助加热技术的反应之一。传统上 D-A 反应往往需要高温和冗长的反应时间，当采用微波辅助合成时，能够使反应快速升温，从而显著缩短反应时间、提高反应收率。同时，对于部分反应，微波辅助加热也可提高其立体选择性，甚至改变反应主产物。

2. 应用实例 5-溴-2-吡喃酮与富电子的乙醛叔丁基二甲硅基（TBS）烯醇醚发生 D-A 环加成反应。在 95℃ 的封管反应条件下，反应完全需要 5 天。但是在 100℃ 下微波照射 6 小时即可得到氧杂双环 [2.2.2] 辛酮母核，且具有一定的立体选择性（内外型加成物比约为 5:1）。

endo/exo=5:1，收率=73%

利用有机钨路易斯酸作为催化剂，在水或离子液体中也可完成 D-A 环加成反应。在 50℃ 微波照射下，使用 3mol% 的催化剂，环加成反应时间可以控制在 1 分钟内，而传统方法则需要 16 小时。同时，1-丁基-3-甲基咪唑鎓六氟磷酸盐（bmimPF$_6$）的应用，能够使得钨催化剂再生，大大降低了反应成本。

有趣的是，在部分 D-A 反应中，微波辅助的反应产物与传统加热方式完全不同。如 6,6-二甲基富烯与苯醌的反应，以二甲基亚砜（DMSO）为溶剂，120℃ 微波照射 10 分钟的条件下，生成一种不常见的杂 [2+3] 加成物 1；而以苯为溶剂，80℃ 传统加热条件下，则生成的完全不同的环加成产物 2。

1
收率=60%
2
收率=70%

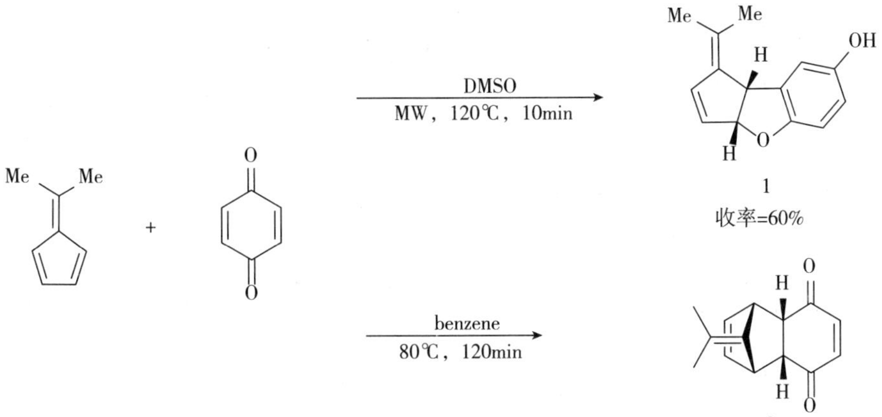

除上述D–A环加成反应，微波辅助加热也被用于逆D–A环加成反应。在花生四烯酸衍生物的前体研究中，对外环烯酮构建单体进行微波介导下路易斯酸催化的逆D–A反应。在二氯甲烷溶剂中、60~100℃下，以二氯甲基铝为催化剂，马来酸酐作为环戊二烯的捕获剂，完成了微波介导的花生四烯酸衍生物的逆D–A反应。

cis/trans=21∶79，收率=66%

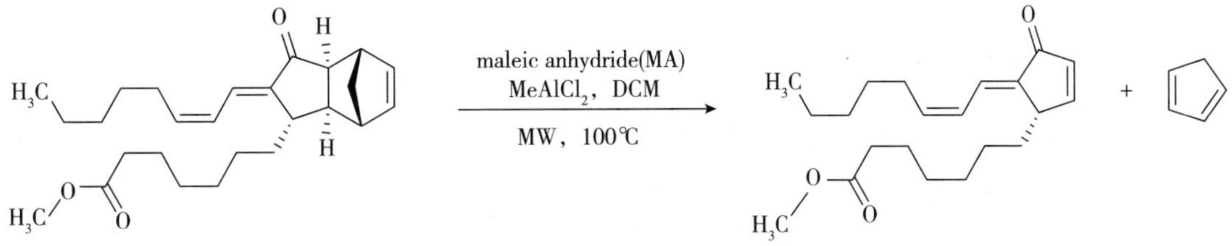

（二）1,3–偶极环加成反应

1. 反应特点　1,3–偶极环加成反应是1,3–偶极化合物和烯烃、炔烃或相应衍生物生成五元环状化合物的环加成反应。传统条件下，1,3–偶极环加成反应的反应时间较长，当引入微波辅助反应后，将有效缩短反应时间，提高反应收率。

2. 应用实例　应用1,3–偶极环加成合成三氮唑时，传统条件是在92℃下反应18小时；但在55℃条件下，以微波辅助照射30分钟，即可以84%的高收率得到目标产物。

在合成氮杂糖苷类衍生物时，传统方法需要95小时，且收率仅有67%。当采用微波辅助方法时，时间缩短到5~15分钟，收率也提高到78%~88%，反应效率显著提高。

R^1= H，CH_3　R^2=$COOCH_3$，CN，$COOC_3H_7$

收率=78%~88%

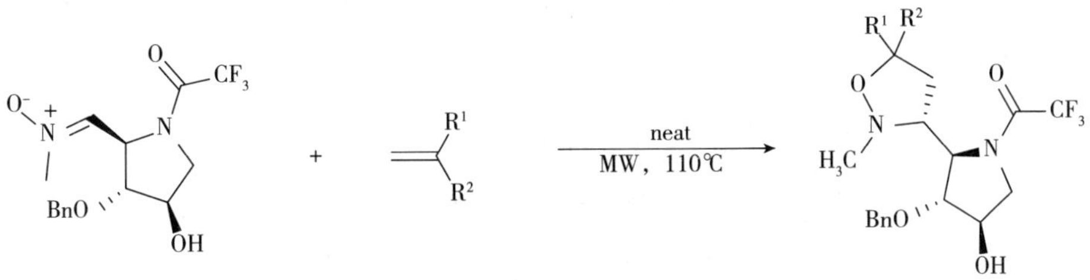

二、亲核取代反应

（一）饱和碳原子上的亲核取代反应

1. 反应特点　饱和碳原子上的亲核取代反应根据底物的不同，所需反应条件也有所差异。对于不易离去的基团，反应通常需要较高的反应温度和较长的反应时间。但是，温度和时间延长有可能引起底物的降解和副产物的产生。在亲核取代反应中引入微波辅助，可很好地解决这一问题，能显著缩短反应时间并减少副产物。

2. 应用实例　在制备苯基莨菪烷衍生物时，应用微波辅助加热的方法，在100℃条件下反应80分钟，即可以80%的收率得到氟取代的产物。然而，应用传统方法需要在80℃条件下，反应10小时。

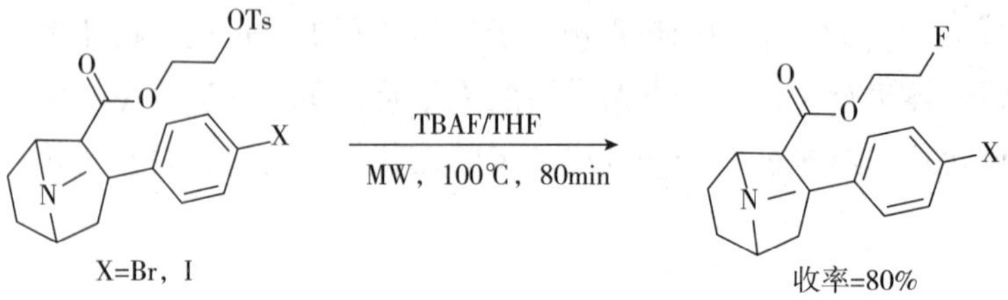

（二）芳环的亲核取代反应

1. 反应特点　由于芳香环与卤素的p–π共轭，使得碳–卤键稳定，不易离去。因此，对于芳环的亲核取代反应，通常需要很高的温度和较长的反应时间，收率也不稳定。采用微波法后，能够显著缩短反应时间，提高收率。通常该类微波辅助的合成反应需要在无溶剂或者高沸点、强微波吸收的溶剂条件下进行，如1–甲基–2–吡咯烷酮（NMP）、二甲亚砜（DMSO）等。

2. 应用实例　2,6–二氟吡啶杂芳环通过传统的方法难以硝化，而使用三氟甲磺酸硝鎓盐作为硝化试剂，在80℃下在二氯甲烷溶剂中微波照射15分钟，即可以94%的高收率制得产物。该反应同时具有一定的可放大性，将底物规模放大到6.3g时，与小量制备时的收率和纯度一致。

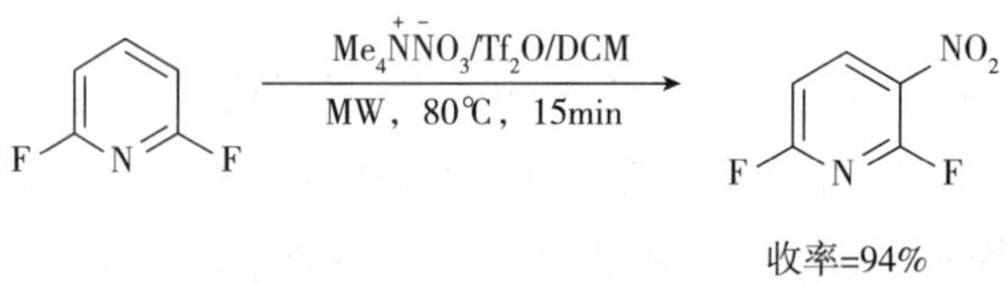

抗血糖药物罗格列酮（rosiglitazone）的合成中也用到了微波辅助加热的方法。2–亚胺基–4–噻唑烷酮在微波辅助下可快速（10分钟）、高收率（90%）生成关键中间体2,4–噻唑烷二酮；而采用传统方法时，反应需要12小时。

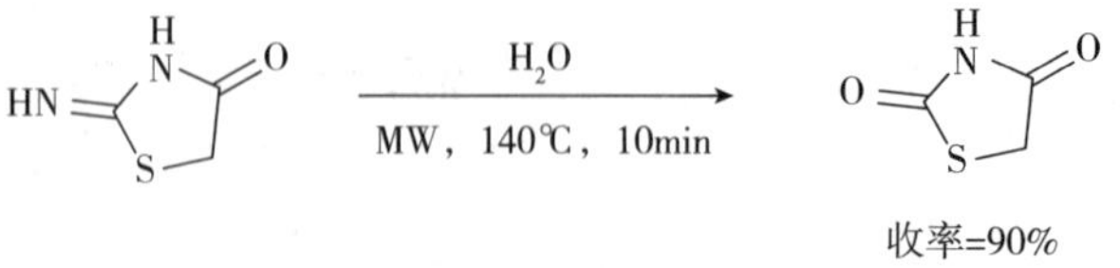

6–氯–9–(四氢吡喃–2H–基)–9H–嘌呤进行胺基化反应时，利用微波辅助的方法，以乙醇为溶剂，微波照射下，80℃反应2分钟，可高收率（85%~92%）得到目标产物。然而，传统方法需要在100℃下反应6小时，收率也较微波辅助法低，仅为57%。

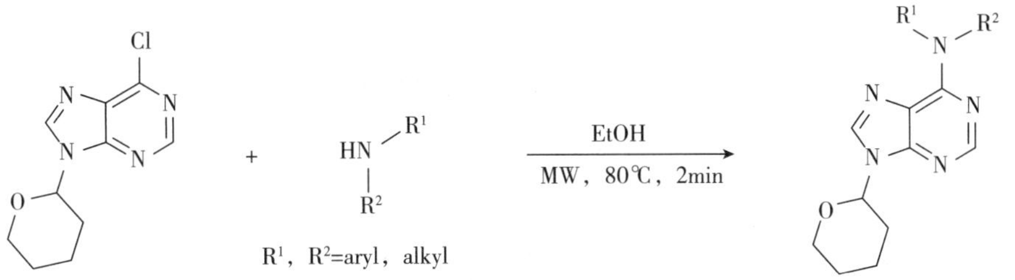

收率=85%~92%

三、加成和消除反应

（一）加成反应

1. 反应特点　加成反应是构建和延长C—C键和C—杂原子键的重要方法，广泛应用于各种活性分子和天然产物的合成中。微波辅助的方法能够有效提高加成反应的收率，缩短反应时间。另外，对于某些特殊底物的加成反应，微波也可提高其立体选择性。

2. 应用实例　以含甲苯的离子液体作为反应介质，碱催化下对咪唑进行Michael加成，在200℃下微波照射5分钟后以75%的收率得到产物。但是，对于传统的1,4-加成反应，需要较长的反应时间。

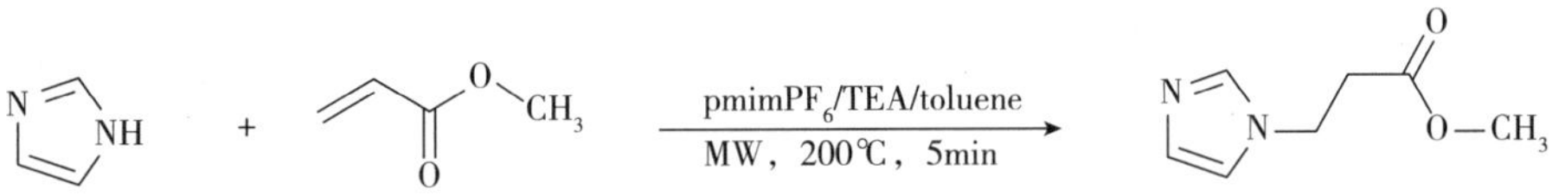

收率=75%

采用二级膦硼烷络合物对末端炔烃进行氢膦化反应，该方法的区域选择性是由所选择的活化方法来控制。当在有钯催化剂存在下，获得相应的(Z)-加成物，然而加热活化则完全得到相应的(E)-加成物。当使用微波照射时，可快速以不同收率得到单一构型为主的产物。考虑到立体化学影响，(Z)-异构体为主要产物，反应一般具有高的立体选择性（当$R^1 = R^2 =$苯基时，$Z : E > 95 : 1$）。

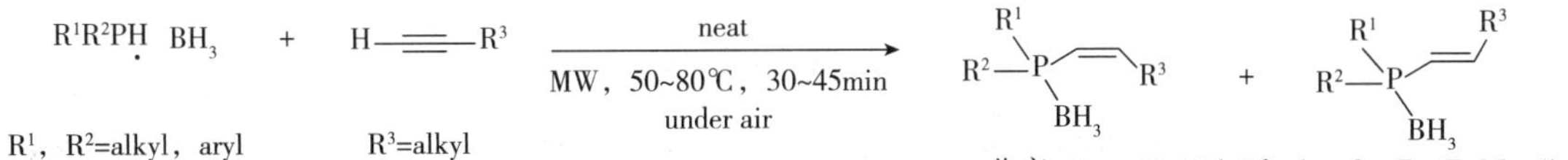

收率=33%~82%($R^1 = R^2 =$phenyl，$Z : E > 95 : 1$)

Z(主要异构体)　　　　E(次要异构体)

在微波辅助下，路易斯酸能够介导与烯烃的氢胺化反应（Hydroamination）。降冰片烯与2,4-二溴苯胺在10%的四氯化钛催化下，以甲苯为溶剂，微波照射2小时，可以高收率（95%）得到加成产物。

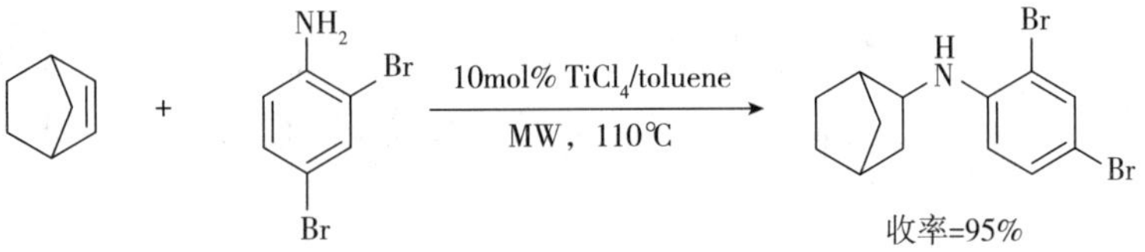

收率=95%

在甲醇溶液中用氨硫化物与腈反应，可制备一级硫酰胺。缺电子的芳香腈可以在室温下反应，其他芳香腈和脂肪腈则需要微波加热15~30分钟，得到高收率的硫酰胺。

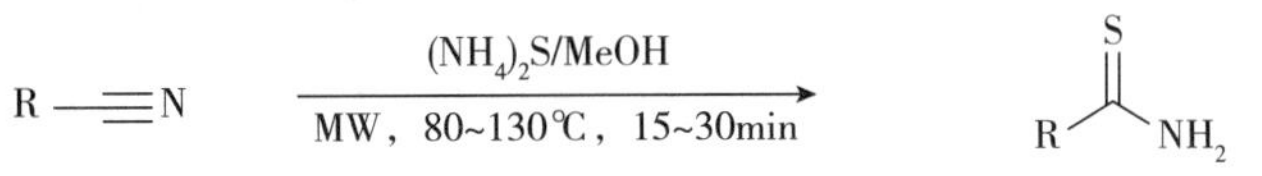

收率=35%~98%

（二）消除反应

1. 反应特点　消除反应是有机分子中失去部分原子或基团的反应，该反应应用非常广泛，根据消除机制可分为单分子消除反应、双分子消除反应和单分子共轭碱消除反应。微波辅助法在消除反应中可以有效缩短反应时间。

2. 应用实例　*N*-磺酰醛亚胺可经协同消除过程高收率得到腈。在乙腈溶液中，微波照射150℃条件下反应15分钟，即可以高收率（84%）得到血清素5-HT$_4$拮抗剂SC-53116的关键中间体3。

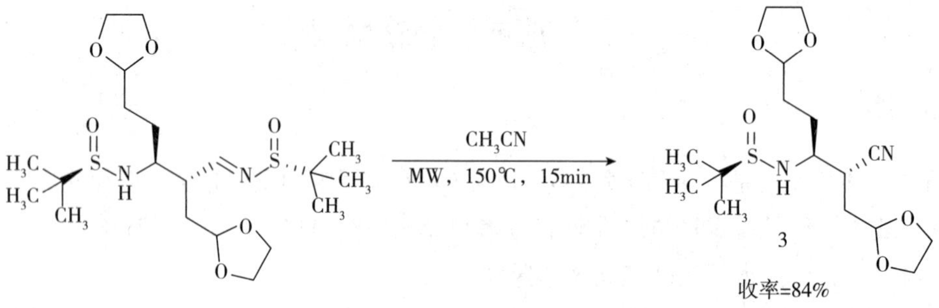

收率=84%

在制备手性1,2-二甲基-3-(2-萘基)-3-羟基吡咯烷的衍生物时，在微波照射下，羟基吡咯烷经无溶剂的脱水反应可形成吡咯啉。底物首先被硅胶上过量的氯化铁吸收，接着在微波条件下于150℃反应30分钟，可高收率（50%~90%）得到相应消除产物，且没有消旋现象。

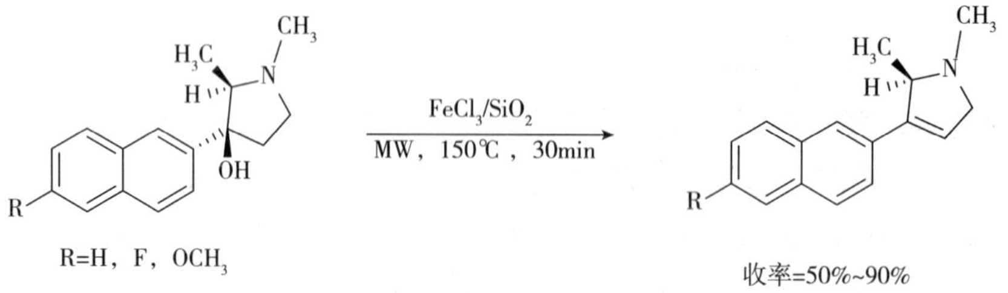

R=H，F，OCH$_3$

收率=50%~90%

四、重排反应

重排反应主要指在一定的反应条件下，化合物分子结构中的某些基团发生迁移或者分子内碳原子骨架的变化，形成新化合物的反应。重排反应种类很多，下面主要以克莱森重排（Claisen rearrangement）、贝克曼重排（Beckmann rearrangement）和弗莱斯重排（Fries rearrangement）为例进行说明。

（一）克莱森重排

1. 反应特点　克莱森重排是指烯丙基芳基醚在高温下重排为邻烯丙基苯酚或对烯丙基苯酚的一类反应。传统的克莱森重排往往需要高温和较长的反应时间。而在微波辅助下，可缩短反应时间，提高收率。

2. 应用实例　不同的微波照射方式对反应的收率有所影响，如在相同的照射时间下，间歇照射法的收率一般略高于连续照射法。在天然产物Carpanone的合成过程中，在相同的反应条件下，采用连续照射15分钟，收率为71%，而采用15次照射，每次1分钟的间歇照射法，则收率提高到88%。

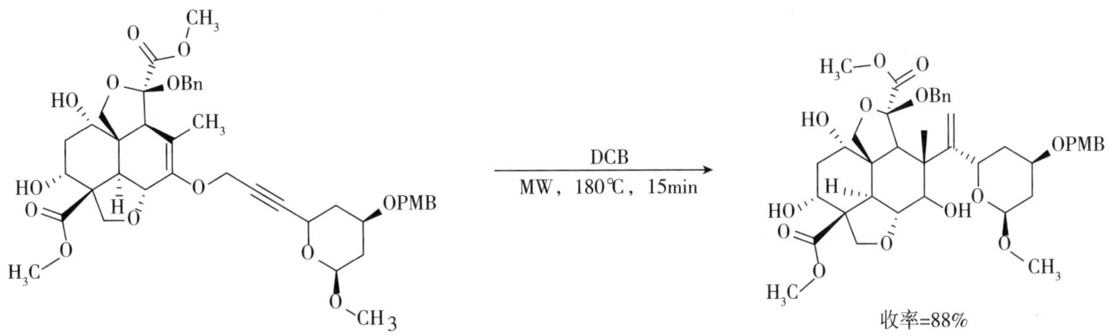

收率=88%

（二）贝克曼重排

1. 反应特点　贝克曼重排是酮肟在酸性条件下，经过重排生成 N-取代酰胺，是制备扩环内酰胺的重要反应，在药物合成和天然产物全合成中具有重要的应用价值。此类反应在使用传统条件时，尽管能够以高收率得到终产物，但是往往需要很长的反应时间。而微波照射的应用，可显著缩短反应时间。

2. 反应实例　在应用贝克曼重排制备乙酰苯胺时，在传统条件下，反应温度虽然为室温，但是需要 24 小时的反应时间。而当应用微波照射时，仅需要 10 分钟，即可以 98% 的高收率得到贝克曼重排产物。

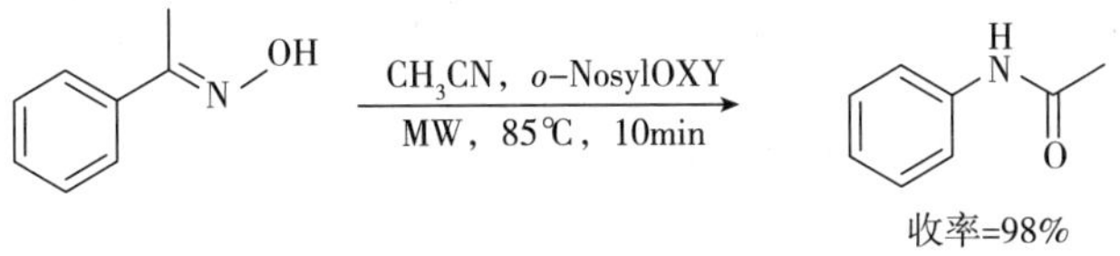

收率=98%

（三）弗莱斯重排

1. 反应特点　弗莱斯重排是一种酚酯在路易斯酸或布朗斯特酸催化下，发生重排反应生成邻位或对位酰基酚的反应。此类反应在传统条件下，需路易斯酸催化和高温条件，反应苛刻，对底物要求高。

2. 反应实例　在制备（2-羟基-5-甲基）苯基-1-十二酮时，传统方法需要在 120℃硝基苯中，反应 2 小时，收率为 89.5%。而当应用微波照射时，反应仅需 8 分钟，且以 93.4% 的高收率得到产物。

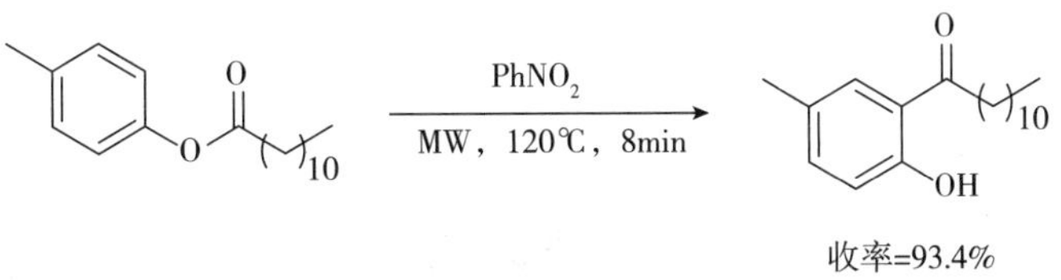

收率=93.4%

五、脱羧反应

1. 反应特点　传统的脱羧反应条件苛刻，一般需要高温和较长的反应时间。利用微波辅助法进行脱羧反应时，可明显缩短反应时间并提高收率，同时有助于保持化合物的稳定。

2. 应用实例　丙二酸酯的脱烷氧羰基反应，可以在 N,N-二甲基甲酰胺与水的混合溶剂中，以微波加热 3~30 分钟，即可高收率（82%~96%）获得产物。该反应的应用范围可以扩展到多种丙二酸酯和 β-酮酯。

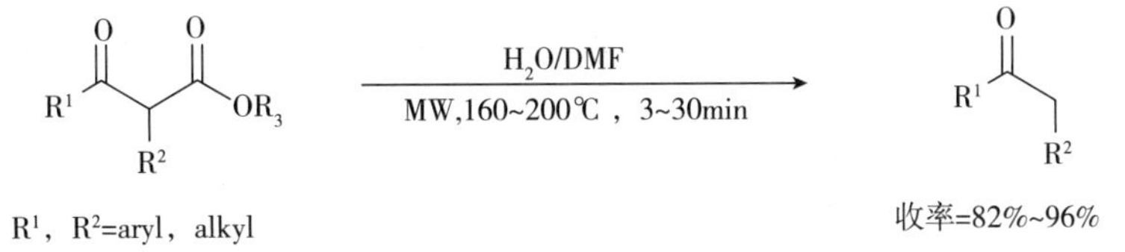

R^1，R^2=aryl，alkyl

收率=82%~96%

在合成环氧合酶（COX-Ⅱ）抑制剂时，需要使用20%的硫酸对吡唑羧酸酯进行脱羧反应。传统工艺需要反应96小时，易产生副产物。而在微波辅助下，200℃条件下反应5分钟即可达到完全转化，分离收率达到88%。

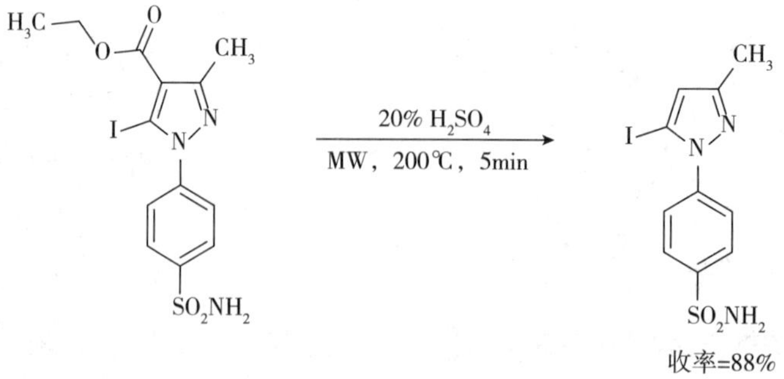

六、氧化反应

1. 反应特点　对于部分难以氧化的底物，传统方法往往需要高温、强氧化剂和较长的反应时间，严重影响其他基团和骨架的耐受。当将微波辅助方法应用到氧化反应中后，能够显著缩短反应时间，提高收率，也可对部分难以用传统方法氧化的底物产生很好的效果。

2. 应用实例　Sharpless反应是重要的烯烃的双羟基化氧化反应，而对于极端缺电子的烯烃，采用传统的Sharpless合成法时，反应时间冗长、反应条件苛刻且收率不高。采用微波照射反应，极端缺电子的1,2-双（全氟苯基）乙烯在120℃下进行反应，以高收率（81%）和高选择性得到手性二醇产物。

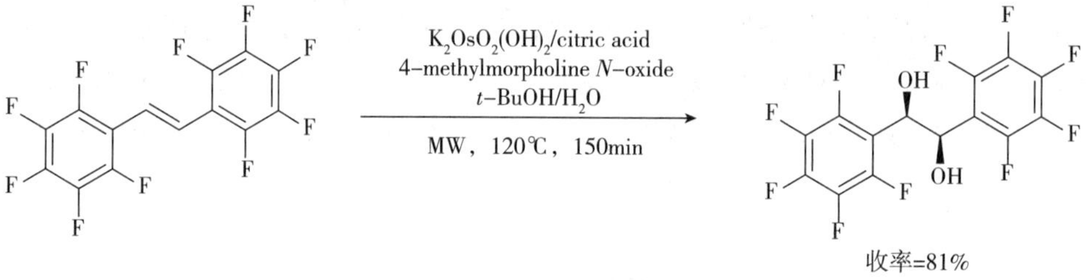

七、偶联反应

偶联反应（coupling reaction）种类很多，例如，Heck偶联、Suzuki偶联、Ullmann偶联和Buchwald-Hartwig偶联等，该类反应在有机化学、材料化学、药物合成和天然产物全合成等中应用广泛，是构建不同母核和引入官能团的重要方法。传统条件下，偶联反应往往在碱性条件下进行，且需要较长的反应时间。在微波辅助后，能够显著缩短反应时间，提高反应收率并减少副产物的产生。

（一）Heck反应

1. 反应特点　Heck反应是卤代烃与活化不饱和烃在过渡金属催化下，生成偶联产物的反应，该反应条件较苛刻，反应时间较长，且随着反应时间的延长，副产物会增加。将微波辅助照射引入Heck反应后，反应时间缩短，收率明显提高。同时，对于部分难以用传统方法进行的Heck反应，也可以通过微波法实现。

2. 应用实例　芳基噁唑与溴苯或3-溴吡啶在DMF中以$Pd(OAc)_2$/CuI为催化剂、K_2CO_3为碱，经微波照射，在150℃下反应15分钟，以68%的收率制得目标产物。而传统方法需要在110℃下，搅拌反应18小时。

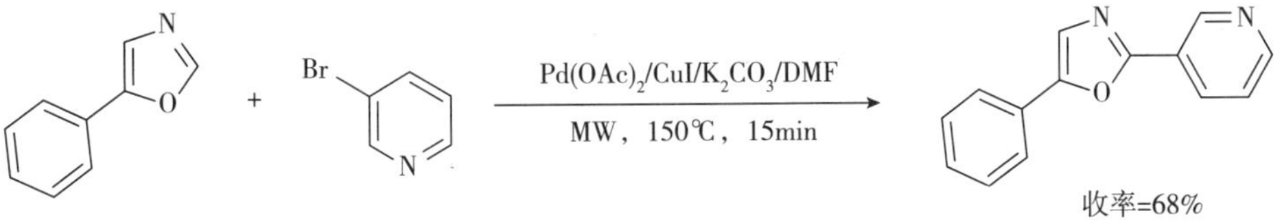

收率=68%

（二）Buchwald–Hartwig反应

Buchwald–Hartwig偶联反应是指利用钯催化剂和强碱，由芳基卤代物和伯胺或仲胺制成芳胺的C–N偶联反应。

1. 反应特点　Buchwald–Hartwig反应应用广泛，但是以活性较弱的卤代芳香环为底物的碳–氮偶联反应通常需要更高的温度和更强的碱，因此，易导致底物中其他官能团的破坏和降解，而微波辅助的方法可以有效地解决该类问题。

2. 应用实例　取代溴苯与芳胺或脂肪胺，以N,N-二甲基甲酰胺（DMF）为溶剂，叔丁醇钾为碱，使用5mol%的醋酸钯，BINAP为配体，经微波加热，在130~180℃下反应4分钟，以较高收率制得C–N偶联产物。

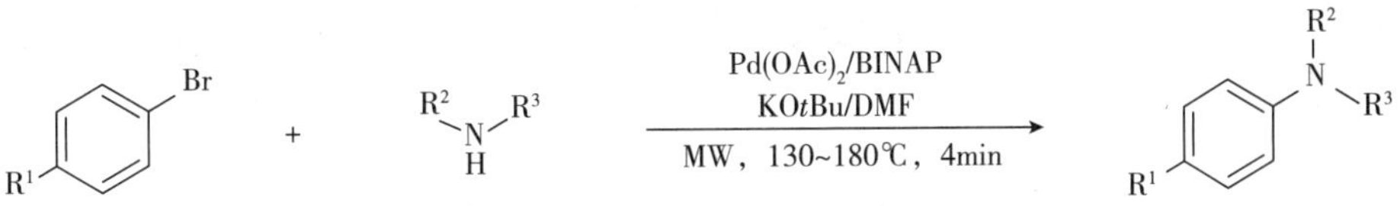

R¹=alkyl，aryl，–NO₂，–CN，–F，ester，etc

R², R³=H，alkyl，aryl

收率=48%~85%

在合成芳香氨基二苯酮类p38-MAPK抑制剂时，对C–N偶联反应开展研究中发现，在甲苯：叔丁醇为5:1的混合溶剂中，叔丁醇钠或碳酸铯为碱，微波照射下，在120~160℃反应，完全转化仅需3~30分钟。然而，传统的制备方法需要反应24小时。

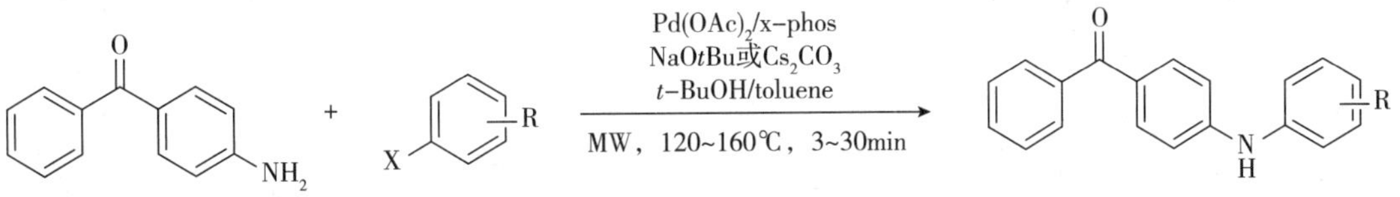

X=Cl，Br，I，OTs，OTf

收率=22%~96%

（三）Ullmann反应

1. 反应特点　Ullmann反应是指卤代芳香族化合物与铜催化剂共热生成联芳类化合物的反应。传统的Ullmann反应通常需要较高的反应温度且较长的反应时间，不利于底物的耐受，因而限制了该反应的应用。微波技术的引入则可以改善这一问题。

2. 应用实例　在乙酸铜（Ⅱ）和邻二氮杂菲存在下，传统方法合成4-芳基-1,4-二氢嘧啶类化合物需要在室温下反应4天，而微波照射下，在85℃时，45分钟即能以高收率得到目标产物，显著缩短反应时间。

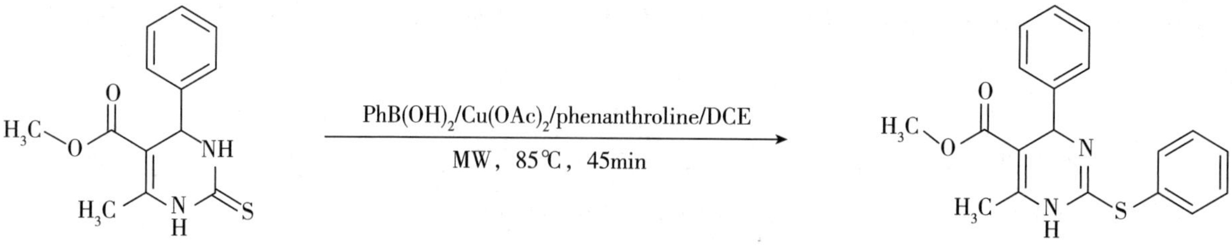

收率=72%

苯并三氮唑与碘苯的碳–氮偶联反应，以DMSO为溶剂，碘化亚铜为催化剂，磷酸三钾为碱，L–脯氨酸为配体的条件下，经过微波照射，在110℃反应40分钟，可以80%的高收率得到目标产物。但是，应用传统合成方法时，需要在130℃条件下，搅拌反应48小时。

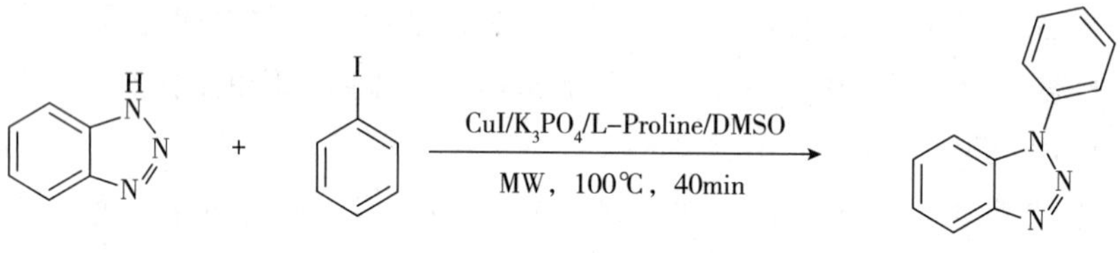

收率=80%

第三节　微波辅助合成技术在药物合成中的应用及发展前景

一、微波辅助合成技术在多肽药物合成中的应用

多肽是一类在机体内具有多种功能的生物分子，由于其低毒性、高特异性，正吸引无数目光并逐步成为一种新的疾病治疗手段。目前全球已有200多种多肽类药物上市。梅里菲尔德在1963年发明了固相多肽合成技术（SPPS），其合成方便、迅速，成为多肽合成的首选方法。SPPS先将目标肽链的C端氨基酸羧基同不溶性的高分子树脂活性基团相连，然后脱去此氨基酸的保护基，继续与下一个氨基酸反应延长肽链，此过程由一系列的$N\alpha$–保护基团、侧链保护基团、连接剂、树脂和其他固相载体等组成（图3–2）。

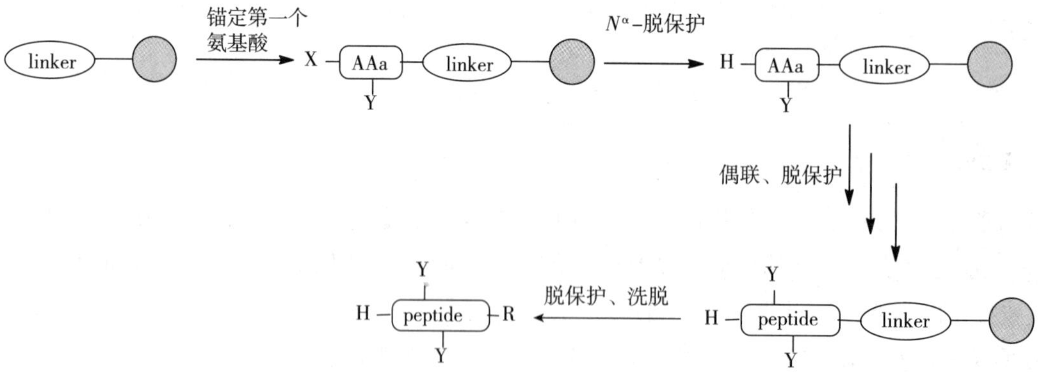

X＝暂时氮保护基；Y＝半永久性侧链保护基团；R＝碳端官能团（通常为羟基或氨基）

图3–2　固相接肽合成技术的一般流程

在传统固相多肽合成技术中最常用的两个 N^α 保护基为9-芴基甲氧基羰基保护基（Fmoc）和叔丁氧羰基（Boc）。在引入微波后，人们开发了几种新的脱保护策略应用于多肽的合成。Alloc和烯丙基酯分别作为胺和羧酸的保护基团，常用在固相接肽合成中。在微波38℃下，5分钟即可脱掉Alloc和 O-烯丙基基团，产物纯度98%。本方法也适用于存在多种氨基酸及其侧链保护基团的化合物的脱保护。

微波辅助固相多肽合成（MW-SPPS）是一种利用微波激发反应过程的固相多肽合成技术，被业界广泛接受，目前自动化微波多肽合成仪已经商业化。微波辅助固相多肽合成应用主要包括：固体载体上的侧链胍基化；β-胰蛋白酶抑制剂动态组合文库的构建；胶原蛋白端肽类似物的头尾环化五肽和六肽的合成；用2,2'-偶氮吡啶二酰基苯并三唑标记氨基酸和多肽等。微波技术的引入可用于加速不同步骤的化学反应，提高反应活性，特别是在传统多肽合成手段的难题——"困难序列"多肽和磷酸多肽等的合成中发挥着独特的作用。

"困难序列"多肽是指由于某些氨基酸（如Ile，Thr，Val）缩合时，β 位烷基的空间位阻或者某些氨基酸包含较多疏水性结构且容易出现 β-折叠等二级结构。"困难序列"8Q是来自人乳头瘤病毒16（HPV-16）E7蛋白的一种多肽，已被用作宫颈癌候选疫苗的主要成分。采用传统多肽合成方法对8Q-多肽进行制备较为复杂，利用微波辅助Fmoc-SPPS结合异肽策略建立一种快速合成困难序列8Q-多肽的新方法（图3-3）。

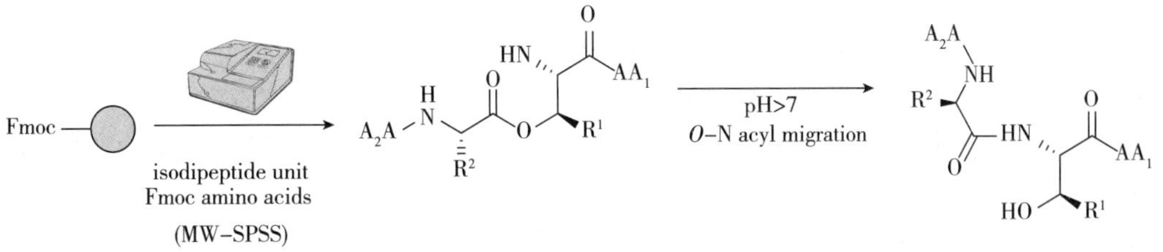

图3-3　微波辅助联合异肽策略合成"困难序列"序列8Q-多肽

磷酸多肽是研究体内外细胞信号转导事件的重要工具，由于其与磷蛋白识别元件直接竞争，也是潜在的药物。然而，磷酸多肽的传统合成方法因侧链的空间阻碍而变得较为困难，引入微波辐射法则可提高产品纯度（微波加热为100%，而传统加热为70%），提高产品收率（微波加热为84%，传统加热为73%），缩短合成时间（微波合成需要几个小时，传统加热大约需要5天）。

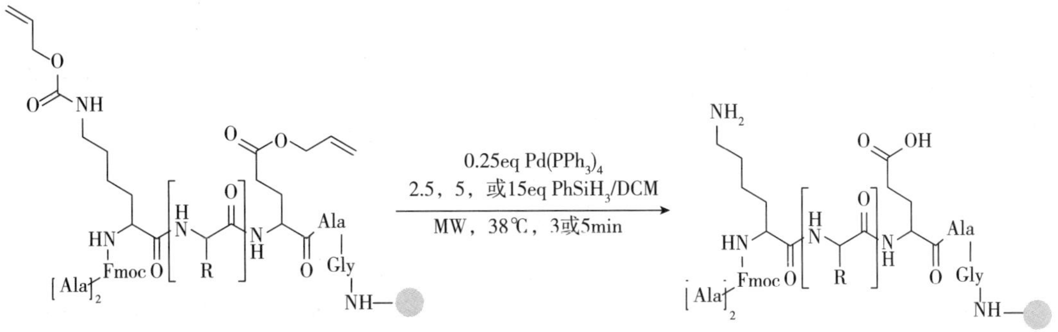

研究者也开发了利用微波辅助的液相多肽合成。该方法允许无保护的氨基酸的快速偶联，具有很好的官能团耐受性和原子经济性。反应温度为50℃，功率为40W，反应时间为28分钟，得到无外消旋的多肽，收率为50%~80%。如预期的那样，偶联提前保护的氨基酸可以获得更高的产量。

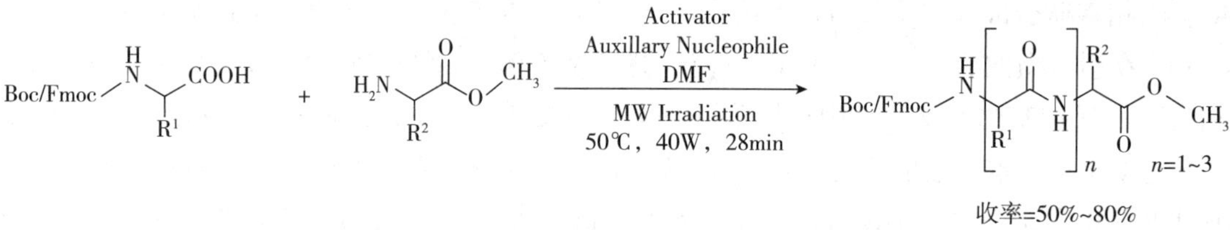

$$收率=50\%\sim80\%$$

二、微波辅助合成技术在有机化合物库合成中的应用

组合化学可以加快药物小分子的合成速度，在短时间内建立有机化合物库，缩短了先导化合物的发现时间，被广泛应用于新药研发领域。具有相近反应性的底物有利于组合化学的应用，然而在实际情况中，即使同一类型反应，不同底物的反应性也有较大差异。当应用传统热源加热反应，有时也不能取得理想的效果，这就限制了组合化学的应用发展。与传统热源相比，微波可以从分子水平对反应物质进行加热，具有加热迅速、均匀、高效的特点。微波辅助有机合成反应的这些优点正好可以克服组合化学的发展瓶颈，因此，微波组合化学的概念应运而生，目前已有商业化的全自动组合化学微波合成仪。

（一）基于载体的微波辅助组合化合物库的合成

固相反应是目前组合化学中应用最广泛的合成方法。它是将分子或者提前衍生化的分子连接到高聚物上，例如交联的聚苯乙烯、与聚乙二醇连接的聚苯乙烯等，随后在DME、DMF或者二氯甲烷中进行反应，待反应结束，直接通过过滤和洗涤将连接有产物的高聚物分离纯化，最后将产物从高聚物中切割下来。1996年，首次发表的微波参与固相Suzuki偶联和Stille偶联反应的研究成果，证明了微波辅助能显著提高合成效率。此后，许多微波辅助固相组合合成有机化合物库相继报道。

苯并哌嗪酮类化合物库的合成，在微波辅助下（图3-4），通过五步反应快速高效地获得了13个小分子的有机化合物库，反应时间合计约0.5小时，纯度为78%~99%。反应包括氟的芳香族亲核取代反应、锌还原硝基反应、氯乙酰氯合环反应以及酯交换裂解反应。

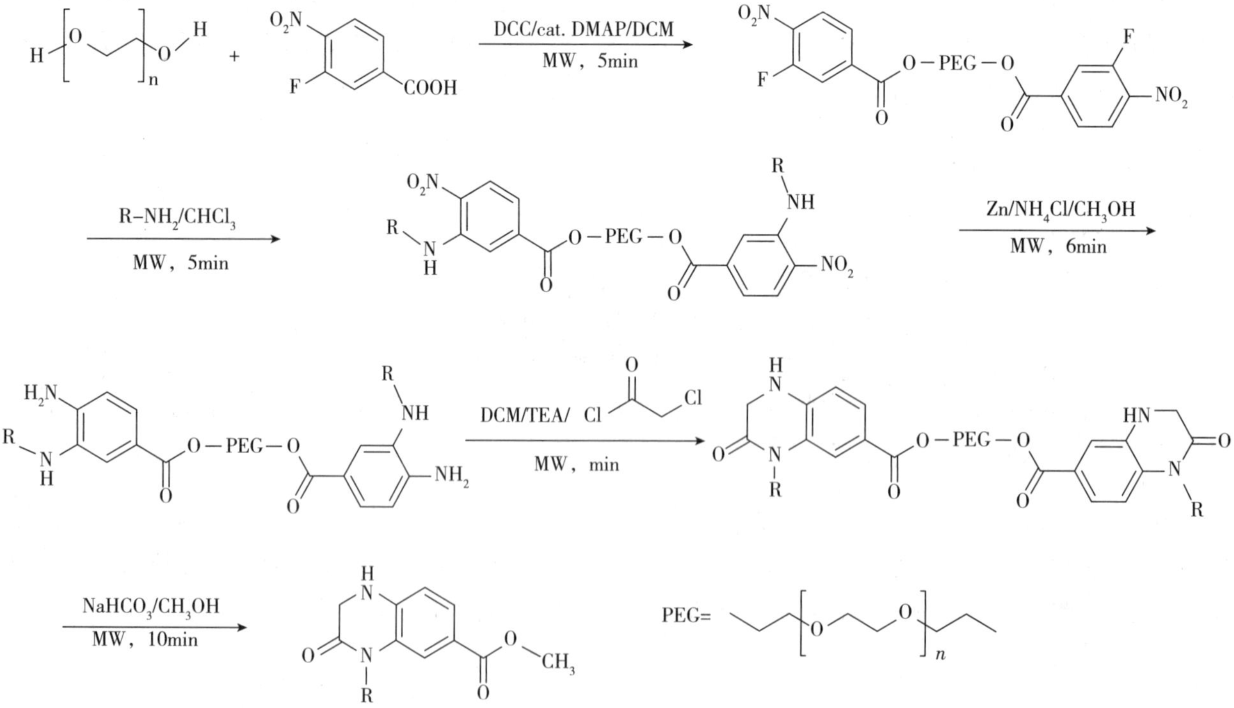

图3-4　微波辅助苯并哌嗪酮类化合物库的合成

嘌呤在生物体内参与了许多生理过程，因此，嘌呤的合成在农业化学和药学研究中都具有重要意义。例如，合成2,6,9–三取代嘌呤化合物库的一个关键步骤是碘代嘌呤与取代胺的 N–烃化反应（图3–5），该反应在没有微波照射的情况下的反应时间可达48小时，而在微波作用下，反应时间可缩短至30分钟。

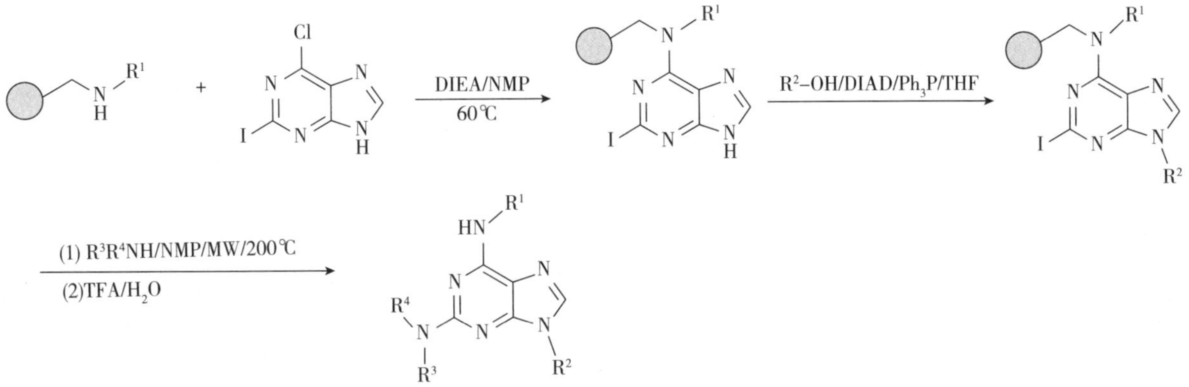

图3–5　微波辅助2,6,9–三取代嘌呤化合物库的合成

另一种基于载体的微波辅助化合物库的合成是将反应物分散在陶土、硅胶或者氧化铝中进行反应或者反应物无溶剂直接加热（包括与高聚物连接的反应物）。这类反应微波辅助下无溶剂参与的组合化合物库的合成方法，避免了 DMF、DMSO 等有毒溶剂的使用，因此更加经济环保。

例如，通过微波辅助的三组分 Hantzsch 合成法（图3–6），以斑脱土和硝酸铵作为载体只需5分钟就能高通量地合成一个取代吡啶衍生物库。此外，通过微波辐射醛和1,2–二羰基化合物的混合物，仅用20分钟即可获得取代咪唑衍有机化合物库。

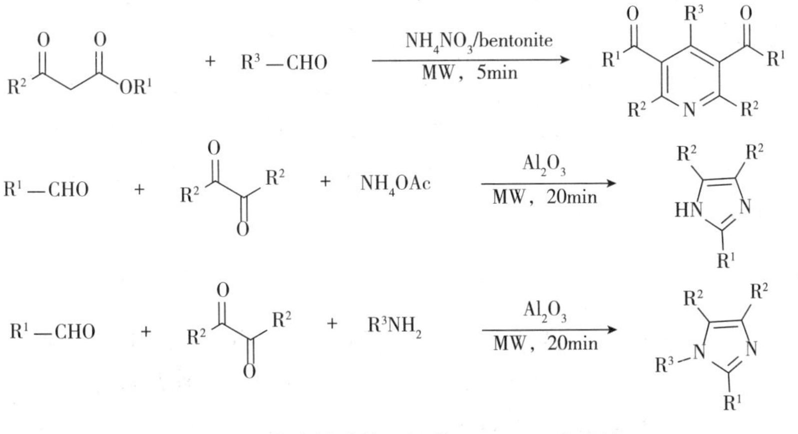

图3–6　微波辅助的三组分 Hantzsch 合成法

研究者将 β–酮酯、芳香醛、尿素衍生物或者硫脲衍生物和多聚磷酸酯（PPE）混合后，利用微波辐射发生 Biginelli 缩合反应，反应时间约90秒，快速合成有15个二氢嘧啶酮衍生物的化合物库。

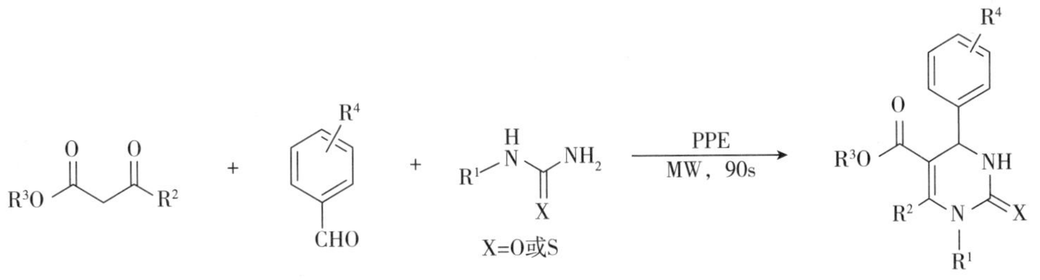

（二）无载体的微波辅助组合化合物库的合成

除了有载体的微波辅助组合化合物库的合成外，在常见溶剂中进行微波辅助的有机合成反应也可应用于组合化学，形成了无载体的微波辅助组合化合物库的合成技术。例如，利用统计软件（MODDE 6.0）来指导实验优化设计，从而加快寻找最优的反应条件，构建了1,2,4-噁二唑类化合物库。在微波辅助下，噁二唑环的关环仅需2分钟，产物平均纯度为68%。

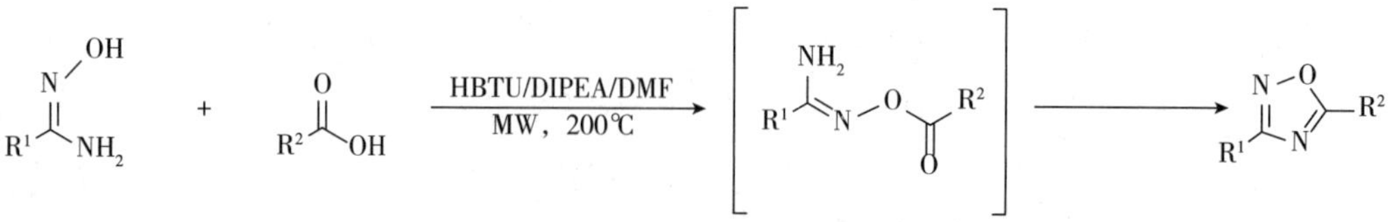

新型的微波辅助"一锅法"液相组合合成方法可以快速合成一系列生物活性相关的吡唑并喹唑啉酮化合物。该方法优势在于利用微波辅助液相组合合成方法可快速生成不同官能团化的吡唑并喹唑啉酮类化合物，收率为13%~95%。

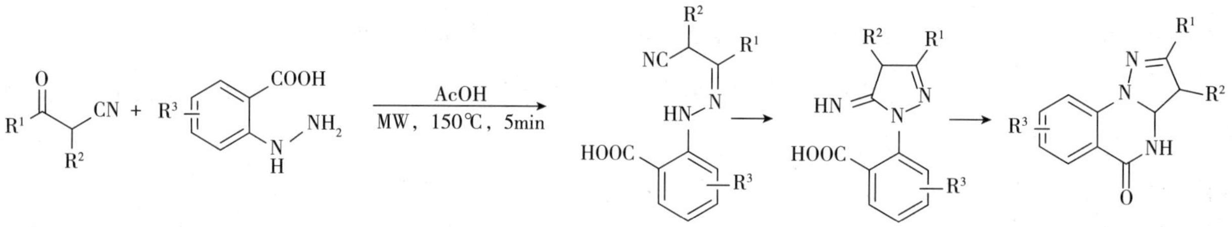

三、微波辅助合成技术在药物合成中的应用

提高药品研发效率和药品质量、降低生产成本、绿色环保是当前制药产业面临的最大挑战。以最优的反应条件得到最高的收率和纯度是化学原料药研发合成的最终目标。由于很多原料药的合成需要多个长时间加热步骤，导致这些反应通常耗时、耗能。在受控条件下的微波辅助有机合成法（Microwave-assisted organic synthesis，MAOS）可以大大缩短反应，减少杂质的产生，降低能耗，减少有毒溶剂的使用，目前已经成为药物研发应用中的一项重要技术。这里简要阐述微波辅助有机合成法在药物研究中的应用，其中包括上市或者在研药物或中间体。

（一）吲哚美辛

吲哚美辛（indomethacin）是于1965年上市的非甾体抗炎药物，临床用于消炎止痛、治疗发热和缓解身体僵硬等。经典的Fischer吲哚合成法是利用芳基肼与醛或酮，在酸的催化下发生环合反应，但强酸性的条件限制了含有不同取代基类型的底物的应用，如含有酯基、氰基、硝基和酮羰基等。利用微波辅助技术，烷基锌卤试剂与芳基重氮四氟化硼盐在125℃下加热30分钟发生环合反应，以高收率（67%或80%）得到吲哚化合物中间体，反应时间由数小时缩短到半小时，再经吲哚的N-酰化得吲哚美辛。微波辅助技术的应用可快速、高效地获得多官能团化修饰的吲哚环。

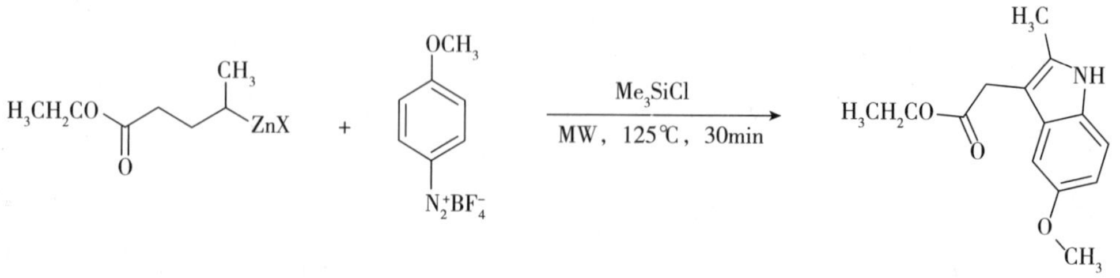

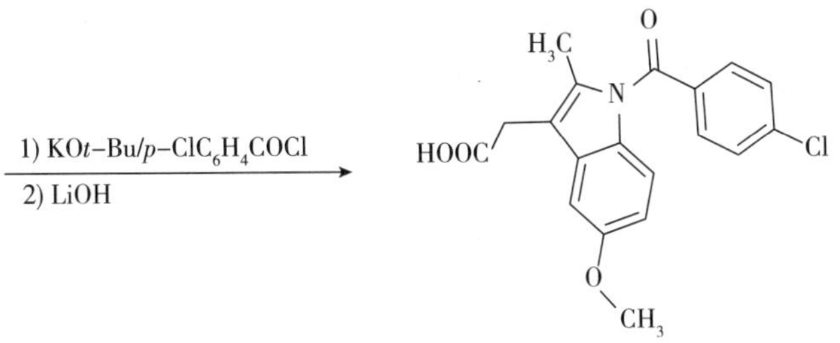

indomethacin

（二）阿立哌唑

阿立哌唑（aripiprazole）是一种非典型抗精神病药物，临床主要用于治疗精神分裂症。2,3-二氯苯基哌嗪是阿立哌唑合成的重要中间体。由2,3-二氯苯胺与双（2-氯乙基）胺盐酸盐制备2,3-二氯苯基哌嗪，传统加热方法反应时间长、收率低且后处理繁琐。然而，以对甲基苯磺酸为催化剂，二甲苯为溶剂，微波辐射2分钟，可高收率获得产物。与传统加热方法相比，反应时间由27小时缩短至2分钟，大大节省了时间，收率也由82.0%提高至94.6%。

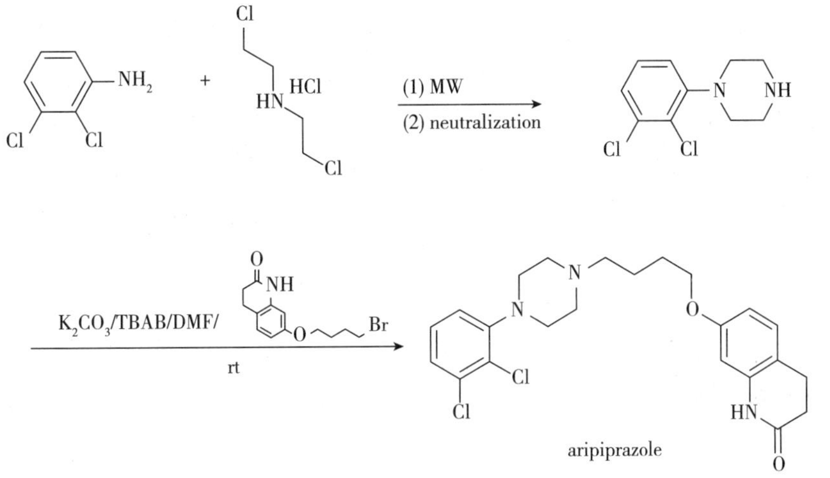

aripiprazole

（三）兰索拉唑

兰索拉唑（lansoprazole）是于1991年上市的质子泵抑制剂，临床用于治疗胃溃疡、十二指肠溃疡、反流性食管炎等。硫醚化合物是合成兰索拉唑衍生物的关键中间体。利用微波辐射（600W）的方法，2-氯甲基-3-甲基-4-(2,2,2-三氟乙氧基)吡啶盐酸盐与2-巯基苯并咪唑在无溶剂条件下发生取代反应，2～10分钟就可生成兰索拉唑中间体，收率56%~85%。进一步氧化制得兰索拉唑。该方法操作简便、廉价且环境友好。

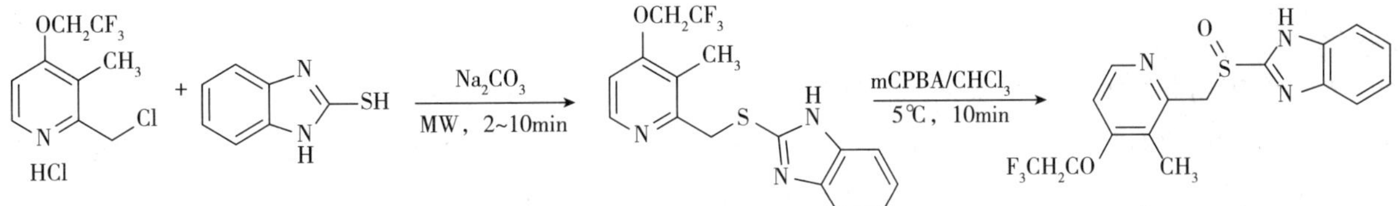

lansoprazole

（四）氯沙坦活性代谢产物EXP-3174

氯沙坦（losartan）是第一个血管紧张素Ⅱ受体拮抗剂（AIIA）类的抗高血压药物。EXP-3174是氯沙坦的活性代谢产物，是一种非竞争性的血管紧张素 II AT$_1$ 受体拮抗剂，其生物活性是氯沙坦的 10~40 倍。研究者们报道了以氯沙坦钾为起始原料，利用微波加热 40 分钟，以水作溶剂，经氧化剂二氧化锰氧化，制备得 EXP-3174，收率为 64%。传统加热方式则需回流 100 小时，且收率仅为 9%。

收率=64%

四、微波辅助合成技术在药物合成中的发展前景

微波反应在药物研究中应用已有 30 多年的历史，微波加热技术不仅可以使反应时间大大缩短，而且可以提高产物的收率和纯度。微波加热与水、离子液体、醇类等绿色溶剂的相容性较好，证明了微波化学的环境亲和性，具有广阔的应用前景。同时，由于其独特的加热方式，对于含有热不稳定催化剂的催化反应、立体选择性反应等多种类型化学反应具有重要的影响。

小规模微波辅助有机合成技术已经成功地应用到了新药发现过程中，但是公斤级规模的反应仍需特定的反应设备的研发。值得关注的是，2010 年有人采用自主研发的大功率微波反应器（输出功率 7.5kW，反应容器体积 2~12L），成功地将微波辅助法应用到合成公斤级的莫纳醇（monastrol）和香豆素等重要医药中间体。实验结果显示，高效搅拌与适当的磁控管设计可有效地解决微波放大时的物理局限性问题，此方法为放大的微波辅助有机反应提供了新的设备和思路。

未来微波辅助合成的发展方向将主要集中在如何解决放大合成的问题，以下提供了三种解决思路。

1. 寻找新的耐高温、微波透波性的反应容器材质　微波高温反应器一般需要耐火保温炉衬，反应物料通常置于炉衬或承载体内，而反应腔内的微波需要穿透炉衬射入反应物料。因此，微波加热所用的耐火材料不仅需要具有传统耐火材料的基本性质，还应具备优良的透波特性。聚四氟乙烯、聚苯乙烯、聚丙烯等具有良好的透波性能，但其在耐热和耐火等方面不能满足需求，只能用作低温透波材料。无机透波材料同时具有良好的耐热性能、力学性能和透波性能，目前这类材料有陶瓷、玻璃以及各类纤维增强的复合材料。为了将微波辅助应用到工业大生产上，需要开发新的反应容器材质，例如，高熔点、对微波具有强吸收能力碳化硅材质的使用，可增强微波穿透力，提高反应投料量。

2. 提高微波反应器功率　单模微波反应器产生单一的、高度均匀的高功率密度能量场，可以与小量样品有效耦合，但通常最大输出功率不到 300W。多模微波反应器可以输出功率 1000~1400W，但由于其加热均匀性和可重复性存在一些瑕疵，需开发更优良的多模微波反应器，才能应用于放大的合成反应。

3. 联合应用新技术解决放大问题　连续流动化学是一种将两个或更多不同的反应物泵送至一个腔室、管子或者微型反应釜内发生反应，在出口处收集包含了产物的流体。将微波与连续流动化学的结合，使整个反应体系中具有相对大的比表面积，利于微波的加热，可通过提高流速放大合成反应的规模，持续生产目标产物。

微波辅助化学合成如果能解决放大合成规模的问题，将为安全、绿色的化学药物合成提供新的选择。

药知道

依托泊苷

依托泊苷作为鬼臼毒素的衍生物，在临床上用于急性白血病、小细胞肺癌、恶性淋巴瘤等的治疗。鬼臼毒素结构复杂，改造合成难度较大。使用传统方法合成鬼臼毒素衍生物需要反应24小时且副产物多。为了快速寻找新的依托泊苷衍生物，浙江大学王彦广等尝试采用微波辅助的方法，微波照射下90℃反应5分钟，就能使反应完全进行，收率达到90%，且副产物少。该方法为天然来源药物的结构改造提供了新的思路，并获得中国人民解放军科技进步奖二等奖。

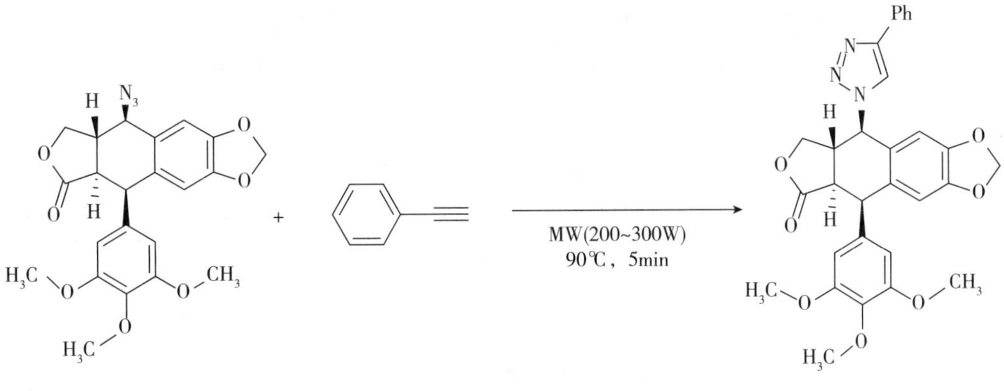

思考

1.微波辅助的化学实体库的建立在药物发现过程中有何优势？

2.参考微波辅助合成技术在药物发现和合成中的其他应用实例，思考微波辅助技术在药物生产中应用是否受到限制，如何解决？

目标检测

答案解析

本章小结

一、单选题

1.常用的微波反应器的工作频率为（　　）

  A. 2.0 ~ 2.1GHz   B. 2.2 ~ 2.3GHz

  C. 2.4 ~ 2.5GHz   D. 2.6 ~ 2.7GHz

2.阿伦尼乌斯公式（$k = Ae^{-Ea/RT}$）是化学反应速率常数随温度变化关系的经验公式，其中k是（　　）

  A.速率常数   B.摩尔气体常量

  C.热力学温度   D.表观活化能

3.以下各种溶剂中，能有效吸收微波能量，加热效率最高的是（　　）

  A.水   B.乙醇

  C.甲醇   D.乙酸乙酯

4.关于微波非热效应的描述，以下说法正确的是（　　）

　　A.微波非热效应是指微波加热后，反应体系温度升高而促进化学反应的效应

　　B.微波非热效应可以完全用传统的热力学效应来解释反应被促进的现象

　　C.微波非热效应是指在微波场作用下，不能单纯用热力学效应来解释的对化学反应的促进效应

　　D.微波非热效应只是一种理论假设，在实际的化学反应中并不存在

5.关于微波辅助固相多肽合成（MW-SPPS），以下说法正确的是（　　）

　　A.与传统固相多肽合成技术相比，MW-SPPS只是加热源不同，反应时间主要取决于多肽的长度，与加热方式无关

　　B.MW-SPPS加热方式主要是从外部向内部传递热量

　　C.MW-SPPS在合成过程中不会出现因加热导致的多肽降解问题

　　D.与传统固相多肽合成技术相比，MW-SPPS能够使反应更快速地进行

二、多选题

1.微波辅助有机合成的优势有（　　）

　　A.反应时间短　　　　　　　　　　　　B.收率高

　　C.副产物少　　　　　　　　　　　　　D.部分具有立体选择性

2.可能解决微波合成放大问题的方法有（　　）

　　A.寻找新的耐高温、微波透波性的反应容器材质

　　B.合理提高微波功率

　　C.采用多模或者环形单模等微波反应器

　　D.联合微流控技术、连续流动合成等新技术

3.微波加热与传统加热方式相比，具有的特点有（　　）

　　A.局部高温　　　　　　　　　　　　　B.加热均匀

　　C.由内而外加热　　　　　　　　　　　D.加热效率高

4.微波加热与传统加热相比，以下说法正确的是（　　）

　　A.微波加热速度通常比传统加热快

　　B.微波加热能使反应物受热更均匀，传统加热容易出现温度梯度

　　C.微波加热设备成本一般低于传统加热设备

　　D.传统加热适用于所有材料的加热，而微波加热有一定的材料限制

　　E.微波加热比传统加热更节能

5.以下属于微波辅助有机合成常见反应类型的是（　　）

　　A. Diels－Alder反应　　　　　　　　　B. Heck反应

　　C. Suzuki反应　　　　　　　　　　　　D. Wittig反应

三、简答题

1.微波辅助有机合成的反应类型有哪些？各举一例说明。

2.微波组合化学构建有机化合物库有哪几类方法？

3.探讨微波辅助有机合成在工业应用中面临的挑战。

第四章　光化学合成技术

 学习目标

　　1.掌握光化学反应的基本概念、原理及特点，光能吸收、激发态形成、光化学定律等核心知识；熟悉光氧化、光还原、光环加成和光亲核取代等光化学反应类型；了解其机制、影响因素及应用实例，光化学反应实验方法，包括光源选择、波长要求、反应装置组成及反应条件控制，掌握实验操作技能。

　　2.理解光化学合成技术在推动化学科学进步和环境保护、能源开发中的关键作用，有助于实现可持续发展和技术创新。

　　3.培养创新思维和实践能力，能将光化学合成技术应用于解决药物合成中的复杂问题，提升合成效率和质量。

　　随着各种光源技术的不断发展，光化学为有机合成提供了新的途径，已成为化学领域一个非常重要的分支学科。光化学合成技术利用光作为"试剂"，避免了传统化学反应给环境带来的污染，具有高效环保、条件温合、操作简单等诸多优点，在药物合成领域发挥着越来越重要的作用。

第一节　概　述

一、光化学定义与特点

　　光化学（photochemistry）是一门迅速发展中的化学分支学科，它主要研究光和物质相互作用所引起的物理变化和化学变化。光化学中涉及的光的波长范围是100~1000nm，从紫外到近红外波段。如X射线或γ射线等比紫外波长更短的电磁辐射所引起的光电离和化学变化，属于辐射化学的范围。通常认为，具有远红外或者波长更长的电磁波不足以引起光化学变化，因此也不属于光化学的研究范围。

　　与基态化学不同，光化学的研究对象是"处于电子激发态的物种"。在光照条件下，分子能够吸收电磁辐射，由基态跃迁到能量较高的激发态。当分子吸收不同波长的电磁辐射时，就可以达到不同的激发态，但是激发态分子的"寿命"通常比较短，且激发态越高分子寿命越短，以致来不及发生化学反应，因此，光化学主要与低激发态有关。

　　光化学属于电子激发态化学，而热化学属于基态化学，二者的主要区别在于激发态分子和基态分子的电子排列顺序不同，光化学产生高能量的激发态分子，体系中分子能量的分布属于非平衡分布；而热化学中产生的活化分子的能量服从玻尔兹曼分布（吉布斯分布）。

二、光化学的发展

　　人类对光化学的认识可以追溯到18世纪上半叶。化学家们首先注意到，无机银盐（硝酸银、氯化银等）的水溶液如暴露在日光下，会感光变黑并析出金属银，还发现在不同类型波长的光照下具有不同的化学效应，如首先使氯化银变色的是紫外光，最不容易使氯化银变色的是红光。

德国化学家Grotthuss和英国化学家Draper分别在1818年和1841年提出了光化学活化原则：只有被物质吸收的光才能产生光化学反应，这就是现在的"光化学第一定律"，又称"Grotthuss–Draper定律"。

意大利化学家G. L. Ciamician与Paolo Silber被认为是光化学研究的创始人。从1886年开始，他们共同完成了"苯醌向对苯二酚的转化"以及"硝基苯在醇溶液中的光化学作用"等研究。1908—1912年，德国物理学家J. Stark和A.Einstein分别把能量的量子概念应用到分子的光化学反应上，提出量子活化原则，即分子的光吸收是单光子过程，在初始光化学过程中活化一个分子，因此初始过程的量子产率之和应为1，这就是"光化学第二定律"，又称"Stark–Einstein定律"。

随着两条光化学基本定律的提出，人们对光化学合成反应进行了大量的研究，例如，在光照条件下用氧气合成臭氧、用蒽合成二蒽等。早期的光化学研究工作常常利用光作为一种手段，进行一些有趣的合成反应，光化学在当时被视为特殊的合成化学。

20世纪60年代后期，随着量子力学在有机化学中的应用以及激光技术与电子技术等物理测试方法的进步，光化学开始迅速发展。20世纪80年代以来，高强度光源技术、光谱分析技术和分子轨道理论的发展使人们对许多光化学反应的机制有了更深的理解。与此同时，光化学也逐渐被应用于有前景的基础研究上，包括功能超分子化合物的设计与合成，天然和合成的光疗药物的光疗机制研究，以及以洁净、节能、节约为目标的光化学合成技术在药物研发中的应用。

第二节　光化学反应

一、光化学反应的定义与特点

（一）光化学反应的定义

光化学反应（photochemical reaction）是指物质在可见光或紫外光照射下而发生的化学反应。它是由物质的分子吸收光子后所引发的反应，而且只有当分子吸收的光子的能量与化学反应中分子的能量变化相匹配时才能引起化学变化，因此，适用于光化学反应中的光应具有足够的能量以使化学键断裂。光化学反应有效的波长范围为100~1000nm，但由于光窗材料和化学键能的限制，通常适用于光化学反应中的光波长为200~700nm，其中200nm是石英光窗材料的投射限。

在光化学反应中，光作为化学变化的能源，分子吸收光能而被激活，然后通过电子跃迁转变为激发态，激发态形成后开始引发反应。由于被激活的分子具有较高的能量，在相互作用下逐步断裂或连接化学键，因此可以引发光化学反应。近年来，光化学反应在合成化学中得到了广泛的应用。

（二）光化学反应的特点

1. 光化学反应的优势

（1）光化学反应条件温和，受温度影响较小，通常可以在室温和低温下进行，可以合成许多热化学反应不能合成的物质。

（2）光化学反应容易控制，通过选择合适波长和强度的光就可以提高反应的选择性，并可控制反应速率。吸收一定波长的光子通常是分子中某个基团的性质，因此，光化学为分子中的某个特定位置发生反应提供了有效方法。

（3）光化学反应的产物具有多样性。被光激发的分子具有较高的能量，可以得到高内能的产物，如自由基、双自由基等。

（4）在常规反应中插入光化学反应可以缩短合成路线，且光化学反应具有高度的立体选择性，不需要对基团进行特殊保护。

（5）光作为一种干净的试剂，避免了传统化学反应给环境带来的污染。以光子作为试剂，一旦被反应物吸收，在体系中不会产生其他新的杂质。

2. 光化学反应与热化学反应的区别

（1）光化学反应是分子处于激发态时的反应，反应物分子对光能的吸收具有严格的选择性，一定波长的光只能激发特定结构的分子；热化学反应是分子处于基态时的反应，反应分子无选择地被活化。

（2）光化学反应中吸收的光能远远超过一般热化学反应获得的热量。因此，一些加热难以进行的反应可以通过光化学反应实现。

（3）光化学反应所需的活化能是由吸收的光子提供的，激发态分子内能较高，反应活化能一般较低，温度对反应速率影响不大；处于基态的热化学反应所需的活化能来自分子之间的碰撞，可以通过提高体系温度来实现，温度对反应速率的影响比较大。

（4）光化学反应机制较复杂，分子吸收光能后处于高能量状态，可能产生不同的反应过渡态和活性中间体，还可以得到一些热反应无法得到的产物；热化学反应通道较少，产物主要通过活化能最低的轨道。

二、光化学反应的基本原理

（一）光能的吸收与分子轨道

1. 光能的吸收 在光化学反应中，反应物分子吸收光能从基态跃迁到激发态，成为活化分子，然后发生化学反应。一个反应分子吸收一个光子后被激发活化，则1mol分子吸收的能量为：

$$E = Nh\upsilon = \frac{Nhc}{\lambda} = \frac{1.197 \times 10^5}{\lambda} \text{ kJ/mol}$$

式中，N为阿伏伽德罗常数；h为普朗克常数；c为光速；λ为光的波长

根据以上公式计算，近紫外和可见光区波长对应的能量如表4-1所示。

表4-1 不同波长的光对应的能量

波长（nm）	能量（kJ/mol）	波长（nm）	能量（kJ/mol）
200	598	500	239
250	479	550	218
300	399	600	200
350	342	650	184
400	299	700	171
450	266		

2. 光化学涉及的分子轨道 光化学中主要涉及五种类型的分子轨道：未成键电子n轨道、成键电子π和σ轨道、反键电子π^*和σ^*轨道（图4-1）。

（1）n轨道 在含有杂原子的分子中，杂原子的未共用电子处于未成键轨道中，这种轨道不参与分子的成键体系。例如，在羰基化合物中，氧原子的未成键2p轨道（n轨道）上有两个电子。

（2）π轨道和π^*轨道 原子的2p轨道采用"肩并肩"（平行）的方式进行重叠，产生两个分子轨

道：π轨道和π*轨道。例如，在烯烃中，π键电子云对称分布在分子平面的两侧。反键轨道比成键轨道具有更高的能量。

（3）σ轨道和σ*轨道　两个s轨道、一个s轨道和一个p轨道或两个p轨道之间"头碰头"沿键轴方向重叠，产生两个分子轨道：σ轨道和σ*轨道。σ轨道能量最低，是组成分子骨架的轨道；而其反键轨道σ*轨道能量最高。

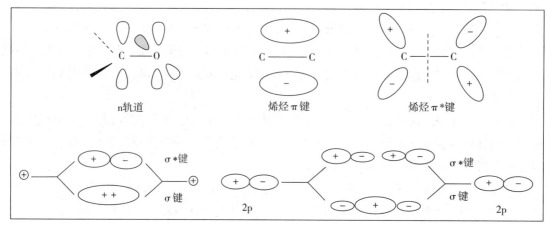

图4-1　光化学涉及的五种分子轨道图示

（二）激发态

在基态分子中，价电子通常处于σ键轨道、π键轨道和非键轨道上，当分子被激发后，一个电子由原来的分子轨道跃迁到更高能级的分子轨道，跃迁方式可以是σ→σ*跃迁，也可以是n→σ*、π→π*或者n→π*跃迁等（图4-2）。

由于σ→σ*跃迁需要的能量很高，一般光源不容易达到。n→σ*也需要较高的能量，通常也需要波长为200nm的光才能将其激发。π→π*跃迁和n→π*跃迁是引发大部分有机光化学反应的两种激发过程，它们分布在近紫外和可见光区。含有杂原子的分子中非键电子所占据的非键轨道的能级通常高于不饱和化合物分子中π轨道的能级，在成键π轨道和反键π*轨道之间，因此π→π*跃迁比n→π*跃迁需要更高的能量。

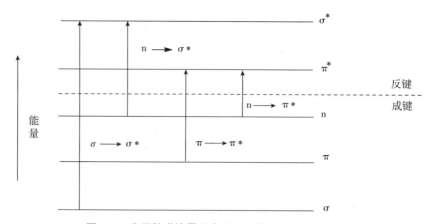

图4-2　分子轨道能量和电子跃迁的可能方式示意图

基态分子的成键电子通常是自旋反平行配对的。当基态分子被光能激发后，一个电子会跃迁到最低能级的反键轨道上，这个电子可能有两种不同的自旋取向。一种是自旋取向保持不变，但一个电子在原轨道上，而另一电子在反键轨道上，彼此自旋方向仍然相反，每个电子产生的磁矩大小相等，方向相反，相互抵消，在外磁场中没有净磁矩，这种激发态称为单重态（singlet state），以S表示。另一种是自旋取向可能发生反转，两个电子虽然在不同的轨道上，但自旋方向相同，此时在两个轨道中的电子产生的磁矩不能互相抵消，所以在外磁场中整个分子的净磁矩可以有三种不同的方向，这种激发态称为三重态（triplet state），以T表示。S_1和T_1代表第一激发态的单重态和三重态，更高能级激发态的单重态和三重态可以表示为S_2、S_3…和T_2、T_3…。S_0代表单重态基态［图4-3（a）］。

单重态和三重态代表了物质在光谱中的多重性，以M表示，M定义为2S+1（S：体系内电子自旋量子数的代数和，一个电子的自旋方向可表示为+1/2或-1/2）。若两个电子是自旋反平行配对，则S=（+1/2）+（-1/2）=0，M=1，多重性处于单重态；若两个电子的自旋取向相同，则S=（+1/2）+（+1/2）=1，M=3，多重性处于三重态。对于同一激发态组，三重态的能量低于单重态的能量，即$ET_1<ES_1$、$ET_2<ES_2$…。根据洪特规则（当电子排布在能量相同的各个轨道时，电子总是尽可能分占不同的原子轨道，且自旋状态相同，以使整个原子能量最低），在原子（或分子）中，具有最大的自旋多重性排列的电子是最稳定的，即处于分立轨道上的非成对电子平行自旋要比成对自旋更稳定，因此，自旋彼此平行的三重态比单重态更稳定［图4-3（b）］。

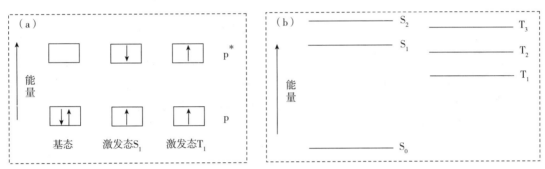

图4-3　单重态和三重态

（a）有机分子激发的两种情况；（b）状态能级图

（三）光化学定律和光化学过程

1. 光化学定律

（1）光化学第一定律　又称Grotthuss-Draper定律，即只有被分子（原子、离子）吸收的光才能诱发体系发生化学变化。当分子吸收光子被激发到足以破坏最弱化学键的高能激发态时，才能有效地引起分子的化学反应。

（2）光化学第二定律　又称Stark-Einstein定律，即当分子吸收一个光量子时才会发生光化学变化。在光化学反应的开始，每吸收一个光子，只有一个分子可以被激活（分子吸收光的过程是单光子过程）。

2. 光化学过程　
光化学反应的第一步是吸收光能以形成分子的激发态，激发态分子形成后可以通过不同的方式迅速释放出能量使其恢复到基态，也可以引起一系列的化学反应，这主要取决于反应体系中分子之间的相互作用和激发态的寿命长短。

绝大多数的跃迁是$S_0 \rightarrow S_1$跃迁，即使跃迁到更高能量的单重态，通常也会迅速衰退至S_1的最低能级。激发单重态S_1到单重态基态S_0的转化，没有光量子辐射，是激发态的非辐射转化，同时不涉及电子自旋方向的反转，称为系内转化（internal conversion，IC）。激发态S_1也可以放出光能发生辐射而衰退至S_0，这是激发态的辐射转化过程，单重态的辐射称为荧光（fluorescence，以$h\nu_f$表示）。激发态S_1的另一种转换形式是从单重态到三重态，即$S_1 \rightarrow T_1$，这种多重性不同的激发态之间的转化伴随着电子自旋方向的反转，称为系间窜越（intersystem crossing，ISC）。激发三重态T_1可以通过系间窜越衰退到S_0，同时释放出热能。T_1也可以释放出光量子通过发生辐射转化为S_0，这样的辐射过程是三重态的辐射，发射的是磷光（phosphorescence，以$h\nu_p$表示）。

总之，当分子吸收光能被激发以后，可以由基态跃迁到激发态（$S_0 \rightarrow S_1$），也可以上升至S_2等更高能级的激发态。S_2再通过系内转化到S_1的最低振动能级，S_1此时可以进行化学反应，既可以通过发射荧光或者进行系内转化恢复到基态S_0，也可以通过系间窜越转化为T_1。T_1激发态的寿命最长，是一种稳定的激发态，它能够进行广泛的化学反应，也可以失去能量放出磷光或通过非辐射系间窜越恢复到S_0基态（图4-4）。

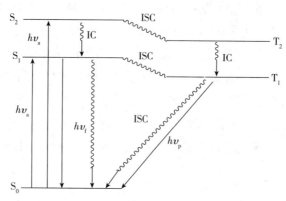

图4-4　光化学过程及能量关系

从上述过程可以看出，在正常情况下，分子吸收光量子形成激发态后，存在着进行化学反应、辐射衰退和非辐射衰退之间的相互竞争，并不是每个吸收光量子的分子都能引起化学反应，因此，光化学过程也存在效率问题，称为光化学反应的量子产率（quantum yield），即化学物种吸收光子后，所产生的光物理过程或光化学过程的相对效率，以Φ表示，其定义式为：

$$\Phi = \frac{单位时间单位体积发生反应的分子数}{单位时间单位体积吸收的光量子数}$$

（四）能量转移和光敏作用

激发三重态T_1是寿命最长、最稳定的激发态，在光化学反应中有十分重要的地位。同时，受化合物结构的影响，并不是所有的激发三重态都可以通过系间窜越从单重态得到。此外，在较长波长下无法直接激发获得一些能级很高的激发单重态S_1的化合物。因此，可以利用间接激发的方式，将已吸收光能并生成激发态（单重态或三重态）的分子吸收的能量全部转移给彼此接近的另一基态分子，发生分子间的能量转移，使另一基态分子激发而自身衰退为基态，这种激发态能量转移的过程称为光敏作用。光敏化反应的通式如图4-5所示。

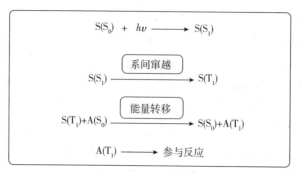

图4-5　光敏化反应的通式

在光敏化反应中，吸光的物质称为光敏剂（S），光敏剂是能量转移的给予体，接受能量的物质称为接受体（A），相对于能量转移的给予体来说，接受体可使激发态衰退为基态，在某种情况下又把接受体称为淬灭剂。

萘和二苯甲酮混合物的反应案例可作为光敏作用的经典证明。二苯甲酮可以吸收366nm波长的光能，而萘对该波长的光并不吸收。但当以366nm的光照射萘和二苯甲酮的混合物时，却能够清楚地观察到萘的磷光光谱。这一现象即可利用光敏作用来解释，即基态二苯甲酮（S_0）吸收光能跃迁至激发单重态（S_1）然后通过系间窜越到激发三重态（T_1），随后将能量转移给萘，接着激发三重态的萘（T_1）发射磷光，进而得到萘的磷光光谱（图4-6）。值得注意的是，只有当光敏剂T_1所处的能级比接受体分子T_1的能级高时，能量转移才能够实现，也就是说二苯甲酮T_1的能级必须高于萘的T_1能级。

$$(C_6H_5)_2CO(S_0) + h\nu_a \longrightarrow (C_6H_5)_2CO(S_1)$$

$$(C_6H_5)_2CO(S_1) \xrightarrow{\text{ISC}} (C_6H_5)_2CO(T_1)$$

$$(C_6H_5)_2CO(T_1) + C_{10}H_8(S_0) \longrightarrow (C_6H_5)_2CHO(S_0) + C_{10}H_8(T_1)$$

$$C_{10}H_8(T_1) \longrightarrow C_{10}H_8(S_0) + h\nu_p$$

图4-6　萘和二苯甲酮的光敏化反应

从上述可以看出，利用三重态的光敏剂可以通过光敏作用直接将基态分子激发到三重态，无需经过激发单重态。由于$S_0 \rightarrow T_1$的跃迁是禁阻的，而$S_1 \rightarrow T_1$的系间窜越也不是在所有体系中都可以发生，因此在多数情况下借助光敏作用是生成某些激发三重态的唯一途径，这也突显了光敏作用在光化学反应中的重要地位。在此将常见的光敏剂总结见表4-2。

表4-2　常见的光敏剂

光敏剂	性质	应用
细菌叶绿素a	单重态光敏剂（$E_s=177kJ/mol$）	光合成
对二甲苯	三重态光敏剂（$E_T=337kJ/mol$）	合成
丙酮	三重态光敏剂（$E_T=332kJ/mol$）	合成
苯乙酮	三重态光敏剂（$E_T=310kJ/mol$）	合成
二苯甲酮	三重态光敏剂（$E_T=288kJ/mol$）	合成
核黄素	三重态光敏剂（$E_T=210kJ/mol$）	合成
孟加拉玫瑰	三重态光敏剂（$E_T \approx 170kJ/mol$）	单重态氧制备
四苯基卟啉	三重态光敏剂（$E_T=140kJ/mol$）	单重态氧制备

三、光化学反应的实验方法

（一）光源

选择光源需着重考虑光照强度和光源稳定性。首先，单位体积内的有效光子数是影响光化学反应速率的直接因素，光照强度越高，单位体积内的入射光子数就越多，在催化剂表面产生的活性物种也会越多，反应发生的速度就会越快；若光照强度较低，不仅会延长反应时间，还可能增加副产物的生成；但这并不意味着光照强度越高越好，应根据具体的实验条件选择合适的光源。其次，光源稳定性高是实验能够顺利进行和重复的关键因素，要求光源设备的输出光功率、波长及光谱宽度等特性应当是相对稳定的。

常见的光源包括汞灯、可见光源与日光（太阳光）、氙灯、钠灯、激光灯和LED（light emitting diode）光源等，本章仅对汞灯、氙灯和LED三种代表性的光源进行详细介绍。汞灯是利用汞放电时产生汞蒸气获得可见光的电光源，汞灯的光谱偏向于紫外区域，且其光谱为特征谱线；氙灯是一种利用高压或超高压氙气放电来发光的电光源；LED即发光二极管，其光谱范围比太阳光谱窄，主要是在其特定的单色光波长范围内。三者的比较见表4-3。

表4-3　汞灯、氙灯和LED光源的比较

光源	汞灯光源	氙灯光源	LED光源
主要特点	其光谱为特征谱线，主要应用于紫外区响应的催化剂	常作为太阳光的模拟光源，输出光为连续光谱，可通过滤光片等光学器件获得单色光	主要用于单波长条件下的光化学研究；单色性好、节能环保、冷光源且寿命长
能量分布	低压汞灯：253.7nm 中压汞灯：300nm、303nm、313nm、334nm、365nm、405nm 高压汞灯：404.7nm、435.8nm、546.1nm、577~579nm	200~2000nm的连续光谱	紫外光365nm、蓝色475nm、蓝绿色500nm、绿色525nm、黄色590nm、橙色610nm、红色625nm
输出光功率密度	500~600Mw/cm^2	1500Mw/cm^2	>300Mw/cm^2
使用寿命	≥500h	1000h	10000h
稳定性	稳定性不及氙灯	输出稳定	输出稳定

（二）波长要求

只有反应体系吸收的光才能引起光化学反应，且体系对光的吸收具有一定的选择性，有其最适合的波长。因此，需要测定系统的吸收光谱，以确定其最佳波长。值得注意的是，对不适合使用多色光的系统，应使用光学滤光片和滤光溶液对不需要的发射谱线进行分离。由于大多数的有机物分子可以吸收不止一个波段的光，当一个吸收光区的光化学反应不同于另一吸收光区时，使用多色光辐射会导致复杂的结果。另外，如果产物也从多色光源中吸收光，则可能发生二级反应，使产物的量减少，此时也应该使用单色光或者严格过滤多色光作为光源。

（三）反应装置

典型的光化学反应装置（图4-7）通常由光源、透镜、滤光片、石英反应池、恒温装置和功率计等部分组成。光源灯发出的紫外光通过石英透镜后变为平行光，再经过滤光片变为某一狭窄波段的光，然后通过与光束垂直的石英玻璃窗照射反应混合物，没有被反应物吸收的光被投射到功率计上，由功率计检测透射光的强度。

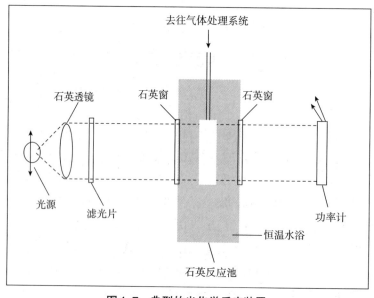

图4-7　典型的光化学反应装置

光化学反应的装置按照将光源放置的位置可以分为两种：一种是外照式装置，即光源外置；另一种是内浸式装置，即光源内置。

1. 外照式装置 适用于任何光源，要求反应器壁应透过所需的光，适用于可见光区的光化学反应（如日光照射）。如果用高压汞灯，应对灯管及反应物进行冷却。它的优点是反应触光面积大，冷却方便，价格便宜；缺点是光源利用率低，在背面加反射装置时会稍有改善。

2. 内浸式装置 要求光源的辐射部分应该紧凑，主要适用于中、高压汞灯。优点是光能的利用率高；缺点是易爆及反应器壁的结垢问题，因此，需要对灯管进行良好的冷却，反应时应有专人看管或设置自动停水熄灯开关。

（四）反应条件

1. 反应溶剂的选择 不与反应物竞争吸光，即反应溶剂在光化学反应中应该是惰性的，且对反应所需波长范围内的光是透明的，不阻挡反应物所需要的光；纯度要求高，稀溶液要求光谱纯，而制备实验一般要求纯度高于99%。常用的溶剂包括正己烷、苯、乙腈、叔丁醇、四氢呋喃和乙酸等。含卤素的化合物对光不稳定，一般不作为光化学反应溶剂。

2. 光照时需去除氧 由于氧分子是高效三重态淬灭剂，通常在光照反应前必须对溶液除氧，最常用的方法是在光照前或光照中用氩气或氮气冲洗溶液几分钟，更可靠的方法是用冷冻–抽真空–解冻的方法除气。

3. 浓度、反应温度、投料量和反应体积等条件 一般光异构化反应与浓度无关，但双分子反应的速率则会随着加成试剂浓度的增加而增加。反应物的浓度一般控制在为0.001~1mol/L。光化学反应的活化能小，受温度的影响小，一般在室温和零度下即可进行，控制温度也可以防止反应试剂和溶剂的蒸发。另外，投料量和反应体积也会影响反应速率，比如照射光通常只能被离灯管最近、很薄的一层溶液吸收，因此需使用较浓的反应溶液。

（五）安全事项

当反应时间较长时，反应期间需要有专人看守。灯管需冷却后再进行下一次使用。紫外辐射严重会产生臭氧，因此应在通风良好处进行实验，并做好个人防护，尤其是外照式装置。中、高压汞灯易碎，应轻拿轻放，避免碰撞。反应过程中产生的游离基，在蒸馏时易爆，应进行蒸前预处理。

四、光化学反应的类型

（一）光氧化反应

有机化合物在光诱导下可以在无氧的条件下发生氧化反应，也可以在有氧气的条件下，与氧气结合发生氧化反应。氧气基态是三重态（$^3O_2$），具有一定的双自由基性质；在光照的条件下，基态分子氧激发至高活性的激发态（单重态，$^1O_2$）。光氧化反应可分为两种：一种是基态分子氧参与的反应（Ⅰ型氧化反应），即有机分子（M）的光激发态和基态氧（$^3O_2$）的加成反应；另一种是激发态分子氧（单重态氧）参与的反应（Ⅱ型氧化反应），即基态分子M和激发态氧（$^1O_2$）的加成反应（图4-8）。

单重态氧（$^1O_2$）的化学性质十分活泼，可与不饱和化合物发生亲电加成反应。下面主要介绍单重态氧参与的[2+2]光氧化反应、[4+2]光氧化反应以及ene反应。

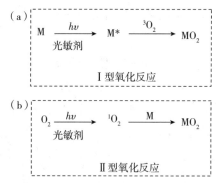

图4-8　Ⅰ型和Ⅱ型氧化反应

（a）Ⅰ型氧化反应通式；（b）Ⅱ型氧化反应通式

1. [2+2]光氧化反应

（1）反应定义及反应通式　单重态氧可与富电子烯烃发生[2+2]环加成反应得到1,2-二氧环丁烷产物。反应通式如下：

（2）反应机制　[2+2]光氧化涉及多种可能的机制，包括：①协同同面-异面[2+2]环加成机制（1）；②激基复合物（2）机制；③过氧环氧乙烷（3）机制；④1,4-双自由基（4）机制；⑤两性离子（5）机制等（图4-9）。被广泛接受的反应机制是：单重态氧与烯烃形成具有较强电荷转移作用的激基复合物（2），然后转化为开环的两性离子中间体（5），最后再闭环为产物，这与较多的实验和理论计算结果相一致。

图4-9　[2+2]光氧化反应可能的反应机制

（3）反应特点及应用实例　[2+2]环加成反应生成的1,2-二氧环丁烷产物多不稳定，在低于室温时即已分解生成羰基化合物，因此，通常需在-80℃的低温条件下制备与保存。1,2-二氧环丁烷分解为羰基化合物的反应在某些情况下也具有合成价值，例如，在氧和四苯基卟啉（TPP）存在下光照氧硫杂环己烯，得到的1,2-二氧环丁烷以40%的化学产率转化为目标分子。

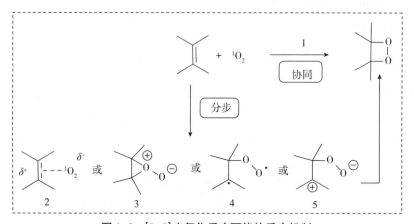

结构因素可以在很大程度上影响1,2-二氧环丁烷的稳定性，某些1,2-二氧环丁烷可以在室温以上稳

定存在。例如，金刚烷基金刚烷–[1,2]–二氧杂环丁烷是已知的较为稳定的1,2–二氧环丁烷之一，25℃时的半衰期达20年。在亚甲蓝和氧存在下，以波长大于350nm的光照射二金刚烷烯，可以得到金刚烷基金刚烷–[1,2]–二氧杂环丁烷，产率为66%。

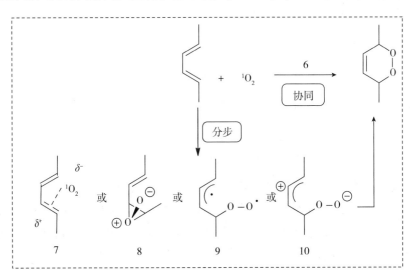

2.[4+2]光氧化反应

（1）反应定义及反应通式 单重态氧可与1,3–二烯发生[4+2]环加成反应得到内过氧化物。反应通式如下：

（2）反应机制 [4+2]光氧化也涉及多种可能的机制，包括：①协同同面–异面[4+2]环加成机制（6）；②激基复合物（7）机制；③过氧化物（8）机制；④双自由基（9）机制；⑤两性离子中间体（10）机制等（图4–10）。其中，较符合实验和理论研究结果的机制为：1,3–二烯先与单重态氧可逆地生成具有电荷转移性质的单重态激基复合物，后者可以通过协同过程直接转化为内过氧化物，或者经系间窜越转变为三重态激基复合物，后者离解为反应物和基态氧，从而导致单重态氧的物理淬灭。

图4–10 [4+2]光氧化反应可能涉及的反应机制

（3）反应特点及应用实例 环状的1,3–二烯与单重态氧反应时基本上只发生[4+2]反应得到内过氧化物。对于非环1,3–二烯，时常发生与[2+2]反应和ene反应的竞争；对[4+2]反应而言，非环1,3–二烯能否采取有利的顺反构型是决定反应活性的重要因素。由于氧是高度对称的分子，当反应预期为协同或高度同步的机制时，光氧化反应的潜在立体选择性很大程度上受底物结构的控制。内过氧化物立体异构体的形成会因空间位阻阻碍了氧从同面进攻而使选择性增加。

例如，3,3′,4,4′–四氢–1,10–二萘可以与单重态氧发生[4+2]反应生成顺/反两种立体构型的二氧杂环加成产物。

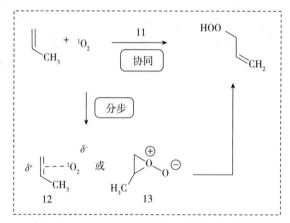

anti 70%　　　　　syn 15%

3. 单重态氧的ene反应

（1）反应定义及反应通式　ene反应，也被称为Alder-ene反应或烯反应，是一个带有烯丙基氢的烯烃和一个亲烯体之间发生的反应。单重态氧的ene反应即以$^1O_2$作为亲烯体进攻双键的末端碳原子，同时从烯丙基碳上夺取氢，使双键移位，产物为烯丙基氢过氧化物。反应通式如下：

（2）反应机制　ene光氧化反应主要涉及三种机制，包括：①协同机制（11）；②涉及激基复合物（12）机制和过氧化物（13）机制等（图4-11）。

图4-11　单重态氧ene反应可能的反应机制

（3）反应特点及应用实例　进攻烯烃双键的$^1O_2$与被提取的烯丙基氢要求在同面，且优先提取与烯烃双键 π 轨道处于平行位置的氢原子（同面选择性）。例如，7位重氢化的胆甾醇与$^1O_2$的氧化反应。β位的H或D优先被提取，即当进攻的$^1O_2$和R_β位的β-H或β-D处于同面时，则分别得到了保留91.5%H的氢过氧化物和95%D的氢过氧化物。

R_a	R_b	R_z	
D	H	91.5% H	8.5% D
H	D	95.0% D	5.0% H

$^1O_2$总是优先从烯烃空间位阻大的方向进攻不饱和碳原子并提取烯丙位氢原子（以连接在取代基多

的不饱和碳原子上为主产物）。例如，二氢青蒿酸在亚甲蓝存在下与单重态氧发生氧化反应得到过氧化二氢青蒿酸，后者被基态氧氧化生成抗疟药青蒿素，化学产率约为30%。

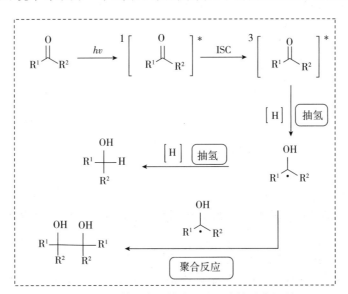

（二）光还原反应

光还原反应是指化合物在光照条件下发生的还原反应。主要包括羰基化合物、醌类和硝基化合物的还原。

1.羰基化合物的光还原反应

（1）反应定义及反应通式　基态羰基化合物吸收光能经过n→π*跃迁至激发态，在有氢原子供体存在时，容易发生氢的提取反应。反应通式如下：

（2）反应机制　基态羰基化合物吸收光能跃迁为激发态，激发态羰基化合物（如酮）从氢给体夺取氢形成自由基，随后从环境中夺取另一个氢原子形成醇或两个自由基重组形成二醇（图4-12）。

图4-12　羰基化合物的光还原反应的反应机制

（3）反应特点及应用实例　激发态的羰基化合物，尤其是芳香族酮容易通过羰基的氧从溶剂中夺取氢，从而进行光还原反应。例如，二苯酮的异丙醇溶液用300～350nm紫外光照射时，二苯酮吸收光能发生n→π*跃迁，异丙醇对光不吸收。在激发过程中，二苯酮氧原子上的一个n电子跃迁到π*轨道，首先形成单重态，然后经过系间窜越生成三重态。由于三重态具有较长的寿命，又有类似于烷氧基自由基的性质，可以夺取异丙醇的氢原子，得到稳定的自由基。然后该自由基从异丙醇中得到一个氢原子生成二苯甲醇，或者两分子的自由基偶合为苯片呐醇。

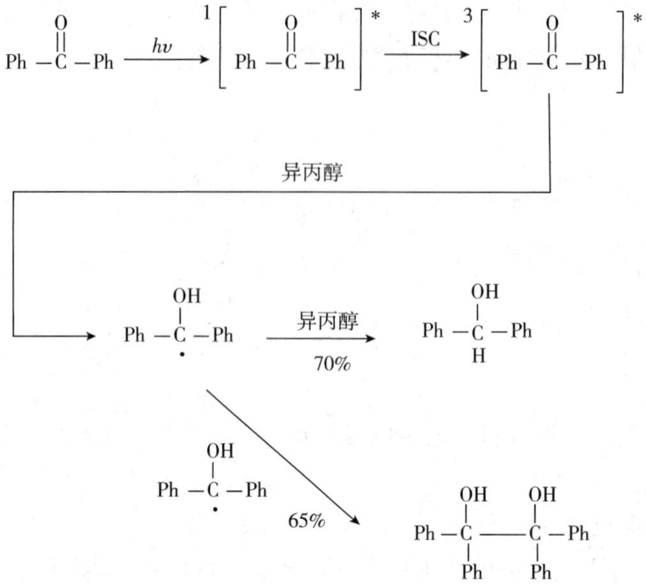

以离子液体1-丁基-3-甲基咪唑四氟硼酸盐[EMI(OTf)]为溶剂，在2-丁胺存在下光照2-甲氧基羰基二苯酮，可几乎以定量的化学产率得到2-[羟基（苯基）甲基]苯甲酸甲酯。

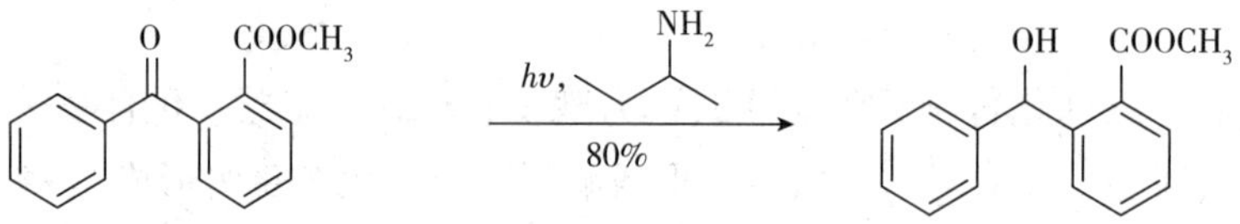

2.醌的光还原反应

（1）反应定义及反应通式　醌也能发生光还原反应，激发态醌从溶剂中夺取氢生成半醌自由基，然后两个半醌基歧化得到醌和对苯二酚。

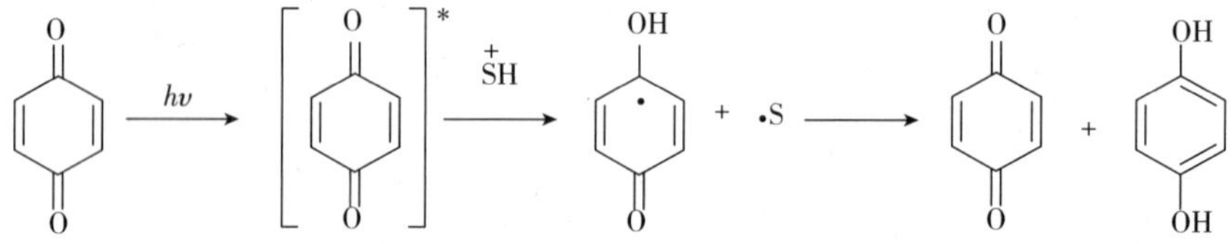

SH：质子性溶剂

（2）反应机制　该反应为自由基机制，可以经两步过程发生：先是从氢原子到醌电子转移形成离子自由基对，然后再发生质子转移完成加氢还原。

（3）反应特点及应用实例　用下面的反应实例说明反应的自由基机制，即9,10-菲醌在光照条件下跃迁至激发三重态，然后三重态的9,10-菲醌从醛中获得氢形成三重态自由基对，随后重组生成酰基产物。

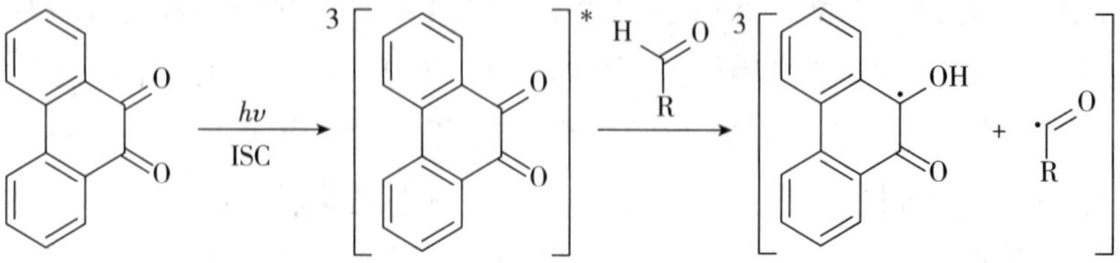

$$[\text{结构式}] \longrightarrow [\text{结构式}]$$

3. 硝基的光还原反应

（1）反应定义及反应通式 芳香硝基化合物在近 UV 区有强吸收，可有效地被光还原为芳胺。反应通式如下：

$$Ar\text{-}NO_2 \xrightarrow{h\nu,\ [H]} Ar\text{-}NH_2$$

（2）反应机制 在光照条件下，硝基苯发生 $n \rightarrow \pi^*$ 跃迁得到激发三重态。随后，三重态的硝基苯从氢供体中夺取两个氢原子后脱水生成亚硝基苯，继续夺取氢原子生成羟基苯胺。羟基苯胺是一种不稳定的中间产物，会进一步反应生成苯胺。

$$Ph\text{-}NO_2 \xrightarrow{h\nu} {}^3[Ph\text{-}NO_2]^* \xrightarrow{+2H,\ -H_2O} Ph\text{-}NO \xrightarrow{+2H} Ph\text{-}NHOH \xrightarrow{+2H,\ -H_2O} Ph\text{-}NH_2$$

（3）反应特点及应用实例 取代硝基苯在可见光照射下发生还原反应得到对应的苯胺，R 可以是氢和供电子基团（R=H、CH$_3$、OCH$_3$），也可以是吸电子基团（R=X、COCH$_3$）。在该反应中，异丙醇作为氢供体，CuCl$_2$ 作为催化剂，二苯酮作为光敏剂。

$$[\text{结构式}] \xrightarrow{h\nu/i\text{-}PrOH/CuCl_2/PhCOPh} [\text{结构式}]$$

R=-H, -CH$_3$, -OCH$_3$, -Cl, -COCH$_3$

（三）光环加成反应

光环加成反应是指在光照条件下，两个共轭体系互相结合生成一个环状化合物的反应。按反应机制可分为协同光加成和非协同光加成，协同光加成是 π 电子体系间的加成环化，由反应物一步转化为产物；而非协同光加成反应是阶段式加成环化反应，需要经过双自由基中间体。其中协同加成环化是 Woodward 和 Hoffmann 于 1965 年提出的，故又称为 Woodward–Hoffmann 规则。

1. 烯烃（炔烃）的光环加成反应

（1）反应定义及反应通式 烯烃（炔烃）光诱导[2+2]环加成形成环丁烷（环丁烯）衍生物。反应通式如下：

$$\| + \| \xrightarrow{h\nu} \square$$

（2）反应机制 根据 Woodward–Hoffmann 轨道对称性规则，不饱和底物分子经光直接激发后由基态（S$_0$）跃迁到激发单重态 S$_1$，随后与另一个底物分子通过协同加成方式发生环加成反应，经过反应两个 π 键变为 σ 键，同时形成两个新的 σ 键，生成对应的[2+2]光环合产物。此外，还可以经过非协同光加成反应完成，该过程通常涉及缺电子与富电子烯烃间形成的激基缔合物或 1,4-双自由基中间体（图 4-13）。需要注意的是，简单烯烃的激发单重态系间窜越效率很低，因此，三重态环加成不能够直接激发，通常需要在敏化剂的作用下将激发单重态转化为三重态。

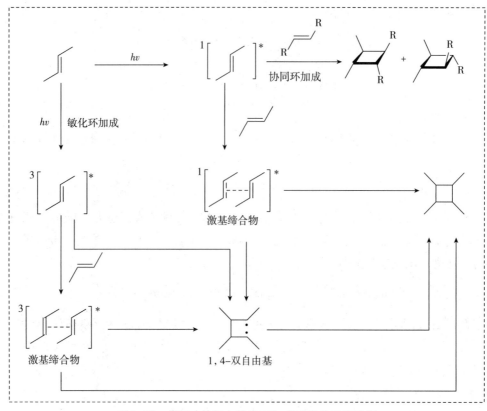

图4-13　烯烃（炔烃）的光环加成反应的反应机制

（3）反应特点及应用实例　许多取代共轭二烯的稀溶液被光激发，生成相应的环丁烯衍生物也是最重要的光环化反应之一。例如，2,3-二甲基-1,3-丁二烯在惰性溶剂中经光激发，生成了1,2-二甲基环丁烯，该反应收率为71%。

二苯炔与1,4-环己二烯在254nm紫外光照射条件下，生成[2+2]光环加成反应产物。

[2+2]环加成反应是合成环蕃化合物的优选方法。例如，在干燥苯中光照市售m-二乙烯基苯生成环丁烷类化合物，其进一步以低化学产率（<10%）缓慢光环化为异构体环蕃。

(55%)　　　　(28%)　　　　(17%)

2. α, β- 不饱和酮（烯酮）的光环加成反应

（1）反应定义及反应通式　激发态 α, β- 不饱和羰基化合物（烯酮）和烯烃发生[2+2]光环加成反应生成环丁烷类化合物。反应通式如下：

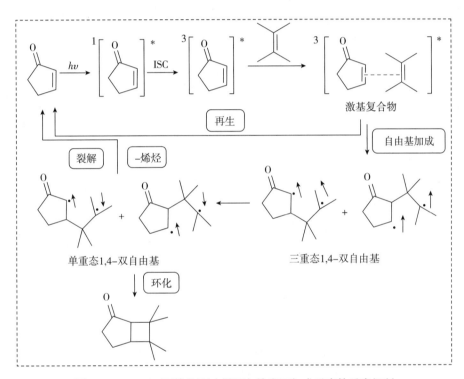

（2）反应机制　α, β- 不饱和羰基化合物在光照条件下跃迁至激发单重态S_1，再经过系间窜越迅速生成相应的激发三重态，然后激发三重态与基态烯烃形成激基复合物，激基复合物衰减为一个或多个三重态1,4-双自由基物种的异构体，或通过Grob裂解重新生成起始材料，三重态双自由基须经系间窜越到单重态双自由基环化形成产物，或最终回复到基态反应物（图4-14）。

图4-14　α, β- 不饱和酮（烯酮）的光环加成反应的反应机制

（3）反应特点及应用实例　当烯烃为不对称结构时，则可能导致不同的反应中间体自由基，从而获得不同的反应产物。环状烯酮–烯烃分子间光环化反应中的立体选择性取决于环化为产物和经单重态1,4-双自由基裂解回到起始原料效率的不同。

例如，环戊烯酮与乙基乙烯基醚发生光环加成反应生成两种双环产物：HT（head-tail）和HH（head-head）两种构型加成物，总产率为96%，二者比例约为5∶1。HT和HH两种构型产生1,4-双自由基的比例是相等的，但是HT双自由基的环化比其裂解更高效。

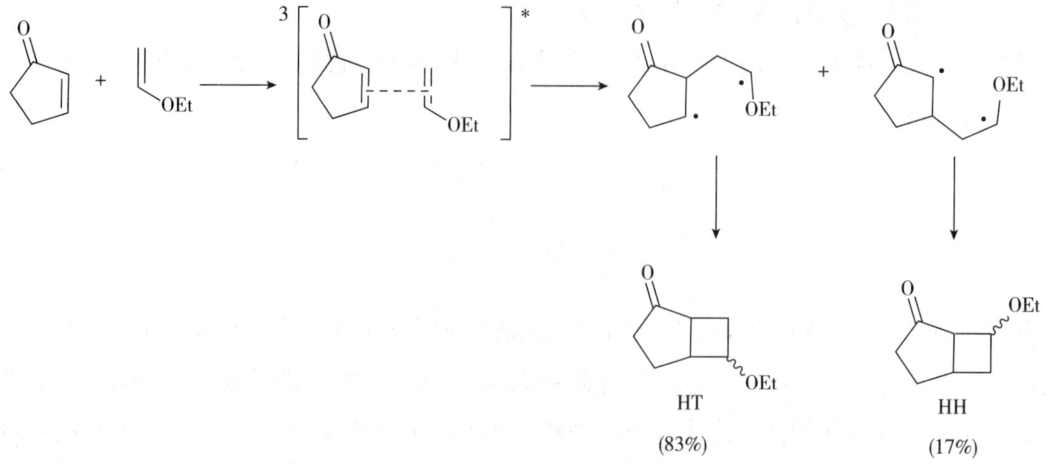

HT
(83%)

HH
(17%)

N-甲基邻苯二甲酰亚胺（NMP）可发生分子内环加成反应，NMP与烯烃反应的主要影响因素是烯烃的结构和氧化电位，主要反应方式是烯键C=C插入酰亚胺部分C(O)—N键之间发生分子内[2+2]环加成而环化，扩环生成苯并氮杂草二酮类化合物。

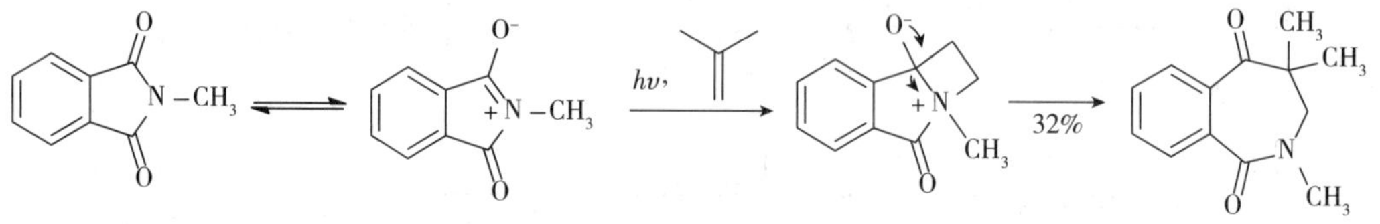

3. 芳烃的光环加成反应

（1）反应定义及反应通式　苯的光环加成反应可作为典型反应。烯烃与激发态苯的光环加成反应可分为三个基本类型：①邻位光环加成（[2+2]光环加成）生成二环[4,2,0]辛-2,4-二烯；②间位光环加成（[3+2]光环加成）生成三环$[3,3,0,0^{2,8}]$辛-3-烯；③对位光环加成（[4+2]光环加成）生成二环[2,2,2]辛-2,5-二烯。

反应通式如下：

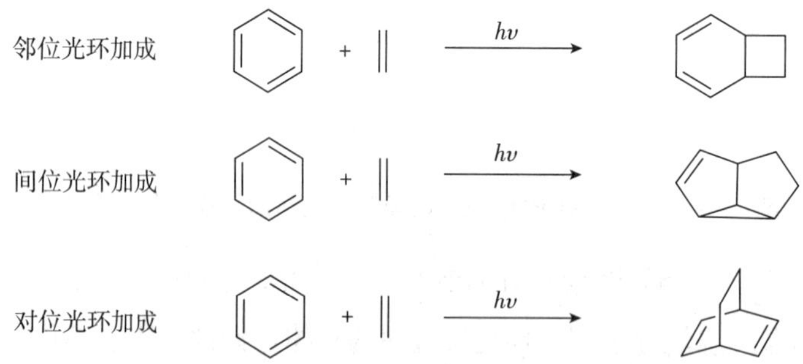

（2）反应机制　芳烃的光环加成机制以及后续反应的选择性可能因为起始原料结构和反应条件有明显不同。通常情况下，激发态芳烃和基态烯烃间可经初始极化形成激基复合物发生反应。

[2+2]光环加成反应通常经双自由基中间体进行。[3+2]光环加成通常涉及基态烯烃和电子给体取代的苯衍生物的S_1激发态，通常经激基复合物中间体进行。反应是经邻位还是间位环加成取决于反应物电子给体-受体的性质，以及反应物取代基的位置和特征。此外，[4+2]光环加成（光Diels-Alder环加成）反应较为罕见。

（3）反应特点及应用实例　在邻位光环加成时，当芳香基团带有给电子取代基以及烯烃带有吸电子取代基时，通常是有利于反应的。例如苯甲醚与2-丁烯腈（巴豆腈）发生光环加成反应，生成桥环化合物。

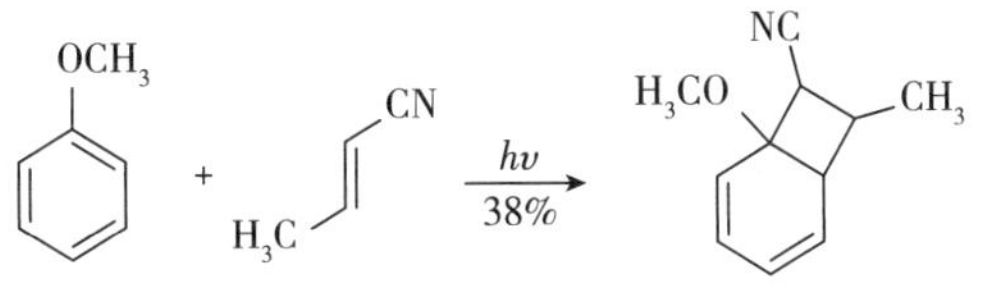

间位光环加成通常涉及给电子基取代的苯衍生物和烯烃，反应通常产生多种区域异构体和立体异构体。例如，光解苯甲醚和1,3-二氧杂环戊烯的混合物以约50%的中等化学产率生成exo-和endo-两个立体异构体。

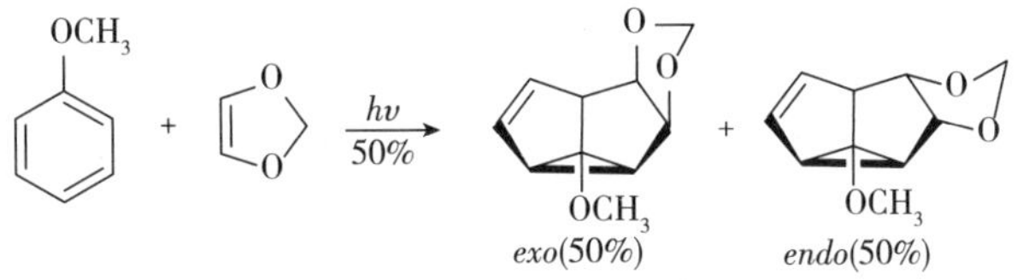

对位光环加成较罕见，富马酸(-)-甲基9-蒽甲基酯在光的照射下发生不对称分子内环化以56%的非对映过量（de值）生成桥环化合物是一个例子。

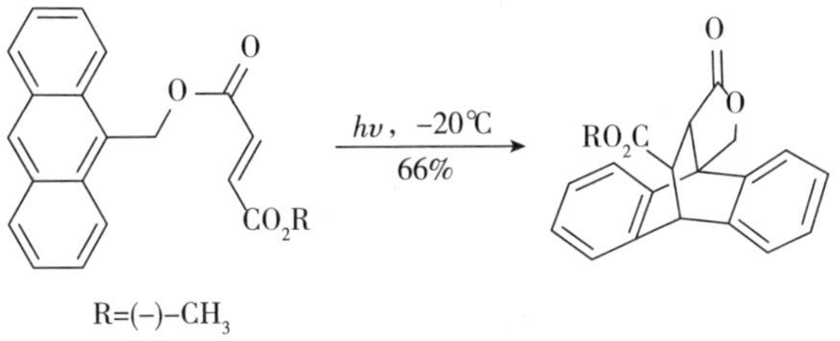

R=(-)-CH₃

（四）光亲核取代反应

1.芳香化合物的光亲核取代反应

（1）反应定义及反应通式 芳香化合物的亲电取代反应通常发生在基态芳香化合物中，而亲核取代反应是激发态芳香化合物最常见的取代反应（通常表示为S_NAr^*，其中S表示取代，N表示亲核，Ar^*表示激发态芳香化合物）。S_NAr^*反应中典型的芳香底物带有好的离去基团（X），如芳香重氮盐、卤代芳烃、烷基取代芳烃或芳基磺酸酯、芳腈或烷氧基/芳氧基芳烃等，与甲醇、烯烃等亲核试剂（Y）发生反应。反应通式如下：

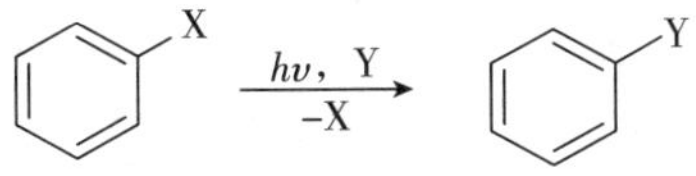

（2）反应机制 ①单分子亲核光取代（S_N1Ar^*）原理：离去基团（X）从激发态异裂离去，形成相对不稳定的芳基阳离子，其随后被亲核试剂进攻；笼内离子对也可通过初始碳-卤光诱导均裂以及后续的电子转移过程形成（C—X均裂）；②双分子亲核光取代（S_N2Ar^*）原理：光取代反应也可以通过亲核试剂直接进攻芳香分子的单重态或激发三重态进行，形成σ-复合物；③芳香自由基光取代（$S_{R-N}1Ar^*$）原理：为形成可释放离去基团的阴离子自由基中间体，在好的电子给体（亲核试剂）存在下光照芳香化合物，有可能促进电子给体与芳香底物间的电子转移（图4-15）。

（3）反应特点及应用实例 碳-卤光诱导均裂及后续的电子转移过程可形成笼内离子对，例如，氯苯在水溶液中发生光化学反应转化为苯酚的过程。由于氢-氧键的解离能较高（$D_{O-H}=498kJ/mol$），氢原子不能从水中夺取，但介电常数较高的溶剂可促进笼内电子转移途径。

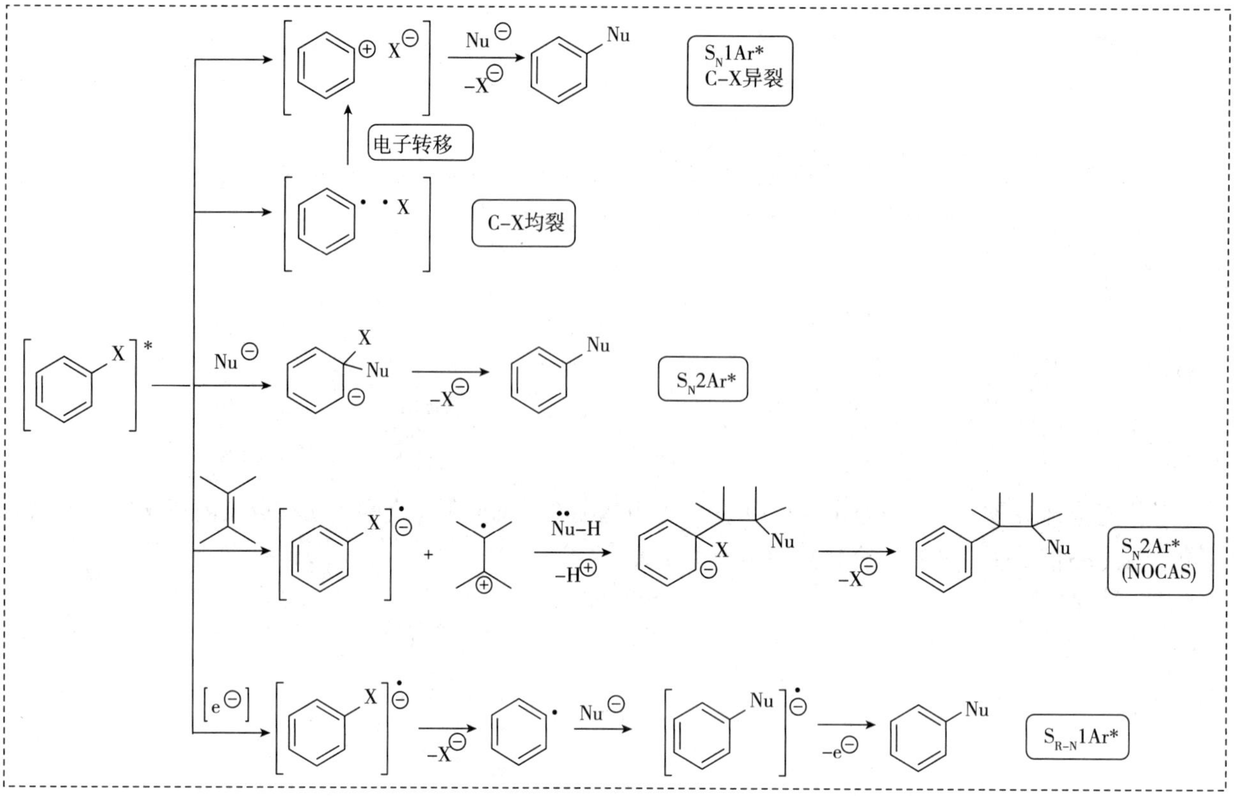

图4-15　芳香化合物的光亲核取代反应的反应机制

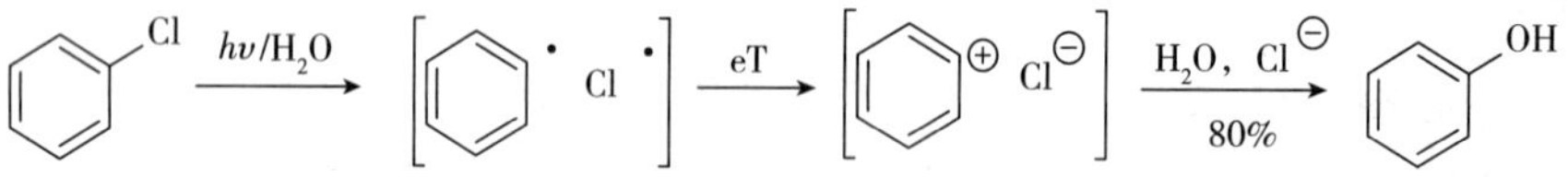

在含有氰离子的乙腈水溶液中发生六氯苯的多重态氰化反应生成五氰基苯酚盐，该反应涉及三重态历程，经S_N2Ar^*机制进行。

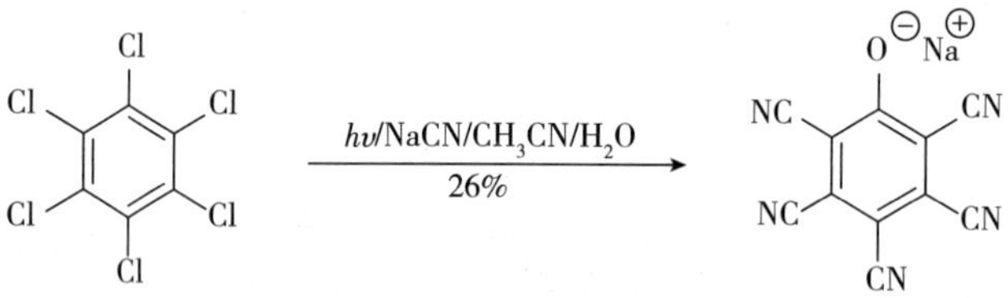

亲核试剂直接进攻芳香分子的单重态或激发三重态形成 σ-复合物的反应涉及三种反应物的区域选择性关联作用：芳香电子受体（通常为芳香腈），电子给体（烯烃，作为 π-亲核试剂）和"助"亲核试剂（如甲醇）。例如，激发1,4-二氰基苯到其最低激发单重态，促进了与2,3-二甲基-2-丁烯间的电子转移，生成接触离子自由基对；烯烃自由基阳离子随后被甲醇进攻，去质子化后形成相应的 β-甲氧基自由基。自由基本身加成到1,4-二氰基苯自由基阴离子位置，形成 σ-复合物，最终生成的对位取代苯甲腈的化学产率为17%。

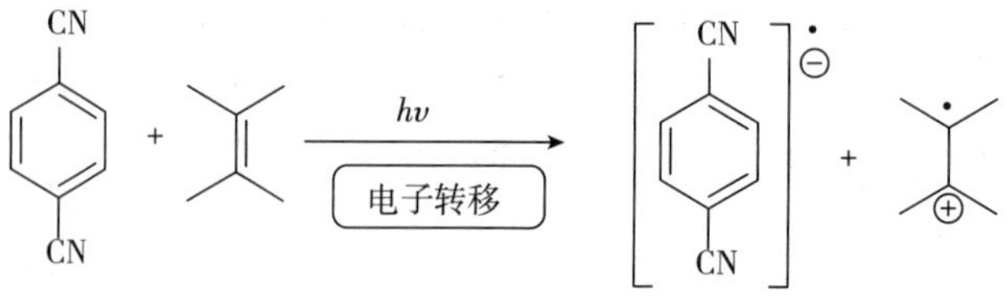

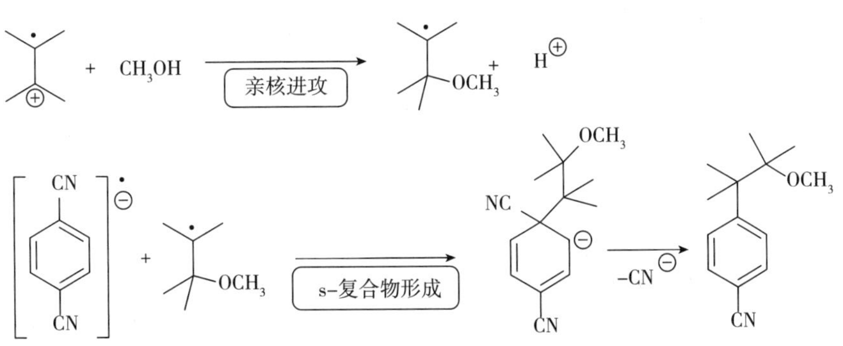

收率=17%

碘代苯和供电子体（如烯醇丙酮）在光诱导下，通过$S_{R-N}1Ar^*$机制以88%化学产率生成产物苯基丙酮。反应第一步形成的自由基阴离子不稳定，迅速释放出卤素离子，生成的苯自由基与烯醇负离子（作为亲核试剂）偶合形成自由基阴离子，随后转化为产物。

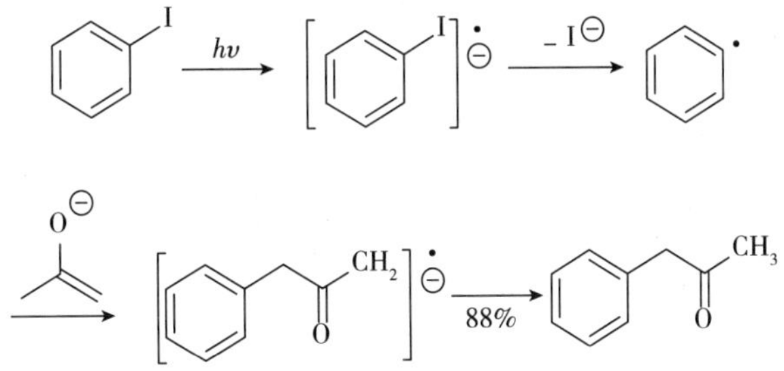

（五）其他光化学反应

1. 光异构化：E–Z异构化 光照通常会导致烯烃发生顺反异构化反应引起顺反异构体的互变。

（1）烯烃的E–Z光异构化

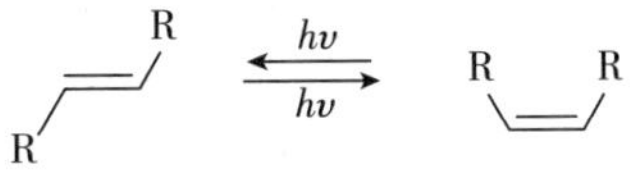

光照下，二苯基乙烯发生E–Z光异构化，其中顺式异构体比反式异构体在紫外吸收光谱的较短波长处吸收。

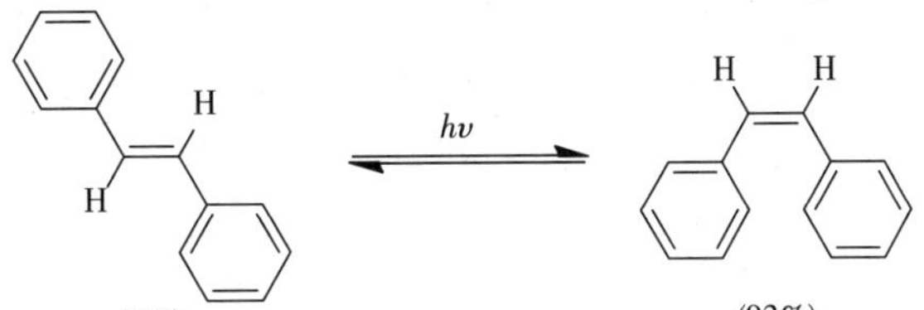

(7%)　　　　　　　　　　　　　　　　(93%)

反式在294nm处吸收　　　　　　　　　顺式在278nm处吸收

（2）偶氮化合物的E–Z光异构化 与烯烃类似，含N＝N（偶氮化合物）结构的发色团也可进行E–Z光异构化反应。

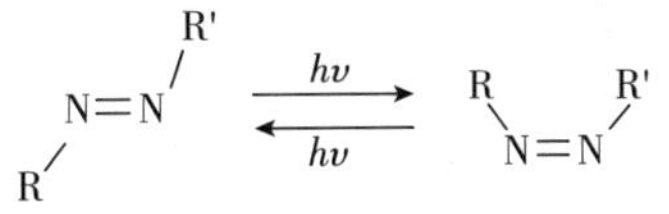

偶氮苯分子可以在光照下发生顺反异构化，在360nm的光照射下可由反式转化为顺式，在450nm的光照射下可发生由顺式到反式的结构变化。偶氮苯光异构化的两种机制：①氮–氮双键受激发后具有单

键的性质，然后进行旋转达到异构化的目的；②氮–碳单键的反转实现异构化。

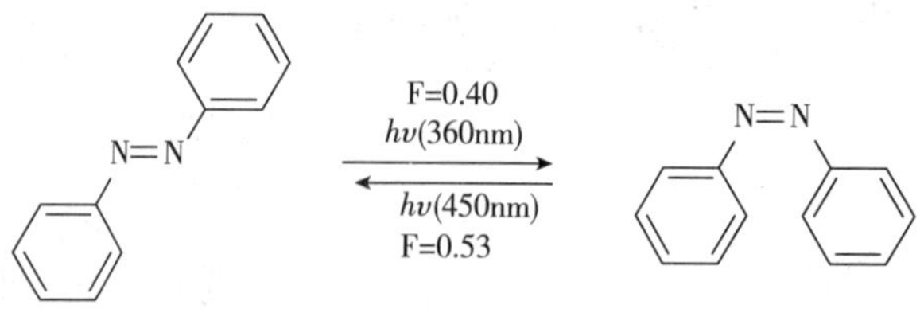

2. 光–Fries重排反应 即苯基酯的光转位反应。在光照条件下，羧酸苯基酯中的苯酰基转移到邻位和对位上，同时生成苯酚。例如，乙酸苯酯的光–Fries重排反应。在激发单重态酯键发生均裂生成自由基对，随后苯氧基自由基从氢原子给体（[H]）中夺取氢生成苯酚，而自由基对在笼内重组生成2–羟基苯乙酮或4–羟基苯乙酮（0.1mol/L的乙醇为反应溶剂）。

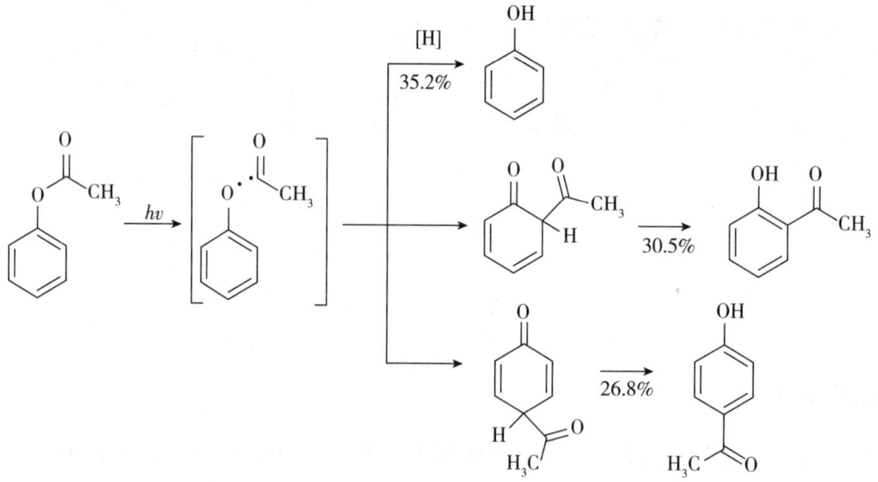

3. 羰基化合物的Norrish Ⅰ型反应和Norrish Ⅱ型反应

（1）Norrish Ⅰ型反应（α–断裂） 羰基化合物的Norrish Ⅰ型反应常伴随着α键的断裂，是激发态酮最为常见的反应之一。

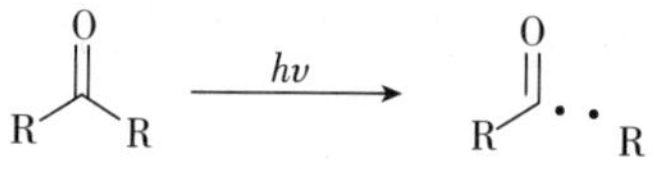

在激发态羰基化合物中，邻接羰基的C—C键是最弱的，因此断裂常在此处发生得到酰基和烃基游离基，然后再进一步发生后续反应。例如，环戊酮在光照条件下，与羰基相连的α键首先断裂得到酰基和烃基自由基，然后酰基自由基从烃基自由基夺取氢而形成醛和烯；或脱掉羰基得到一氧化碳和环丁烷；或烃基自由基夺取α–氢而形成烯酮和烷烃，若体系中有亲核试剂（如水或醇）的存在，可与烯酮发生反应得到羧酸或酯类衍生物。

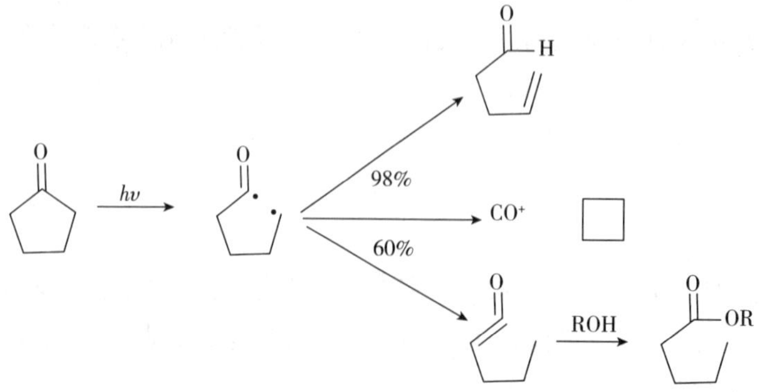

（2）Norrish Ⅱ型反应（分子内氢迁移）　即有 γ–氢的羰基化合物的光解反应。很多带有 γ–氢的烷基酮发生光诱导分子内1,5–氢迁移形成1,4–双自由基。

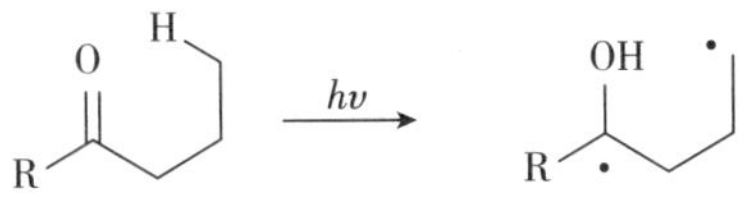

当羰基的 γ 位有氢时，在分子内部从羰基的 γ 位置夺取氢形成有羟基的自由基，然后分子在 α, β 处发生键的断裂，生成小分子的酮和烯，或分子偶联成环。例如，在光照条件下，酮由基态跃迁至激发态，然后从羰基的 γ–位夺取氢形成1,4–双自由基，之后分子可以从 α, β 处发生断裂，生成小分子的酮和烯，也可以经过环化形成环醇。

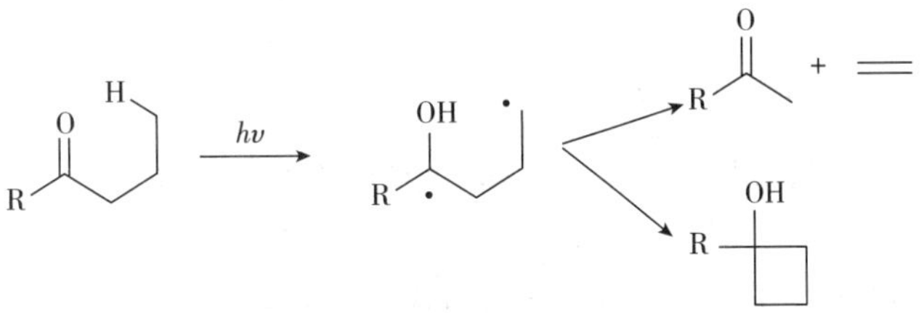

第三节　光化学合成技术在药物研究中的应用及发展前景

一、光化学合成技术在药物研究中的应用案例及解析

（一）应用案例一——连续光催化Favorskii重排合成布洛芬

药物关键步骤的连续化合成应用的越来越广泛，连续化的合成方式在产品质量、工艺可控、生产安全等方面具有明显的优势。光化学与连续反应技术的结合，可以让光化学走出实验室真正应用到药物规模化放大生产中。

布洛芬（ibuprofen）是一种用于缓解疼痛、发烧和炎症的非甾体类抗炎药。自1960年开发出布洛芬以来，已有许多关于其合成路线的报道，包括两种称为McQuade路线和Jamison路线的连续流合成方式。虽然这两种合成方式加快了布洛芬的合成速度，但一些关键步骤的改进和新合成方式的探索仍在继续。2016年，Baumann等人发明了一种光化学连续反应器，成功实现了 α–氯代苯丙酮类化合物的连续光催化Favorskii重排反应，得到布洛芬。

异丁基苯（14）首先发生傅克酰基化反应得到中间体15，然后15经过连续光催化合成布洛芬，合成路线如图4-16所示。选择丙酮/水体系（90：10，vol：vol）作为溶剂可以促进重排得到的螺环中间体转化为布洛芬中的羧酸结构，也可以向溶剂体系中加入少量的丙烯氧化物作为辅助以促进盐酸的生成。在这些条件的基础上，通过对反应温度、停留时间和光源过滤器的考察，发现当丙烯氧化物的浓度为0.1%（vol%），反应温度控制在65℃，停留时间为20分钟，流速为2.52mmol/h时条件最佳，随后，在连续光催化反应器中将得到的反应液经蒸馏、酸化、正己烷萃取、脱溶，以76%的分离收率制得白色布洛芬固体。

Baumann等人通过光催化连续Favorskii重排反应成功地利用 α–氯代苯丙酮类原料合成出布洛芬，并通过优化设计得到了更高效的合成工艺参数，可以提高布洛芬规模化放大生产的能力。

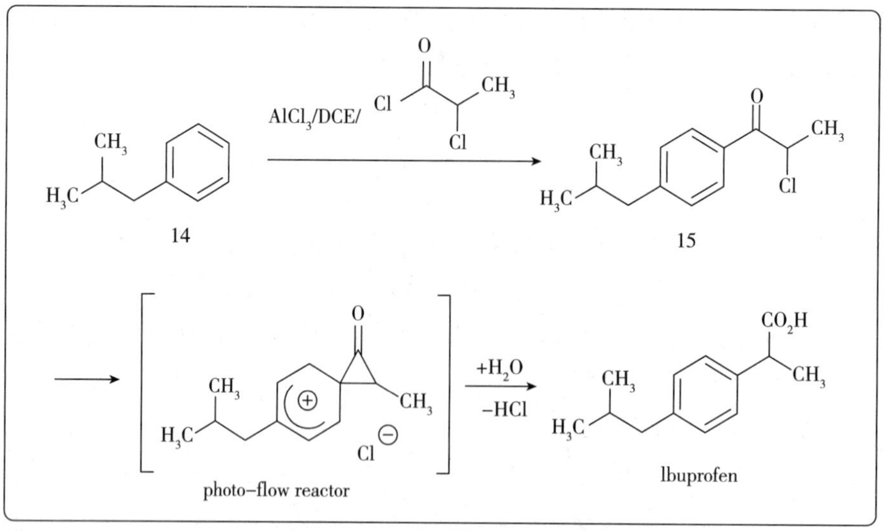

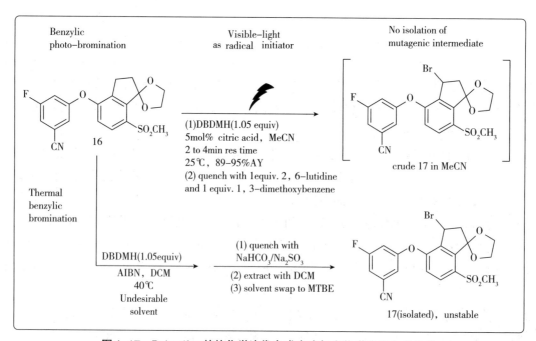

图4-16　光催化Favorskii重排合成布洛芬反应路线

（二）应用案例二——连续光化学合成技术应用于Belzutifan的产业化

Belzutifan（MK-6482，17）是2021年8月获FDA批准上市的一款口服小分子缺氧诱导因子-2α（HIF-2α）抑制剂，可用于治疗肾细胞癌、胰腺神经内分泌瘤或中枢神经系统血管母细胞瘤。

MK-6482合成路线中最初的溴代工艺是以二氯甲烷作为溶剂，二溴海因（1,3-dibromo-5,5-dimethylhydantoin，DBDMH）作为溴代试剂和偶氮二异丁腈（azobisisobutyronitrile，AIBN）作为引发剂，通过加热引发自由基反应（图4-17）。这种热化学反应的反应温度需要40℃，达到了溶剂二氯甲烷的沸点，一旦引发会出现剧烈放热，导致反应失控，在放大生产中存在明显的安全隐患。同时，消旋状态的中间体17在反应液中不稳定，会继续生成二溴杂质，且分离出的17长期稳定性也比较差。因此，出于对药品规模化生产的考虑，需要重新设计出一条安全、绿色且稳定的工艺路线。

图4-17　Belzutifan的热化学溴代合成方式与光化学溴代合成方式

　　由于DBDMH具有光敏性特征，研究人员尝试使用光作为自由基引发剂在室温条件下以乙腈为溶剂激发DBDMH和底物16的自由基反应，顺利得到了目标溴代产物17（图4-17）。为了缩小光程并精确控制光照时间，研究人员考虑利用平推流连续反应器（plug flow reactor，PFR）来进一步放大这种光化学过程，结果表明，PFR能在较短停留时间内实现底物16的完全转化同时可以有效控制二溴杂质。此外，采用乙腈作为溶剂，能成功实现溴代反应与后续步骤的连投。确定方案的可行性后，继续对工艺路线进行优化，使工艺的稳定性与效率得到显著提升。基于上述实验结果，研究人员最终决定采用连续光溴代工艺进行MK-6482的商业化生产，并实现了较高的产能。

　　相比传统的自由基热引发溴代工艺，光化学工艺避免了偶氮自由基引发剂的使用，以及加热引发条件，在实现高转化率的前提下最大限度地控制杂质产生；通过新型连续光反应器的应用突破了光化学反应的产能瓶颈，实现了溴代反应的安全、绿色商业化生产。

（三）应用案例三——新型抗癌药物Ceralasertib的光催化合成工艺开发

　　Ceralasertib（AZD6378，18）是一款具有口服活性的ATR激酶抑制剂，可作为多种癌症的治疗药物，目前正在进行临床Ⅰ/Ⅱ期试验。

　　Ceralasertib的原始合成需要进行9步反应，通过分析发现，若采用传统Minisci反应将中间体酸19一步转化为中间体嘧啶20，可将合成路线缩短3步，进而大大提高合成效率［图4-18（a）］，但Minisci反应收率仅为11%。

　　光化学反应因更符合绿色化学的要求近年来受到了很大的关注，因此基于光催化的Minisci反应也被成功开发。首先，研究人员将中间体19转化为活性酯21；然后在450nm的蓝光下成功将21转化为中间体20，产率为25%。为了提高产率，研究人员对连续光反应条件进行了探索。最终确定的最佳反应条件为：2.5当量的2.4-二氯嘧啶、25 Vol. DMSO、1 mol% 3DPA2FBN、蓝光的停留时间为33分钟，从而将产率成功地从25%提高到了58%［图4-18（b）］。

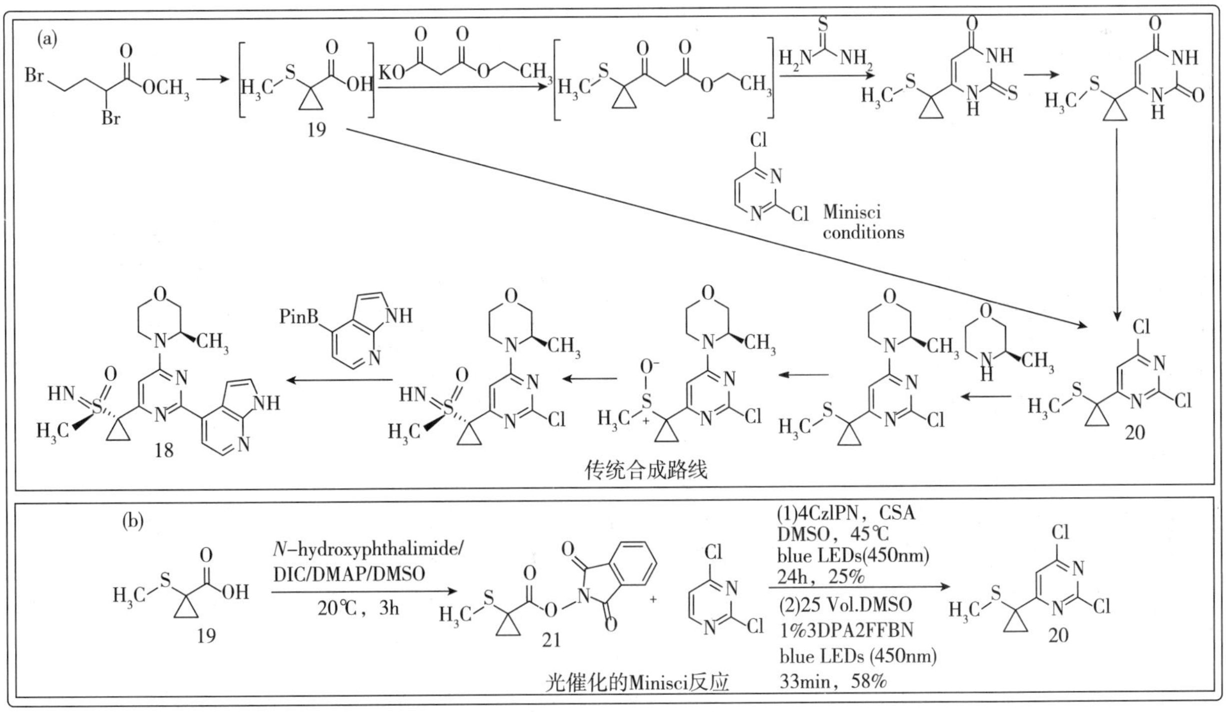

图4-18　Ceralasertib合成工艺

（a）抗癌药物Ceralasertib的传统合成路线；（b）光催化的Minisci反应在Ceralasertib关键中间体合成中的应用

此次工艺开发使用光催化的Minisci反应策略，成功缩短了新型肿瘤药物Ceralasertib的合成路线，并通过系统地优化提高了产率日产量可达到6.6 kg，为Ceralasertib的工业化生产提供了有力的保障。

（四）应用案例四——光驱动的苯胺合成方法在药物研发中的应用

苯胺类化合物在有机合成、药物研发及农用化学品领域发挥着重要的作用。传统在工业上合成苯胺，主要是利用苯环硝基化–还原的串联过程。但是要将胺基选择性引入官能化芳香化合物上的特定位置时，主要是利用金属催化的交叉偶联反应，但是这些反应往往需要使用预先官能团化的底物。另外，氮自由基对芳环进行加成也是合成苯胺的一种方法，但由于氮自由基是缺电子自由基，只能和富电子芳环发生反应，并且往往得到对位取代的产物，限制了自由基方法的应用。针对以上方法存在的问题，研究者提出利用光来诱导电子转移的方式，以环己酮和胺为原料，通过光氧化还原和脱氢化反应实现了多种苯胺的合成。在经过一系列条件摸索后，发现环己酮和胺在[Ir(dtbbpy)(ppy)$_2$]PF$_6$作为光敏剂、Co(dmgH)$_2$(DMAP)Cl作为脱氢催化剂、AcOH作为Brönsted酸添加剂、三亚乙基二胺（DABCO）作为碱、CH$_3$CN作为溶剂于蓝光照射下反应，可以高产率生成目标产物苯胺。为了验证该反应的实用性，将其应用到一系列药物分子的合成中。例如，仅需两步就能合成抗抑郁药伏硫西汀（vortioxetine）和静脉局部麻醉剂丁卡因（tetracaine），大大简化了合成步骤。另外，血管扩张剂苯酚胺（phentolamine）和强心药维那利酮（vesnarinone）仅需三步便能以克级规模制备，而先前的制备方法则需要多步合成（图4-19）。可见，这种光驱动的苯胺合成新方法，克服了传统金属偶联和自由基加成反应存在的位置选择性难题，能高效地合成指定位置的取代苯胺。同时，该方法能兼容各种不同的杂环和官能团，具有极广泛的底物适用范围。

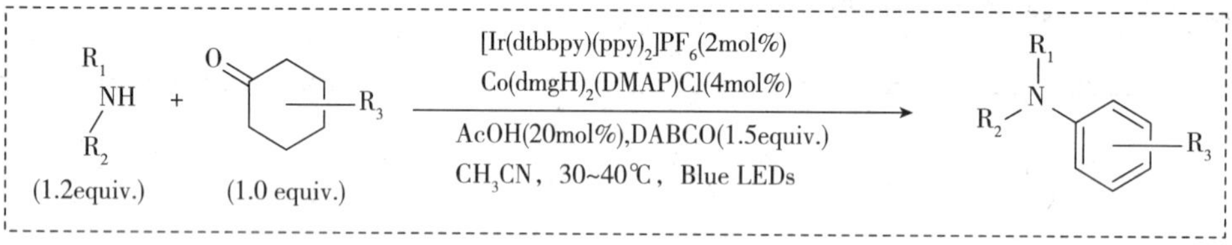

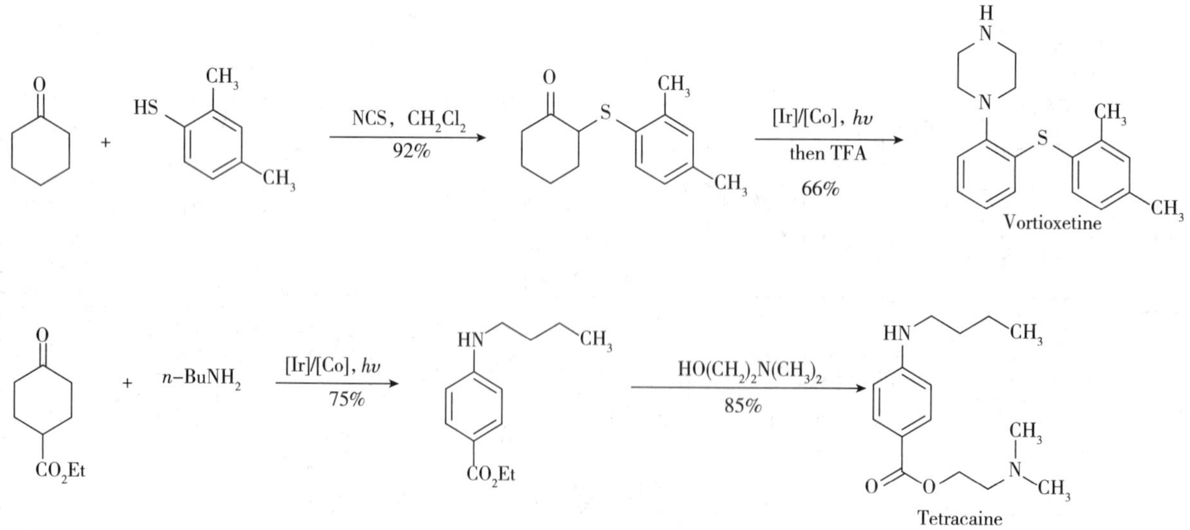

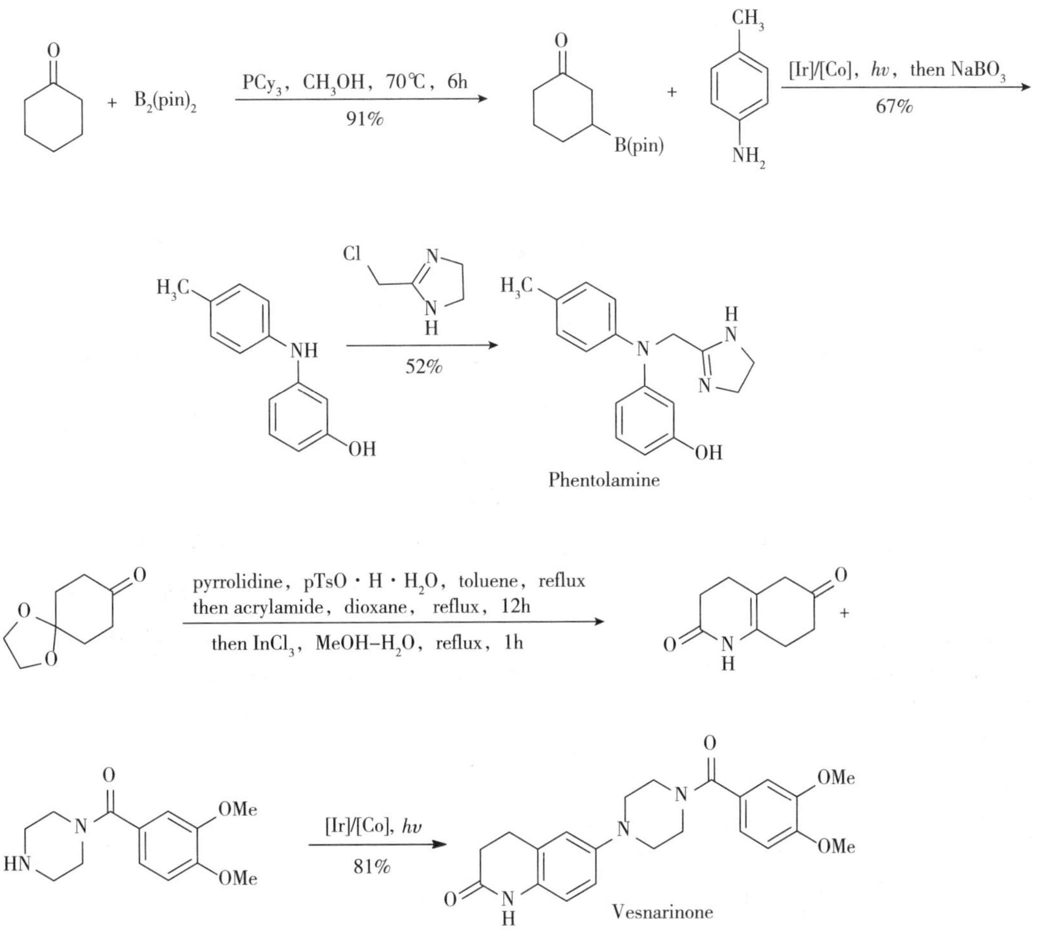

图4-19 光驱动的苯胺合成方法及其在药物合成中的应用

二、光化学技术在药物合成中的发展前景

有机光化学反应具有操作简单、成本可控、效率高、环保等优点，其独特的反应机制可以实现热化学反应不能覆盖的反应类型，为构建特殊结构的有机分子提供了理论基础和实验方法，在药物合成领域发挥着举足轻重的作用，为创新型新药的研发提供可能。

近年来，随着各种新兴药物研发策略的发展，光化学技术在药物合成领域的应用也不断在丰富扩展。例如，为提高药物的选择性，研究者通过将耐光性保护基团（photoremovable protecting group，PPG）共价连接到生物活性分子上，从而阻断其生物活性，这种概念被称为"笼化"。在到达病灶部位后，可利用紫外线照射切割生物活性分子和PPG之间的共价键，导致母体生物活性分子的释放，实现了治疗疾病的时空可控性，减小了药物的毒副作用。偶氮苯作为一类经典的光开关分子，可在光的照射下发生顺反异构化。在药物分子中引入光开关结构，可通过光来调节药物的理化性质、活性和毒性等。

光动力疗法（photodynamic therapy，PDT）是预防和治疗肿瘤的一个有效手段，其中光敏剂是PDT的核心材料，决定其使用条件和治疗效率。因此合成高效、选择性高的光敏剂能够大大提高光动力疗法的安全性。相比于传统小分子药物，基于PROTAC（Proteolysis Targeting Chimeras）的蛋白降解剂有着独特的优势。为降低PROTACs的脱靶效应和毒副作用，研究人员提出了基于光控的PROTAC的设计理念。一种是在PROTAC分子中加入PPG，当用适当波长的光照射移除PPG即可使活性PROTACs释放导致靶蛋白降解，提高了蛋白降解的选择性。而光笼式PROTACs在本质上是不可逆的，只会开启蛋白质降解系统，不可能有条件地关闭它们。另一种含偶氮苯的PROTAC，可利用偶氮苯的光致顺反异构化性质，在必要时通过分别转换为活性或非活性状态来调控分子的功能。

总之，光化学合成技术与其他技术的结合，将会引领制药产业技术革新，使其更广泛地应用于药物合成与规模化放大生产中，促进新药研发的进程。

药知道

2-脱氧糖的糖基化合成法

糖链的合成是一项挑战性工作，发展高效的糖基化方法具有重要意义。2-脱氧糖是许多生物活性糖链的重要组成部分和必需结构单元。由于2-脱氧糖缺少C-2位取代基，其糖苷键的立体选择性构建颇具难度，亟待发展高效的合成方法和策略。北京大学药学院叶新山和熊德彩团队利用糖烯和糖基受体的分子间氢烷氧基化反应，发展了可见光驱动的立体选择性2-脱氧糖基化反应。该反应最快可在2分钟内完成，量子产率高达28.6%；具有反应快、收率高、立体选择性好、底物适用范围宽等优点。利用该糖基化反应，该团队完成了多个天然产物或药物分子的糖基化修饰，此外，还发展了"光糖基化-脱硅化"的迭代合成策略，实现了两个五糖中间化合物的克级规模制备，并进一步完成了目前人工合成最长2-脱氧聚糖（二十糖）的组装以及强心苷类药物地高辛的合成。该研究工作为2-脱氧糖的合成提供了有效化学工具，也为快速光反应的研究提供了范例。

❓ 思考

β-氨基酸是一类重要的结构单元，广泛存在于众多生物活性分子、药物分子和天然产物中。简述β-氨基酸衍生物的光化学合成方法，并举一例详细说明其底物范围、所用条件、可能的反应机制、反应特点及在药物合成中的应用实例。

目标检测

答案解析　本章小结

一、单选题

1. 光化学中涉及的光的波长范围是（　　）

　　A. 100~1000nm　　　　　B. 500~1000nm　　　　　C. 100~600nm　　　　　D. 300~900nm

2. 下列表述正确的是（　　）

　　A. 光化学中产生的活化分子的能量服从玻尔兹曼分布（吉布斯分布）

　　B. 热化学产生高能量的激发态分子，体系中分子能量的分布属于非平衡分布

　　C. 光化学反应（photochemical reaction）仅指物质在可见光照射下发生的化学反应

　　D. 光化学和热化学的主要区别在于激发态分子和基态分子的电子排列顺序不同

3. 下列表述错误的是（　　）

　　A. 光化学反应中所吸收的光能远远低于一般热化学反应所能获得的热量

　　B. 光化学中涉及的分子轨道类型有：未成键电子n轨道、成键电子π和σ轨道、反键电子π*和σ*轨道

　　C. 光化学反应的量子产率是指化学物种吸收光子后，所产生的光物理过程或光化学过程的相对效率

　　D. 光反应中，一定波长的光只能激发特定结构的分子

4.针对光反应的条件，下列叙述错误的是（　　）

　　A.含卤素的化合物对光不稳定，一般不作为光化学反应溶剂

　　B.投料量和反应体积不会影响光反应速率

　　C.反应过程中产生的游离基，在蒸馏时易爆，应进行蒸前预处理

　　D.由于氧分子是高效三重态淬灭剂，通常在光照反应前必须对溶液除氧

5.光化学反应中，激发态分子的寿命通常较短，其主要原因是（　　）

　　A.激发态分子能量过高，容易发生化学反应

　　B.激发态分子容易通过辐射或非辐射过程迅速返回基态

　　C.激发态分子在反应中容易被其他分子捕获

　　D.激发态分子在反应中容易被光子再次激发

二、多选题

1.光化学反应的优势主要有（　　）

　　A.反应条件温和，受温度影响较小

　　B.易于控制，适合分子中的某个特定位置的反应

　　C.相较传统化学，污染少

　　D.具有高度的立体选择性，不需要对基团进行特殊保护

2.一个电子由原来的分子轨道跃迁到更高能级的分子轨道，可能得跃迁方式有（　　）

　　A. $\sigma \rightarrow \sigma^*$ 跃迁　　　　B. $n \rightarrow \sigma^*$ 跃迁　　　　C. $\pi \rightarrow \pi^*$ 跃迁　　　　D. $\sigma \rightarrow \pi^*$ 跃迁

3.光化学反应的类型主要有（　　）

　　A.光氧化反应　　　　B.光还原反应　　　　C.光环加成反应　　　　D.光亲核取代反应

4.光化学反应在药物合成中的优势包括（　　）

　　A.反应条件温和，适合热敏感底物　　　　　　B.可以实现高选择性的化学反应

　　C.反应过程中不需要使用有毒的化学试剂　　　D.反应速度快，适合快速合成

5.在光化学反应中，常用的光源类型有（　　）

　　A.汞灯　　　　　　B.氙灯　　　　　　C.LED光源　　　　　　D.红外光源

三、简答题

1.请简述光催化有机合成化学反应的应用前景

2.光化学反应的类型有哪些？试举例说明。

3.近期，研究者开发了一种以 9H-嘌呤和非活化芳烃为原料，通过光催化合成9-芳基嘌呤的方法。该方法在室温空气中进行，使用可见光诱导的吖啶光催化剂，无需使用金属或外部氧化剂，具有很高的原子经济性。试分析以下反应的机制。

第五章　电化学合成技术

▶▶ **学习目标**

　　1.通过本章学习，掌握电化学合成技术的相关概念和基本定律，电化学合成技术的发展历程以及反应类型；熟悉电化学氧化、还原、偶联、取代、加成、聚合、环化等重要合成反应的条件、主要试剂及影响因素；了解典型分子、药物分子的电合成工艺路线，电合成新型绿色路线设计的基本原则。

　　2.具有分析目标分子电化学合成工艺设计与优化等问题的能力，能与相关领域的技术人员及时有效地沟通。

　　3.树立良好且可持续的大局观，坚持实事求是，培养良好的科学素养和探索精神。

第一节　概　述

一、电化学概念

（一）电化学体系的基本单元

1.基本概念　电化学（electrochemistry）是研究化学能与电能的相互转化及其有关现象和规律的自然科学。电化学反应涉及氧化和还原过程，但又不同于一般的氧化还原反应，最显著的差异在于可以通过调节外部电压或电流的方式方便地控制电化学反应的进程。随着科技的发展和各种检测手段、设备设施的不断进步，电化学作为一门历史悠久的学科正在焕发新的生命力，并正在现代化学工业和人类健康领域发挥越来越重要的作用。

2.电化学体系的组成　电化学反应过程必须在特定装置体系中进行，这种特定体系称为电化学反应体系，简称电化学体系。一般情况下，一个完整的电化学体系由电解质溶液、电极、外电路三部分组成。

（1）电解质溶液（第二类导体）　依靠离子运动传导电流的物质，即离子导体。电解质在适当的溶剂中离解成带相反电荷的正、负离子的现象称为电离，由此形成的溶液称为电解质溶液。电解质溶液可以是水溶液、有机溶液、熔融盐、固体电解质等。

（2）电极（第一类导体）　与电解质溶液接触的金属电极或其他导电材料，它们和反应物质进行电子交换并把电子转向外电路或从外电路获得电子，属于电子导体。

　　一般电化学体系分为两电极体系和三电极体系，其中以三电极体系的使用居多。三电极体系是由工作电极、对电极和参比电极组成的电化学体系（图5-1）。工作电极（working electrode，WE）表面是电化学反应发生的场所，因此，一般要求工作电极具有一定的稳定性，与溶剂或电解质组分不能发生任何化学反应，且电化学窗口宽（能在较大的电位区间工作），常用的材料一般为铂、金、汞、碳（玻璃碳、石墨、普通碳）、金属氧化物等。参比电极（reference electrode，RE）提供一个固定的电位值，其他电极电势以此为基础，确定电极–电势曲线中的峰电位、半波电位等。参比电极的选取标准是其能不受温度、时间和通过电流的影响，遵守能斯特（Nernst）方程，且参比电极内的电解液不与电解池中的电解液或相关物质反应。参比电极一般为标准氢电极（SHE）、甘汞电极（SCE）、Ag/AgCl电极、硫酸亚汞电极和氧化汞电极等。对电极（counter electrode，CE）与工作电极组成电流回路，且发生的氧化/还原反应类型与工作电极相反。对电极不能影响工作电极上的反应，并且对测量的数据不产生特征性影响，与工作电极相比应具有较大的表面积、较小的电阻，一般多使用铂丝、铂网等。

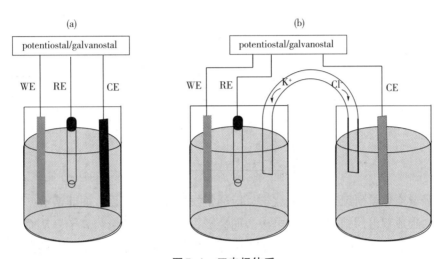

图5-1　三电极体系

（a）单槽电解池；（b）双槽电解池

两电极体系是由工作电极和对电极组成的电化学体系，一般分为隔膜电解池（divided cell）和无隔膜电解池（undivided cell）（图5-2）。两电极体系可用于下列情况。一种情况是以获取电池的电压降为目的，如电化学能源装置（电池、燃料电池、太阳能电池）；另一种情况是在反应过程中对电极的电位不漂移。通常出现在低电流或者相对较短的时间范围内，对电极的要求为保持较好的稳定性和重现性等。

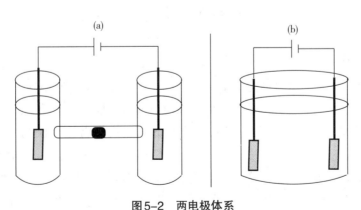

图5-2　两电极体系

（a）隔膜电解池（Divided cell）；（b）无隔膜电解池（Undivided cell）

（3）外电路（第一类导体）　联结两电极并保证电流在两电极间通过的金属导体，属于电子导体。在进行电能转变为化学能时，外电路还包括外电源。

（4）典型的电化学反应符号和反应式　典型符号如下。

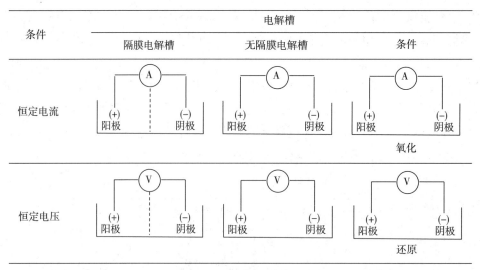

条件	电解槽		
	隔膜电解槽	无隔膜电解槽	条件
恒定电流			氧化
恒定电压			还原

反应式一般形式为：

$$原料 \xrightarrow[\text{conditions}]{Pt(+)|Pt(-),I=x\ mA} 产物$$

3.双电层与经典电化学研究方法 电化学反应通常发生在电极表面，而非溶液中。施加电压时，在电极与溶液之间会形成双电层结构，阳极电极表面会吸引高浓度的负电荷离子，从而在表面溶液中产生强电场。同时，这些负电荷离子又会从溶液中吸引带正电荷离子，在靠近溶液一侧会形成另一个较弱的电场。

为理性设计电催化反应路线和体系，需要对反应的机制进行研究，测定动力学和热力学参数。经典的电化学研究方法有循环伏安法、电位阶跃法、恒电流电解法、旋转圆盘电极法、旋转环盘电极法和交流阻抗法等。其中循环伏安法是电极电位随时间以恒定的变化速度在设定的电位之间循环扫描，记录得到电流随电极电位变化曲线，即循环伏安曲线，分析曲线的特征可以得到电极反应速率随固液界面反应能量连续变化的规律，可以用于推断复杂电极反应的过程和计算动力学参数。

二、电化学相关概念和基本定律

（一）法拉第电解定律

当电流通过导体的界面时，存在着电子的消耗与产生的问题。如果有电流在阴极与溶液间通过，则从外电路流入阴极的电子将会全部参加还原反应。在电流通过阳极与溶液的界面时，又将会有氧化反应的发生，供应外电路所需要的电子。因此，参加电化学反应的反应物及所形成的产物的质量与电极上通过的电量之间必然存在着一定的关系。法拉第归纳、分析了多次实验结果，于1833年总结提出了法拉第（Faraday）电解定律。它又分为两个子定律，即法拉第第一定律和法拉第第二定律。

法拉第第一定律：在电极–溶液界面上发生化学变化的质量与通入的电荷量成正比。

法拉第第二定律：通电于若干个电解池串联的线路中，当所取的基本粒子的荷电数相同时，在各个电极上发生反应的物质，其物质的量相同，析出的质量与其摩尔质量成正比。

人们把数值等于1mol元电荷的电量称为法拉第常数（F）。已知元电荷电量e为1.6022×10^{-19}C，

$$F = L \times e = 6.022 \times 10^{23} \times 1.6022 \times 10^{-19}C = 96484.6C/mol \approx 96500C/mol$$

式中，L为1mol包含的元电荷个数。

Faraday电解定律是电化学上最早的定量的基本定律，揭示了通入的电量与析出物质之间的定量关系。该定律的使用无限制条件，温度、压力、电解质溶液的组成与浓度、溶剂的性质、电极与电解槽的材料和形状等各类因素都对该定律没有影响。

（二）法拉第效率

在实践中通常会出现形式上违反法拉第定律的现象，这是因为在电化学反应中一般会有副产物的生成。对于目标产物来说，存在着效率问题，因此提出了法拉第效率的概念。法拉第效率，又称电流效率，用来表示用于主反应的电量在总电量中所占的百分数，即实际目标产物与理论目标产物的百分比，其大小受温度、电解质浓度、施加电压、溶液酸度以及电极材料纯度等因素影响。通常可将法拉第效率定义如下：

$$\text{法拉第效率} = \frac{\text{当一定电量通过时，在电极上实际获得的产物质量}}{\text{同一定电量通过时，根据法拉第一律应获得的产物质量}} \times 100\% = \frac{mn\text{F}}{It} \times 100\%$$

式中，m为目标产物的实际摩尔数；n为反应电子数；F为法拉第常数，即1mol电子所含的电量；I为电流；t为时间；It为理论电量；mnF为实际电量。

由于在电解槽中两个电极上进行的反应不同，故两个电极上的电流效率也不同，根据阴极产物计算的电流效率叫作阴极电流效率，根据阳极产物计算的电流效率叫作阳极电流效率。一般情况下，电流效率均小于100%。电流效率低于100%的原因是发生副反应（例如电解锌离子生产金属锌时的析氢反应）和二次反应（例如阳极产生的氯气溶解在电解液中形成次氯酸盐）的发生，同时，电流空耗（漏电、金属离子不完全放电、熔盐电解时存在电子导电）和机械作用导致的能量损失也对体系存在一定的影响作用。还会存在电流效率大于100%的情况，这种情况主要是由存在电化学反应以外的原因引起的，例如阳极金属的化学溶解。

（三）平衡电极电位与能斯特公式

1.能斯特公式 任何电极无论可逆或者不可逆，或者是否建立了稳定的电荷分布，都可以与标准氢电极（SHE）组成一个电池，并可测量出电池的电压，根据电池电压V与正极电位和负极电位的关系式$V=E_+-E_-$，计算出其电极电位值。但只有可逆电极才有可能建立电极反应平衡，在溶液和电极金属相接触的界面两侧建立起动态平衡，金属离子的量不随时间而发生改变，电荷总量也不随时间而改变，达到了物质平衡与电荷平衡状态，此时电极电位值称为平衡电极电位。

离子活度（a）是指电解质溶液中参与电化学反应的离子的有效浓度。离子活度a和浓度c之间存在着一定的定量关系，其表达式为：

$$a = \gamma c$$

式中，a为第i种离子的活度；γ为第i种离子的活度系数；c为第i种离子的浓度。γ通常小于1，当溶液无限稀释时离子间的相互作用趋近于零，此时活度系数趋近1，活度等于溶液的实际浓度。

19世纪80年代，能斯特（Nernst）从理论上建立了平衡电极电位与离子活度（有效浓度）之间的关系。

$$E_{eq} = E^0 + 2.303 \frac{RT}{n\text{F}} \lg a$$

电化学中称之为能斯特电极电位公式，简称能斯特公式。式中E_{eq}为平衡电极电位，E^0为常数，它与金属本身的性质有关，也与溶液的性质有关，其具体数值可以在有关手册中查到；R为常数，T为绝对温度，n为电极反应式中涉及的电子数，F为法拉第常数，a为离子活度。通常电化学生产中尤其是电镀实践中，一般直接采用浓度来代替活度进行近似运算。由于大多数实验是在室温下（25℃）进行的，故能斯特公式可简化为：

$$E_{eq}=E_0+\frac{0.0592}{n}\lg c$$

式中，c 为浓度，n 为电极反应式中涉及的电子数。

2. 标准电极电位 从能斯特公式可以看出，如果参加电极反应的各种物质的活度都等于 1mol/L，其平衡电极电位等于 E^0。25℃时电极反应的反应物和产物的活度都等于 1mol/L 的可逆电极体系相对标准氢电极所求得的电极电位 E^0 叫作标准平衡电极电位，简称标准电极电位或标准电位。

三、有机电合成技术

（一）有机电化学合成的背景

有机电合成，又称电解合成，是与电化学氧化或还原过程有关的合成化学，涉及有机合成、电化学和化学工程等交叉学科，具有反应时间短、反应选择性好、反应条件温和等优点。作为传统有机合成的重要补充，有机电合成应用潜力巨大。1834年，英国化学家法拉第（Michael Faraday）发现了电解定律，并尝试电解乙酸制备乙烷，可以被称为最早的有机电合成案例，从而拉开有机电化学合成的序幕。在有机电合成反应中，有机化合物分子或氧化还原介质在电极和溶液的两相界面上发生电子转移，进而实现化学键的断裂和新键的形成，且电子转移和化学反应可以同时进行，通过改变电极材料、电极电位、电解液组成可以有效调节反应的选择性和效率。目前已知的适用于电化学合成的反应包括官能团的加成、取代、裂解、消除、氧化和还原等。

（二）有机电化学合成体系

在热化学中，两个分子紧密接触并通过电子的运动形成相应的活性中间体，并进一步转变成产物；在电化学中，两个分子彼此并不接触，它们通过电解池的外界回流远距离交换电子，反应活化能通过调节电极上的电压可以得到改变。

热化学反应过程		A + B ⟶ [AB] ⟶ C + D	
电化学反应过程	阴极	$A + e^- \rightleftharpoons [Ae]^- \longrightarrow C$	
	阳极	$B - e^- \rightleftharpoons [B]^+ \longrightarrow D$	
总反应		A + B ⟶ C + D	

有机电化学合成主要研究有机分子或催化媒质在"电极/溶液"界面上电荷相互传递，电能与化学能相互转化及化学键断裂、新键形成的规律。在实际体系中，通常由下列分步骤串联而成。

1. 液相传质 有机物反应粒子从溶液本体向电极表面传递。

2. 反应物的化学转化 有机物反应粒子在电极表面或电极表面附近的液层中进行某种转化，例如发生表面吸附或化学变化。

3. 电化学或电子转移 "电极/溶液"界面上的电子传递，生成有机产物。

4. 产物的化学转化 有机反应产物在电极表面或电极表面附近的液层中进行某种转化，例如发生表面脱附或化学变化。

5. 液相传质 有机反应产物自电极表面向溶液本体中传递。

其中，1、3、5三个步骤是必需的。

（三）有机电化学合成的特点

有机电合成利用电能直接驱动化学反应，从理论上讲，凡是涉及电子转移过程的合成反应，都有可能通过电化学方法实现。相比于传统的有机合成，有机电合成具有如下优势。

（1）电子作为清洁试剂，无需添加氧化剂和还原剂，从工艺本身消除污染，原子经济性高，更加绿色和具有可持续性。

（2）反应条件温和，一般可在常温常压下进行，这对复杂化合物的后期功能化修饰有利，且设备使用更安全。

（3）选择性高，通过调节不同的电极电位控制反应路位，来对应生产不同类型的产品。

（4）反应步骤少，工艺流程简单，废物排放量低。

（5）通过调节电解条件（如电压、电流、电解液等），可以较容易、准确地实现对生产过程的控制，利于自动化操作。

（6）反应途径新，可均相/多相催化剂结合，实现传统化学反应不易实现的转化，扩大合成的范围。

（7）规模效应小，利于放大生产。

与此同时，有机电合成也存在一些局限和不足，在一定程度上阻碍了这项技术的广泛应用，主要包括：①需要特殊的装置和设备，一次性投资高；②影响反应过程的支配因素较多；③反应器结构较为复杂，电极活性不易维持；④生产强度较低，生产规模相对较小。

从经济效益和社会效益方面考虑，当使用传统有机合成方法收率低、选择性不高、污染严重而产品附加值高、生产规模不是很大的时候，采用有机电合成技术进行生产较为适宜。因此，有机电合成在药物、香料、农药以及染料等精细化工产品的合成领域备受青睐。

第二节　有机电化学合成的反应类型

一、有机电化学合成的分类标准

按照电极表面发生的有机反应类别或电极反应在整个合成过程中的地位和作用，可将有机电化学合成反应（简称有机电合成反应）进行分类，具体如下。

（一）按照电极表面发生的有机反应类别分类

有机电合成反应可分为两大类：阳极氧化过程和阴极还原过程。

1.阳极氧化过程　包括电化学环氧化反应、卤化反应、芳环及芳环侧链基团的氧化反应、杂环化合物的氧化反应、含氮/硫有机物的氧化反应等。

2.阴极还原过程　包括阴极二聚反应、交联反应、有机卤化物的电还原反应、羰基化合物的电还原反应、硝基化合物的电还原反应、氰基化合物的电还原反应等。

（二）按照电极反应的地位和作用分类

有机电合成反应也可分为两大类：直接有机电合成反应和间接有机电合成反应。

1.直接有机电合成反应　是通过反应物直接在电极表面得失电子实现的。

2.间接有机电合成反应　和传统化学方法类似，利用氧化还原介质进行反应，氧化剂（或还原剂）在反应后通过电化学方法再生并循环使用。

鉴于有机电合成复杂的分类方法，本节仅从反应形式上对有机电合成进行分类和描述，旨在说明有机电合成的新颖性和便捷性。

二、有机电化学合成反应的类型

（一）化学键的异裂和脱保护反应

共价键异裂是电化学过程的主要特点之一，在有机电合成中发挥着重要作用。该过程既可以通过断键来实现目标产物的制备，也可应用于脱保护过程。

在汞阴极电极上，1,1,2,2-四（甲氧羰基）乙烷的桥联C—C键能够发生异裂，生成丙二酸二甲酯，此过程属于还原型C—C键异裂。

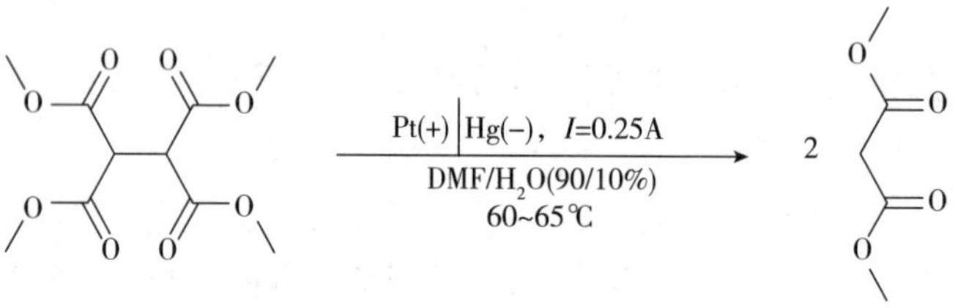

在碱性水溶液中，对缺电子芳腈进行电解，可以观察到C—CN键的还原异裂现象，反应体系中监测到了化学计量的CN^-。

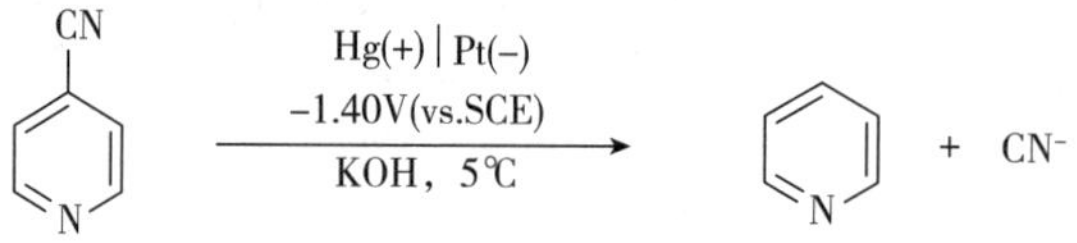

Kolbe电解偶联反应属于氧化型C—C键异裂。电解脱羧形成的自由基既可以二聚偶联，也可以进一步氧化成高活性的碳正离子，后者在碱性条件下捕获醇供体，可以制备出不同类型的非对称醚类化合物。该策略较好解决了传统Williamson醚合成法对于非对称底物选择性不佳的难题。

$$R-COOH + R'-OH \xrightarrow[\substack{2,4,6-collidine \\ nBu_4NPF_6, \ AgPF_6 \\ CH_2Cl_2, \ r.t.}]{C(+)|C(-), \ I=10mA} R-O-R'$$

C—O键的还原裂解对底物有一定要求，通常需要活化的C—O键，如烯丙醇。在酸性介质中，烯丙醇中的羟基在铂电极上被电解异裂得到相应的烯烃，进一步还原可得到相应的烷烃。

$$Ph-CH=CH-CH_2OH \xrightarrow[\substack{-2.57V(vs. \ SCE) \\ Et_4NBr, \ DMF}]{Pt(+)|Pt(-)} Ph-CH=CH-CH_3 \xrightarrow[\substack{0.1V(vs. \ SCE) \\ H_2SO_4(aq)}]{Pt(+)|Pt(-)} Ph-CH_2-CH_2-CH_3$$

N—S键也可以发生还原异裂。在胺类化合物的保护和脱保护过程中，硫酰胺中N—S键的异裂很常见。代表性的反应例如对甲苯磺酰胺在合适的质子供体下可以异裂为胺和亚磺酸。

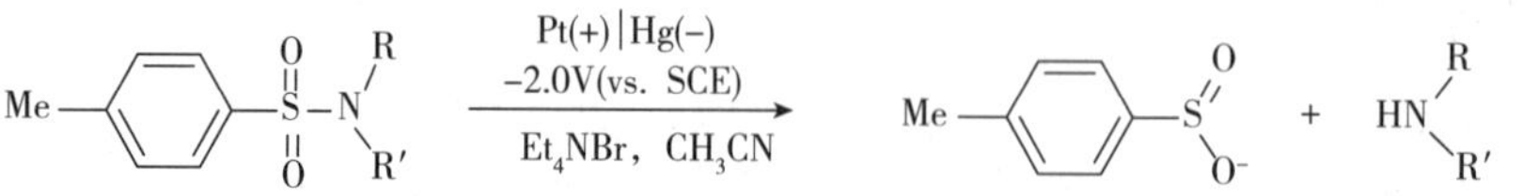

（二）还原偶联反应

电还原偶联反应是一类构建C—C键的重要反应，涵盖不同类型化合物作为底物的反应，其中，烯烃或其他具有不饱和键的底物（如芳烃）的还原偶联比较多见。

电解氢化二聚（electrohydrodimerization, EHD）反应为典型的还原偶联反应。对于特定的底物，二聚过程中可能会存在立体选择性，这在有机合成中非常重要。例如，在4-叔丁基环己烯-1-甲酸甲酯中，由于叔丁基体积较大，处于平伏键，整个环己烷骨架的构象是刚性的。双键被酯基活化，只有经过如下图所示的正交偶联才能保证轨道的最大重叠，因此，经过电解形成的自由基阴离子最终得到单一的具有一定应力的氢化二聚产物。

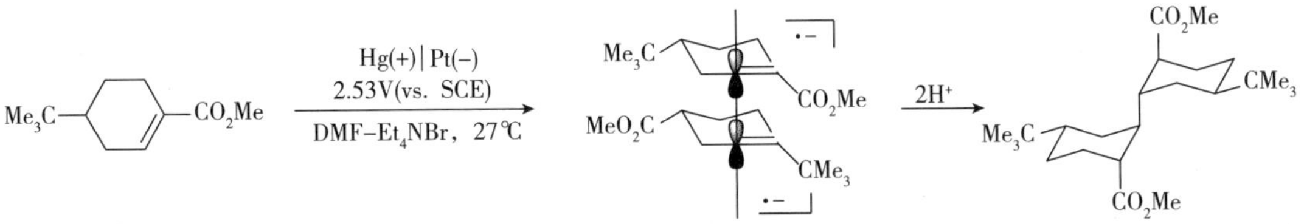

分子内的氢化二聚反应又称为氢化环化。例如，通过两个 α-碳桥联的环己烯酮，虽然在原则上可以形成多种分子内偶联产物，但实际上最稳定的*trans-anti-trans*全氢菲环结构是唯一的电解聚合产物。

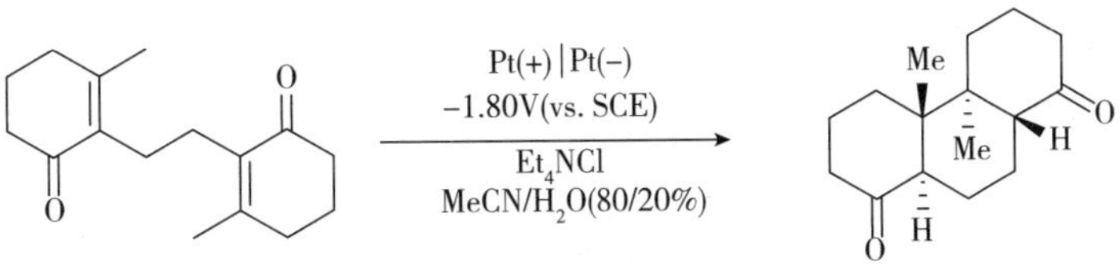

相比于两个相同分子之间发生的自偶联，交义氢化偶联更加实用。丙烯腈类化合物是比较难被还原的物质，因此在电解过程中可以过量使用甚至作为溶剂。在CO_2存在下，肉桂腈可以实现直接的电羧基化转化。羧化反应是CO_2化学固定的最有效方式之一。在该反应体系中，产物的收率和分布情况受电极材料、电极电势、底物浓度、温度等多种因素的影响。例如，反应温度从0℃上升到15℃，CO_2溶解度相应降低，反应总收率则从85%下降到75%。

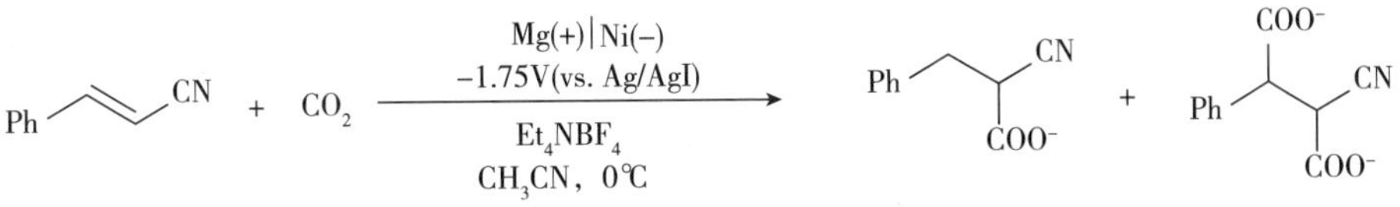

在非质子溶剂中，二烷基酮和非活化的末端烯烃可在后者的端位发生还原偶联反应。一般而言，对于端位双取代的烯烃，偶联产物的收率会急剧降低，但如果取代基是三甲基硅基（TMS），反应仍然能够顺利进行，得到相应的三级醇。

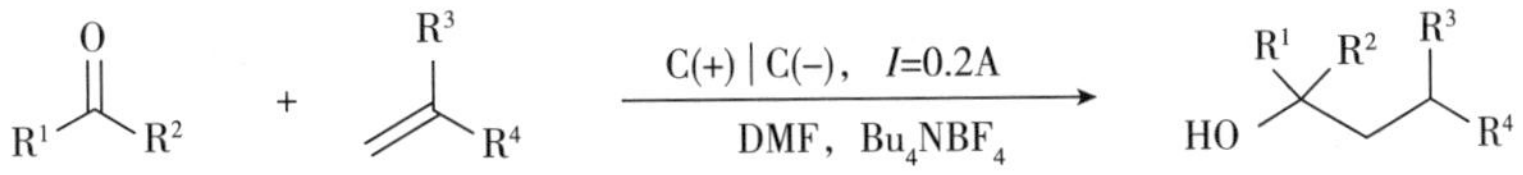

简单的活化烯烃和烯基卤化物的电解还原偶联可在$NiBr_2$作为催化剂前体、铁阳极作为牺牲电极的条件下进行。一般而言，碘代烯烃的反应活性最高。

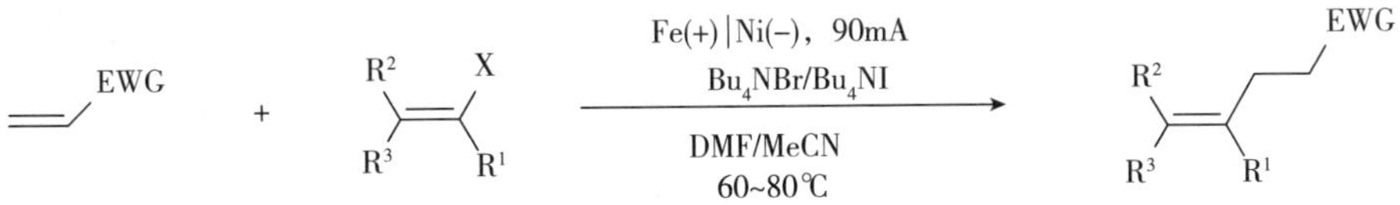

EWG=COMe, CN, CO_2Et
X =Cl, Br, I

四氮唑的电解还原常常被作为恒流无隔膜电解反应的研究模型。在这一反应中，如果将体系暴露于空气中，目标产物的收率会下降，但选择性会有明显升高。

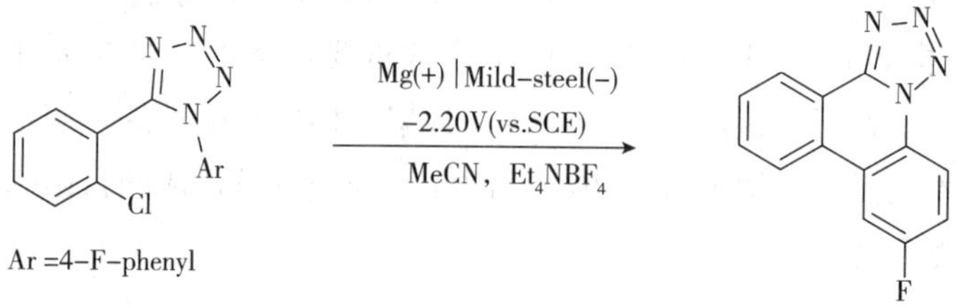

Ar =4−F−phenyl

（三）氧化偶联反应

电氧化条件下，两个 R—H 化合物可直接偶联构建 R—R 键，可以避免底物预官能团化的步骤，避免了离去基团形成的副产物，符合绿色有机合成的要求。

例如，两个 2−苯基−1−丙烯分子偶联得到二苯基丁二烯类化合物的过程，通过调节阳极电势和电解质种类，可在一定程度上影响产物的分布状况。烯基乙基醚和苯乙烯也能够顺利进行交叉偶联反应，溶剂甲醇同时参与了成键过程。

利卡灵 A 是三白草药材（别称塘边藕）中的一种木脂素类成分，属于二氢苯并呋喃骨架类生物活性分子，具有显著抑制二硝基苯肼−人血清白蛋白（DNP−HSA）刺激的 RBL−2H$_3$ 细胞从而产生肿瘤坏死因子的作用，亦具有抗过敏作用。采用芳烃氧化生成亲电性的芳基自由基正离子的策略，以硼掺杂金刚（BDD）为阳极，铂丝为阴极，高氯酸锂盐为支持电解质，甲醇为溶剂，在室温条件下以 1.06V 的恒定电压进行电解反应，可以实现异丁香酚甲醚的二聚反应，以中等收率得到利卡灵 A。

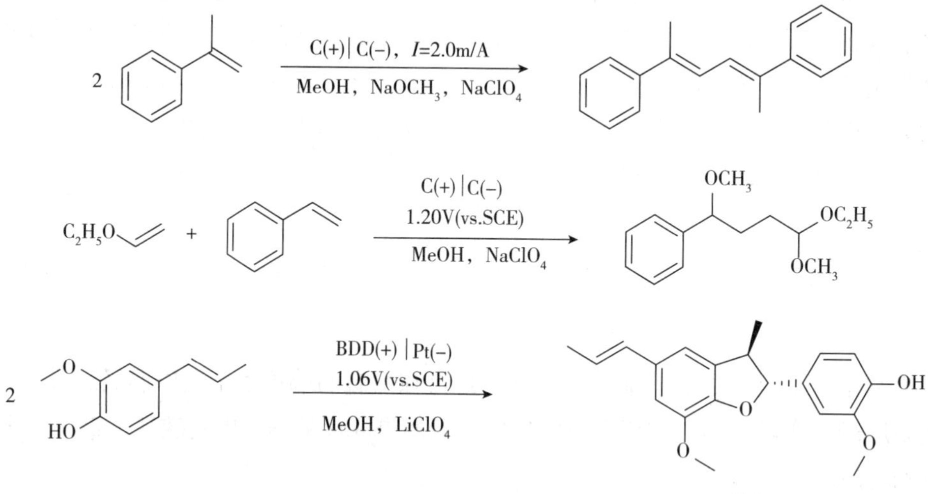

利卡灵A

利用手性催化剂，通过电解氧化偶联，可以诱导得到手性产物。例如，使用手性环状胺作为催化剂，可以实现氧杂蒽参与的醛类化合物 α 位的对映选择性烷基化反应。在反应过程中，阳极产生了烯胺阳离子自由基。

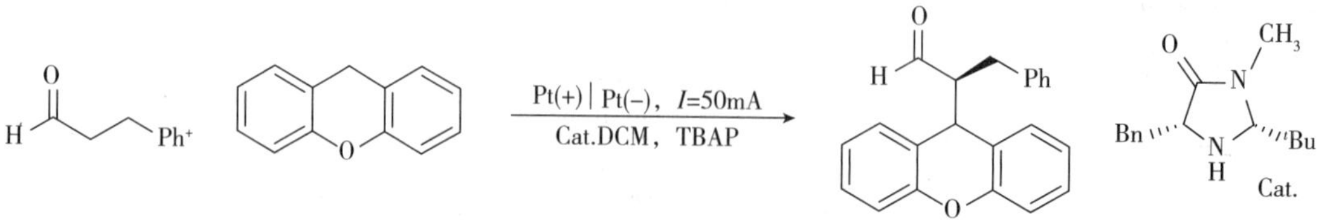

分子内的氧化偶联可以合成各种类型的环状化合物，广泛应用在类固醇、杂环化合物、生物碱等复杂产物的合成中。对于芳香烃类底物，发生分子内偶联的位点与取代基团的位置、电极、电解质、电流

密度、氧化电势等因素有关。例如，在[2.2]-间环蕃中，两个茴香基阳离子自由基顺利偶联，以较高产率生成四氢芘衍生物。

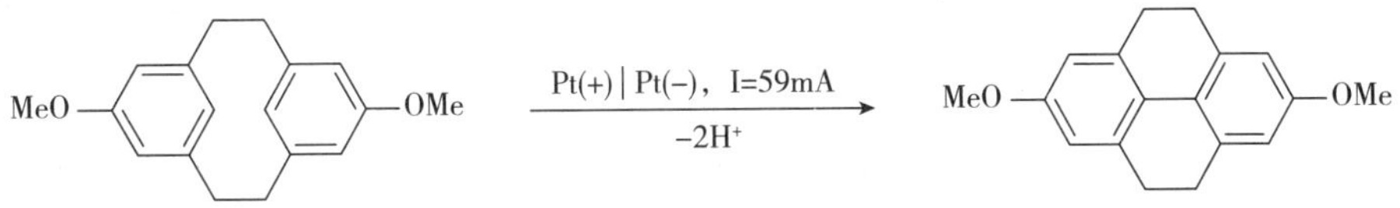

阳极诱导的环加成反应也很常见。例如，经阳极活化的脂肪族烯醇醚可以和炔烃发生形式上的[2+2]环加成反应得到具有较大环张力的环丁烯类化合物。该转化是在LiClO$_4$和MeNO$_2$组成的电解液中实现的，电解质溶液充当路易斯酸催化剂，使得未活化的烯烃能够和阳极生成的中间体发生分子间反应。

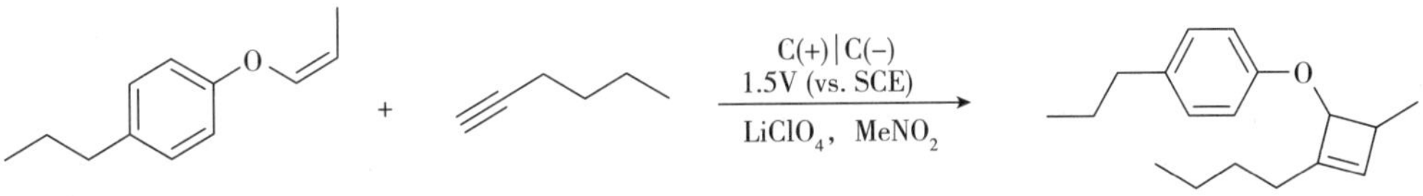

（四）氧化取代和加成

阳极氧化取代和加成反应是有机电合成中最重要的反应类型之一，可以实现不同结构目标分子的合成。芳烃和烯烃作为亲核试剂参与的电化学合成反应较为常见，通过控制反应条件，首先使底物成为体系中最具亲核性的物质，进而发生和亲核试剂相关的反应。

例如，在非亲核性介质如CH$_2$Cl$_2$/R$_4$NBF$_4$或CH$_2$Cl$_2$/CF$_3$COOH中，富电子烃1,2,4,5-四甲基苯可以失去电子，先后被氧化成自由基阳离子和碳正离子，继而发生二聚或者对底物的进攻取代反应，构建C—C键。

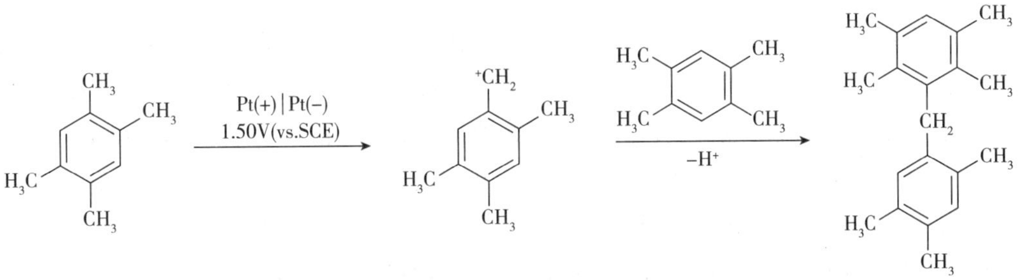

在MeCN或者DMF中，三氟甲基亚磺酸离子被电解氧化，可以释放出二氧化硫和三氟甲基自由基，后者继而和烯基官能团作用，实现直接的三氟甲基化反应，但该反应体系的选择性有待提升。

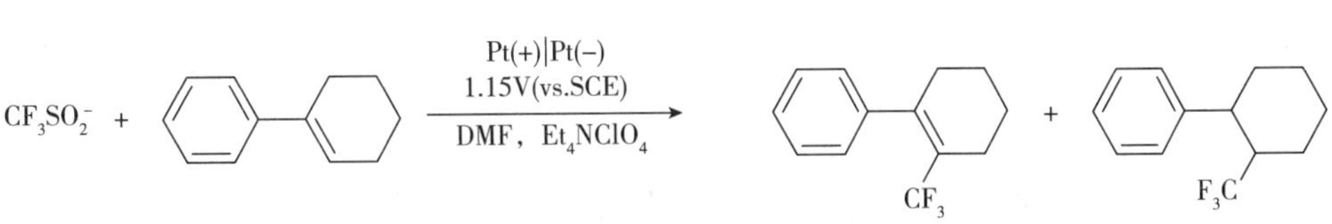

利用阳极氰化反应，可以直接在芳（杂）环上引入氰基官能团，这是一种非常高效的腈类化合物制备方法。一般情况下，由于氰基具有强吸电性，产物比原料更耐氧化，这有助于氰基化产物的累积。电氰化反应可以在MeOH/NaCN体系中进行，反应通常伴随着甲氧基化副产物的生成。当使用N-甲基吡咯作为原料时，可很好地控制反应的区域选择性。

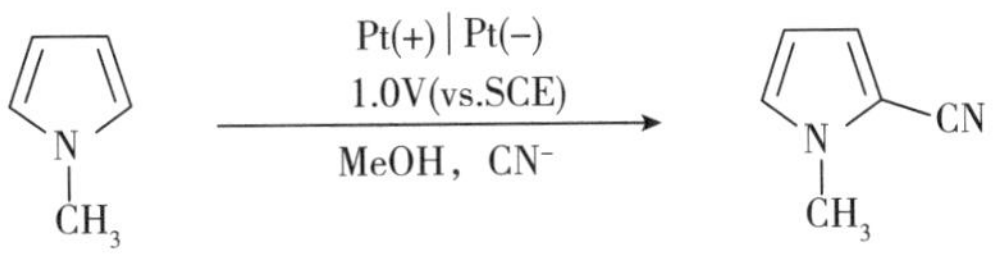

使用醇作为溶剂时，通常可以发生阳极氧化从而得到烷氧基化产物。KBrO₃作为支持电解质时，可将1,3-二异丙基苯转化为苯环侧链被烷氧基取代的产物，但收率不高。芳环侧链的α位甲氧基化过程，一般被认为经历了间接转化机制，因为溶剂甲醇在比芳香底物更低的氧化电位下发生了氧化。

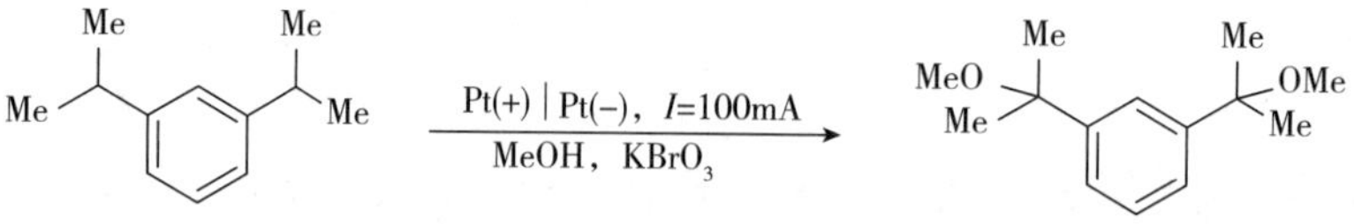

在MeOH/KOH体系下，*N,N*-二甲基苯胺的侧链也能够发生烷氧基取代反应。该反应过程较为直接，先后经历了失电子、失质子、再失电子和甲氧基化脱质子的反应历程。

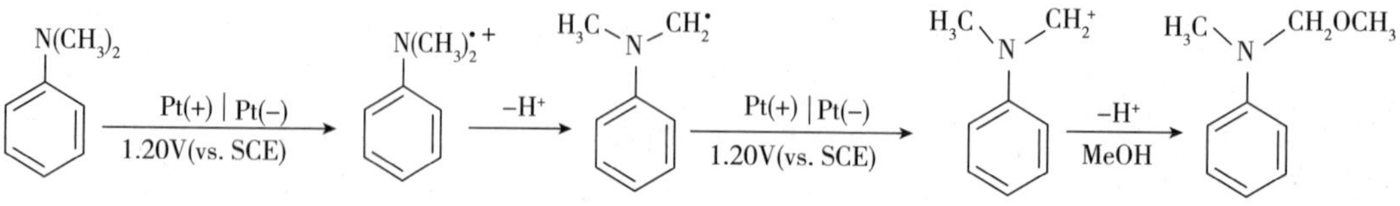

在MeCN或者CH₂Cl₂中对碘单质进行氧化，可以产生活性碘中间体，进而实现苯甲醚芳环上的对位碘代反应。尽管中间体的结构并不明确，但是此方法能够实现不同取代芳烃的碘化，是一种较为高效的碘代方法。

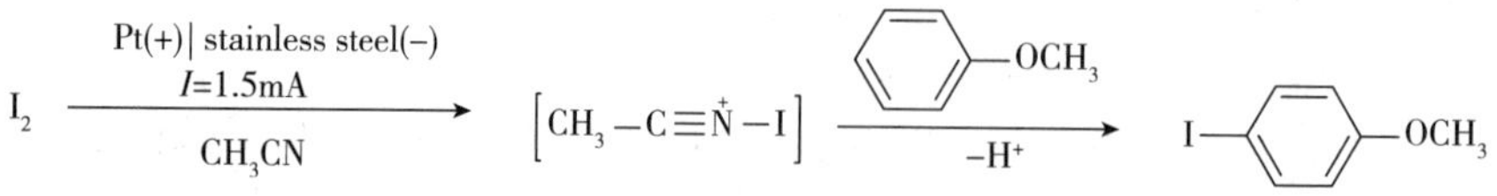

（五）氟化反应

电氟化通常可以在含有F负离子的非质子溶剂（如乙腈、二氯甲烷、二甲氧基乙烷、硝基甲烷、环丁砜等）中进行，主要生成单氟代或双氟代产品。由于在电解过程中经常发生竞争性阳极钝化现象，因此电解液和溶剂的选择成为实现高效选择性氟化的重要因素。不易引起阳极钝化且具有强亲核性F⁻的难氧化氟盐通常作为氟化反应的电解质，例如室温熔盐R₃N–*n*HF（*n*=3～5）、R₄NF–*n*HF（*n*=3～5）以及70%氟化氢/吡啶（Olah's试剂）等。此外，由于水合的F负离子(尤其是形成氢键网络时)表现出弱化的亲核性，溶剂和电解质的干燥对于电氟化反应至关重要。F负离子的放电电位很高，氟化反应通常是通过（自由基）阳离子中间体进行的，这也是阳极亲核取代反应的一般途径。

芳香烃可以实现C—H键的阳极氟化转化反应。1970年，芳烃的选择性电氟化被首次报道，在此转化过程中，MeCN作为电解液，离子液体Et₄NF-3HF作为添加剂。此后，恒电位阳极氧化氟化方面的研究得到人们的关注。

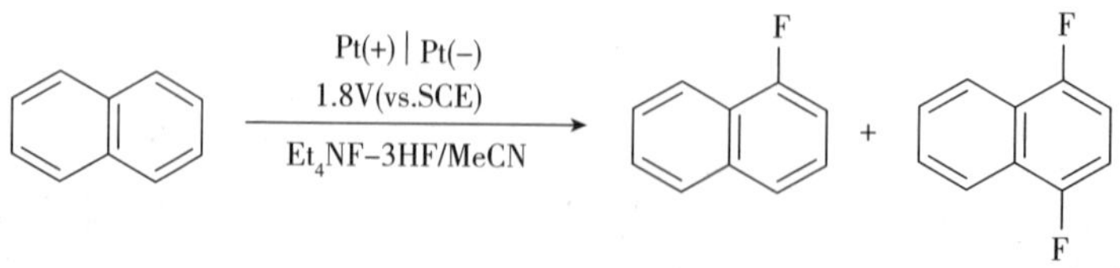

醛类化合物也能够进行阳极氟化转化。在Et₃N-5HF/MeCN体系中，脂肪醛的醛基氢可以顺利发生选择性氟化反应，直接生成相应的酰基氟化物。当使用芳香醛作为底物时，芳环也会同时发生氟化反应，难以控制反应位点的选择性。

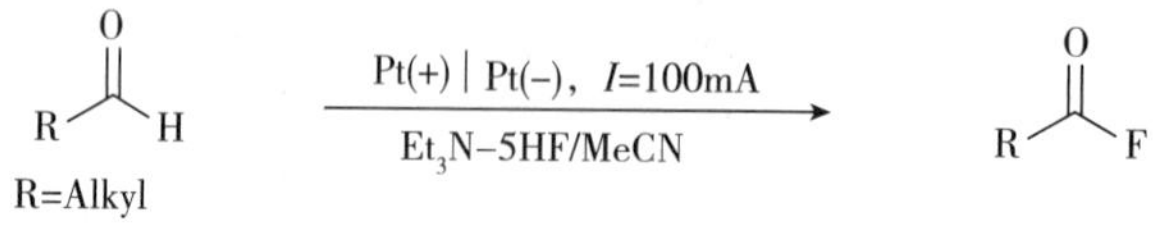

在离子液体 Et₃N–5HF 作为电解质的电解体系中，金刚烷作为底物，也能够顺利发生电解氟化反应。通过控制氧化电势，甚至可以分别制备单氟化和多氟化产物，且氟原子被选择性地引入叔碳原子上，这在传统有机合成中较难实现。

（六）其他反应

随着电化学的快速发展，越来越多的电化学反应类型被化学家们所应用，除了以上所列出的反应类型，电合成还包括：流体电化学、光电化学、酶电化学、过渡金属催化剂及小分子催化剂参与的选择性电化学反应，以及多组分反应。这里着重介绍多组分反应。

多组分反应，如同时以 CO_2 和多聚甲醛为碳一合成子，可以实现肼的 [2+2+1] 环化反应。该方法以碳为阳极，镍为阴极；首先，反应体系中的苯肼和多聚甲醛经过脱水缩合得到了中间产物 1– 亚甲基 –2– 苯肼。体系中 I⁻ 离子在阳极作用下被氧化为活性的 I₂。阳极原位产生的 I₂ 进攻中间产物 1– 亚甲基 –2– 苯肼，得到的产物再经过脱氢得到的负离子可以与 CO_2 通过 1,3– 加成反应得到最终的产物。另外，反应过程中离去的 I⁻ 离子又可以参与另外一轮循环过程。

以烯烃和二氧化碳为原料在碘和碱的共同作用下转化为环碳酸脂。以碳为阳极，镍为阴极；当 NH_4I 作为支持电解质时，I⁻ 首先在阳极上发生氧化反应生 I₂，随后原位生成 I₂、水会与烯烃发生加成反应。同时，NH_4^+ 在阴极上发生还原反应生成氨气，其作为碱可以脱除醇的 H⁺ 生成烷氧基负离子对二氧化碳的碳原子发生亲核进攻反应，再经历分子内的关环反应得到环状碳酸酯的产物。

电化学反应器的类型不同，可以在较大程度上影响氮杂芳烃的选择性羧基化反应（图 5–3）。在标准条件下，当使用分隔型电解槽时，主要得到 C5 位羧基化产物（烟酸）；当使用非分隔型电解槽时主要得到 C4 位羧基化产物（异烟酸）。在分隔槽电解体系中，氮杂芳烃在阴极的强还原条件下发生单电子还原，产生氮杂芳烃自由基负离子中间体，在电子云密度更高的 C5 位发生对 CO_2 的亲核进攻，进一步在阴极发生第二次单电子还原，形成羧基化的碳负离子中间体，进而被体系中的少量氧气氧化，得到 C5 位羧基化产物。由于在非分隔槽电解体系中，阳极氧化会产生氢受体，促进 C4 位羧基化中间体（C4 位碳氢键键能更低）的氢原子转移（HAT）或质子偶合电子转移（PCET）过程，从而选择性得到 C4 位羧基化产物。

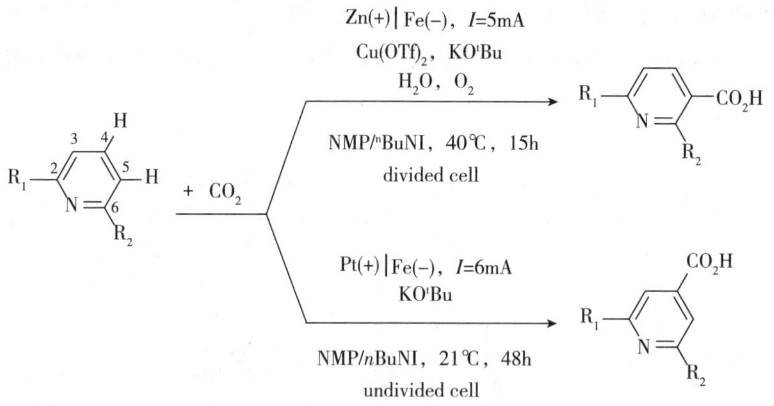

图5-3 电化学反应器的类型影响的吡啶区域选择性羧基化

第三节 电化学合成技术的应用及发展前景

一、电化学合成技术的应用

当前，有机电合成已经展现出反应类型丰富多样的特点，几乎涵盖了有机合成的所有反应类型，相对于传统的热化学，可以为有机化合物的合成提供新的、互补的途径。同时，有机化合物的电化学性质和有机电化学反应机制的研究也得到了广泛关注，有机电合成在工业领域不断取得新的发展。下面将着重介绍电化学合成应用中的几例经典案例。

（一）应用案例——己二腈的合成

己二腈（adiponitrile），又名1,4-二氰基丁烷，工业上主要用于生产聚酰胺纤维的中间体己二胺，同时又可作为橡胶生产的助剂、高等级油漆、芳烃提取的萃取剂和除草剂等。己二腈的电化学合成主要是通过丙烯腈电解二聚法实现的。

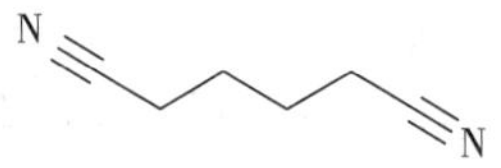

阳极反应： $H_2O \longrightarrow 1/2O_2 + 2H^+ + 2e^-$

阴极反应： $2H_2C = CHCN + 2H^+ + 2e^- \longrightarrow NC(CH_2)_4CN$

电解反应： $2H_2C = CHCN + H_2O \longrightarrow NC(CH_2)_4CN + 1/2O_2$

图5-4 己二腈的合成机制

1963年，科学家首次以丙烯腈为原料，在铅阴极上电还原丙烯腈成功制备出己二腈。1965年，该技术被工业化应用，该方法将己二腈的电解合成分为两步，以石油工业的丙烯为原料，先用氨气、氧气和催化剂将其转化为丙烯腈，再电解还原丙烯腈为己二腈。其反应机制如图5-5所示。

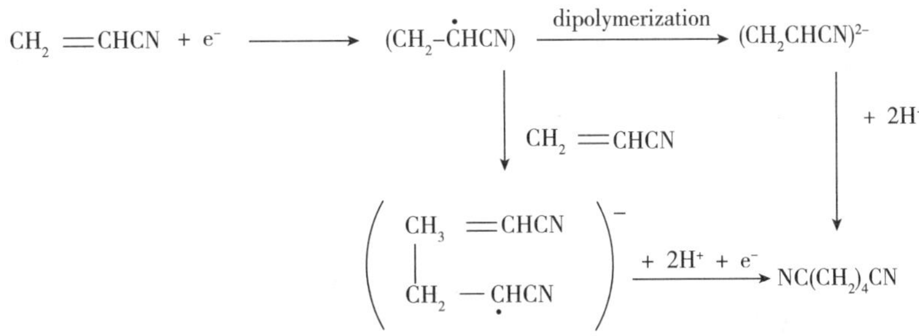

$$CH_2=CHCN + e^- \longrightarrow (CH_2\dot{-}CHCN) \xrightarrow{\text{dipolymerization}} (CH_2CHCN)^{2-}$$

图5-5　丙烯腈电解二聚法合成己二腈的机制

该电解反应中会因阴极pH升高等因素而产生一系列的副反应，使产率下降。通常可通过以下手段提高产率：①采用季铵盐作为电解质；②使用阳离子交换膜作为隔膜，防止阴极区物质进入阳极液中；③用析氢过电位高的阴极材料例如C、Pb等、阳极采用Pb-Ag合金以提高电极的抗蚀性；④在阴极上固定聚乙烯的湍流加速策略等。

（二）应用案例二——四乙基铅的合成

四乙基铅（tetraethyl lead）[Pb(C$_2$H$_5$)$_4$]曾被用于汽油抗震添加剂，提高辛烷值，也可用于有机合成。

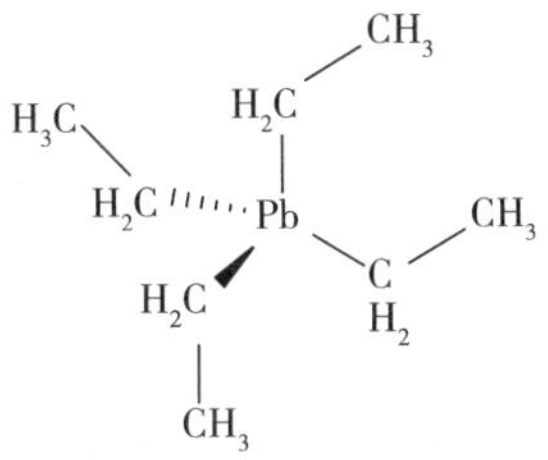

1964年，四乙基铅的电合成工厂被首次建成。该电合成反应以Pb作为阳极、钢管作为阴极，将格氏试剂和铅丸进行电解，铅在阳极失去电子形成铅阳离子对格氏试剂进行亲电进攻得到四乙基铅。反应时不断向溶液中加入过量的氯乙烷，并与阴极析出的Mg重新生成格氏试剂，副产物MgCl$_2$可用于生产Mg。其反应过程为如图5-6所示。

$$C_2H_5Cl + Mg \longrightarrow C_2H_5MgCl$$

阳极：$$4C_2H_5MgCl + Pb - 4e^- \longrightarrow Pb(C_2H_5)_4 + 2MgCl_2 + 2Mg^{2+}$$

阴极：$$2Mg^{2+} + 4e^- \longrightarrow 2Mg$$

总反应：$$4C_2H_5MgCl + Pb + 2Mg \longrightarrow Pb(C_2H_5)_4 + 2MgCl_2$$

图5-6　四乙基铅的电化学合成

（三）应用案例三——圆柏内酯的合成

圆柏内酯（sabilactone）作为一种天然产物其仅存于叉子圆柏的种子或树皮中，2018年科学家用电化学的方法实现了其合成。该方法由2,4,6－三羟基苯甲酸开始，通过七步合成到羧酸底物，该底物通过铂碳电极在乙腈和乙酸的混合溶液中直接得到产物圆柏内酯，收率为40%。这是首次在实验室中完成这种天然产物的合成。

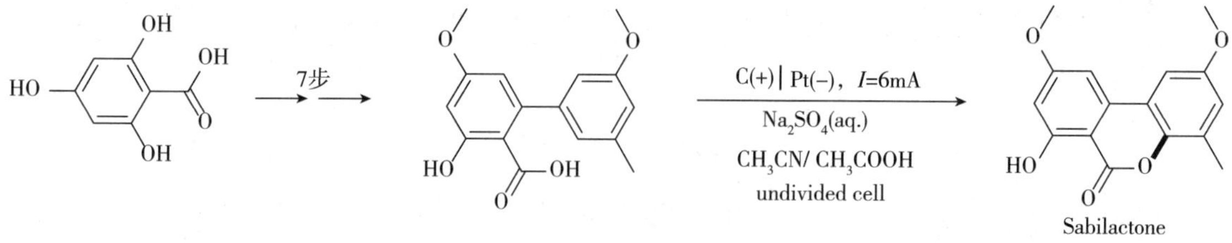

图5-7　圆柏内酯的合成步骤

机制研究表明，底物在阳极通过单电子氧化形成自由基阳离子Ⅰ，随后生成的芳基自由基阳离子受到羧基的进攻而形成中间体Ⅱ。自由基中间体Ⅱ通过阳极氧化去质子快速芳构化生成目标产物圆柏内酯，其反应机制如图5-8所示。

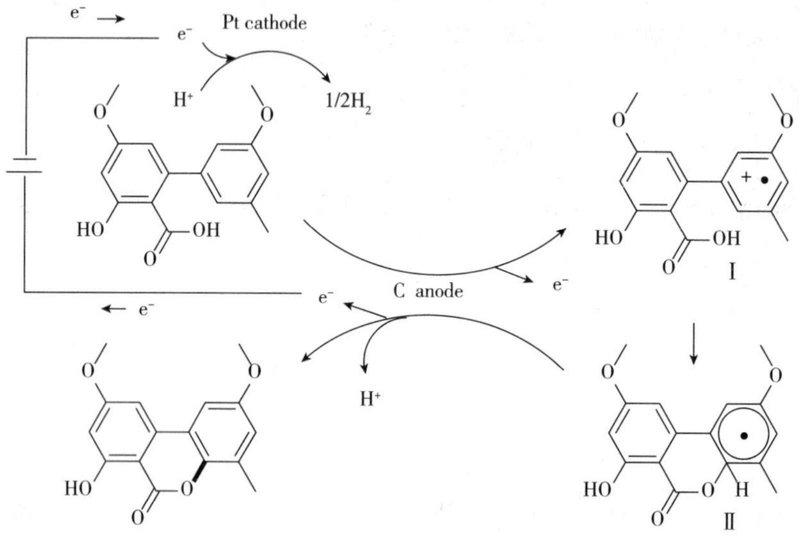

图5-8　圆柏内酯合成过程中可能的机制

（四）应用案例四——非奈利酮的合成

非奈利酮（finerenone）是一种抗矿物质皮质激素，是治疗慢性心力衰竭的候选药物。

非奈利酮最初的合成路线因有大量副产物形成而导致产率低，不适用于大规模合成。为了解决这一问题，科学家发展了一种电化学方法来消旋对映体副产物。该外消旋混合物随后可进一步进行对映体分离，以提供额外的所需原料药产品。当使用化学氧化剂将二氢吡啶转化为吡啶类似物时，需要化学计量甚至超化学计量的氧化剂，而使用电化学方法还可以避免氧化剂的使用。相比之下，采用电化学氧化的反应条件可能会更加温和，体系更环保。非奈利酮对映体副产物在银电极的存在下，四乙基四氟硼酸铵作为导电盐，在乙腈溶液中经过电氧化后，以94%的产率获得了化合物a和b的9∶1混合物。随后在120℃加热条件下，进行热外消旋化后可以分离出a和b的外消旋混合物，然后在流动池中使用铂碳电极，四氟硼酸四乙基胺作为导电盐经历非选择性电化学还原反应过程。在分离对映体后，最终获得了200kg非奈利酮以用于临床试验。

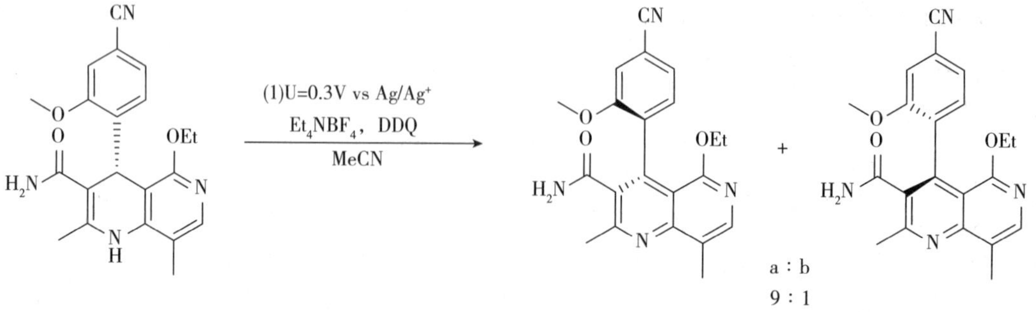

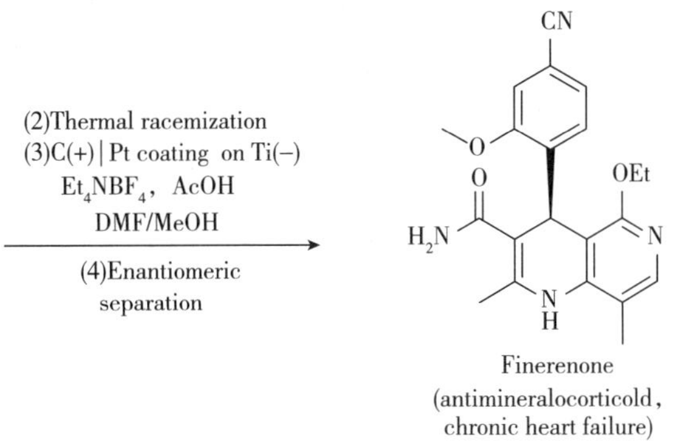

图5-9　非奈利酮的合成路线

（五）应用案例五——苏曼尼罗的合成

2005年，研究人员报告了一种制备抗帕金森候选药物苏曼尼罗（sumanirole）的制备方法，该方法使用了大规模的Birch还原法。在工艺规模上使用这些还原条件需要大量氨，并产生大量的氢气。为了开发可用于工艺规模合成的温和还原条件，开发了一套电化学和化学选择性Birch还原条件。

通过对锂离子电解装置的设计和筛选，确定了一种无隔膜电解装置。最佳还原条件为镁作阳极材料，溴化锂作为锂源，二甲基脲作为质子源，三（吡咯烷基）磷酰胺作为过载保护剂，反应在室温下进行2小时，以67%的产率获得目标产物。该电化学还原反应在批次（10g）和连续化（100g）规模上均能顺利发生。使用模块化流动装置，合成了该药物关键中间体的直接前体。这种组装简单的大规模流动技术成功实施，使还原电合成有望成为药物传统合成方法的绿色替代方案。

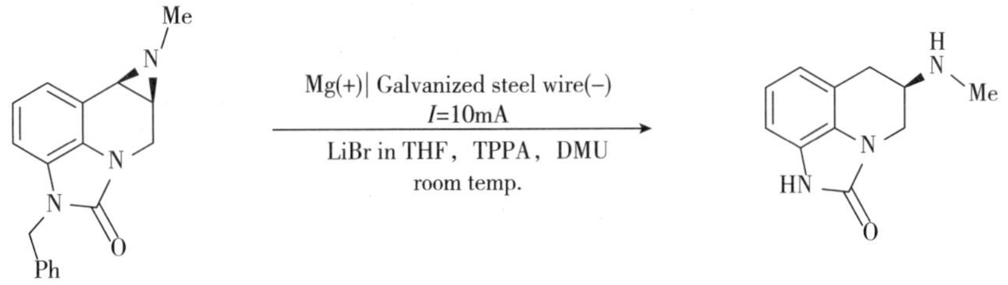

图5-10　苏曼尼罗的合成条件

（六）应用案例六——左乙拉西坦的合成

左乙拉西坦（levetiracetam，LEV），是一种重要的抗癫痫药物，在临床上被广泛应用。

传统的方法是通过氧化相应的手性伯醇前体（LEV-CH$_2$OH，由手性β-氨基醇和丁内酯缩合得到）制备羧酸中间体（LEV-CO$_2$H）。该方法在全球已经使用多年，鉴于目前专利的垄断和人们对左乙拉西坦的持续需求，促使人们开展该药物的合成新方法的探索工作。2021年，科学家报道了一种基于醇的氧化步骤的电化学流程。由于伯醇氧化得到的醛中间体会引起异构化，该工艺的一个关键挑战是如何保持对映体的高纯度。

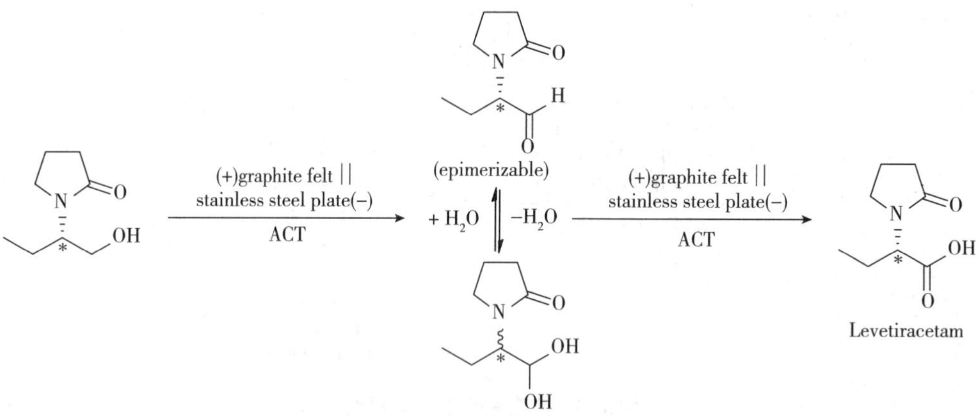

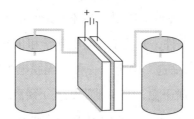

该方法比较了三种不同的反应器配置：一体池分批、一体池流动和分离式流动单元。在这三种配置中，分离式流动反应池的时空产率和对映体纯度保持度最高。这种方法在200g规模的工艺中得到了应用，反应进行4.5小时产物收率为91%，对映选择性为91.4%。

图5-11　分离式流动反应池示意图

（七）应用案例七——维生素D的合成

维生素D（Vitamin D）是维持高等生命所必需的一类物质，其中最重要的是维生素D_2和维生素D_3，他们可在紫外线照射下由身体中的麦角固醇转化而来或者通过摄入获得，如果长期缺乏维生素D会导致人体对钙和磷的吸收减弱，进而引发一系列疾病，其中佝偻病就是长期缺乏维生素D引起的。

维生素D的全合成由三部分片段拼接得到。针对其中一个侧链，已报道的合成方法需要7步反应来完成（图5-12）。2020年，科学家报道了一种电化学方法生产维生素D侧链，该方法采用市售噁唑烷酮为原料，使用烯丙基溴进行非对映选择性烷基化，中间产物经硼氢化锂还原得到(S)-2-甲基-4-戊烯-1-醇。该烯烃经与丙酮的电偶联反应，顺利得到维生素D侧链。在制备该产物所需的3个步骤中，有两个步骤的关键是碳碳键的构建。该方法大大减少了反应步骤数，使该方法表现出较好的工业化应用前景。

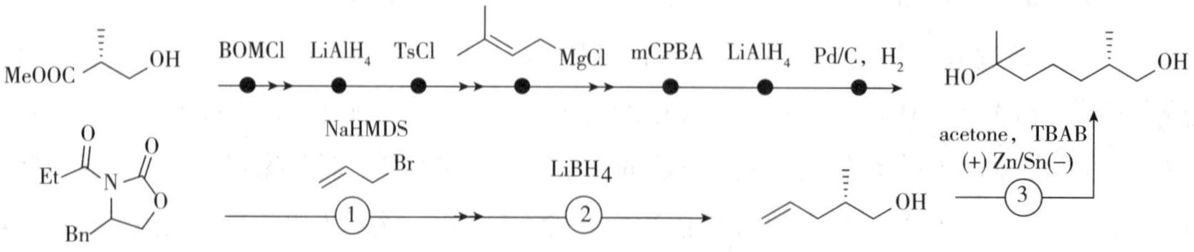

图5-12　维生素D侧链的合成方法对比

（八）应用案例八——DL-高半胱氨酸硫内酯盐酸盐的合成

DL-高半胱氨酸硫内酯盐酸盐是制备药物如西替沃酮（citiolone）和厄多司坦（erdosteine）等的理想中间体。

因为传统工艺产生大量锌盐并形成氢气，具有高度放热性，需要开发新合成工艺以提高Zn/H⁺还原工艺的过程经济性。2019年，某公司报告了一项大规模电化学还原方案，将DL-同型半胱氨酸转化为硫内酯，该电化学过程在200kg的规模上成功进行，使用涂有铅/铋合金的碳电极，反应过程中，DL-高胱氨酸先在阴极表面发生吸附，然后得到电子，被还原为*DL*-高半胱氨酸。DL-高半胱氨酸经分子内脱一分子水，以45.2%的产率生成DL-高半胱氨酸硫内酯盐酸盐。与以前的电极结构相比，铅/铋涂层阴极的机械强度有所提高，使用寿命延长。该方法的开发降低了生产成本，有望解决早期工艺的安全和环境问题。

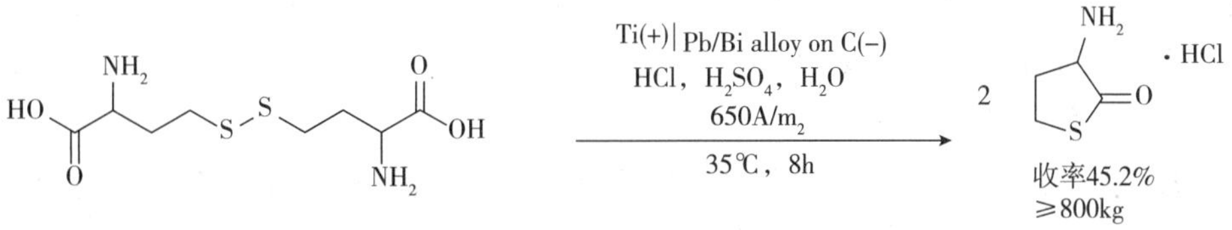

图5-13　*DL*-高半胱氨酸硫内酯盐酸盐的合成条件

（九）应用案例九——维生素K₃的合成

维生素K_3（menadione），又名甲萘醌或2-甲基-1,4-萘醌，在临床上属于促凝血药，可以用于治疗维生素K缺乏所引起的出血性疾病，如新生儿出血、肠道吸收不良所致维生素K缺乏及低凝血酶原血症等，也可用作饲料添加剂。

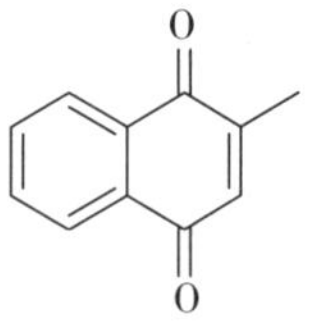

通过间接电氧化来合成维生素K_3的工艺过程中会产生大量的铬废液[$w(Cr^{6+})$=4%~5%]，处理这部分废铬液对该合成工艺的合理进行至关重要，如果作为废物排掉，无论从经济角度还是环保角度均不可取，经过研究发现，采用槽外式间接电合成维生素K_3工艺可使Cr^{3+}氧化为Cr^{6+}，从而实现铬液的循环利用，其工艺过程及各工序主反应为：

氧化反应：　$2\text{-MN} + 3H_2SO_4 + H_2Cr_2O_7 \longrightarrow 2\text{-MNQ} + Cr_2(SO_4)_3 + 5H_2O$

电解反应：

阳极：　$Cr_2(SO_4)_3 + 7H_2O - 6e^- \longrightarrow H_2Cr_2O_7 + 3H_2SO_4 + 6H^+$

阴极：　$6H^+ + 6e^- \longrightarrow 3H_2$

磺化反应：　$2\text{-MNQ} + NaHSO_3 + 3H_2O \longrightarrow MSB$

图5-14　亚硫酸氢钠甲萘醌（MSB）的电化学合成

把2-MN(2-甲基萘)、铬酐和硫酸按比例投入氧化釜，反应结束，经固液分离得2-甲基-1,4-萘醌(2-MNQ)，把废铬液经后处理，送电解工序，将Cr（Ⅲ）电氧化为Cr（Ⅵ）再循环回氧化工序使用。把2-MNQ和亚硫酸氢钠按配比加入含有乙醇溶剂的磺化釜中反应，得维生素K_3的前体亚硫酸氢钠甲萘醌(MSB)，再经过消除得产品维生素K_3。该工艺成功开发并实现了工业化，取得了良好的经济效益。从该电化学工艺的成功工业化可以看出，电化学合成相比于有机合成中使用过量氧化剂或还原剂的反应具有很大优势；特别是在具有高附加值的精细化工产品、新型高分子材料及有特殊应用的材料的制备方面，经济效益尤其突出。

二、电化学合成技术的发展现状与前景

（一）电化学合成技术的发展现状

电合成技术作为制备有机化合物的重要手段，经过研究人员的不懈努力，已经取得突破性的进展，1847年的Kolbe电解实现了羧酸的电化学氧化生成烷基自由基，产生了经典的电化学人名反应如Shono反应电氧化环戊胺 α 位和Simons电氟化等。尤其是在1965年Baizer教授研究的丙烯腈电解二聚法合成己二腈技术实现了大规模工业化应用；随后纳尔柯公司用Grignard试剂与铅阳极反应制备了四乙基铅，从而实现了四乙基铅的工业化生产。这两项有机电解合成技术在工业上的成功在全球化工领域产生重大影响，标志着近代有机电化学的开端。

有机电解合成具有污染程度小、产物收率和纯度高、工艺流程简单和反应条件温和等优点。近年来，世界范围内有多个国家的有机电合成技术发展迅速，目前已经有上百种有机化工产品通过电化学手段实现了工业化生产或者进入中试阶段，同时有关电化学合成方面的研究论文及专利增长明显。

20世纪50年代，我国开始采用氧化剂与有机物反应，然后电解再生氧化剂的间接电解合成工艺，并用于生产硝酸、糖精和维生素K等许多产品。而有机物的直接电解合成工艺近年来呈现出蓬勃发展趋势，具有代表性的工业化实例有：电解还原草酸生产乙醛酸、电解还原偶合丙烯腈生产己二腈、电解氧化呋喃生产2,5-二甲氧基二氢呋喃等。随着石油化工向深加工方向的发展，电化学有机合成的应用范围将越来越大。

电化学的研究方向包括直接电化学合成、间接电化学合成、界面修饰电极和反应性电极等。此外，电化学合成在多个领域取得了重要进展，具体如下。

1.固体聚合物电解质（SPE）在电化学中的应用　高分子离子交换膜SPE以及20世纪80年代初期的Nafion膜复合电解质方法，被引入有机电解合成领域，使有机电化学合成技术发生了新的变化，技术水平取得了显著进步，为有机电合成工业开辟了一条新的途径。

2.新型电催化纳米材料取得进展　电极材料一直是电化学研究的重点，寻找和研制高活性、高选择性的新型电催化材料具有重要的意义。近年来，在导电载体上沉积纳米材料来制备高性能、实用型电催化剂引起了广泛的关注，具有广泛的应用前景。

3.金属有机化合物合成取得进展　电化学合成金属有机物具有选择性高、产品纯度高、环境污染少等特点，因此具有很大优势。金属有机物具有特殊的功能，可用作催化剂、聚合材料、稳定剂、防腐剂和颜料等。

4.超声在有机电合成中的最新应用　超声对有机电化学合成具有多种作用，为解决电化学合成中的很多问题，尤其是最佳电化学反应条件的选择提供了途径。因此，超声在电化学合成中的应用研究是近几十年来电化学合成研究的前沿领域。除此之外，电化学合成在仿生合成、医药、信息、产品和食品添加剂等精细有机化工产品的合成方面也取得了突破性进展。

（二）电化学合成技术面临的挑战

有机电合成作为一个重要的学科方向，具有诸多优点，同时也存在着一些不足。主要如下。

1.反应局限性　电合成反应多限于氧化或还原反应。

2.反应装置比较复杂　由于存在两极的差别且两极分别有氧化产物和还原产物，再加上要保证反应物和目标产物的扩散分离，因此往往需要对电极材料、电解槽结构和隔膜材质提出很高的要求。再加上槽外设备，更增加了电解装置的复杂性。

3.合成理论及工艺技术不够成熟　电合成反应动力学原理中许多问题有待深入研究。

另外，电化学合成技术在均匀分布以及产物分离方面也存在挑战。为了克服上述不足，进一步增强有机电合成的优势，可以考虑从以下几个方面进行深入研究：①以固定床、流化床等三维电极取代空间反应界面小的板式或网式二维电极，同时采用媒质反应技术和相转移催化技术。②采用成对电解合成技术以期成倍地增加电流效率和电能效率。相比于需要牺牲试剂或者伴随氧化或还原副反应的不成对电解，成对电解是指一个完整的电化学反应体系由氧化和还原两个反应共同构成。包括歧化成对电解，即同一物质同时被氧化和还原生成两种不同的产物，如葡萄糖被氧化为葡萄糖酸盐、被还原为山梨醇的过程已经实现工业化应用；平行成对电解，即两种不同的原料分别发生氧化和还原反应，平行生成两种产物；Shono氧化是一个经典的聚合成对电解反应。③推进电化学工艺、工程化方面的研究，使电解反应器的设计、控制以及电解槽的放大更趋合理可行，以降低成本。④关注如何通过电解法合成产值高、数量小的精细化工产品。⑤提升电合成体系的稳定性。

（三）电化学合成技术的研究意义及展望

有机电合成除了可以合成有机化合物外，还可应用于合成高分子材料、能量转换、制作显示元件和敏感元件以及天然物质的电化学变换等领域。随着电化学的不断发展，电化学机制的进一步明确，电化学越来越受到的科学家的认可和企业界的广泛关注。电化学的快速发展与其反应特性密切相关；与传统的氧化还原反应相比，电化学合成摒除了有毒、高污染的氧化还原试剂的使用，可以基于可再生的电能源实现底物与电极之间直接或间接的电子转移来实现底物的氧化还原。电化学的恒定电势或电流的快速调节确保底物不会发生过氧化或过还原的反应，反应的可控性较高。作为一种新型有机合成技术，电极反应机制、电极表面催化剂和电磁波（光、超声波、激光）的应用研究将会使电化学合成技术得到迅速发展。同时，在应用范围上进一步扩大，除了电合成大宗有机化工产品外，还将会研究发展医药中间体、维生素以及生理活性天然产物的电合成技术。在工业化技术上，有望开发出新型的实用电解槽、电极材料、膜材料以及间接电合成和成对电合成技术等。

电化学合成作为一种新技术为化合物的合成提供了新思路，可以在减轻环保压力的同时，以高效的原子结合形式提高原子利用率，提升反应的原子经济性。与人工智能/机器学习结合可以预测合成反应的最佳条件，未来基于多阶段、多步骤的氧化还原过程可同时完成多种成键反应，构建多个化学键，可以缩短药物的合成步骤，提高反应效率的同时减少了废物的产生，为构建结构多样的药物分子库提供全新方案从而极大推动药物合成化学的发展过程。

> 🧪 **药知道**
>
> ### L-半胱氨酸
>
> 自20世纪70—80年代开始，我国的有机电化学研究得到了迅速发展，多个技术被应用到关键精细化工产品、医药中间体的工业化生产中。L-半胱氨酸，化学名为L-2-氨基-3-巯基丙酸，是一种生物体内常见的氨基酸，可作为氨基酸强化剂，还可用于制备组织培养基和食品改制剂，医药上主要用于放射性药物中毒、重金属中毒、中毒性肝炎等疾病的预防和治疗。
>

L-半胱氨酸生产是我国电合成技术成功用于工业化的典型案例，其过程为首先从等畜类产品毛发中提取胱氨酸；在酸性电解液中，胱氨酸在阴极得到电子，在质子存在的条件下直接电还原合成L-半胱氨酸，该方法仍然是目前工业生产L-半胱氨酸的主要方法之一。其电化学合成的反应式为：

$$
\begin{array}{c}
NH_2 \\
| \\
S-CH_2-CH-COOH \\
| \\
S-CH_2-CH-COOH \\
| \\
NH_2
\end{array}
+ 2HCl + 2H^+ + 2e^- \longrightarrow
\begin{array}{c}
NH_2 \cdot HCl \\
| \\
HS-CH_2-CH-COOH
\end{array}
$$

? 思考

有机电化学合成按反应物与电极之间电子交换过程的不同，一般分为直接电合成和间接电合成。直接电合成是电极直接与反应物进行电子转移以生成自由基中间体，该中间体进行后续电子得失或均相反应得到产物。间接电合成则首先利用媒介与电极间的电子转移生成氧化/还原态的活性物种，该活性物种再与底物发生氧化还原反应，形成产物的同时恢复媒介初态，如此循环。

（1）这两种方法分别更适用于哪类体系？

（2）Kolbe反应，即电解脱羧反应，属于哪一类？

（3）其过程中可能存在哪些副反应从而降低了二聚偶联产物的选择性？

（4）对于如何设计全新的电解反应器，你有何想法？

（5）哪些挑战性的药物分子，可能通过电化学合成的方法制备获得？

目标检测

答案解析

本章小结

一、单选题

1. 以下化合物不属于电解质的是（　　）

    A. NaOH   B. NH_4BF_4 C. C_2H_5OH D. H_2SO_4

2. 参比电极是电化学的重要组成部分，下列不宜作为参比电极使用的是（　　）

    A. Ag/AgCl   B. $Hg/HgSO_4$ C. Hg/HgO   D. $Fe/FeCl_2$

3. 非对称醚类或高级烷烃化合物均可采用电化学Kolbe反应构建，下列分子在Kolbe反应阳极失电子的是（　　）

    A. 正戊酸   B. 正戊醇   C. 戊酸甲酯   D. 正戊醛

4. 以下可以在电化学阳极处发生反应过程的是（　　）

    A. 丙烯腈制备己二腈

    B. 三氟甲基亚磺酸离子和烯烃的三氟甲基化反应

    C. 草酸制备乙醛酸

    D. 胱氨酸合成L-半胱氨酸

5.有机电合成相比于传统化工有自己的独特优势，以下说法不正确的是（　　）

    A.电子作为清洁试剂，原子经济性高   B.反应条件相对温和

    C.选择性可通过电压调节   D.更适合大宗化学品生产

6.关于标准电极电位的说法，正确的是（　　）

    A.数值相对于标准氢电极   B.随氧化态浓度增大而升高

    C.受电解液种类的影响   D.随还原态浓度增大而升高

7.以下关于有机电化学合成过程的说法，不正确的是（　　）

    A.无媒介参与时，有机底物的电子转移发生在电极与溶液的界面处

    B.隔膜电解池作为电化学池时，阴阳极间不涉及物质传输与离子传输

    C.隔膜电解池可一定程度上规避阴阳极间底物与产物的相互干扰

    D.对于自身氧化电位高的反应物，采用间接电氧化可以减少副反应的发生

8.下列不属于电化学体系典型组成部分的是（　　）

    A.Pt丝   B.NaCl水溶液   C.玻璃棒   D.熔融Cs_2CO_3

二、多选题

1.当工作电极与对电极间距固定时，有可能影响目标电化学反应性能的因素是（　　）

    A.外电压   B.电解质浓度   C.底物浓度   D.对电极种类

2.在电有机合成中，经常会用到牺牲阳极以利于阴极还原反应的发生，以下属于牺牲阳极的是（　　）

    A.石墨棒   B.铝片   C.镁柱   D.铂片

三、简答题

1.请写出能斯特公式，并简述其各个因子的含义及影响因素。

2.己二腈电化学合成的阴阳极反应分别是什么？副反应的可能原因是什么？

3.电化学氧化偶联与电还原偶联的主要区别是什么？两种反应类型请各举一例。

4.已知在298 K和标准压力下，该电极反应的标准（氢标还原）电极电势 $\phi^\ominus$ 为–0.81V。请回答该目标反应需要在电解池阴阳极中的哪一极发生，并计算出pH = 12时，该半反应的电极电势。

$$Cd(OH)_2(s) + 2e^- \longrightarrow Cd(s) + 2OH^-$$

5.L–半胱氨酸作为一种重要的氨基酸，广泛应用于多个领域，其电化学合成的反应式为：

$$\begin{array}{c} NH_2 \\ | \\ S-CH_2-CH-COOH \\ | \\ S-CH_2-CH-COOH \\ | \\ NH_2 \end{array} + 2HCl + 2H^+ + 2e^- \longrightarrow \begin{array}{c} NH_2 \cdot HCl \\ | \\ HS-CH_2-CH-COOH \end{array}$$

假设现需制备23.5g目标产物（L–半胱氨酸盐酸盐：Mr=157.62），已知法拉第常数为96485C/mol，电解体系的法拉第效率为80%，采用恒电流I=100mA方式进行电解，则该电解过程需要多长小时可以达到目标产量？

第六章 流动化学合成技术

学习目标

1.通过学习本章内容，掌握流动化学技术的概念及原理、装置基本组成及其作用、反应器的类型和功能，深刻理解流动化学技术的特点和相对传统釜式反应的独特优势；熟悉流动化学中常见反应类型和辅助技术联用的新型反应方法；了解流动化学技术的发展历史及其在工业领域特别是在药物合成中的应用。

2.具有运用所学知识，对流动化学实际问题进行独立思考、分析和判断的能力；能对一般的工艺路线能进行简单的流动化学技术应用设计，具备解决实际问题的能力。

3.激发对科学的探索精神，培养科学素养和创新能力，树立科学的世界观、人生观和价值观，坚持实事求是的科学态度。

第一节 概 述

"流动化学（flow chemistry）"亦称为"连续流化学"，是一种备受关注的化学反应新技术，其过程为将反应物或其溶液泵入微管道反应器中，在管道内部混合并连续流动完成化学反应。流动化学技术作为微流体技术的重要分支，以其高效传质传热性能、高压操作能力、高安全性及高度自动化水平，在化学、医药等众多领域展现出巨大的应用前景。

一、流动化学技术的产生与发展

20世纪50年代，化学工程领域在产品的分离和纯化方面取得了显著进展，然而，实际分离纯化的收率并不高，且存在安全性问题。于是，工业界的研究重点逐渐转移至化学反应过程和化学反应器本身。化学家们从均相反应到非均相反应，对反应器中流体的流动、混合、传质、传热等因素进行了系统研究，希望解决化学工程领域产品分离纯化收率低、安全性差等问题。

20世纪90年代初，瑞士汽巴精化（Ciba Specialty Chemicals）公司的Manz等人首次提出微全分析系统（miniaturized total analysis systems，μ-TAS）的概念，此后微反应技术（microreaction technology）在学术研究和工业应用方面都取得了飞速发展。至90年代中期，微反应器的问世极大地解决了生产安全与产品稳定等问题，迅速成为科学研究和产品开发的热点。随着微全分析功能的不断拓展，进一步催生出"芯片实验室（lab-on-a-chip）"、"微机电系统（microelectromechanical system，MEMS）"以及泛指的"微反应器（microreactor）"和"微流控（microfluidics）"等专业设备和技术分支，大大丰富了流动化学技术的内涵和应用范围。

2007年，麻省理工学院基于流动化学技术开发了药物合成新方法，并将该技术应用于创新药物发现领域。此后的十年间，流动化学技术逐渐被拓展应用至有机金属化学、精细化学品、聚合物、多肽和纳米材料的合成。2019年，流动化学技术更是被应用于绿色化学领域中环保催化剂的开发。随着对流动化学技术更为深入的研究，更多的应用场景已被开发，不仅适用于传统有机化学反应，还开发出与新型化学反应方法联用的新技术，更是在药物的连续合成工艺中取得极大应用。

随着全球化学领域对安全、绿色、自动化、智能化生产的需求，流动化学技术不仅在学术界备受关注，在工业界也一直被高度关注，持续获得加大研究投入，以期进一步拓展其在工业生产中的应用范围。可以预见，流动化学技术未来将在化学合成领域发挥更加重要的作用，为化学工业的可持续发展注入新动力。

二、流动化学技术的原理与装置

（一）流动化学技术的原理

流动化学技术的基本原理为将原料经泵精准运输至微型化学反应器中进行连续流动的化学反应，在反应器内高效完成反应后，流动至塔式反应器内去除杂质，最终完成产品的生产。其核心在于借助泵的动力提升，使反应原料在进行持续性化学反应的同时，能够控制反应过程中的温度、压力、浓度等参数，以实现更精细的反应控制。这种反应方式可提高反应效率和选择性，减少副产物生成，降低杂质含量，从而极大提升产品产量和质量，符合绿色化学的原则。

以二乙氨基三氟化硫（diethylaminosulfur trifluoride，DAST）与芳香醛通过流动化学装置生成二氟化物为例（图6-1）。在流动化学装置中，DAST和芳香醛被泵分别送至各自的反应回路，经T型件混合并传送至盘管反应器中。在盘管反应器中精确控制反应参数（如温度、压力和流速等）和施加外部反应条件（如加热、冷却、振荡、通电、微波、光照、超声等），使反应物传送、混合和反应持续进行，在盘管反应器内生成二氟化物反应液。随后反应液进入塔式反应器，通过特定的分离和纯化步骤，去除杂质，经背压调节器调节排料至下游单元进行在线分析和后处理，最终得到纯净的二氟化物目标产物。

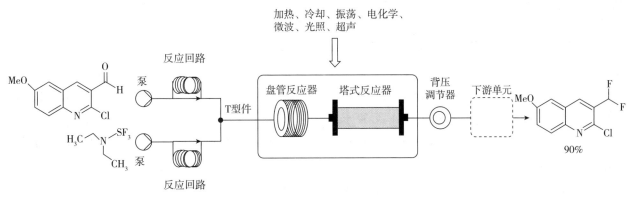

图6-1　流动化学装置

（二）流动化学技术的装置

流动化学技术的基本装置包括泵、反应回路、T型件、反应器、背压调节器调节和下游单元。根据反应类型的不同和多组分连续反应的设计，会有各装置不同类型的选择和组合。

1.泵　是确保溶剂和试剂定量、流速稳定输送的关键部件。常见的泵类型有活塞泵、蠕动泵、注射泵和齿轮离心泵几种。活塞泵也被称作往复泵，通过活塞的往复运动来周期性地改变泵腔的容积，从而精准地调控反应原料在管道内的进出。蠕动泵通过滚轮对输送液体的软管进行交替的挤压与释放，实现液体的定量输送。这种输送方式使得液体体积的控制更为精确。注射泵的工作原理相对简单，通过步进电机推动安装在注射泵上注射器的活塞进行稳定、高精度的注射输液。齿轮离心泵是一种通过泵腔内齿轮的啮合与分离来周期性改变液体运输空间容积的泵。在齿轮逐渐分开的过程中，流经的空间容积增大，形成部分真空，在大气压的作用下液体被吸入泵腔实现输送。

2.反应回路 是引导原料进入反应器的装置，确保原料在进入反应器前维持稳定的流速和适宜的体积。

3.T型件 是反应原料的主要混合点，使反应原料在此处汇聚并开始混合。

4.反应器 是流动化学技术中实现液相单相反应过程和液液、气液、液固、气液固等多相反应过程的装置，可在该装置中提供反应环境、控制反应条件、促进反应进行并除去反应杂质，从而提高反应速率、产量和质量。

5.背压调节器 也称为背压阀，是控制系统压力不可或缺的部件。压力不仅影响反应速度、物料在反应器中的停留时间和反应的平衡状态，还关系到反应物料的沸点和气体浓度。通过背压阀，可以实时调控工业生产中的压力，防止反应物料在反应器中发生不适宜的沸腾。同时，对于产生气体的反应，背压阀还能有效控制气体产物的排出，从而提高生产效率。

6.下游单元 是负责进行产品在线分析、后处理操作等工作的部件。

上述装置构成了流动化学技术的基本组成，从原料输入产品在线分析与排出，发挥不同的作用，缺一不可。在实际应用中，也会根据反应的组合设计多个元件的组合，实现连续流动化学反应。

（三）流动化学技术中的反应器

反应器是流动化学技术中非常关键的装置，通过对泵的调节可准确控制反应物的流速及反应物料在反应器中的停留时间，精确控制反应参数，同时对反应器施加不同的外部反应条件（如加热、冷却、振荡、通电、微波、光照、超声等），可大大提高生产安全性、生产效益和降低有毒有害废物的产生。流动化学技术中的反应器类型主要有管式反应器、塔式反应器、釜式反应器、床式反应器、微反应器及其组合。

1.管式反应器 是一种连续操作反应器，通常具有较大的长径比，结构易于加工制造和检修。管式反应器主要分为立管式反应器、盘管式反应器、U形管式反应器以及多管并联管式反应器等，常用于实现气相反应和液相反应，如液相氨化反应、液相加氢反应等。其中，盘管式反应器是一种常见的化学反应器，其高效性得益于其由一或多个圆柱形管子组成的结构。这些管子可水平或垂直安装，其直径和长度均可根据反应需求灵活选择。管子内部设计有反应物流动管道以及加热或冷却外壳，为反应提供足够的停留时间。

在管式反应器中，物料以流体形式（气体或液体）高速流过反应器，沿着导管流动的反应物同时转化为产物。在物料高速流动的状态下，已生成的产物不能向后扩散，这种流动模型可减少副反应并提高产率。因此，管式反应器的一个特点是，在恒定流速下，反应器内任何一点的条件参数随时间保持恒定，可根据沿管长度的位置来测量反应时间；另一个特点是，因为管道入口处的反应物浓度最高，所以反应速率较快，随着反应物不断进行反应，浓度逐渐降低，反应速率随着反应物流过管道而降低。例如，CO_2 和 H_2 在多管固定床反应器中合成甲醇（图6-2）。管式反应器作为一种重要的连续生产反应器，在化工生产中具有广泛的应用。

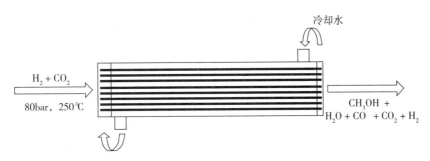

图 6-2　管固定床反应器示意图

2. 固定床反应器　是化工生产中常见的一种反应器类型，其特点在于反应器内部填装了固态颗粒状原料或催化剂，形成了具有一定高度的固定床层。这种设计使得液体或气体反应物在通过固体颗粒层时能够实现非均相反应，从而高效促进化学反应的进行。非均相催化剂常用于气体流经固体催化剂（通常为小颗粒形式以增加表面积）的工业生产中，如图 6-3 中的装置通常被称为催化剂固定床反应器。

固定床反应器的应用十分广泛，其中制备生产硫酸所需的三氧化硫就是一个典型的例子。其主体是带有独立催化剂床（称为转化器）的圆柱形容器，将反应器加热到 700K，二氧化硫与空气通过该反应器时发生氧化反应，生成三氧化硫。该过程采用氧化钒作为催化剂，并添加了促进剂。促进剂的作用是降低氧化钒的熔点，减少催化剂在加热过程中的烧结现象，以免降低催化剂的活性。

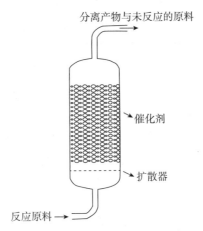

图 6-3　催化剂固定床反应器示意图

3. 流化床反应器　主要应用于气体和（或）液体通过固定的或运动的固体颗粒床层以实现多相反应过程。流化床反应器是床式反应器的一种，该反应器的分配板上装配了许多非常细小的催化剂颗粒，当气态或液态反应物通过分配板时，颗粒与反应物一起形成流体（图 6-4）。在流化床反应器中通过液流或气流的推动，固态颗粒状原料或催化剂在设备内呈现流化状态，从而实现反应物与催化剂的高效混合和接触。反应物气态分子与催化剂在反应器中良好混合，形成均匀的混合物可高效热传递并快速反应，从而减少了反应过程中的不稳定性。

以乙烯通过连续流动氯化合成氯乙烯为例，其大致过程：乙烯与氯化氢和空气（富含氧气）混合，气体通过金属管中被加热的固体催化剂，在流化床反应器中保持在约 500K 和 5atm 条件下反应。催化剂是沉积在氧化铝表面的氯化铜和氯化钾，这种载体非常精细，当气体通过它时，它就能像流体一样与气体充分接触。由于反应是高度放热的，需要对反应器进行及时的冷却以提供最佳反应温度，有效的温度控制还可以减少例如氯乙烷和 1,1,1,2- 四氯乙烷等有害副产物的形成。通过精确控制反应条件和催化剂的选择，流化床反应器能够实现乙烯与氯化氢和空气的高效反应，生成氯乙烯。

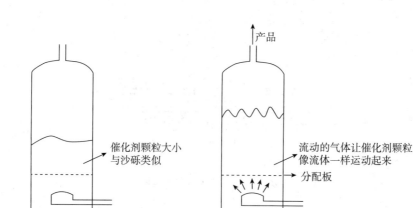

图6-4 流化床反应器示意图

尽管流化床反应器的建造成本较高，且其体积通常大于固定床反应器，但其更易于控制反应条件，反应过程更加高效，其独特的运行机制和高效的反应性能具有不可替代的作用，在特定的化工生产过程中扮演着重要的角色。

4.釜式反应器 通常由长径比较小的圆筒形容器构成，内部可装有机械搅拌或气流搅拌装置。可以细分为间歇釜式反应器、连续釜式反应器和半连续釜式反应器，常用于液相单相反应过程以及液液相、气液相、气液固相等多相反应过程。连续搅拌釜反应器是连续釜式反应器的一种，其与传统间歇式反应器十分相似，内部都是通过马达带动搅拌器旋转实现物料混合，区别在于连续搅拌釜反应器可以不断导出产物（图6-5）。叶轮剧烈搅拌试剂可确保良好的混合，使整个反应器成分均匀，出口处的组成与反应器中的本体相同。液位计可控制投入反应的原料量，抽真空可实现需要隔绝空气的反应。生产过程中，反应器必须达到稳定状态，即流入反应器的流量等于流出的流量，否则罐将排空或溢出。停留时间可通过将罐的体积除以平均体积流量来计算。例如，采用连续搅拌釜反应器可用于制备生产2-甲基丙烯酸甲酯的酰胺中间体，将硫酸和2-羟基-2-甲基丙腈在400K的温度下送入反应器中，通过盘管送入的冷却水带走反应产生的热量，停留时间约为15分钟。

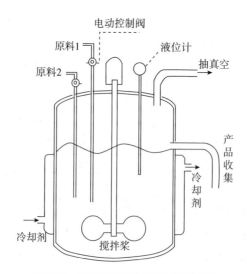

图6-5 连续搅拌釜反应器的示意图

连续搅拌釜反应器的一个变体是回路反应器，主要包括安全罐、原料储罐、进料泵、喷射结构、反应器、循环泵、换热器和产品回收罐等，其结构相对简易，建造成本相对低。以回路反应器制造聚乙烯为例，其过程为：乙烯与催化剂在加压条件下与稀释剂（通常是烷烃）混合，产生的浆料被加热并围绕回路循环，聚合物颗粒聚集在其中一个回路的底部，并与烷烃释剂一起不断从系统中释放出来。稀释剂蒸发后，留下固体聚合物，然后重新冷却为液体并返回回路系统，再次进入循环（图6-6）。另外，通过改变回路反应器中回路的长度或数量来调整停留时间，可使得反应时间更短，提高生产效率。

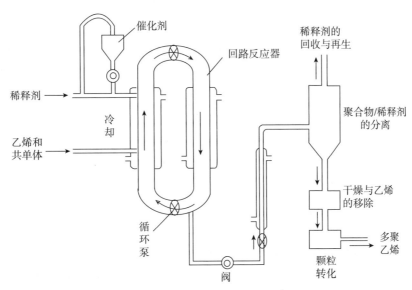

图6-6　用于生产聚乙烯的回路反应器示意图

5.微反应器　作为一种新型的反应器技术，尺寸通常在毫米或微米级别，能够实现快速、高效和可控的化学反应，特别适用于需要精确控制反应条件、提高反应效率或降低能耗的场景。微流反应器也称为微通道反应器，是微反应器的一种，通过微结构单元实现对流经的反应流体进行切割和操控，是一种创新的化工设备。这种反应器集成了反应器、混合器、换热器等单元组件，能够在微米级或纳米级的时空尺寸内进行高效的混合、换热和反应。与传统技术相比，微流反应器的显著特点在于其流体通道的尺寸非常小，通常在 $50 \sim 1000\,\mu m$ 范围内。这种微小的通道尺寸使得反应器的比表面积非常大，可以达到 $10000 \sim 50000 m^2/m^3$。因此，微流反应器在反应物料的瞬间混合和对反应温度的精确控制方面展现出卓越的性能（图6-7）。

例如，利用微流反应器进行二乙胺基三氟化硫（DAST）与芳香醛反应生成二氟化物。在整个反应过程中，两种反应物的比例、微反应器的温度和流经反应器时的流速都可以进行调节，以获得最佳转化率。在实际操作中，由于氟化试剂DAST具有非常高的活性，对水敏感、易燃、易爆，需要选择合适的溶剂溶解基质。反应过程中在低温下滴下DAST后控制温度，并选择合适的微反应器实现充分混合，则可以避免爆炸风险，实现最佳转化。

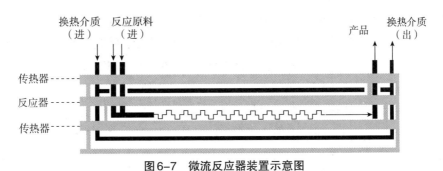

图6-7　微流反应器装置示意图

三、流动化学技术的特点与优势

传统间歇反应器中的宏观混合通过机械搅拌实现，混合模式主要呈层流、湍流或过渡流的形式，较为混乱，难以避免副反应的产生。而流动化学装置内的扩散距离短、混合速度快，能有效避免反应过程中发生的副反应，可以得到高纯度产品。总体而言，流动化学具有如下几个方面的技术特点。

1. 能够准确地控制反应参数 温度和浓度的调节对反应的控制至关重要，流动反应器具有出色的传热、传质以及可预测的液体流动特性，使得反应过程中的温度和浓度变化能够被迅速检测和调控，温度和浓度的调节变得更为精准和高效，因此可以实现高度的反应控制能力，有助于减少副反应的发生，提高产品的纯度和质量。

2. 高效的热传递 流动反应器提高传热速率的优势可应用于快速放热反应，包括格氏反应、烷基化和自由基反应等。高效传热在多相反应中更为突出，流动反应器会及时带走反应过程中产生的大量热量，从而防止局部"热点"的形成。因此，通过流动化学技术，可以在更高的温度和压力下进行反应，从而加速反应的进行。这种反应加速能力有助于提高生产效率，降低生产成本。

由于流动化学传热快速和温度控制均匀，研究者们可在微反应器中探索超临界溶剂反应以及实现均匀量子点合成、酯化和无催化剂的酯交换等反应。

3. 以非常小的试剂量实现大量的反应条件评估 流动反应器中的微型反应器体积小巧，可以用极小的试剂量进行大量的反应条件评估。通过改变输入溶液的流速，可以方便地控制反应的停留时间和温度，从而实现对不同反应条件下的连续反应情况进行检测。这种能力使得研究者能够在短时间内对多种反应条件进行筛选和优化，提高研发效率。同时，背压阀的使用使得反应混合物沸点以上的反应温度也能得到评估，进一步拓宽了反应条件的选择范围。例如，使用插入自动化微型反应器平台中的 $10\,\mu l$ 玻璃反应器进行二酮和肼之间的反应，以制备系列唑类化合物（图6-8）。在该反应中，使用各种溶剂在八个温度（$25\sim195\,℃$）和五个停留时间（30秒至5分钟）对反应进行了评估。研究者在27小时内共进行了200次实验，共使用了6ml的溶剂和94mg的二酮，最终发现最佳条件是：反应溶剂为乙醇，反应温度为 $125\,℃$，停留时间为180秒。

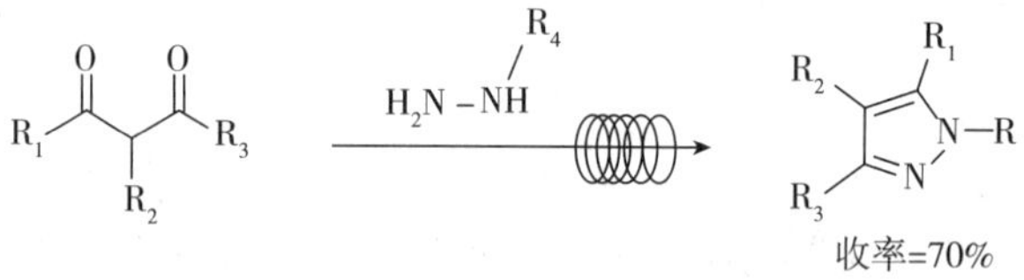

图6-8 二酮和肼反应制备唑类化合物

4. 安全性高 对于光、热和冲击敏感的重氮化反应，流动化学技术通过其良好的传热性能和及时移除产物的特点，提供了更为安全的合成路径。在气体产生和高压反应中，流动化学技术的应用同样增强了反应的安全性。通过控制反应试剂的泵出速率，流动处理可以精确调节产气的速率，从而避免了因产气速率不可控而可能导致的爆炸风险。此外，流动反应器相较于间歇反应器所需空间更小，减少了与高压压缩气体/蒸汽相关的潜在危险，使得一些在间歇反应器中难以放大的反应条件得以实现。

5. 生产效率高 传统间歇反应中，单个反应容器一次只能执行一项任务，其生产量受到制备工艺周期时间的限制，包括容器的加热和冷却、材料的装填和清空等步骤。而流动化学技术通过连续流动的方式，将多个反应步骤连接在一起同时操作，不仅消除了工艺周期的限制，还简化了中间产物的后处理过程。这种连续化合成的方法使得从原料到最终产品的转化时间大大缩短，成本显著降低，提高了生产效率。

因此，流动化学的技术优势体现为：①微反应器中的反应物混合均匀，接触面积大，使得传质和传热过程更为高效，从而提升了反应速率和产物质量；②高压操作条件能够拓宽反应物的适用范围，促进一些在常规条件下难以进行的反应发生，提高反应的转化率和选择性；③流动化学技术的封闭管道设计有效减少了有毒或易燃物质的外泄风险，显著提高了反应过程的安全性；④流动化学技术能够实现精确的参数控制和自动化操作，通过精确调控泵送速度、反应温度、压力等关键参数，可以实现对反应过程的精细化控制，从而提高反应的稳定性和可预测性；⑤自动化技术的引入使反应过程更加便捷和高效，降低了人力成本，提高了生产效率。总体而言，流动化学相较于传统的间歇反应工艺，具有能够快速控住反应参数、高速混合、安全性好、反应效率高等优势。

值得一提的是，传统的釜式反应中，每步化学反应都是分步进行的，操作复杂、反应周期长、成本高，且存在严重的"三废"污染问题。而基于流动化学技术的连续流动化学合成通过将多个化学反应连续化合成，避免了活性较高的中间体安全问题以及中间体失活导致的产率降低问题。这种连续流动的模式不仅提高了生产效率，还降低了生产成本，为复杂分子的合成提供了一种更为高效和环保的方法。与传统釜式反应相比，创新的化学方法和在线分离技术的设计和优化是连续流多步合成成功的关键。特别是对于复杂分子的多步合成，如天然产物或某些复杂药物的合成，流动化学技术具有其独特的优势。

第二节　流动化学技术的反应类型

流动化学技术可以应用于常见的有机化学反应中，特别是对于在常规条件下较为苛刻的反应类型，利用流动化学技术可以轻松实现简便、安全、快速的反应操作过程。

一、硝化反应

硝化反应是指向有机化合物分子引入硝基的取代反应，常常以浓硝酸、混酸、五氧化二氮等作为硝化剂，其反应放热量大、反应速率快，传统工业生产采用釜式间歇或者釜式串联硝化工艺，此类反应器在传质传热效率上具有一定局限性，易造成反应器局部热量累积，导致多硝化、氧化等一系列副反应，甚至发生爆炸事故。将流动化学技术应用于硝化反应，可使该反应的进行更加绿色、安全和高效。

例如，目前开发的一种绿色、高产的2,5-二氟硝基苯连续合成工艺，对二氟苯、硫酸和发烟硝酸的投料摩尔比为1∶2∶1.1，其反应装置由三段内径为4mm的SS316管式反应器组成，分别在30~35℃、65~70℃、-5~0℃水浴温度下反应，并通过加入混合器和提高流速的方式加强传质，保证反应有较好的转化率和选择性。优化条件下，连续流工艺相比传统釜式工艺，反应时间缩短至2分钟，且主产物收率从80%提高到98%，纯度为99%。该反应器产量可达到6.25kg/h，能通过增设多个反应器扩大生产规模，避免了放大效应。该工艺的另一个优点是将反应剩余的硫酸进行回收套用，投入的两个当量硫酸可以直接使用3次，然后进一步调节硫酸浓度实现部分废酸的回收利用，产率均在96%~98%（图6-9）。

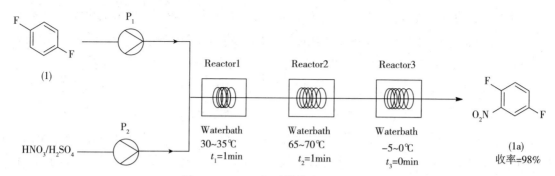

图6-9　2,5-二氟硝基苯连续合成工艺

二、氢化反应

氢化反应过程使用氢气及高压条件带来一定的安全隐患。为了解决这一问题，发明了一种"管中管"反应器，该反应器将一个气体可渗透的聚四氟乙烯AF2400管安置在一个聚四氟乙烯管内。"管中管"反应器的设计巧妙地利用了气体可渗透的材料特性，使氢气能够通过外管与内管中的液体进行有效接触，从而实现氢化反应。这种设计不仅提高了反应效率，更大大降低了因氢气泄漏或高压操作而引发的安全风险。

此外，还可以采用基于毛细管的系统，通过消除气相色谱柱轴向分散的能力，利用气液分段流来获得使用传统技术无法实现的产品选择性。例如，为了实现3-甲基戊-1-炔-3-醇(a)的氢化，采用钯（Pd）浸渍 γ-Al_2O_3作为催化剂（Pd含量控制在为0.02～5.7wt%），可以获得78±2%产物(b)的最大产率（图6-10）。该技术还可以应用于脂肪族叠氮化物的加氢反应。

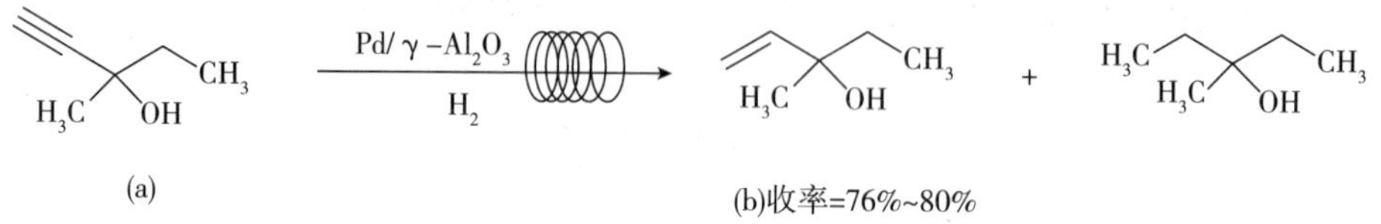

图6-10　3-甲基-1-戊炔-3-醇的氢化反应

三、氧化反应

传统的氧化反应方法在使用氧气等气体时存在诸多安全问题，限制了其在大规模生产中的应用。流动化学技术通过其独特的反应环境和精确的控制能力，成功地将流动化学技术与氧化反应相结合，从而克服了这一难题，为该领域带来了新突破。

以利用Ru催化剂将苄醇和烯丙醇氧化成醛和酮的反应为例，该反应采用管式反应器，其选择性高达99%以上。并且使用空气（15bar）作为氧化剂代替O_2时，反应选择性不变，且对卤化物和杂原子（S和N）耐受。在扩展应用中，通过串联氧化（90℃，1小时）和烯烃化反应（3小时），可以在没有溶剂变换的情况下获得苯戊二烯酸甲酯（图6-11）。这一案例展示了流动化学技术在提高反应选择性方面的优势，同时为工业生产提供了更加安全、高效的氧化反应方法。

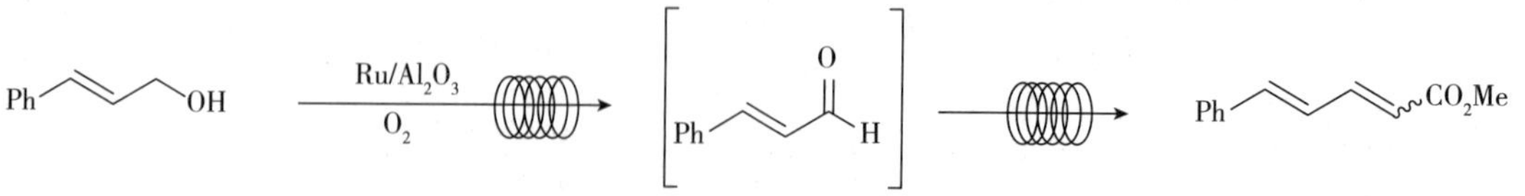

图6-11　在甲苯中串联氧化和烯烃化获得苯戊二烯酸甲酯

四、氟化反应

由于氟气的危险性较大，对有机原料直接使用氟气进行氟化反应并不适用。随着流动化学技术中微结构流动反应器技术的发展，现能够安全有效地进行氟化反应，这为合成含氟化合物开辟了新的途径。

例如，在合成4-氟吡唑衍生物的过程中，首先往镍微反应器中通入比例为9∶1的F_2/N_2混合气体，使2,4-戊二酮（a）选择性氟化定量转化得到3-氟戊烷-2,4-二酮（b）；然后将镍反应器的输出连接到T形片，向其中加入混合肼衍生物（1.5当量）的乙腈、乙醇或水溶液，在聚四氟乙烯（PTFE）管反应器中进行环化反应得到目标产物。使用这种方法，能够以较高的产率（66%~83%）获得4-氟吡唑衍生物，并能够使用离线19F核磁共振光谱分析确定产品纯度（图6-12）。

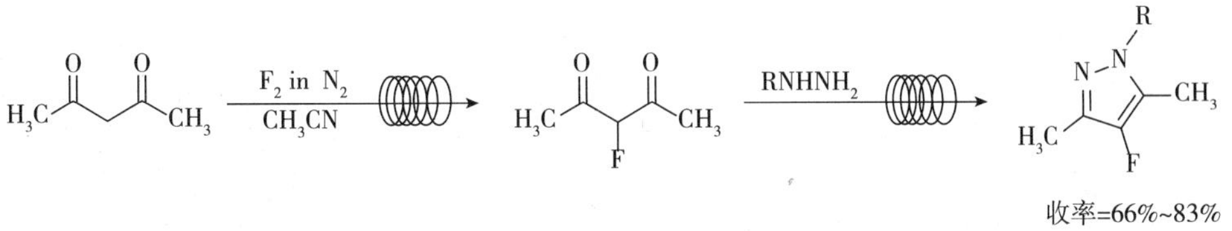

图6-12　使用F_2直接氟化合成4-氟吡唑的流动合成

五、杂环反应

采用连续流动化学技术可有效实现复杂杂环化合物的多步合成。如图6-13，以甘油为原料利用连续流动化学技术合成氯甲代环氧丙烷和环氧丙醇为例。第一步在流动反应器1中以辣椒酸作为催化剂，通过盐酸的氯化/二氯化得到二氯丙醇和氯丙二醇。然后在反应器2中加入氢氧化钠连续进行第二步，高效地将二氯丙醇和氯丙二醇转化为氯甲代环氧丙烷和环氧丙醇。这一步骤的成功，为后续合成甘二醇和环氯三醇打下了坚实的基础。通过线膜分离系统，可以对甘二醇和环氯三醇进行有效的分离。这种分离方法不仅操作简单、效率高，而且能够确保产物的纯度。分离后得到的产物，可以进一步用作含氨基醇原料药如普萘洛尔（propranolol）的合成前体，为药物研发和生产提供了可靠的原料来源。

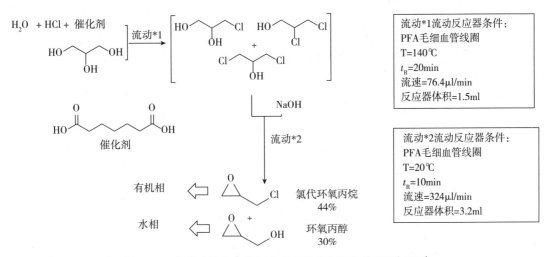

图6-13　甘油在流动条件下合成氯甲代环氧丙烷和环氧丙醇

通过利用流动化学技术，可以实现对喹啉衍生物的高效、可控合成。利用Doebner-Miller反应制备喹纳丁（2-甲基喹啉）衍生物，以不同的苯胺作为起始原料，以硫酸为催化剂，在一系列连续搅拌槽反应器

（CSTRs）中进行反应来合成。与批量处理方式［图6-14（a）］相比，该法减少了副产物的形成，收率更高；如采用柱式反应器，反应可在更高的温度下实现［图6-14（b）］，这两种系统有着相近的产量（图6-14）。

上述例子如使用均相催化剂（硫酸水），进一步将多相催化剂-磷酸铌（NbP）固定在反应器中，在流动化学条件下可进行Skraup反应，在高温和高压条件下，以苯胺（或其他芳胺）和甘油（或其缩合物）为原料，经过酸催化下的氧化缩合反应得到喹啉及其衍生物［图6-14（c）］。

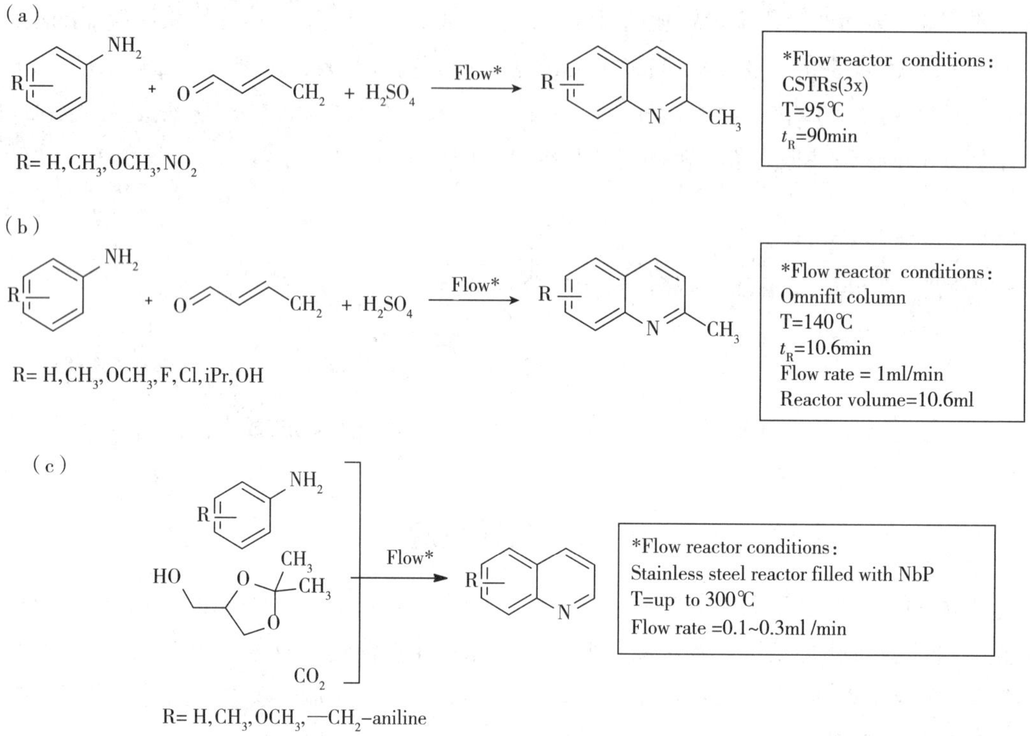

图6-14　喹啉的流动合成

七元杂环是药物化学中的重要骨架，广泛应用于中枢神经系统等药物中，其合成可采用流动化学技术进行。例如，3H-偶氮吡啶酮的合成中形成 ε-内酰胺七元杂环的关键反应采用流动光反应器进行（图6-15）。该反应包括芳基叠氮化物在流动光反应器中的光解，形成的氮化二烯在水的存在下进行重排，在室温下以中等到良好的收率（35%~75%）。通过氧氮嘧啶的光催化转化，可以更快、更高效地制备含有手性七元内酰胺环的化合物库，适合批量处理程序。目标产物 ε-内酰胺衍生物在反应器中停留时间30分钟便获得了良好的收率（54%~83%）。

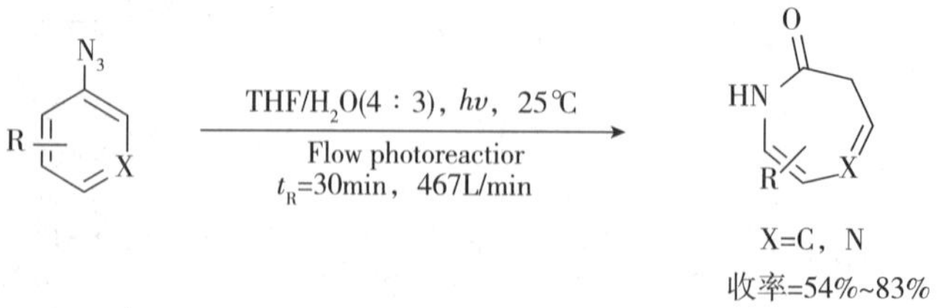

图6-15　七元环杂环的流动合成

使用连续的流动化学技术进行二苯甲酮和氯乙酰氯的酰胺化反应后再环化可替代经典方法获得地西泮（图6-16）。该方法能够将e因子（每生产1kg目标产品与产生的废物质量的比值，e因子=废物质量/产品质量）从36减少到9。这种改进是通过多因素达成的，其中用2-甲基四氢呋喃替代乙酸乙酯作为反应溶剂是关键因素。

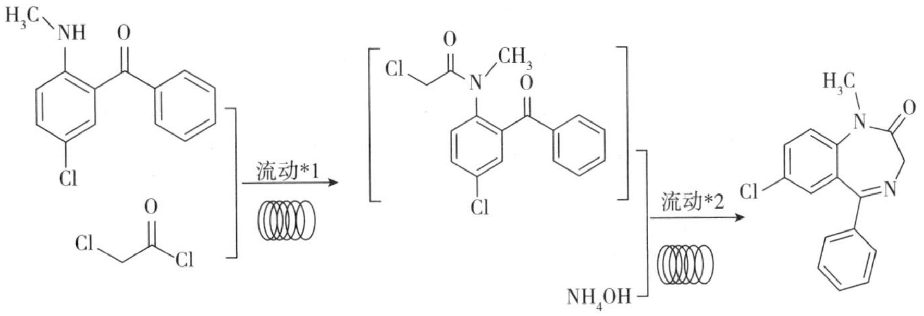

流动*1流动反应器条件：
PFA反应器
T=90℃
t_R=2.4min
流速=165μl/min
反应器体积=0.4ml

流动*2流动反应器条件：
PFA反应器
T=100℃
t_R=25.4min
流速=400μl/min
反应器体积=10.2ml

图6-16　地西泮的流动合成

六、周环反应

诺硼那二烯（NBD）是一种光开关分子，由于其能够通过异构化为超稳定形式四环素（QC）来存储能量，被认为可以用作分子太阳能热能存储系统（MOST）而备受关注。合成NBD的方法之一是通过环戊二烯（CP）和取代炔之间的Diels-Alder反应而制备。因为CP的反应性活性较强，因此在储存时主要以二聚体（双环戊二烯）的形式存在，故合成通常是两步法：双环戊二烯热裂解，发生逆Diels-Alder反应原位产生CP单体，然后与取代炔发生Diels-Alder反应生成NBD（图6-17）。

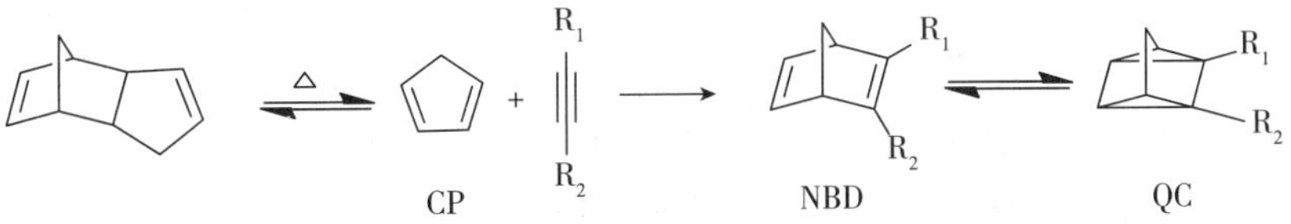

图6-17　2,5-取代的降冰片萘二烯的两步合成法

利用不锈钢卷管流作为反应器的连续流动化学技术可使CP原位裂解与取代炔Diels-Alder反应联合，构建2,3-二取代NBD分子库（图6-18）。通过对比传统加热与微波辅助加热，以及对不同反应条件的筛选，特别是CP的用量对产率的影响，可以精确地掌握影响Diels-Alder反应的关键因素。该NBD分子库的连续流动化学合成不仅简化了反应步骤，而且提高了反应效率。采用该方法，可以有效地生成未来的新型NBD系统库，并实现储能的实时应用。

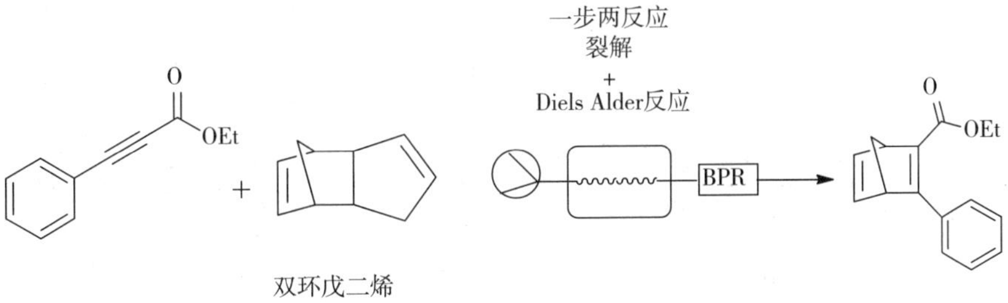

图6-18　不锈钢卷管流反应器中3-苯基丙炔酸乙酯与双环戊二烯的Diels-Alder反应

七、水解反应

流动反应器耦合的微波（MW）加热技术相较于传统的间歇微波系统，在非环核苷膦酸二酯水解为相

应磷酸的反应过程具有显著优势。该过程以盐酸溶液作为酸性催化剂，在不锈钢卷管流反应器中发生。由于稀释后的盐酸反应性低，因而通常需要较长的反应时间和高温，通过使用兆瓦加热反应器可以显著加速反应过程，反应时间从几十/数百小时显著减少到10～20分钟。使用连续流MW反应器进行了水解放大，可以实现使用0.25M的盐酸水溶液（2等量）制备非环核苷磷酸（72%）。在140℃时。该产品通过在水中重结晶很容易纯化（图6-19）。这种新方法不仅提高了反应效率，还使得整个过程更易于扩展和优化。

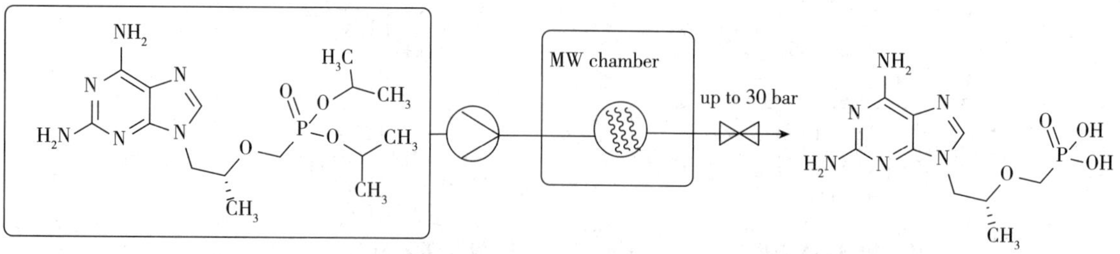

图6-19　不锈钢卷管流反应器中水解反应制备非环核苷磷酸条件的优化

八、磷酰化反应

通过磷酰化/水解序列在连续流动反应器中制备天然和非天然的5-核苷酸和脱氧核苷酸的方法，展现了一种高效、连续且可扩展的有机合成策略。如图6-20所示，在磷酰化步骤中，三氯氧磷作为磷酰化试剂与未受保护的核苷发生反应，三甲基磷酸盐（TMP）作为溶剂，有助于反应的顺利进行。磷酰化反应在6～24分钟的停留时间内完成，这一时间窗口确保了反应的高效进行。随后，水解反应在第二个反应器中进行，通过将水注入反应器，实现了对磷酰化产物的快速水解。这一步骤在1分钟内迅速完成，进一步提高了整个合成过程的效率。值得注意的是，这两种反应都是在室温下进行的，无需额外的加热或冷却设备，从而降低了能耗和操作成本。

以核苷为原料，磷酰氯为磷酰化试剂，可以制备出多种天然和非天然的核苷酸。这种方法利用中流体反应器实现了连续流动合成，有效提高了生产效率并降低了能耗。

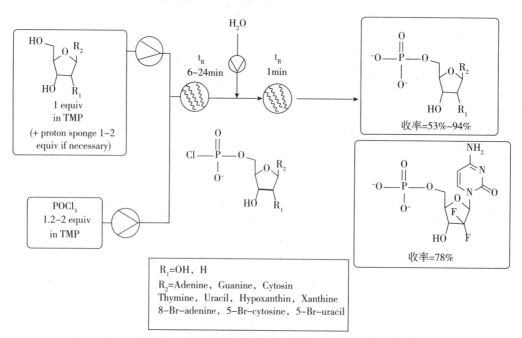

图6-20　由核苷和三氯氧磷制备天然和非天然核苷酸的两步连续流动序列

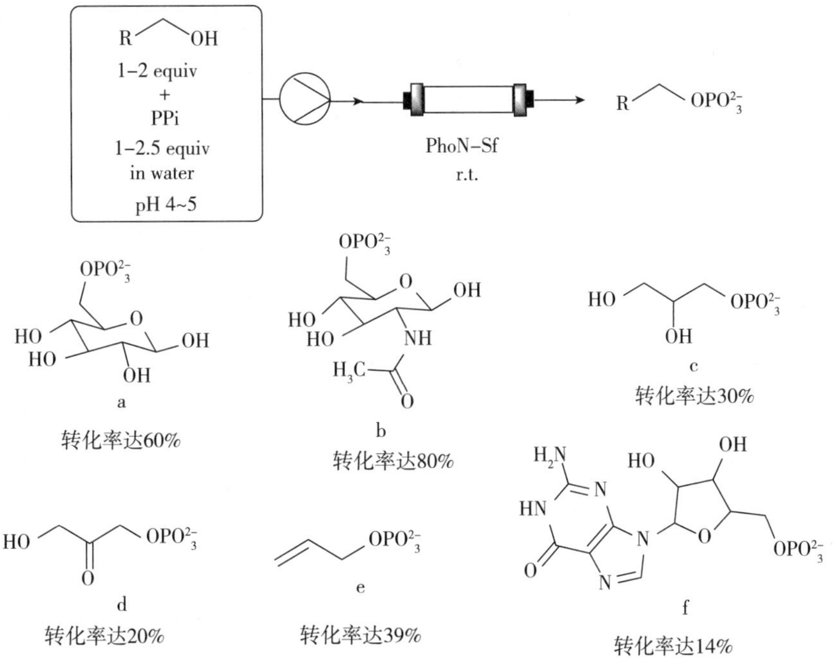

图6-21　使用酸性磷酸酶（PhoN-Sf）对各种底物进行连续流动磷酸化

连续流动磷酸化在酶生物催化的应用方面具有独特优势，其在处理复杂底物时具有高特异性选择能力。酸性磷酸酶（PhoN-Sf）是一种广泛存在于人体组织中的酶类，其在酸性条件下可催化磷酸单酯水解生成无机磷酸。通过将酸性磷酸酶（PhoN-Sf）固定在连续流动反应器的各种固体载体（如珠子或单体）上，可以极大地促进磷酸化反应的发生。该反应依赖于无机焦磷酸盐（PPi），通过将支撑的酶包装在柱中，并在酸性条件下运行反应器，可成功实现对几种主醇的磷酸化（图6-21）。在酶活性稳定的情况下，经过至少2周的连续操作，可获得相关磷酸化产品如d-葡萄糖-6-磷酸（a）、N-乙酰二葡萄糖胺-6-磷酸（b）、小分子c~e以及核苷酸肌苷-5单磷酸（f）。反应的转化率在很大程度上依赖于底物：葡萄糖衍生物a和b具有很高的转化率（60%~80%），而其他底物如c~f的转化率较低（14%~39%）。这种固定化技术不仅提高了酶的稳定性，还有利于实现反应的连续性和自动化。此外，负载催化剂作为填充床柱的包装材料，也进一步提高了工艺的生产率。

第三节　辅助技术联用的流动化学技术

流动化学技术可以与其他辅助技术（例如微波、负载试剂或催化剂、光化学、感应加热、电化学、3D打印和色谱分析检测等）联用，这些组合可使工艺实现完全自动化，提高反应效率。流动化学技术与其他辅助技术的结合为化工生产提供了强大的支持，推动了行业的进步和发展。

一、联用有机光化学的流动化学技术

流动化学技术与有机光化学联用可实现流动性的光化学反应，从而克服光化学反应的先天局限，使光化学反应得到强化。流动性的光化学反应与传统批量性的光化学反应相比具有明显优势：①光程极短，使用窄小的氟化乙烯丙烯（FEP）或聚四氟乙烯（PTFE）材质管路能实现光的有效穿透，反应混合物可以得到广泛而均匀的照射，同时可以实现精确温控、迅速换热；②通过调节停留时间可以避免副反应；③可应用小型和低能耗光源，有效使用光能，节能环保；④能够使流动通道的照射区域与灯的发光区域最大程度匹配，减少"光损失"。因此，在连续流动条件下进行的光化学转化通常比传统批量方法所需时间更短，产品的产率、选择性以及纯度更高。例如，非甾体抗炎药物布洛芬（ibuprofen）可以在连续流动光化学条件下制备。把第一步制备所得的0.1vol%浓度下的氯代苯丙酮，于65℃条件下进行20分钟80%的紫外光照射，可以0.5ml/min的流速得到布洛芬，收率高达76%（图6-22）。

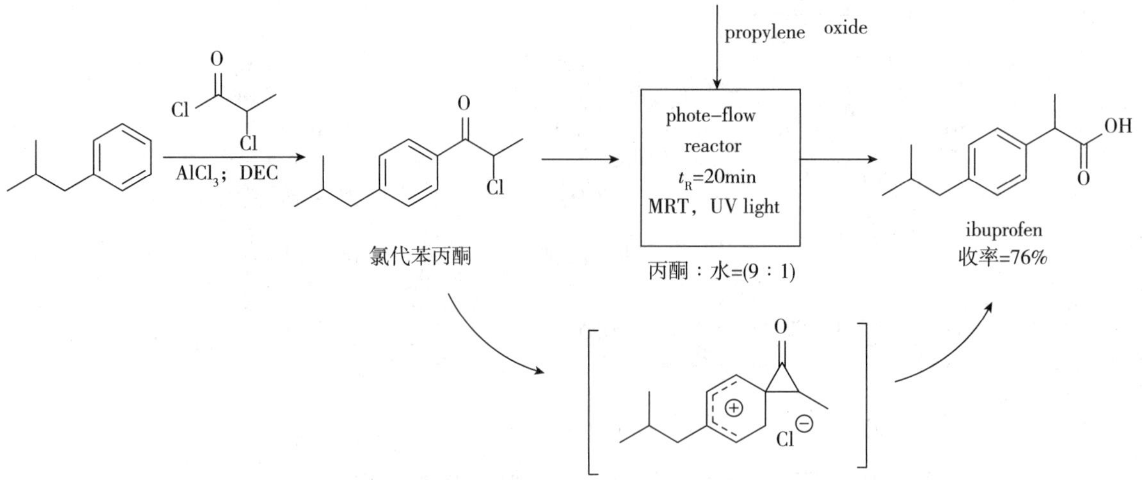

图6-22　布洛芬的连续流动光化学方法制备

二、联用微波促进反应的流动化学技术

微波（MW）促进的有机反应其优势在于能够提高反应的选择性和收率，因而也被列入"绿色化学"的范畴。但传统间歇式微波辅助合成存在一定局限性，比如微波的穿透力弱和辐射功率低，限制了其在大规模反应中的应用。流动反应器能够缩放微波反应器中筛选的反应，同时保持高效的生产效率，从而有效地扩大了微波辅助的反应规模。以两步连续合成萘丁美酮（nabumetone）的工艺为例，在流动化学的管盘式反应器中均分别辅以微波促进反应，能够以75%的总收率以及0.35kg/小时的产量生产目标化合物（图6-23）。这一研究应用初步表明，微波与流动化学相联用能有效克服微波反应的规模放大问题。

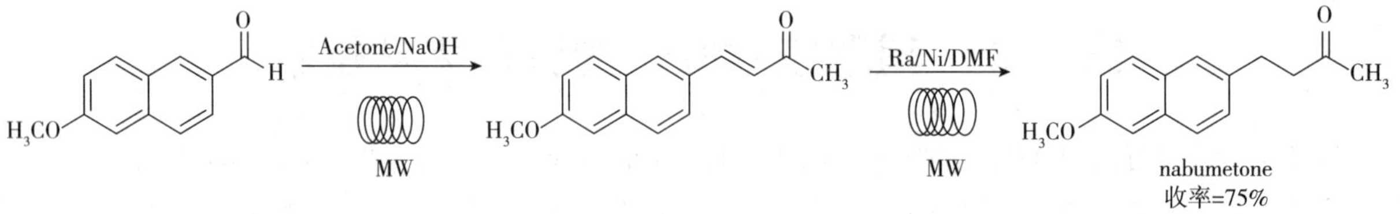

图6-23　微波联合流动反应连续合成萘丁美酮

微波加热和连续流动技术联用还能克服微波反应中升温过快的缺点。以微波辐射条件下的Johnson-Claisen重排反应为例。该[3,3]-σ重排反应在有机化学中是构建独特有机框架的一个重要反应，可利用烯丙醇合成γ,δ-不饱和酯骨架。微波辐射条件下，Johnson-Claisen重排反应时间大大缩短，但反应过程升温过快，反应效果往往未达最佳状态。将流动化学技术与微波反应联用，能使微波促进的Johnson-Claisen重排反应达到最佳效果。如图6-24所示，将连续流动装置与微波反应器结合，在无溶剂条件下进行，使用催化量的乙酸足以促进微波辐射条件下的反应。并且通过Nelder-Mead方法及关于乙酸量和流速的最小二乘法进行实验设计，确认实验的最佳反应条件，目标产物γ,δ-不饱和酯的产率最高可达

89.5g/h。该法实现了烯丙醇和原乙酸三乙酯的Johnson-Claisen重排高效转化获得目标产物（图6-24）。

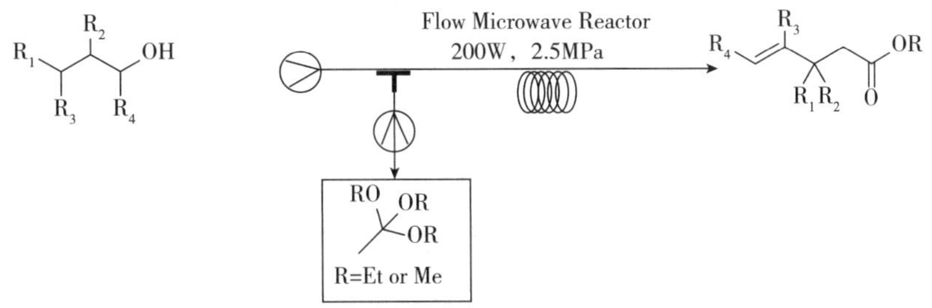

图6-24 Johnson-Claisen重排反应在微波流动反应器中的应用

三、基于有机电化学的流动化学技术

有机电化学是一种高效、直接、清洁的氧化还原方法，其在批量反应过程中存在局限性，比如有机溶剂导电性差、需要添加电解质以及电极间距大导致的电流梯度等，连续流动反应器的应用为这些问题的解决提供了有效途径。连续流动反应器的使用可减小电极距离，避免了过大的电流梯度，从而可以在不添加或仅添加少量电解质的情况下进行电化学反应。此外，高电极表面积-反应器体积比改善了电极表面的传质，使得反应能够在更温和的条件和更短的时间内进行。以利用电催化还原糠醛（furfural）生成糠醇（furfuryl alcohol）的连续流动方法为例，该反应可以在10分钟内完成，并且仅需要极少量的电解质（图6-25）。

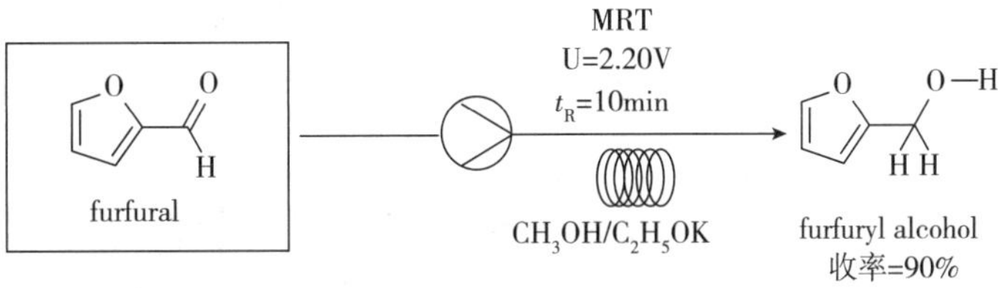

图6-25 糠醇的合成

四、基于流动化学的生物有机合成技术

生物有机化学作为化学与生物学交叉的前沿领域，融合了生物催化剂在体外和体内环境中的有机反应，包括使用生物催化剂在体外合成、筛选和制备生物分子（如DNA）以及在一个生命体（如细胞内）进行有机反应。基于流动化学的微反应器技术在生物领域的发展和应用始于20世纪90年代开发的微型全分析系统（μ-TAS）。这项技术在诊断检测方面取得了令人瞩目的成就，其中包括酶连接的免疫吸附剂测定（ELISAs）以及最新开发的酶介导蛋白裂解技术和后续的质谱分析技术（应用于蛋白质组学）。目前微反应技术已经进入生物催化领域，使生物酶催化的生物有机合成更多应用于合成而非诊断。在微反应系统中进行生物催化包含两个方面：一是小型化的微反应器可以减少酶的用量；二是微反应器在合成中能实现更好的控制传热、传质过程以及更高比表面积，使得利用生物催化剂开发优化方法更加方便，尤其是针对处理快速反应。此外，最新的生物有机化学关注与研究细胞中的化学反应过程，使用微反应技术可以研究各种分子对单一细胞的行为和对代谢过程的影响，流动化学技术可催生更有效的药物筛选过程和生物技术。

五、基于固载催化剂（柱）和固载试剂（柱）的流动化学技术

传统间歇操作在固载催化剂参与的两相或气-液-固三相反应中常常受到传质限制，导致反应速率低下。流动化学技术以其突出的传质和换热性能为这些问题提供了有效的解决方案。通过特定的设计和优化，流动化学技术能够显著增大反应物的接触面积，从而大幅提升反应速度并改善产品纯度。以固定在玻璃毛细管内壁的钯催化剂为例，这种微反应器设计在优化气相和液相流速后，能够实现理想的气液环状流现象。对一系列烯烃、炔烃的还原反应进行研究显示，在优化气相和液相的流速后，装置内可以形成理想的气液环状流现象，三相的接触面积明显增大，大多数底物在2分钟即可定量地转化。这相比常规反应极大地提升了反应速度，且可以连续使用而不会发生钯催化剂脱落现象，同时提高了产品的纯度。

该领域的应用之一是连续流动氢化（H-Cube）和连续流动转化（X-Cube）商品化系统用于非均相氢化和其他转化反应。另一应用是在连续多步合成中，广泛使用固载试剂（柱）。该类固载试剂（柱）与固载催化剂（柱）类似，可以在目标工艺结束后通过特定试剂冲洗再生，实现重复多次利用，从而极大的提升反应效率和降低工艺成本。

六、流动化学技术与检测仪器的联用

产品质量的检验是生产过程中的一个关键要素，通过实时分析、监控生产条件、识别与生产目标的偏差，能在大量材料变质之前将变质物转移，更快解决生产质量问题。除了严谨的产品质量管理外，过程分析工具（PAT）也是生产环境中的重要安全保障措施。因此，流动化学技术与检测仪器的联用同样重要。

1. 拉曼光谱　拉曼光谱作为一种强大的分析技术，当与微型反应器结合使用时，能够在化学反应过程中提供实时的反应信息。在需要精确控制反应条件和监测反应过程的情况下，这种联用技术显得尤为重要。例如，以有机碱催化的氰乙酸乙酯和苯甲醛之间的Knoevenagel缩合反应为模型反应（图6-26），通过微型流动化学反应器与拉曼光谱联用观察，可精确计算出在40℃时的反应速率$k=0.24mol/dm^3 \cdot s$。对比反应速率与产率的关系，即可精确得出最佳产率时对应的反应速率，大大方便了反应条件的精准调控。

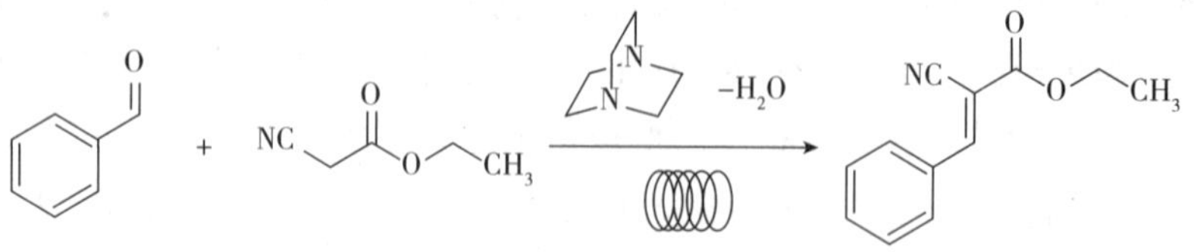

图6-26　模型反应用于演示使用在线拉曼光谱检测反应速率

2. 质谱　将微型流动化学反应器直接耦合到质谱仪的喷雾毛细管，能够识别和表征反应的中间体。例如，模型反应将异硝基乙酰苯胺与硫酸在T型混合器中反应，并直接与ESI-MS仪器源连接，能够对反应器流出物进行采样，允许样品分析时间小于2.0秒。在这些条件下，证实了该Sandmeyer反应是通过先产生先前未识别的阳离子进行的，证实了这一颇具争议的反应机制（图6-27）。

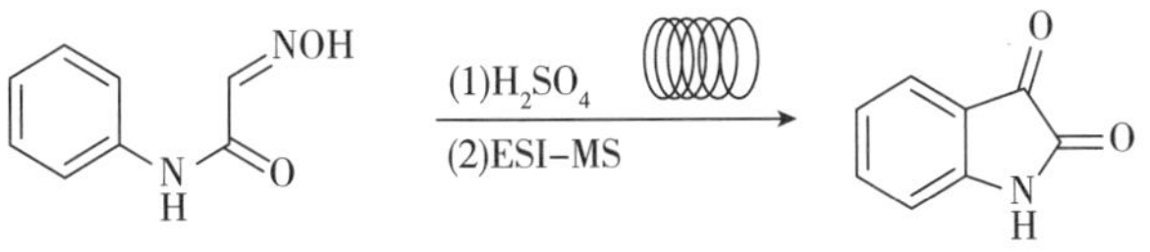

图6-27 模型反应用于演示使用在线ESI-MS检测鉴定瞬时中间体

除了分析仪器外，在流动反应器中也有专门的传感器的例子，作为监测与化学转化有关的传导变化的一种手段。由于这些传感器的特殊性质而且相对便宜，因此在监测连续流动反应过程方面具有巨大的应用潜力。

第四节 流动化学技术在药物合成中的应用及发展前景

流动化学技术在药物研究领域的应用取得了显著进展，正在逐步改变制药工业的传统生产方式。流动化学技术允许在温和条件下制备具有复杂结构的化合物，通过精确控制反应条件和优化反应参数，可以加速新化合物的合成和筛选过程，从而加快药物发现的步伐。连续流动化学技术可以将传统制药工艺的多个步骤整合到一个连续的流程中，减少中间体的分离和纯化步骤，从而提高生产效率和降低成本。此外，流动化学技术还可以实现原料的连续进料和废物的实时处理，进一步简化生产过程。将连续流动化学技术与大规模的制药工艺结合，不仅可以提高生产效率，降低生产成本，还可以减少生产过程中的废弃物排放，符合环保和可持续发展的要求。当然，要实现连续流动化学技术与大规模制药工艺的完美结合，还需要克服一些技术挑战和障碍。例如，需要开发适合连续流动的催化剂和反应器，优化反应条件和操作参数，以确保生产过程的稳定性和可控性。

目前，流动化学技术已广泛应用于药物合成等研究领域。利用流动化学技术的高效性和可控性，化学合成工作者能够更精确地控制反应条件，高效合成药物分子及其中间体等，为药物的研发和生产提供了有力的技术支持。

一、流动化学技术在药物合成中的应用

（一）流动化学技术用于伊马替尼的合成

伊马替尼（imatinib）是一种小分子酪氨酸激酶抑制剂，临床用于治疗慢性髓性白血病和恶性胃肠道间质肿瘤。伊马替尼的多步连续流动合成法共三步反应，使用三个反应器组件通过连接管道相互串联来完成。以2-甲基四氢呋喃/水双相体系为反应溶剂，全过程总停留时间为34分钟，反应步骤包括流动合成酰胺中间体a，然后通过亲核取代生成中间体b，最后b和c经钯催化Buchwald-Hartwig偶联反应，经过离线纯化后得到伊马替尼，总产率为56%。具体路线如图6-28所示。

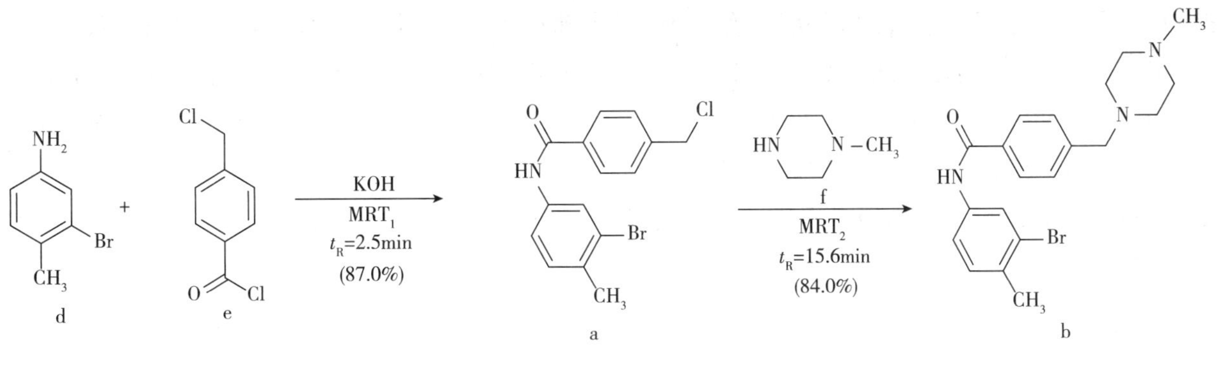

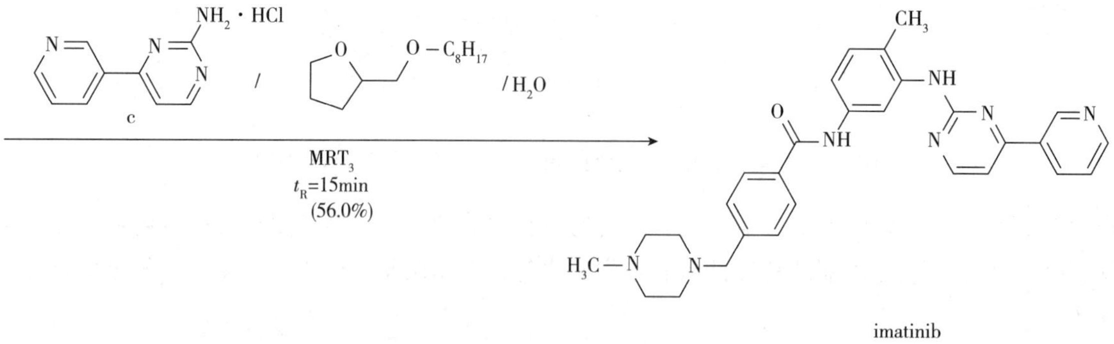

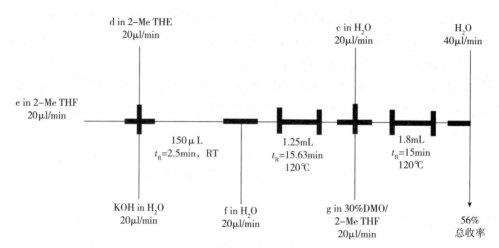

图6-28 伊马替尼的连续流动合成

该方法的特点在于使用 *N,N*-二甲基辛酰胺（DMO）作为双相体系中的有机助溶剂，不需要中途替换溶剂，双相体系的使用可以解决C-N交叉偶联反应过程中产生的无机副产物沉淀问题。

伊马替尼的合成流程如图6-29所示。3-溴-4-甲基苯胺(d)与4-氯甲基苯甲酰氯（e）在以KOH为傅酸剂的2-MeTHF/H₂O两相体系中形成酰胺，分离出a。然后，将1-甲基哌嗪（f）的水溶液注入系统中，a与1-甲基哌嗪发生亲核取代反应，将混合物在120℃下泵送通过填充床反应器。将b与2-氨基嘧啶（c）经钯催化进行Buchwald-Hartwig偶联反应。经后处理，最后从粗反应混合物中分离出伊马替尼，总收率为56%。

图6-29 伊马替尼的合成流程示意图

（二）连续流动化学技术用于他唑巴坦的合成

哌拉西林钠/他唑巴坦钠是一种联合抗生素，对革兰阴性菌、阳性菌、厌氧菌均有较好的作用。其中，他唑巴坦（tazobactam）的传统合成路线以6-氨基青霉烷酸（6-APA）为起始原料，反应过程涉及重氮化反应、过氧乙酸溶液氧化反应等，给工业生产带来极大的安全隐患。借助连续流动化学技术对他唑巴坦的合成进行流动化学优化（图6-30），前三步及过氧乙酸的制备在微反应器中连续进行，提高了工艺的安全性和效率；最后一步脱保护反应也使用了流动化学方法，不仅提高产率，还减少杂质的形成。在优化的工艺条件下，目标产物的总收率达到37%，纯度为99%。该合成方式使连续流动化学与批次间歇实验结合进行，充分发挥各自优点，进一步提高他唑巴坦合成的工业可行性。

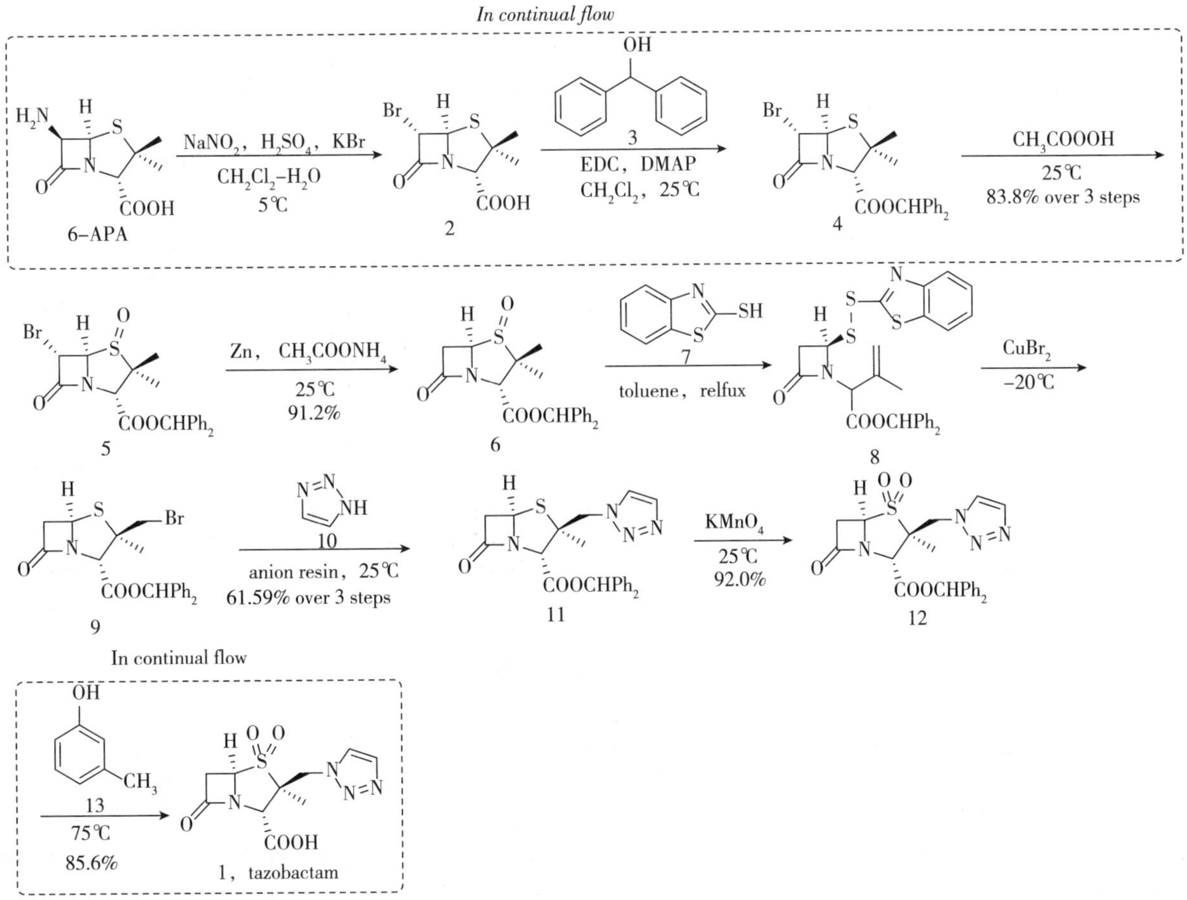

图6-30 他唑巴坦的合成工艺路线

　　进一步开发了四步连续流动反应流程完成他唑巴坦合成，如图6-31所示。首先，分别使用三个柱塞计量泵将溶液S1、S2和S3经由两个T型混合器（M1和M2）引入微反应器R2进行第一步反应，之后流入分液漏斗分离有机层，得到中间体2的溶液。再次使用三个柱塞计量泵分别将溶液S4、S5和S6引入微反应器R3进行第二步反应，反应温度为25℃，停留时间为1分钟，得到中间体3的溶液，之后溶液不经分离直接流入微反应器R6。与此同时，使用两个柱塞计量泵分别将溶液S7和S8引入微反应器R4，原位制备过氧乙酸溶液，随后直接流入微反应器R3，与另一端流入的反应液混合，在微反应器R6中进行氧化反应。最后，收集流出反应液，依次用饱和亚硫酸氢钠溶液、饱和碳酸氢钠溶液和饱和氯化钠溶液洗涤，蒸除溶剂，即可得到中间体5。进行一次完整的连续流动实验，得到的产物中间体5比批次间歇实验中有更高的收率与纯度。由于连续流动没有放大效应，可直接适用于工业生产，生产效率高。

　　改进后的他唑巴坦合成工艺，前三步反应利用连续流动装置连续进行，以及最后一步脱二苯甲基保护也利用流动化学技术提高了反应收率。与原有的合成路线相比，引入连续流动技术的路线更加安全高效、产量更高（增加了36%），工艺质量强度（process mass intensity，PMI）更低（减少了7%）。依赖于连续流动方法的改进，整个路线的生产效率和时空成品率（space and time yield，STY）在工业生产规模上分别可提高20%和80%。

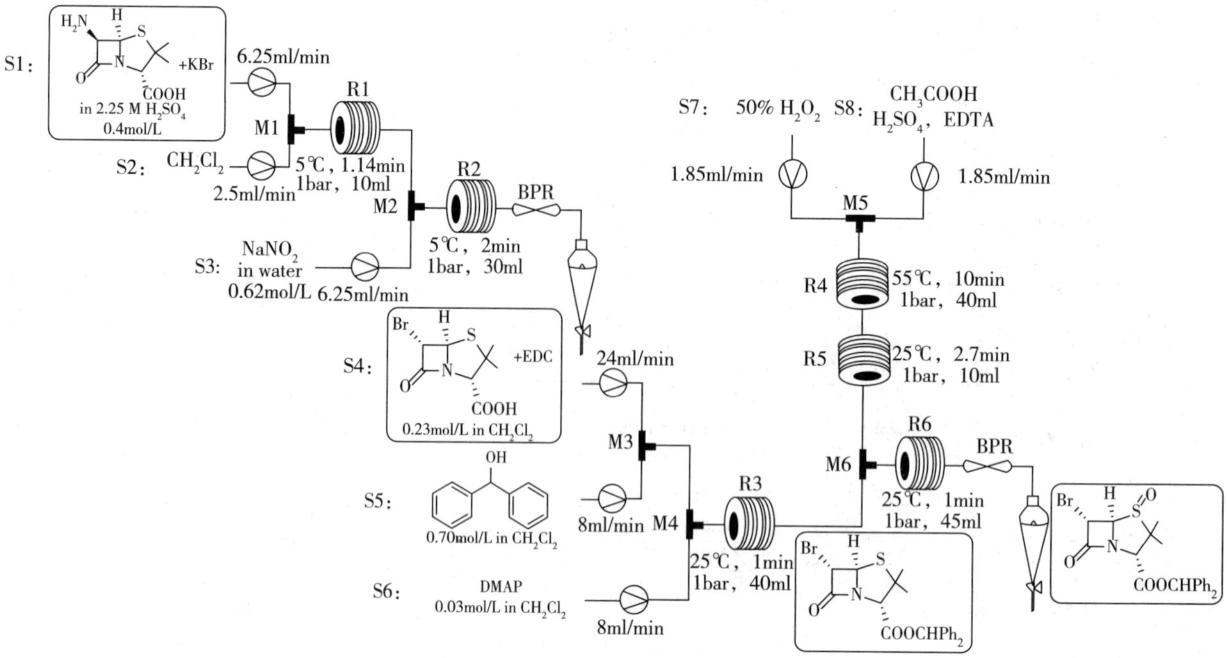

图6-31 他唑巴坦工艺的连续流动合成反应

（三）连续流动化学技术用于依达拉奉的规模生产

依达拉奉（edaravone）是用于改善急性脑梗死引起的神经症状、日常活动干扰和功能障碍的脑保护剂。依达拉奉的常规合成方法是将苯肼（1）和乙酰乙酸乙酯（2）在乙醇中回流，即得到依达拉奉粗品，其主要杂质为化合物3、4、5和6为四种已被报道的化合物（图6-32）。该法虽合成简单，但反应收率低、杂质多、提纯工艺复杂。为了满足药典中的纯度要求，通过重结晶可提高产品纯度，但单次重结晶后杂质含量仍然较高，不能满足要求。且多次重结晶导致产品收率较低。近年来，有文献报道称依达拉奉可通过微波和超声方法合成，收率高，杂质少，但这些技术并不适合工业放大生产。

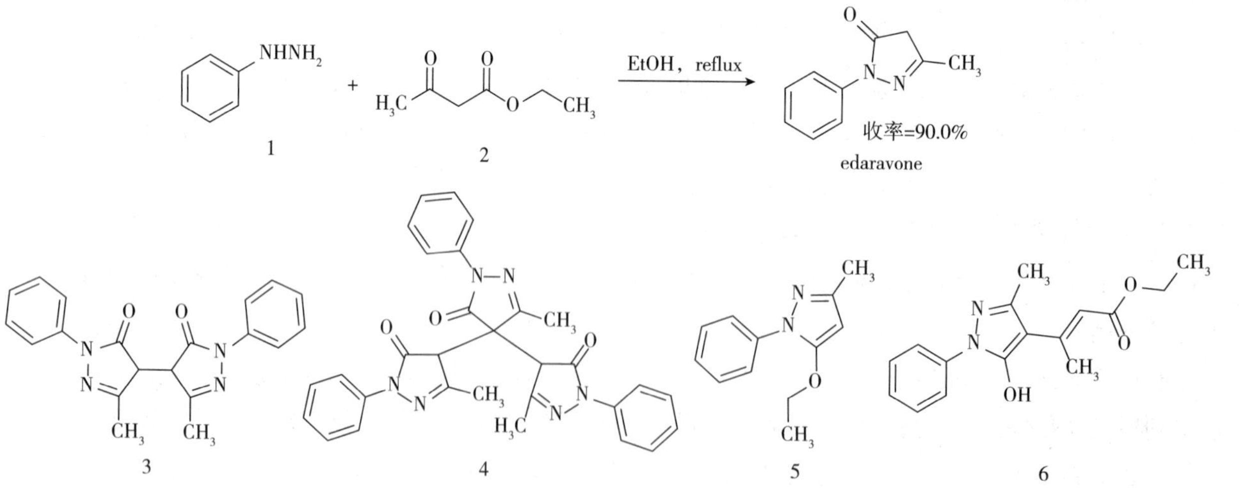

图6-32 依达拉奉合成工艺路线及主要杂质

连续流动化学技术在依达拉奉的高效合成中展现出显著优势。通过两步连续反应和单次重结晶，可成功实现依达拉奉的高产率、高纯度合成。整个流程设计充分利用了连续流动化学的特点，显著提高了生产效率（图6-33）。首先，分别通过两个柱塞计量泵将苯肼（7.68mol/L）和乙酰乙酸乙酯（7.68mol/L）

引入微反应器R1（25℃，0.5分钟，1bar）中，流速均为10ml/min。然后，溶液通过预热装置后流入微反应器R2，该预热装置为了避免溶液与氢氧化钠溶液混合时温度较低直接析出固体导致堵塞管路。与此同时，通过另一柱塞计量泵（10ml/min）将氢氧化钠溶液（15.36mol/L）引入微反应器R2（60℃，1分钟，1bar），进行第二步环化反应。最后，收集流出的反应液用6M HCl调节pH至中性析出沉淀并过滤后得到粗品依达拉奉。然后粗品用乙醇–水重结晶一次，得到纯品依达拉奉。为了测试该装置的稳定性，连续运行1小时后得到708g纯品依达拉奉，单次重结晶后总收率88.4%，产品纯度99.95%（图6–33）。该方案已实现连续稳定运行1小时，生产效率为每天11.328kg，具有很好的稳定性。

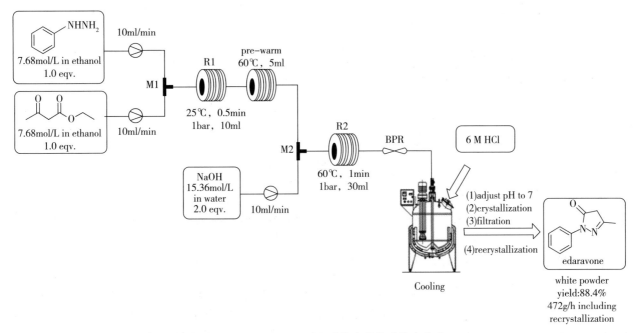

图6-33 基于连续流动化学技术的依达拉奉合成

（四）流动化学技术用于维拉佐酮的合成

维拉佐酮（vilazodone）是首个吲哚烷基胺类新型抗抑郁药。常规维拉佐酮合成路线以5–氰基吲哚和6–羟基己醛为起始原料，经多步反应得到维拉佐酮（图6–34）。

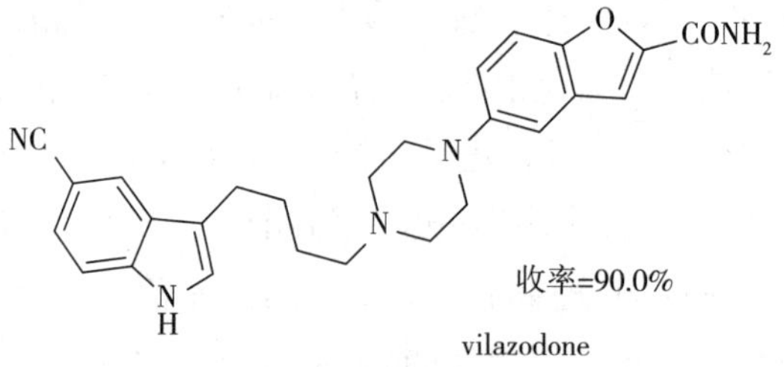

图6-34 维拉佐酮的合成工艺路线

在常规合成路线过程中，维拉佐酮关键起始原料6-羟基己醛通过二异丁基氢化铝（DIBAL-H）还原 ε-己内酯获得。但是该反应需要在-78℃条件下进行，耗能大、成本高、工业化难度较大。采用流动化学技术，在原料、试剂和收率相同的条件下，将反应温度由-78℃提高到-25℃。相比于批次间歇方案，新连续流工艺更高效、便捷，更适合工业化生产（图6-35）。

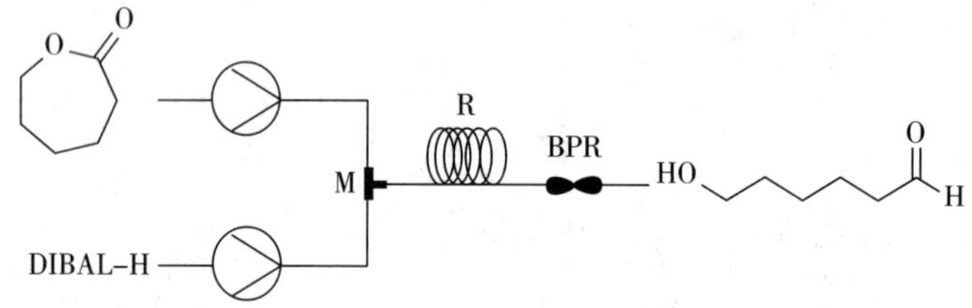

图6-35 利用连续流动化学技术合成维拉佐酮关键中间体

（五）流动化学技术用于天然产物姜黄素的合成

以流动化学制备天然产物姜黄素（curcumin）及其衍生物共有三步反应：第一步（A）以乙酰丙酮（a）和 $B_2O_3/B(O-n-Bu)_3$ 为起始原料合成硼络合物b；第二步（B）硼络合物（b）与香兰素（c）通过四次醛缩合反应得到复合物（d）；第三步（C）使用1.0mol/L HCl溶液进行硼螯合物分解得到姜黄素（图6-36）。这种方法的产率与先前报道方法相当，但是日产量能够提高一倍。

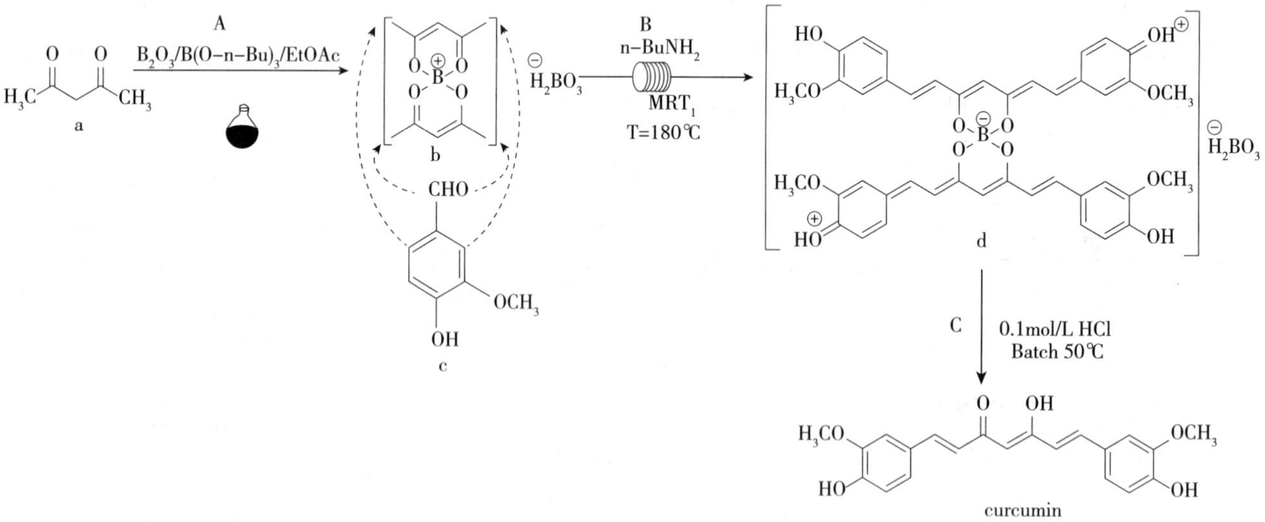

图6-36 姜黄素合成机制

（六）连续流动化学技术用于氟康唑的合成

目前已报道的氟康唑（fluconazole）的制备方法总收率相对较低（<35%）。尽管后来对其合成工艺

进行过多次优化，但这些方法仅限于传统的批次反应，而且需要使用昂贵的有机镧系元素试剂，不适合现代工业发展的需求。

采用半连续流反应可高效制备氟康唑。该方法使用格氏试剂 $i\text{-}PrMgCl \cdot LiCl$ 替代昂贵的有机镧系元素试剂，在室温下反应2.5分钟后，获得96%的转化率；将反应器流出物与1,3-二氯丙酮溶液混合，使混合物在室温下反应1分钟，转化率为90%；将两步流动过程串联并对条件适当优化后，总收率可达87%；最后将反应器流出物与1,2,4-三唑通过批次反应得到目标产物，收率为74%（图6-37）。

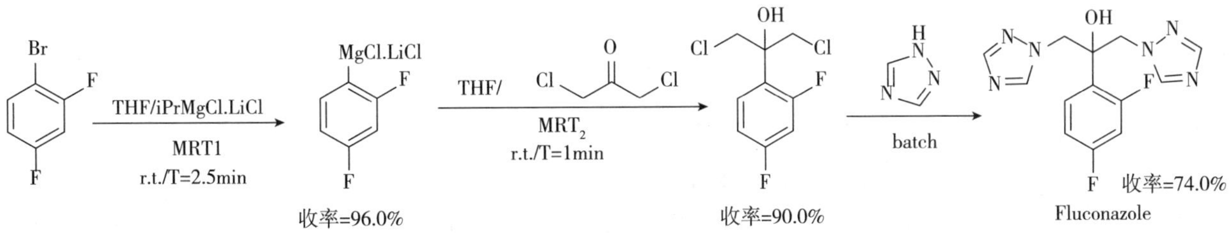

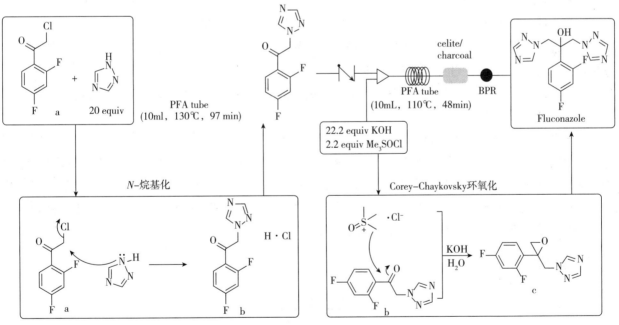

图6-37　氟康唑的合成

对氟康唑的合成流程进一步探究，在两个连续流反应器中完成三步化学转化合成氟康唑（图6-38）。以2′-氯-2,4-二氟苯乙酮（a）为原料，与20倍当量的1,2,4-三氮唑溶于 N-甲基吡咯烷酮和水的混合溶剂中，泵入反应器中，在130℃条件下反应97分钟完成 N-烷基化反应；随后泵入下一反应器，与同时泵入的氢氧化钾和三甲基氯化亚砜的水溶液发生Corey-Chaykovsky环氧化反应，在同一反应器中环氧中间体c与过量的1,2,4-三氮唑发生开环反应生成氟康唑。与间歇条件相比，收率从76%提高至96%，生产时间从数天缩短至数小时。

图6-38　氟康唑的连续流合成

二、流动化学技术在药物合成中的发展前景

大多数药物原料药（active pharmaceutical ingredients，API）生产以间歇模式进行，每次把化学原料和溶剂装入反应容器中进行化学反应（通常包括耗时和耗能的温度调节），然后进行分离单元操作。在

批量生产中，通常一次只执行一个单元操作，这降低了设备利用率。相比之下，流动化学技术通常可以通过同时运行多个反应和分离单元进行自动化和机械化操作，每个反应器或分离器中不断有材料流入和流出，并且同时运行多个合成路线步骤。如果使用多个流相，则可以采用混合元素，并且如果混合流的反应不是自发的，则流体可以流入活性区，在此辅以加热、光电、微波促进、固载催化剂等条件实现所需的化学反应。在连续模式下，这种变换是发生在空间上，而不是时间上的，可以通过多空间、长时间操作反应器来制造产品，因此可以最大限度地减少非生产性过渡时间，使得生产制造占地面积减少和设备利用率提高（图6-39）。

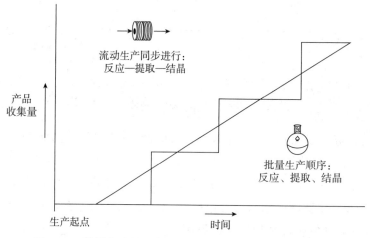

图6-39 批量与流处理方法的材料生产概况的通用图形比较

未来，随着模块化反应器设计和检查/净化工具的进一步发展，原料药的合成将更加高效、安全和可控；开发具有自动化功能的"智能"流式反应堆，可望进一步提高药物合成的效率；利用人工智能预测模型对流动化学的反应参数进行优化，可望减少原料药的工艺开发时间。总体来说，流化学技术作为一种高效、节能、高安全性的生产技术，随着技术的不断进步和成本的降低，将会产生更多新反应、新方法、新组合、新应用、新场景，被越来越多的研究机构和制药企业采用，推动药物合成行业的转型升级，为药物研究领域带来新动力。

随着全球经济的发展和科技的进步，药物研究与化工行业面临着人力成本上升、行业竞争加剧、环保法规严格化及安全要求提高等挑战，迫切需求更为高效、低成本、高安全性的研发和生产技术。流动化学技术的发展正在逐步改变传统的生产方式，其应用已不局限于小分子原料药和化工产品的生产，更是已拓展至生物大分子及成品药的研究和开发领域，并逐渐为药监机构所和环保机构所接受、推崇，为制药和化工行业带来颠覆性变革，成为绿色化学的重要推动力。

 药知道

气液固段塞流

我国在流动化学领域取得了显著的科研成果。以光催化合成为例，在国家碳达峰和碳中和的政策背景下，光催化转化作为低碳技术具有巨大潜力，可以降低过程能耗，提高生产过程本质安全水平。我国流动化学研究团队在强化偶氮化合物的非均相光催化合成方面取得了重大进展，该研究团队提出了一种新方法，利用气液固段塞流实现非均相光催化连续流合成，通过优化反应参数，产率可达到传统反应器的500倍，在环保和可持续发展方面具有重要意义（图6-40）。

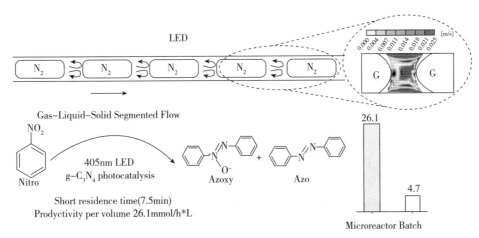

图6-40 气液固段塞流强化偶氮化合物的非均相光催化合成

另一方面，针对传统阿司匹林合成方法存在的问题，中国科学院理化技术研究所的研究团队利用仿生限域膜催化反应器在室温下实现了快速高效的流动化学合成阿司匹林。该团队在23℃下通过定向流动的亚纳米限制酯化反应<6.36秒，转化率100%实现阿司匹林合成。这一技术突破对环境友好，对提高制药产业效率具有重要意义。

? 思考

根据本节所学内容，你认为流动化学技术用于药物的制备还有哪些方面可以改进，以提高目标药物的生产效率和质量？该技术还能与何种化学反应技术联用以应用于药物合成或工业生产？

目标检测

答案解析　　本章小结

一、单选题

1.连续流动化学技术主要是借助（　　）实现对动力的提升，从而进行反应物连续性的化学反应

　　A.泵　　　　　　　　　　　　　　　　　B.反应釜

　　C.催化剂　　　　　　　　　　　　　　　D.高温加热

2.微波因为能够提高反应的选择性收率，因而也被列入（　　）的范畴

　　A.点击化学　　　　　　　　　　　　　　B.生物正交化学

　　C.绿色化学　　　　　　　　　　　　　　D.分子动力学

3.以下反应器中可以用于CO_2和H_2合成甲醇的是（　　）

　　A.管式反应器　　　　　　　　　　　　　B.固定床反应器

　　C.流化床反应器　　　　　　　　　　　　D.连续搅拌反应器

4.以下不属于微反应技术应用于生物有机合成优势的是（　　）

　　A.处理快速反应更加方便　　　　　　　　B.更高的比表面积

　　C.实现更好的控制传热　　　　　　　　　D.增大酶的用量，但提高收率

5.流动合成反应中，以下因素对反应选择性影响相对较小的是（　　）

　　A.反应物的流量控制精度　　　　　　　　B.反应器的材质

　　C.反应温度的稳定性　　　　　　　　　　D.反应物的混合均匀程度

6.在流动合成反应中，为了提高反应效率和产物收率，以下措施不恰当的是（　　）

　　A.优化反应物的流量配比

　　B.适当提高反应温度

　　C.增加反应器的长度

　　D.无限制地增加反应物的浓度

7.临床研究发现，贝达喹啉联合其他抗结核药物用药，能够达到更好的效果并且对患者几乎没有毒副作用，是一个具有开发和应用前景的抗结核药物。贝达喹啉的关键合成步骤如下所示：

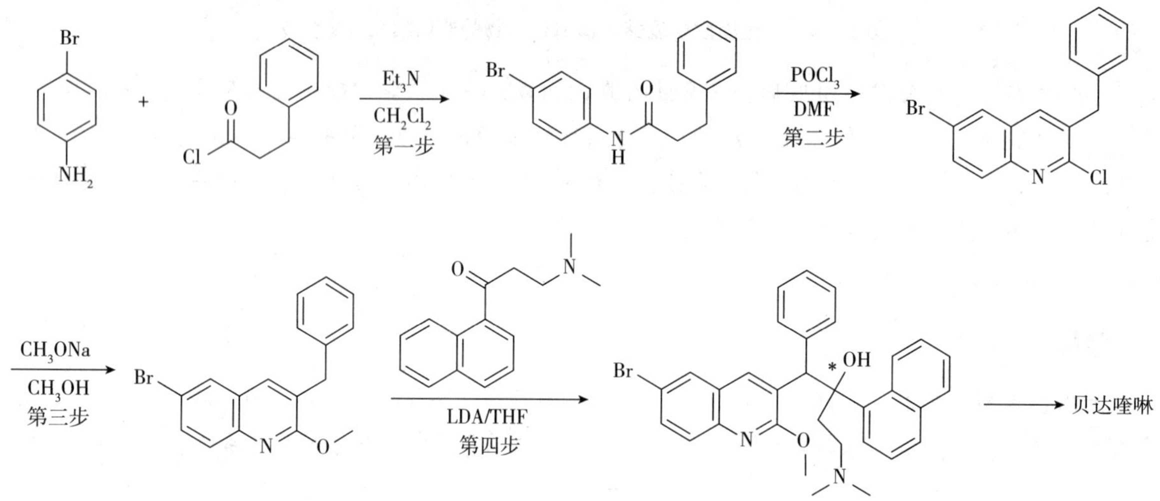

在上述反应步骤中，哪一步反应如果采用流动化学技术合成，可能会更适用于工业化生产（　　）

　　A.第一步三乙胺为碱的酰胺化

　　B.第二步三氯氧磷环化氯代

　　C.第三步甲醇钠对喹啉氯的烷氧化取代

　　D.第四步二异丙基氨基锂（LDA）作用下的酮加成

二、多选题

1.连续反应器的类型包括（　　）

　　A.管式反应器　　　　　　　　　　　　　B.固定床反应器

　　C.流化床反应器　　　　　　　　　　　　D.连续搅拌釜反应器

2.以下可以通过流动化学反应技术实现的反应是（　　）

　　A.杂环合成

　　B.利用双环戊二烯原位裂解可扩展合成诺硼二烯

　　C.微波流化学合成

　　D.有机磷化合物的连续流动合成

3.流动化学反应技术的优势包括（　　）

　　A.反应过程安全　　　　　　　　　　　　B.高可行性

　　C.状态控制　　　　　　　　　　　　　　D.能让极难发生的反应变得容易发生

三、简答题

1. 查尔酮是黄酮类化合物家族中一类重要的天然产物，其合成常基于Claisen–Schmidt反应，利用醛与乙酰芳环在碱的催化下获得，请设计一套吡啶查尔酮的流动化学合成装置图，并说明各部件的主要名称或作用。

2. 利伐沙班（rivaroxaban）是由拜耳公司和强生公司共同研发的一种高效的FXa抑制剂，2008年在加拿大首先上市，用于髋或膝关节置换术后静脉血栓栓塞症（venous thromboembolism，VTE）的预防，有极好的体内活性和生物利用度。利伐沙班的合成涉及加氢还原等非安全性操作，请查阅文献，指出利伐沙班的合成工艺路线中哪些步骤可应用流动化学进行改进，并设计采用连续流动合成技术的新合成工艺。

3. 2017年，麻省理工的研究者们开发出了一种耗时9分钟的环丙沙星连续流动合成方法。在9分钟的总停留时间内，通过5个由简单的构件组成的流动反应器进行6个化学反应制备环丙沙星钠盐。连续酸化和过滤得到环丙沙星和盐酸环丙沙星。8步操作的总产率为60%。该反应还应用了单一酰化反应去除主要副产物二甲胺时，在整个合成过程中不需要停止反应进程分离中间体，真正实现了原料到产品的连续合成。请据此画出环丙沙星连续流动合成路线和方法装置图。

第七章 多肽固相合成技术

学习目标

1.通过本章学习，掌握多肽固相合成技术的概念、基本原理，多肽的常用合成方法，氨基酸的保护和脱保护，常用缩合试剂，常见副反应及"困难序列"多肽的合成策略；熟悉常用的树脂，常用保护基的结构特征，氨基酸与树脂的连接方式，多肽的分离与纯化；了解多肽类药物的特性，多肽非固相合成法，多肽固相合成技术的发展历史及其在拟肽、翻译后修饰多肽和蛋白类药物合成中的应用。

2.具有对多肽固相合成的理论分析能力，能够利用固相合成技术开展特定多肽的合成，熟悉多肽类药物研发学科前沿。

3.树立科学的世界观、人生观和价值观，培养学生良好的理论知识体系、思辨能力、科学素养和探索精神。

多肽固相合成技术（solid phase peptide pynthesis，SPPS）是指一类基于树脂的多肽合成方法，区别于液相合成法和生物合成法，旨在帮助药物化学家合理高效的设计目标多肽。近年来，随着新型树脂、缩合剂、添加剂和氨基酸保护基的开发，微波、超声波、流动化学等新技术的快速发展，仪器性能的不断提升，多肽自动化合成的不断完善，多肽固相合成技术已成为较为成熟的多肽类药物合成方法，部分长肽和复杂多肽的合成得以实现，有望解决"困难序列"多肽、拟肽和翻译后修饰多肽的合成难题。截至2024年，已有90余种多肽类药物获美国食品药品管理局批准上市，另有几百种多肽类化合物处于临床或临床前研究。多肽固相合成技术的发展也必将带动其他药物如多肽偶联药物和蛋白类药物的开发，具有广阔的应用前景。

第一节 概 述

一、多肽固相合成技术的发展

多肽（peptides）是由多种氨基酸（amino acid，AA）按照一定的顺序通过肽键（即酰胺键）连接而成的一类生物活性物质（图7-1），广泛存在于生物体内，与生物体各生物学功能密切相关。人工合成多肽亦具有广泛的生物活性、独特的疗效及良好的安全性，广泛应用于化学、生物医药、免疫等领域。

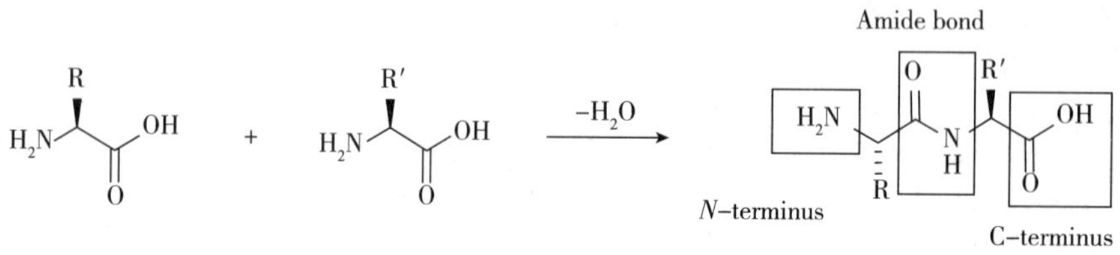

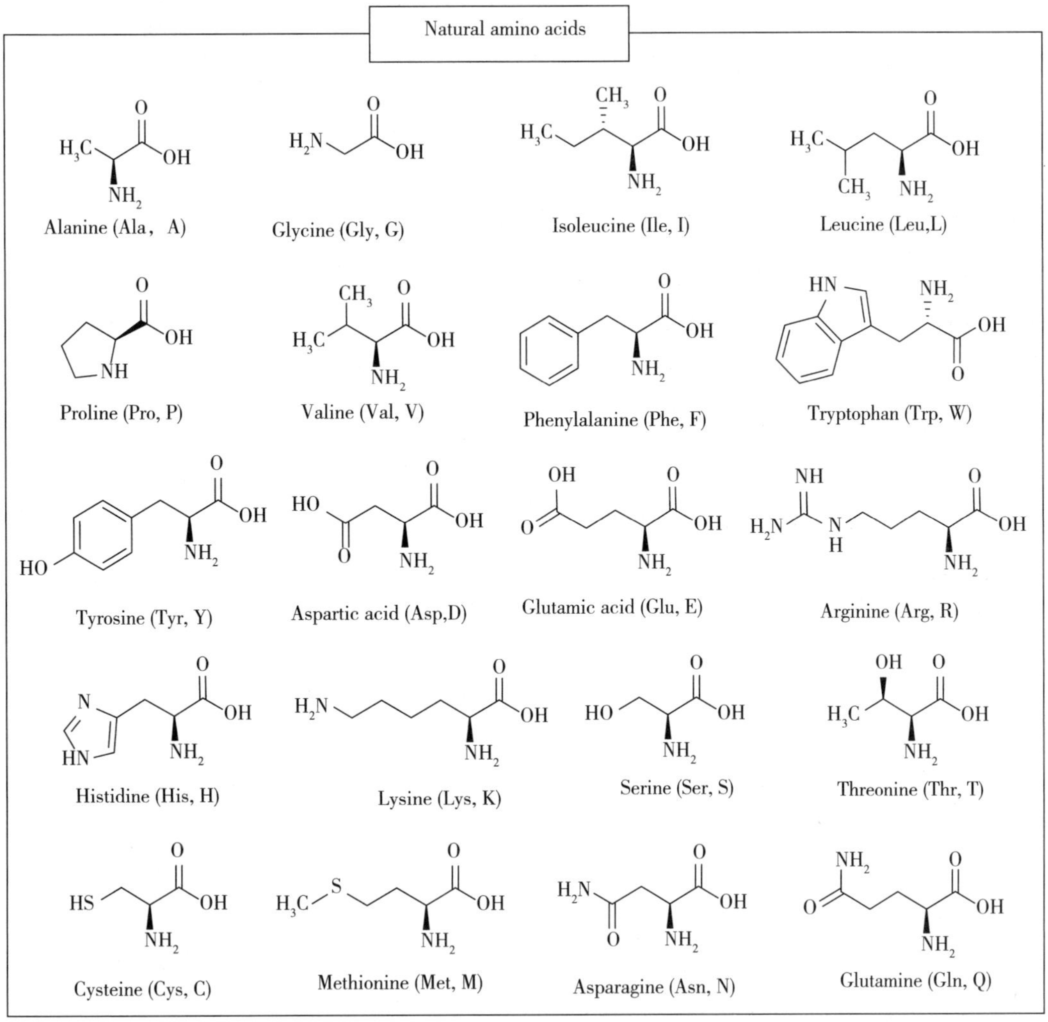

图7-1　天然氨基酸及肽键形成机制

　　20世纪早期，Emil Fischer教授首次报道二肽类化合物glycylglycin的合成，并提出"多肽"这一基本概念，成为多肽合成领域的先驱者。Max Bergmann教授随后开发了氨基保护基，即苄氧羰基（carbobenzoxy，Cbz）。基于此，1953年，du Vigneaud教授进一步发展了多肽合成技术，并成功合成了多肽类激素oxytocin。然而，早期的多肽合成技术涉及多肽中间体的分离纯化，限制了长肽和复杂多肽的合成。1963年，Bruce Merrifield教授首次提出了基于固相载体（solid support）的非均相多肽固相合成技术，并基于交联聚苯乙烯树脂的固相合成法实现了四肽类化合物的合成。1964年，Bruce Merrifield教授首次提出了叔丁氧羰基（*tert*-butyloxycarbonyl，Boc）固相合成法，又被称为Boc/Bn合成法。因在多肽固相合成技术领域的杰出贡献，Bruce Merrifield教授于1984年被授予诺贝尔化学奖。1970年，Carpino和Han教授首次在多肽合成中引入碱敏感的9-芴甲氧羰基基团（fluorenylmethoxycarbonyl，Fmoc）作为氨基保护基。1977年，Barany等提出了"氨基酸正交保护"策略。在Boc合成法基础之上，1978年，Meienlofer和Atherton教授等采用Wang树脂，进一步发展了多肽固相合成技术，即Fmoc/t-Bu合成法。相较于Boc合成法，Fmoc合成法得到更广泛的应用。直到2003年，基于Fmoc合成法的长肽（约100个氨基酸）分步合成才得以实现。如今，多肽固相合成技术已广泛应用于复杂多肽、翻译后修饰多肽、多肽-药物偶联物和蛋白的高效合成。

　　一般来说，多肽固相合成法操作简单，需要使用过量的反应试剂，无需复杂的重结晶或分离步骤，以简单的后处理如冲洗和过滤即可完成产品的分离与纯化，产品具有较高的收率和纯度，且易于实现自动化，所有的反应均可在一个反应器内完成，已成为多肽合成的一种常规技术手段。

二、多肽固相合成技术的基本原理

多肽固相合成技术的基本原理如图7-2所示，一般从C端（羧基端）向N端（氨基端）合成，这一顺序与多肽生物合成途径顺序相反。按照目标多肽氨基酸的顺序重复添加氨基酸，首个氨基酸的羧基以共价键的形式通过适当的连接链与树脂相连，其上的氨基经脱保护处理后再与相邻氨基酸的羧基缩合形成肽键。为避免缩合过程中的肽链聚集和生成副产物，氨基酸侧链常需引入适当的保护基，肽链延长过程中始终处于被保护的状态。随后不断重复"缩合—过滤—洗涤—去保护—过滤—洗涤—缩合"步骤，除去过量的试剂和杂质，直至得到目标肽链。目标肽链经过脱保护基、裂解、氧化折叠等处理得到多肽粗产品，经过进一步的分离纯化获得目标多肽。

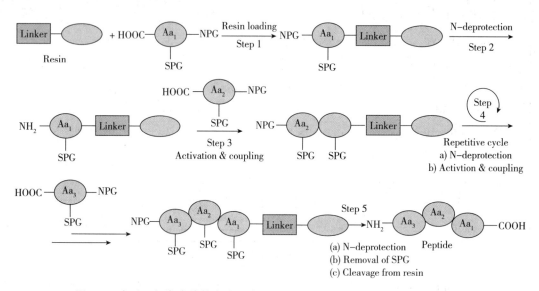

图7-2　多肽固相合成的基本流程（NPG为氨基保护基，SPG为侧链保护基）

多肽固相合成需满足一定的条件：①由固相载体和连接链组成的树脂应具有一定的化学惰性，有足够的氨基酸共价连接位点，空间位阻小，便于溶剂渗透和肽链延长；②氨基酸氨基及不参与形成酰胺键的基团如氨基酸侧链需进行保护，进而提高合成效率和产品的纯度；③对参与形成酰胺键的氨基酸羧基需进行活化处理；④目标肽裂解步骤中需加入清除剂来俘获高反应性碳正离子，避免不必要的副反应。

三、多肽固相合成方法

根据氨基酸氨基保护基的不同，多肽固相合成主要包括两大类方法（图7-3），即Boc固相合成法和Fmoc固相合成法。两类合成方法的基本原理相同，但因保护基的不同，后续反应所需的试剂和条件均会有所改变。

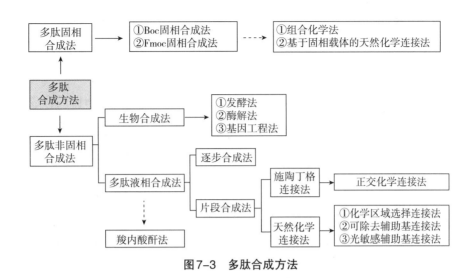

图7-3　多肽合成方法

（一）Boc固相合成法

Boc固相合成法，又称为Boc/Bn合成法，即以Boc作为氨基酸 α- 氨基的保护基，苄基作为氨基酸侧链保护基，是最经典的多肽固相合成法。Boc固相合成法的一般流程为：首先将Boc保护的氨基酸通过其羧基共价交联到树脂上，采用中等强度的酸如50% TFA/DCM体系脱除Boc保护基，用弱碱（如NEt$_3$或50% DIPEA/DCM体系）中和游离氨基，通过缩合剂如DCC活化下一个氨基酸的羧基并偶联，重复此操作直至合成目标多肽，最后采用强酸HF或TfOH将目标多肽从树脂上裂解下来。为减少肽链缩合过程中频繁的中和与洗涤操作，避免肽链聚集现象和提高复杂多肽的合成效率，可采用原位中和法，即使用苯并三氮唑-1-基氧基三（二甲基氨基）磷鎓六氟磷酸盐（BOP）、2-(7-氮杂苯并三氮唑)-四甲基脲六氟磷酸盐（HATU）或O-苯并三氮唑-四甲基脲六氟磷酸酯（HBTU）缩合体系。Boc合成法中通常选用DCM作为溶剂，DCM可溶解大多数Boc保护的氨基酸，且不与TFA反应，聚乙烯树脂在DCM中也具有较好的膨胀度。

Boc合成法中涉及在强酸条件下反复脱保护和从树脂上切除多肽操作，不可避免地会带来一些副反应，并影响多肽结构完整性。此外，剧毒性强酸如HF的使用及对聚四氟乙烯类仪器的特殊需求也进一步限制了该方法的广泛应用。随着多肽固相合成技术的发展，Boc合成法逐渐被Fmoc合成法所替代，但其本身的优点仍值得借鉴，如可用于复杂多肽、"困难序列"多肽和低分子量蛋白的高效合成，可高效地脱除 α- 氨基保护基，且不过度依赖于多肽序列等。

（二）Fmoc固相合成法

Fmoc固相合成法，又称为Fmoc/t-Bu合成法，以Fmoc作为氨基酸 α- 氨基的保护基，叔丁基（t-Bu）或三苯基甲基取代基（Trt）作为氨基酸侧链保护基，是目前广泛采用的多肽固相合成法。

Fmoc合成法的优势在于：反应条件温和，采用正交策略保护氨基酸的氨基和羧基，实现选择性脱保护。Fmoc基团在酸性条件下稳定，应用碱（如哌啶）处理即可脱除Fmoc保护基，侧链上的叔丁基或Trt保护基则可使用酸脱除。过程中避免了强酸的使用，采用TFA/DCM体系即可从树脂上切除目标肽段。与Boc合成法相比，Fmoc合成法反应条件温和，无需使用耐HF的反应容器，副反应少，且Fmoc基团具有特征性紫外吸收，便于反应过程监测。

基于多肽固相合成法，近年来又逐步发展了多肽合成的组合化学法和基于固相载体的天然化学连接法。

（三）多肽非固相合成法

多肽非固相合成是一类不依赖于树脂的多肽合成方法，包括生物合成法和多肽液相合成法。生物合成法包括发酵法、酶解法、基因工程法，具有成本低、原料来源广泛等优点，但该方法具有产率低、不易分离、难以工业化生产等不足。多肽液相合成法分为逐步合成法和片段合成法，逐步合成法简洁迅速，可用于肽段的合成，而片段合成法指肽段在溶液中依据其化学特性或选择性，连接成为长肽的合成方法，其优点在于产品纯度高，易于纯化。基于多肽的液相合成法，近年来又发展了羧内酸酐法。

多肽液相片段合成法分为施陶丁格（Staudinger）连接法和天然化学连接法（native chemical ligation，NCL）。Staudinger连接法是以C端的膦硫酯与N端的叠氮化物在温和条件下发生点击反应，生成亚胺基膦烷中间体，进一步水解得到目标多肽，其优点在于具有生物正交特性，且无潜在的细胞毒性。在Staudinger连接法基础上，近年来又进一步发展了正交化学连接法，通过简化膦硫酯辅助基来提高片段间缩合率，如缩小过渡态结构，减小酰亚氨氮原子与硫酯中碳原子的距离等，为多肽片段连接途径开拓了思路。

天然化学连接法能简单高效地进行多肽片段连接，局限性在于所需多肽片段须含半胱氨酸，限定了这一方法的应用。在天然化学连接法基础上，根据所用辅基的不同，又可分为化学区域选择连接法、可除去辅助基连接法、光敏感辅助基连接法。化学区域选择连接法以2-巯苄基作为辅基与硫酯发生亲核反应，通过引入供电子基团，增加芳环的亲核性和电子云密度，从而提高限速步骤、硫酯交换反应的速率及辅助基对酸的敏感度，加快了片段间缩合速率，同时也利于辅助基的脱除。该方法缩合的多肽片段是无侧链保护片段，合成过程须用强酸脱侧链保护基和树脂，但目标肽段对酸不稳定。可去除辅助基连接法以 N-(1-苯基-2-巯乙基)作为辅助基团，其对强酸稳定，且能提高片段间缩合速率，使得N端多肽片段较易合成。光敏感辅助基连接法以 O-硝基苄基与巯乙基相连接产物为辅助基（Mnpe辅助基），其具有强亲核性，缩合率高，在光照条件下易分解脱除。

第二节　多肽固相合成关键技术流程

自"多肽固相合成"这一概念被提出以来，多肽固相合成技术日益成熟，在生物医药等领域得到了广泛应用。本节将围绕多肽固相合成中的关键技术，载体的连接方式、氨基酸的保护/脱保护、肽键形成、多肽的切割与沉淀等进行介绍。

一、多肽固相合成载体

美国食品药品管理局和国家药品监督管理局对多肽固相合成中使用的树脂有明确的规定，要求在申报资料中提供树脂的类型、树脂选择的依据、树脂功能化处理情况、摩尔取代系数、膨胀系数、不稳定性、交联度等关键参数和相关说明。因此，多肽固相合成中需要根据多肽合成策略、合成规模、肽链长短和C端结构特征及是否需要后续功能化修饰等选择合适的树脂，综合考虑树脂类型、取代度、溶胀度、孔径和粒度等因素。一般来说，Boc合成法中通常采用氯代甲基功能化树脂，而Fmoc合成法中多采用羟基功能化树脂。

多肽固相合成中采用的树脂由高分子聚合物载体和连接链组成，决定了固相合成的效率，是区别于多肽液相合成的重要特征。树脂主要有以下三类：交联聚苯乙烯类、聚丙烯酰类、聚乙烯-乙二醇类树脂。树脂需满足以下条件：①化学反应惰性，合成过程中稳定，不与氨基酸分子反应；②载体上需提供足够的反应位点，能够装载连接分子，便于以共价键固定肽链在载体上面，这种共价键在反应结束后能被裂解；③空间位阻要小，便于溶剂渗透，不阻碍肽链的增长。多肽固相合成中常用的树脂、裂解条件及裂解后C端结构类型见表7-1。

连接链决定了树脂的取代度、树脂与多肽间的距离、缩合和肽链裂解的反应条件等，引入合适的连接链可抑制肽链聚集现象和肽链的产量。连接链应具有足够的化学稳定性，在多肽合成和树脂切割过程中不易引起副反应，连接链的选择还要综合考虑目标多肽C端裂解后生成的羧酸、酰胺等。常见的连接链通常为氯亚甲基、苄醇、苄胺、酰胺、磺酰胺、肼等官能团。根据连接链的不同，树脂又可分为氯甲基树脂、羧基树脂、氨基树脂或酰肼型树脂。

需要指出的是，在树脂上通过酯化反应交联第一个氨基酸通常比较困难，需无水环境，有时会导致消旋化、形成二肽和低取代度等问题，推荐使用市售已交联首个氨基酸的树脂。

表7-1 多肽固相合成中常用树脂及裂解条件

树脂名称	树脂结构	裂解条件	多肽C端结构类型
2-氯三苯基甲基树脂	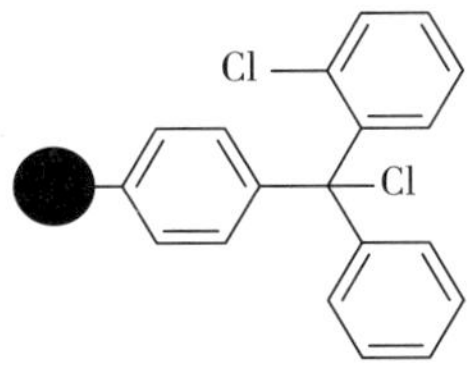	1%～5% TFA, DCM, 1min	酸
Wang树脂	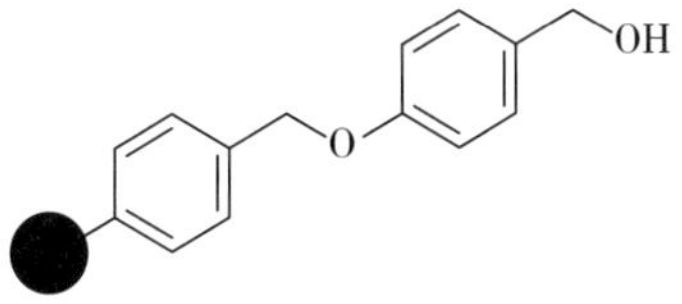	90%～95% TFA, DCM, 1～2h	酸
Rink酸树脂	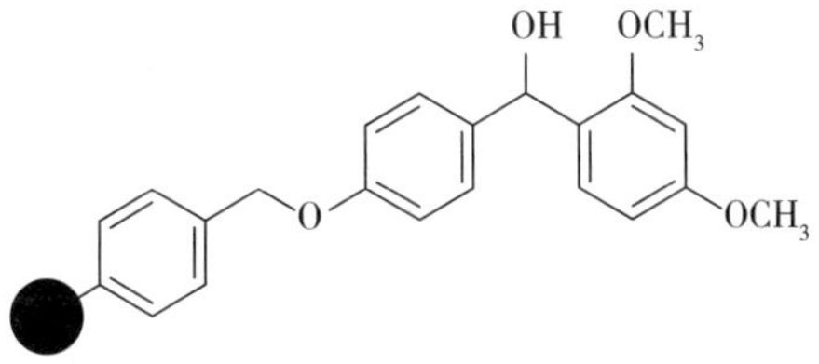	1%～5% TFA, DCM, 5～15min; 10% AcOH, DCM, 2h	酸
HMPB树脂	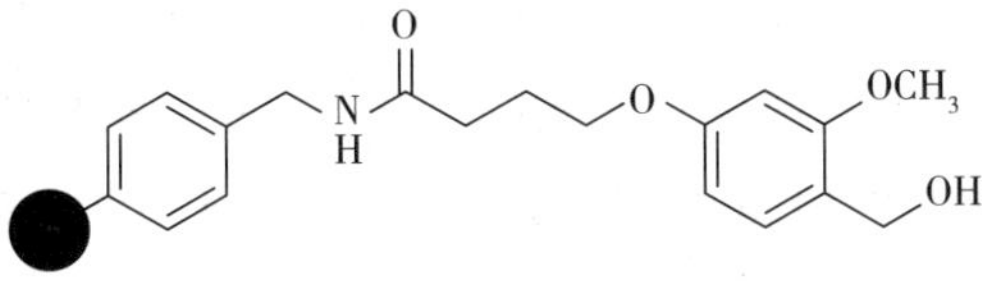	1% TFA, DCM, 2～5min	酸
Sasrin树脂	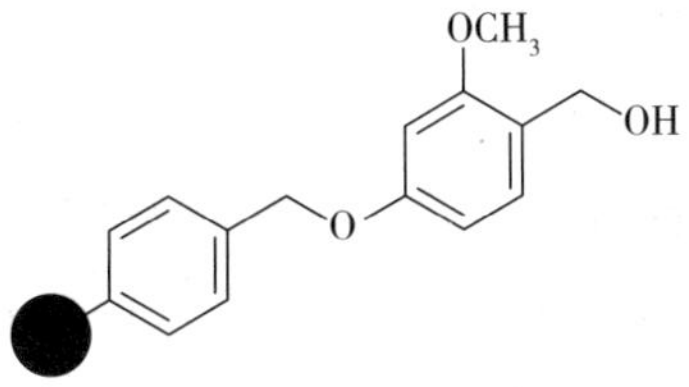	1% TFA, DCM, 5～10min	酸
HMBA树脂	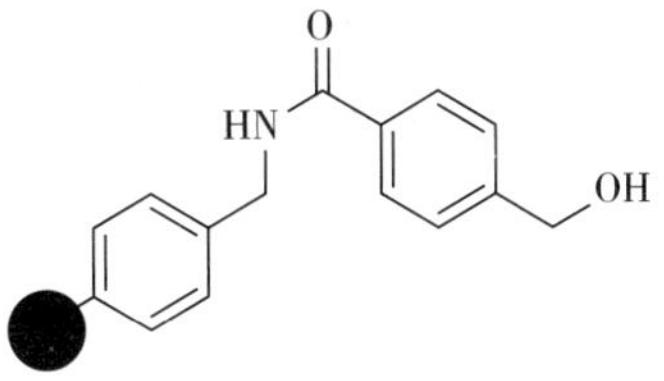	（a）NaOH或N_2H_4或NH_3, MeOH, 24h; （b）ROH; （c）$LiBH_4$;	酸，酰肼，酰胺，酯，醇

续表

树脂名称	树脂结构	裂解条件	多肽C端结构类型
MBHA 树脂	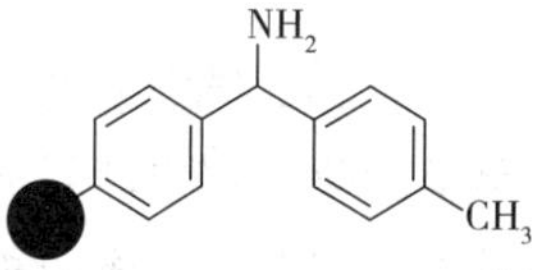	HF, 0℃, 1h	酰胺
Rink 酰胺树脂	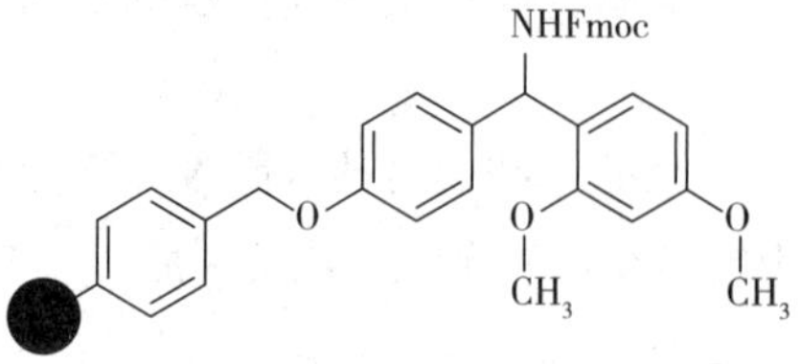	50% TFA, DCM, 1h	酰胺
水合肼树脂	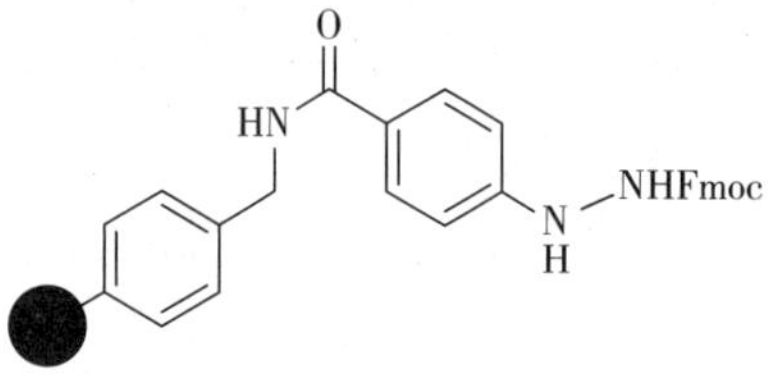	Cu(OAc)$_2$ pyridine, AcOH, nucleophile, DCM 或 THF	酸，酯，酰胺
磺酰胺树脂	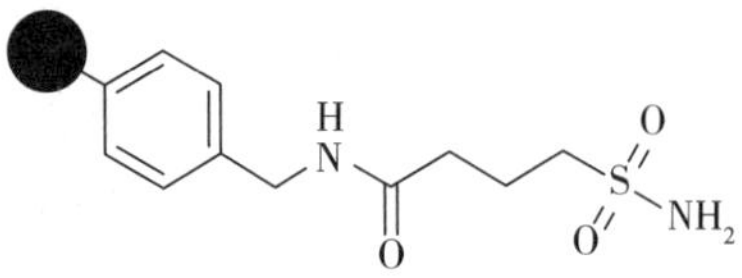	（a）ICH$_2$CN/DIPEA/NMP, 24h; （b）Nucleophile, DMAP, 24h;	酸，酯，酰胺，硫酯等
PEGA–BAL树脂	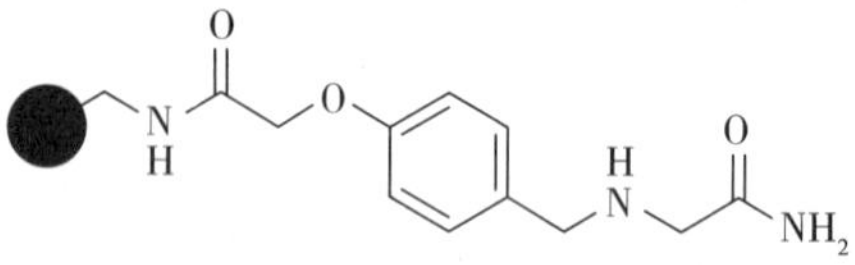	TFA–TFMSA（19:1）	酸

（一）交联聚苯乙烯类树脂

交联聚苯乙烯类树脂多采用苯乙烯（PS）–二乙烯苯（divinylbenzene，DVB）共聚物（PS-DVB），是固相化学中最为常用的树脂，如 Merrifield 树脂（也称为氯甲基树脂）和羟基甲基类树脂等。该类树脂通常含有1%或2%的二烯基苯作为交联试剂，常见的树脂颗粒大小为100~200目和200~400目，树脂取代度一般为0.5~0.8mmol/g，对于长肽（>25个氨基酸）或"困难序列"多肽，取代度可降低至0.1~0.2mmol/g。这类树脂在常见溶剂中不溶，在不同溶剂中具有不同的膨胀系数（表7-2），通常在非质子溶剂如THF、甲苯及DCM等中具有较好的膨胀度，具有较大的内部网格空间，利于反应物进入树脂内部，能容纳不断延长的肽链，进而缩短反应时间，提高合成效率。Merrifield树脂–肽链结构对酸稳定，需要在强酸条件下裂解，也可通过皂化、酯交换、分子内环化等方法来裂解。交联不完全的Merrifield树脂可通过氯甲基干扰后续反应，可使用羟基甲基树脂替代，通过使用活化的氨基酸或Mitsunobu反应来交联，未反应的羟基甲基树脂可用苯甲酸酐或醋酸酐处理，避免干扰后续肽链延长反应。氨甲基树脂如MBHA可形成稳定的酰胺键或胺，早期用于多肽的Boc合成法，需在强酸性条件下裂解，其上氨基也可用于连接其他连接链。

表7-2　1%交联聚苯乙烯类树脂在不同溶剂中的膨胀系数

溶剂	膨胀系数（ml/g）	溶剂	膨胀系数（ml/g）
THF	5.5	Et_2O	3.2
Toluene	5.3	CH_3CN	4.7
DCM	5.2	EtOH	5.0
Dioxane	4.9	MeOH	1.8
DMF	3.5	H_2O	1.0（无膨胀）

（二）聚酰胺类树脂

聚酰胺类树脂一般指聚丙烯酰胺类树脂，具有与肽链相近的结构特征，适合长肽和复杂多肽的合成，适用于水相合成。该类树脂与聚苯乙烯类树脂具有相反的溶剂膨胀度，在极性溶剂如DMF和水中具有较好的膨胀度，而在非极性的溶剂如二氯甲烷中则膨胀度较低。

（三）聚乙烯—乙二醇类树脂

聚苯乙烯–乙二醇类树脂（PS–PEG）以不溶的聚苯乙烯为母体，表面附着聚乙二醇（polyethylene glycol，PEG）链，PEG链的相对分子质量通常在2000～3000。该类树脂如ChemMatrix®具有良好的亲水性能，兼具固相合成与液相合成的优点，适用于水相合成，具有PS树脂无法替代的性能，克服了传统载体的非均相性问题，可减少肽链与树脂间的聚集，使肽键充分溶剂化，主要用于长肽和复杂多肽的合成。

二、氨基酸与固相载体的连接方式

根据氨基酸的结构特征，可通过其羧基（C-anchoring）、氨基（N-anchoring）、侧链（side chain anchoring）或肽链（backbone anchoring）四种方式与树脂相连（图7-4），其中，通过多肽羧基连接树脂是多肽固相合成中最常用的策略，这一策略中氨基为氨基甲酸酯的形式，其弱电子效应并不会促进生成噁唑酮和提高α-H的酸性，避免了多肽的消旋化，提高了目标肽的产率。通过肽键锚定树脂这一策略通常适用于C端需要进行功能化修饰的多肽合成。

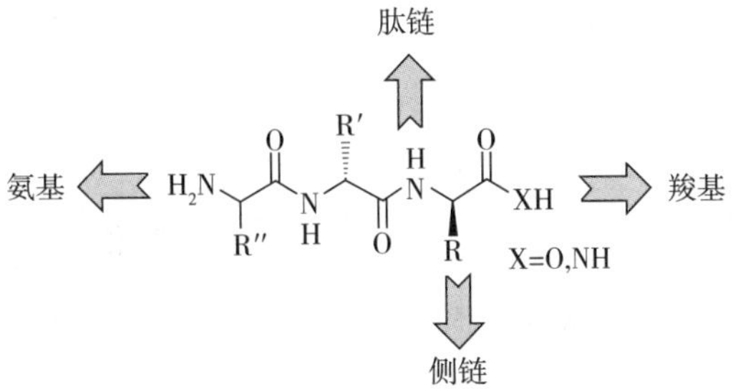

图7-4　氨基酸与树脂的连接方式

通过氨基酸N端锚定树脂这一策略在多肽固相合成中亦有一定的应用，但该策略具有一定的局限性，末端羧基的活化使得在多肽链在延长过程中发生如图7-5所示的副反应，生成哌嗪二酮类副产物（path a）或通过生成噁唑啉酮导致多肽的消旋化（path b），降低了产物的纯度和产率。

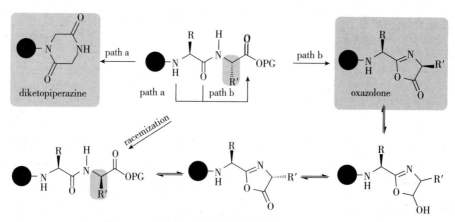

图7-5 氨基酸N端锚定树脂策略中主要的副反应

相比较于上述连接方式，文献报道的侧链锚定策略虽然在目标多肽纯度方面无明显的优势，但在多肽合成效率、规模化生产、C端需功能化修饰多肽的合成等方面具有诸多优势，具体如下。

1. 合成简单　多肽酰胺键的合成易于酯键，且稳定性更高，对应的多肽酰胺的产率更高，如天冬氨酸和天冬酰胺通过其侧链与树脂形成酰胺键的产率高于对应的酯键，且消旋化程度低。

2. 副反应少　C端含有半胱氨酸的多肽酸合成过程中伴随着较高程度的消旋化和N-哌啶基丙氨酸的形成，对于此类多肽的合成，可以通过侧链锚定策略减少不必要的副反应。

3. 可实现基于树脂的多肽环化　通过侧链将肽链锚定在树脂上，多肽链延长至一定长度后脱除C端羧基的保护基并进一步活化，与N端或侧链上的氨基缩合生成环肽。

4. 多肽C端功能化修饰　如硫酯键和对硝基苯胺修饰。

氨基酸侧链锚定策略中，不同氨基酸所采用的树脂、连接链和裂解条件见表7-3。

表7-3　不同氨基酸侧链锚定策略中常用的固相载体及裂解条件

氨基酸	树脂	树脂名称	合成策略	裂解条件
Asn/Gln		PAL树脂	Fmoc/t–Bu	TFA/thioanisole/2–mercaptoethanol/anisole（90∶5∶3∶2）
		Rink树脂	Fmoc/t–Bu	TFA/H$_2$O（9∶1）
Asp/Glu		Wang树脂	Fmoc/t–Bu	TFA/phenol（95∶5）

氨基酸	树脂	树脂名称	合成策略	裂解条件
Asp/Glu	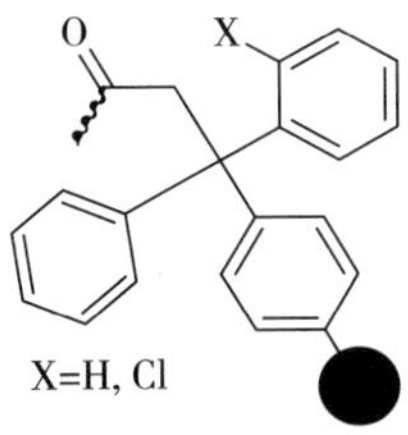 X=H, Cl	CTC树脂	Fmoc/t-Bu	TFA/DCM（2∶98）
	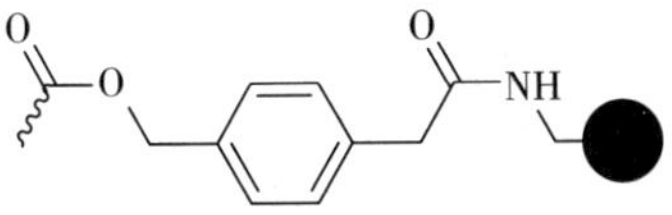	PAM树脂	Boc/Bn	HF/anisole/$(CH_5)_2$S（10∶1∶0.5）
Lys	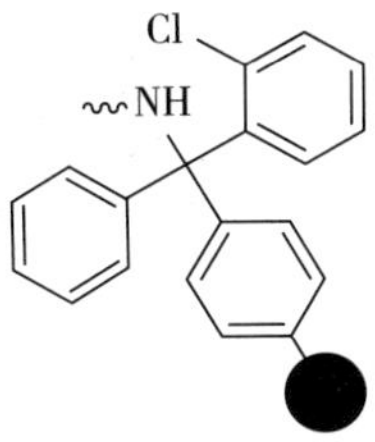	CTC树脂	Fmoc/t-Bu	TFA/DCM（3~5∶97~95）
	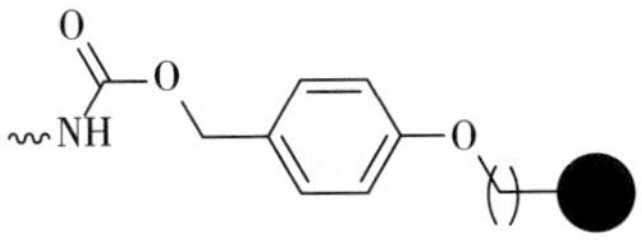	Wang碳酸酯树脂	Fmoc/t-Bu	TFA/thioanisole/ethanedithiol/anisole（90∶5∶3∶2）
	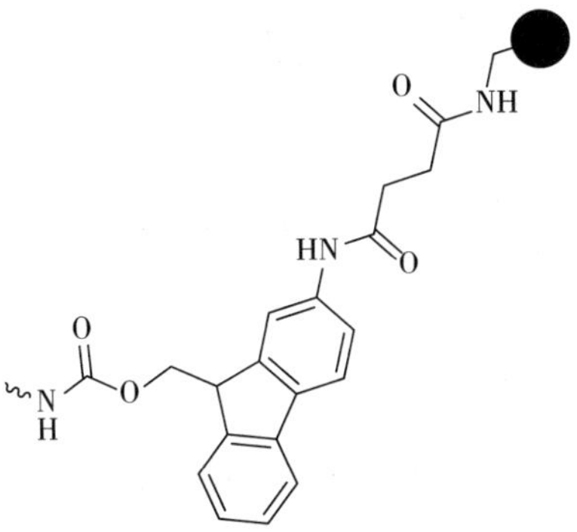	Fmoc树脂	Boc/Bn	Piperidine or morpholine，DMF（20∶80）
	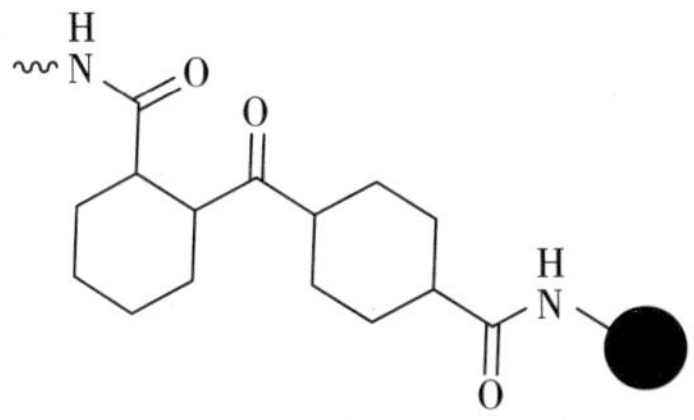	哌可啉树脂	Fmoc/t-Bu	TFA/TIS/H_2O（95∶2.5∶2.5）
	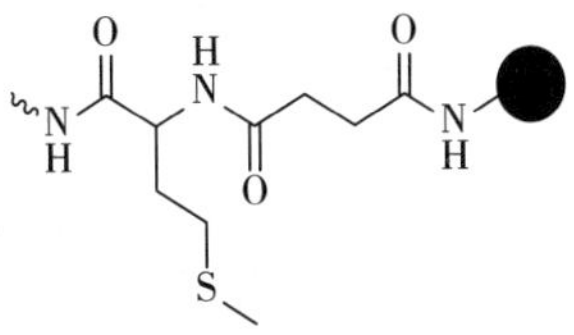	甲硫氨酸树脂	Fmoc/t-Bu Boc/Bn	CNBr（60 eq.），CH_3CN/AcOH/H_2O（5∶4∶1）

氨基酸	树脂	树脂名称	合成策略	裂解条件
Ser/Thr	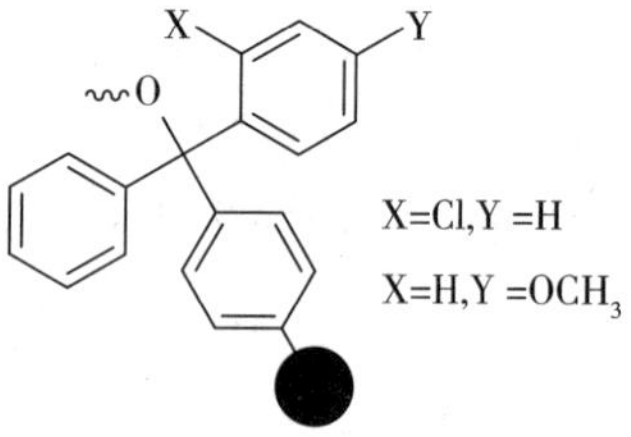 X=Cl,Y=H X=H,Y=OCH$_3$	CTC 树脂	Fmoc/t–Bu	TFA，DCM（3~5：97~95）
	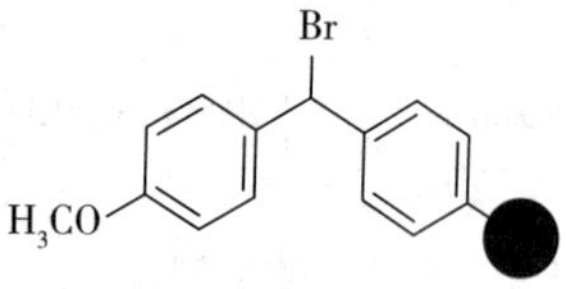 Br	溴4–甲氧基苯基甲基树脂	Fmoc/t–Bu	TFA/TIS/H$_2$O（95：2.5：2.5）
	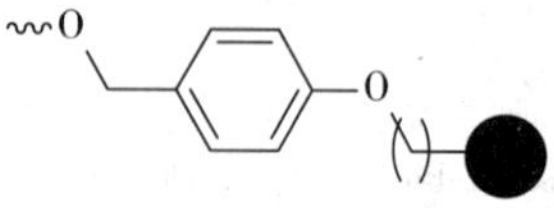	Wang 树脂	Fmoc/t–Bu	TFA/TIS/H$_2$O/thioanisole（92.5：2.5：2.5：2.5）
	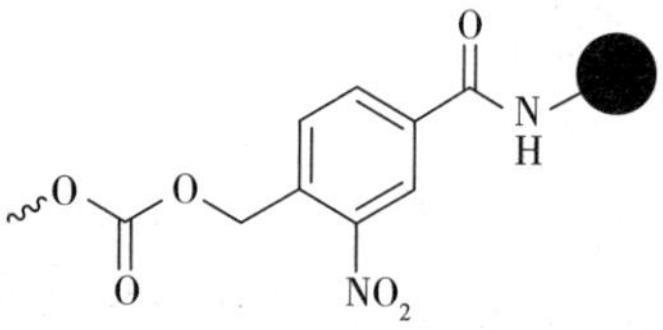 NO$_2$	硝基苯甲酰胺（Nbb）碳酸酯树脂	Boc/Bn	Photolysis（350nm），TFE/DCM（2：8）
	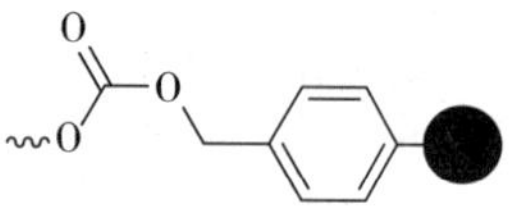	碳酸酯树脂	Boc/Bn	HF/anisole（9：1）or TFA/TFMSA/thioanisole/ethanedithiol/anisole（85：5：5：3：2）
	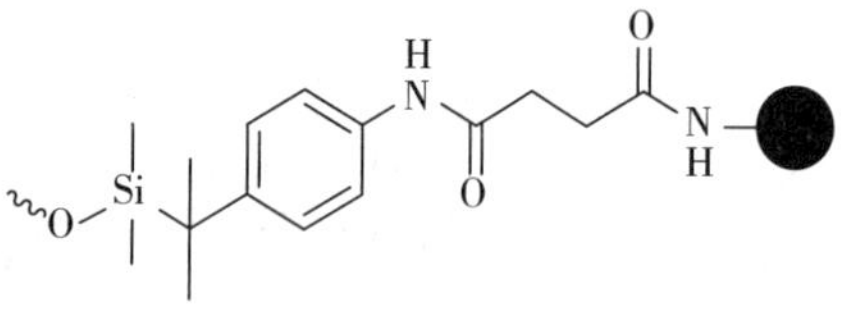	硅基树脂	Fmoc/t–Bu	TBAF/AcOH（1：1）
	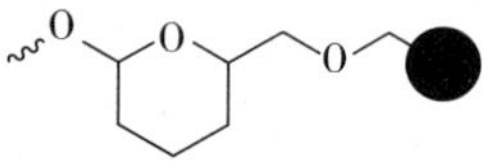	Ellman 树脂	Fmoc/t–Bu	TFA/DCM/EtOH（2：2：1）
Tyr	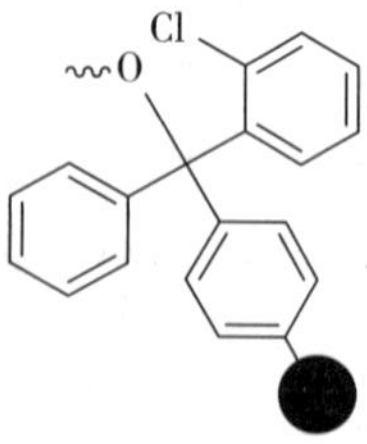 Cl	CTC 树脂	Fmoc/t–Bu	TFA/DCM（3~5：97~95）
		Wang 树脂	Fmoc/t–Bu	TFA/TIS/H$_2$O/thioanisole（92.5：2.5：2.5：2.5）
	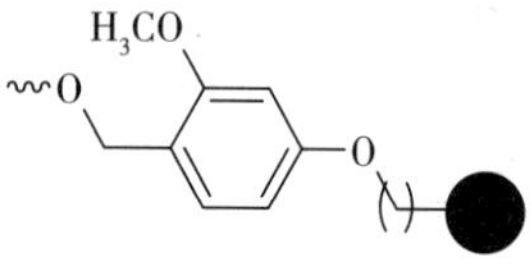 H$_3$CO	Sasrin 树脂	Fmoc/t–Bu	TFA/TIS/H$_2$O/thioanisole（92.5：2.5：2.5：2.5）

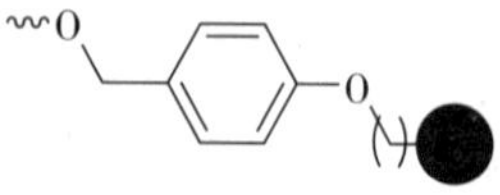

续表

氨基酸	树脂	树脂名称	合成策略	裂解条件
Tyr	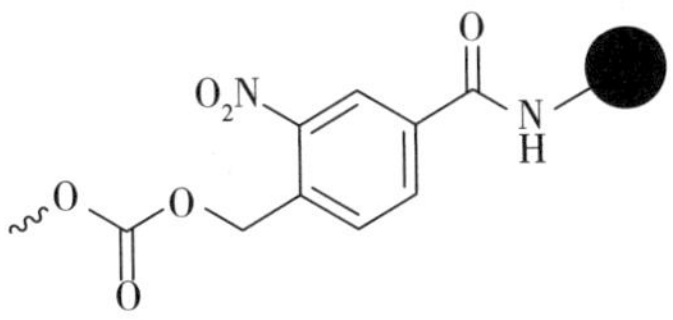	Nbb碳酸酯树脂	Boc/Bn	Photolysis（350nm），TFE/DCM（2∶8）
Cys	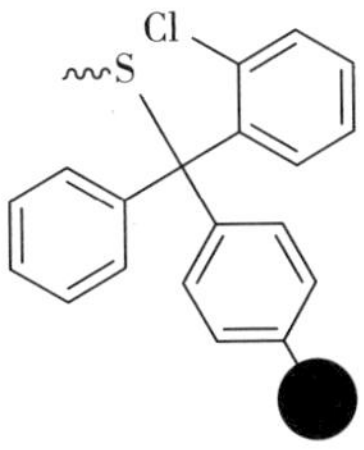	CTC树脂	Fmoc/t-Bu	TFA/DCM（3~5∶97~95）
	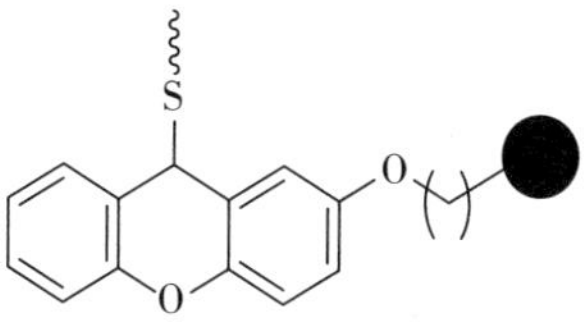	S-夹氧杂蒽基树脂	Fmoc/t-Bu	TFA/DCM/iPr₃SiH（0.2∶99.3∶0.5）
Arg	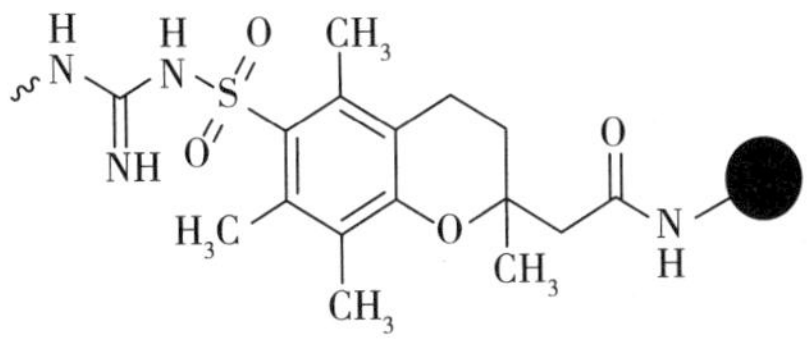	Pmc树脂	Fmoc/t-Bu	TFA/H₂O（10∶1）
	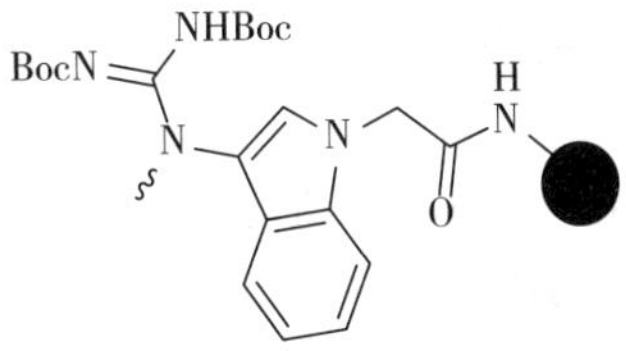	吲哚乙酰基树脂	Fmoc/t-Bu	TFA/DCM（1∶1）
	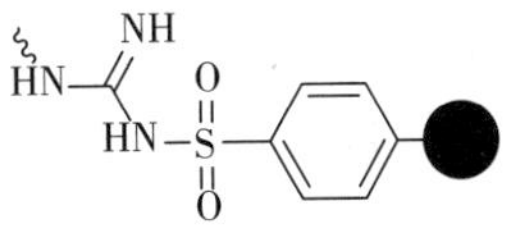	磺酰基树脂	Boc/Bn	HF/anisole（4∶1）
	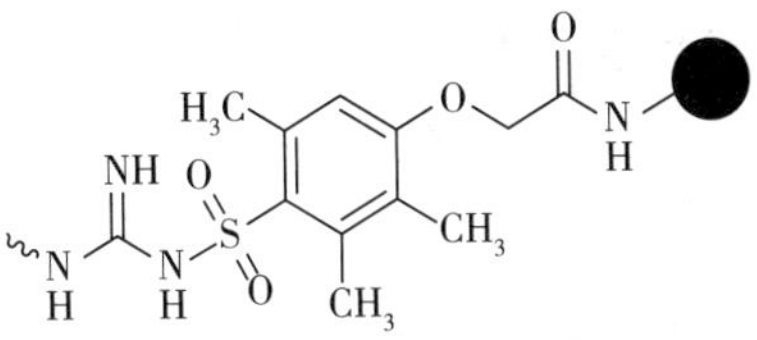	磺酰基树脂	Boc/Bn	1M TMSBr-thioanisole/TFA（10ml）
His	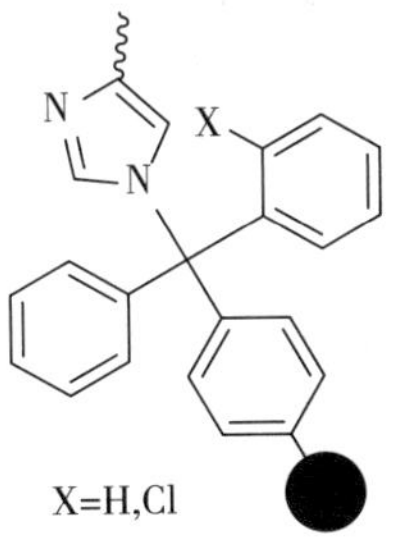	CTC 和 Trt 树脂	Fmoc/t-Bu	TFA/DCM（3~5∶97~95）

续表

氨基酸	树脂	树脂名称	合成策略	裂解条件
His		2,4-二硝基苯树脂	Boc/Bn	thiophenol or DDT, DMF
Trp		二氢吡喃树脂	Fmoc/t-Bu	TFA/mDMB/DCM(0.5:0.5:9)
Phe		三氮烯树脂	Fmoc/t-Bu	(a)TFA/DCM(5:95) (b)Fe₂SO₄·7H₂O
		Ellman树脂	Fmoc/t-Bu	TFA/thioanisole(25:1)

三、氨基酸的保护与脱保护

氨基酸 α-氨基、羧基及侧链（如氨基、羧基、醇及巯基等）的保护与脱保护是多肽固相合成法中的关键操作，其中树脂也可视为氨基酸的保护基团，不恰当的保护或树脂会导致合成或纯化困难。保护基的选择不仅取决于化学性质，还取决于偶联以及裂解方法、氨基酸的溶解性和目的多肽序列等。恰当的保护处理可抑制肽链的聚集，减少不必要的副反应，提高目标的产率，实现"困难序列"多肽的合成等。因此，应根据不同氨基酸的结构特点来选择合适的保护和脱保护条件，常见的 α-氨基和羧基的保护与脱保护条件见表7-4和表7-5。

表7-4　氨基酸 α-氨基的保护与脱保护条件

保护基	保护条件	脱保护条件	备注
Fmoc 	(a)Fmoc-Cl, H₂O-dioxane(3:1), Na₂CO₃ (b)Fmoc-Osu, dioxane-H₂O(1:1), NaHCO₃ (c)Fmoc-Oxyma, acetone-H₂O(1:1), NaHCO₃	(a)20% 4-MePip, DMF (b)50% Morpholine, DMF (c)1%~5% DBU, DMF (d)50% Ethanolamine, DCM	碱敏感保护基
Tfa 	(a)Ethyl trifluoroacetate, Et₃N, MeOH, rt. (b)TFAA, DCM, 0℃ to rt.	(a)NaOH(0.2N), 10min (b)1 M aq. piperidine (c)NaBH₄, EtOH (d)K₂CO₃, H₂O, MeOH	

续表

保护基	保护条件	脱保护条件	备注
Trt	TrtCl, Et₃N, DCM	（a）1% TFA, DCM （b）HOBt（0.1M）, TFE （c）0.2% TFA, 1% H₂O/ DCM （d）3% TCA, DCM （e）10 eq Li, 0.2 eq. naphthalene, THF	酸敏感保护基
Nps	NaOH（2N）or NaHCO₃, dioxane or H₂O	（a）Diluted AcOH/HCl/CHCl₃ （b）Raney Ni, DMF （c）AcOH, MeOH, 2-mercaptopyridine, DMF or DCM	
Boc	（a）Boc₂O, Et₃N, THF, H₂O （b）Boc₂O, DMAP, ACN （c）Boc₂O, HFIP	（a）HCl（4M）, dioxane （b）25%~50% TFA, DCM （c）MsOH（2M）, dioxane （d）TMSCl（1M）, phenol, DCM	
Cbz	CbzCl, dioxane, 10% AcOH	（a）H₂, Pd/C or PdOAc₂, MeOH, THF （b）HBr, AcOH	
Alloc	（a）NaOH（2N）, THF or dioxane, 0℃ to rt. （b）DIEPA, DCM, 0℃	Pd(PPh₃)4 cat., scavengers: NH₃·BH₃,（CH₃）2NH·BH₃, or PhSiH₃, organic solvents	
Benzylidene	（a）PhCHO, KOH, EtOH, 50℃ （b）aq. Na₂CO₃, MeOH, rt. （c）aq. NaOH, EtOH	HCl, H₂O, dioxane	
pNZ	（a）aq. NaHCO₃, THF, 0℃ to rt. （b）NaN₃, dioxane/H₂O, Na₂CO₃	（a）H₂, Pd/C, MeOH, THF （b）SnCl₂（6M）, 1.6 mM HCl, dioxane, phenol（0.04 M）, DMF, 50℃, 40min	

表7-5　氨基酸羧基的保护与脱保护条件

保护基	保护条件	脱保护条件	备注
Fm	Fm-OH, DCC, DMAP	（a）10% N-methylcyclohexylamine, DCM （b）20% 4-MePip, DMF	碱敏感的α-羧基保护基
Me or Et	MeOH or EtOH, H₂SO₄（cat.）or PTSA	（a）aq. NaOH or KOH （b）AlCl₃/N,N-dimethylaniline, DCM	

续表

保护基	保护条件	脱保护条件	备注
cam （结构式）	2-Chloroacetamide, Cs$_2$CO$_3$, EtOH, H$_2$O, DMF	NaOH（0.5N）or Na$_2$CO$_3$（0.5 N），DMF/H$_2$O（3:1）	碱敏感的 α-羧基保护基
2-PhiPr （结构式）	2-Phenylpropan-2-ol, NaH, CCl$_3$CN, THF, 0℃	4% TFA, DCM	
2-Cl-Trt （结构式）	DIEPA, 2-Cl-Trt, DCM	1% TFA, DCM	酸敏感的 α-羧基保护基
t-Bu （结构式）	t-BuOH, Et$_3$N, DCC, DMAP, DCM	（a）50%~90% TFA, DCM （b）HCl（4N），dioxane （c）ZnBr, DCM	
Bn （结构式）	BnBr, K$_2$CO$_3$, acetone, reflux	（a）H$_2$, Pd/C, THF （b）aq. NaOH, organic solvent	
Pac （结构式）	Phenacyl bromide, NaOH, EtOH, reflux	（a）Zn, AcOH （b）Sodium thiophenoxide	
Allyl （结构式）	Allyl bromide, K$_2$CO$_3$, DMF	Pd(PPh$_3$)$_4$, PhSiH$_3$, DCM	
TmSi （结构式）	2-(Trimethylsilyl)propan-2-ol, DMAP, DCC, DCM	TBAF（2M），THF	

在 Boc 合成法［图 7-6（a）］中通常采用 Boc/Bn 保护基，但该类保护基对强酸（如 TFA）不稳定，在脱 Boc 时均会不同程度地影响 Bn 保护基，通常采用不同强度的酸实现 Boc 和 Bn 的脱保护。在多肽固相合成中通常采用正交搭配的保护/脱保护策略实现对多肽结构的有效控制，例如在 Fmoc 合成法［图 7-6（b）］中，通常采用酸敏感的保护基团（如 t-Bu）作为侧链保护基，Fmoc 基团对碱不稳定，利用哌啶处理，通过 β-消除过程脱除 Fmoc 保护基，同时不影响 t-Bu，因此 Fmoc/t-Bu 合成法广泛应用于多肽固相合成。

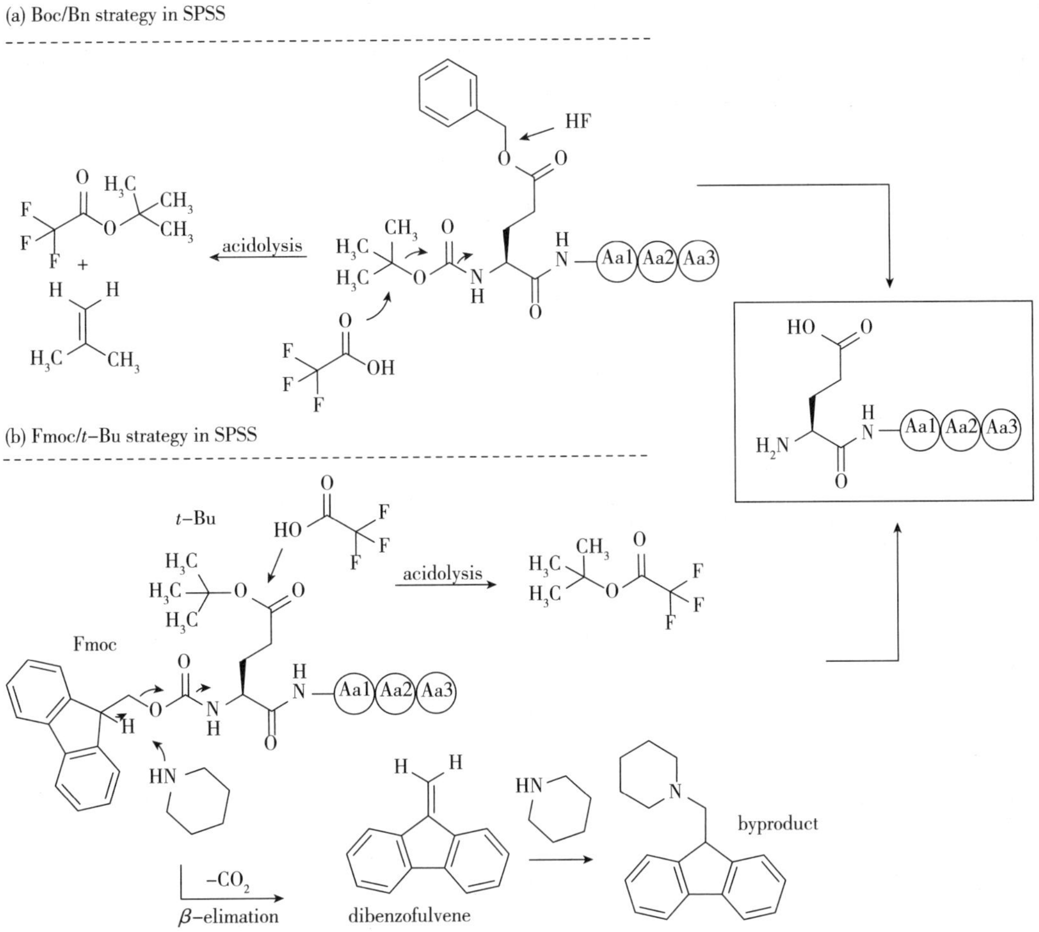

图7-6　多肽固相合成法中常见的Fmoc/t–Bu和Boc/Bn脱保护策略

在Fmoc合成法中，一般使用二级胺（如20%哌啶/DMF体系）进行脱Fmoc保护基，同时可俘获脱保护过程中生成的二苯并富烯高反应性中间体，减少了副反应的产生。若多肽合成过程中Fmoc脱保护不完全或较为缓慢，可使用非亲核性强碱DBU代替哌啶来提高脱保护基效率，但DBU并不能俘获二苯并富烯中间体，因此通常需要额外加入哌啶。这种情况下，一般推荐使用20%哌啶/1%～5% DBU/DMF体系进行脱保护处理。需要指出的是，若多肽序列中含有天冬氨酸或谷氨酰胺，则不宜使用DBU来脱除Fmoc保护基，因为DBU可促进天冬氨酸或谷氨酰胺通过分子内环化生成天冬酰亚胺中间体，其可与哌啶反应对应的副产物。氨基酸侧链的保护与脱保护是多肽固相合成中的关键，常见氨基酸侧链保护基及其脱保护基条件见表7-6。对于精氨酸，通常情况下对胍基上的氮原子进行保护，其中磺酰基类保护基如2,2,5,7,8–五甲基苯并二氢吡喃–6–磺酰基(Pmc)和2,2,4,6,7–五甲基二氢苯并呋喃–5–磺酰基(Pbf)因反应迅速、条件温和而被广泛应用。天冬氨酸和谷氨酸侧链羧基通常用酯基如t–Bu进行保护，选用空间位阻较大的保护基如环烷酯醇、金刚烷醇酯等，可减少丁二酰亚胺副反应的发生。天冬酰胺和谷氨酰胺的酰胺侧链一般不需要保护，但为避免羧基活化过程中发生脱水副反应，提高氨基酸的溶解性，可采用三苯基甲基取代基（Trt）等TFA容易脱除的保护基。半胱氨酸的巯基具有高亲核性、易氧化、酸性，活化过程中易消旋化，亦可通过形成二硫键影响多肽折叠，常需用对甲氧基苄基（Mob）、Trt和对弱酸稳定的St–Bu等进行保护。组氨酸易发生消旋化，使用三苯基甲基类保护基如4–甲基三苯基甲基（Mtt）和Trt可抑制消旋化，在酸性条件下即可脱除。在Fmoc合成法中，赖氨酸侧链氨基通常选用Boc来保护，TFA处理即可脱除，其他常用的保护基如烯丙氧羰基（Alloc）和Mtt可分别在Pd催化氢化和1% TFA条件下脱除。酪氨酸上的酚羟基通常用 t–Bu 保护，丝氨酸和苏氨酸上的醇羟基一般不需要保护，但为避免合成过程中产生酰化副产物，可选用苄基型保护基。色氨酸通常不需要保护，但在最后裂解步骤中易被烷基化，可使用 Boc、Trt 和 Alloc 等保护基进行保护。

表7-6　Fmoc合成法中侧链的保护与脱保护

氨基酸	保护基	保护基结构	脱保护条件
Arg 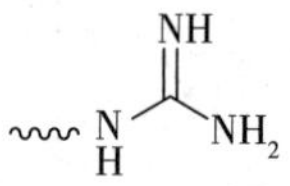	Pmc	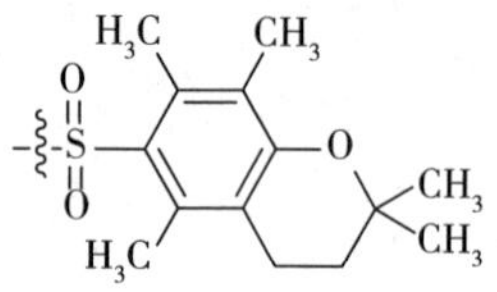	90% ~ 95% TFA, DCM, 2 ~ 4h
	Pbf	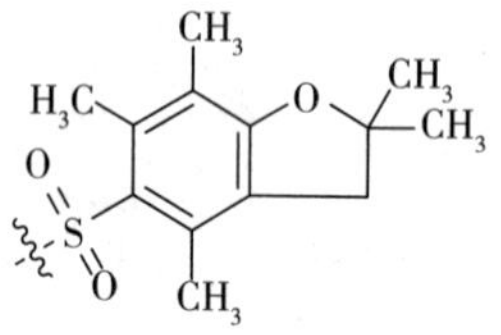	90% TFA, DCM/TIS, 1h
Asp/Glu 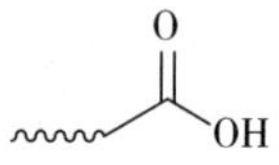	t–Bu	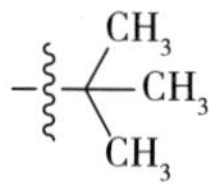	90% TFA, DCM, 30min
Asn/Gln 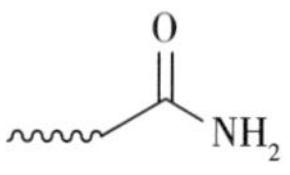	Trt	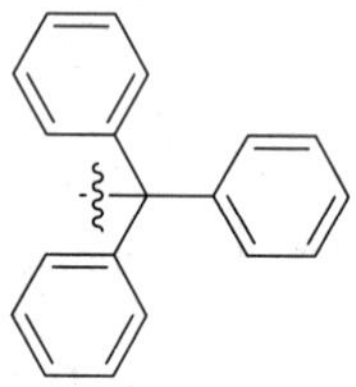	90% TFA, DCM, 30 ~ 60min
Cys	Mtt	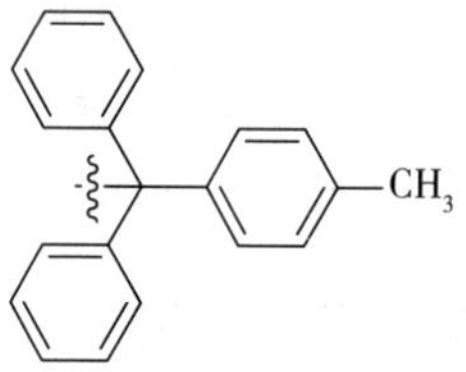	1% TFA, DCM, 60min
	Trt		90% TFA, DCM, 30min
	S–t–Bu	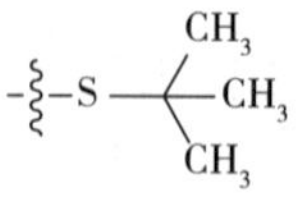	TFMSA
	Mob	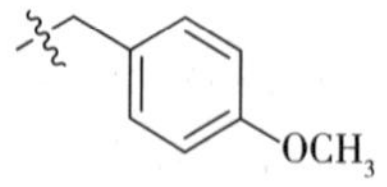	(a) HF, anisole (b) Hg(OAc)$_2$ or Hg(CF$_3$COO)$_2$, TFA or AcOH (c) AgCF$_3$SO$_3$, TFA
His 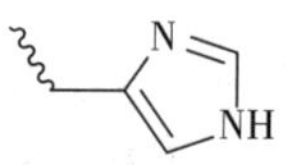	Mtt		15% TFA, DCM, 1h
	Trt		90% TFA, DCM, 30min

续表

氨基酸	保护基	保护基结构	脱保护条件
Lys　〜〜NH$_2$	Boc		90% TFA, DCM, 30min
	Boc		
	Mtt		1% TFA, DCM, 30min
	Alloc		Pd(PPh$_3$)$_4$（5mol%），PhSiH$_3$, THF/MeOH, 12h
Ser/Thr/Tyr　〜〜OH	t–Bu		90% TFA, DCM, 30min
	Bn		（a）H$_2$, Pd/C, MeOH, THF（b）HF, scavengers, phenylsilane
Trp	Trt		1% TFA, DCM, 2h
	Boc		95% TFA, DCM, 1h
	Alloc		Pd(PPh$_3$)$_4$（5mol%），methylaniline, DMSO/THF/0.5 M HCl（1：1：0.5），8h

四、肽键形成

在多肽的合成中，氨基酸的选择至关重要，适合的氨基酸可减少副产物的生成，提高多肽纯度，且便于纯化。对于短肽的合成，氨基酸侧链保护基并非关键因素，但对于长肽的合成，应选择侧链保护基极其稳定的氨基酸，尤其是合成早期引入肽链序列的氨基酸。

肽键形成方法包括缩合剂法、混合酸酐法、酰氯法、活性酯法等，其中缩合剂法广泛应用于多肽固相合成。缩合效率取决于缩合剂种类、连接在树脂上的多肽序列和反应物浓度等因素，缩合剂的选择影响肽键的形成和副反应的发生。因此，在缩合反应中，应充分考虑氨基酸的空间位阻、溶解性和稳定性等，选用高效的缩合剂也是"困难序列"多肽合成的一种常见方法。近年来，随着多肽合成技术的快速发展，越来越多的缩合剂和添加剂被开发出来（图7-7），如碳二亚胺类（DCC、DIC）、苯并三氮唑类（HOBt、HOAt）、脲阳离子类（TBTU、HATU）、磷正离子类（PyBOP）、肟类（Oxyma和COMU）和甲脒类（TFFH）。一般来说，DIC的反应活性低于TBTU、PyBOP和HATU。

碳二亚胺类缩合剂DCC和DIC早期广泛用于多肽的合成［图7-7（a）］，但该类缩合剂在活化羧基的过程中生成的二环己基脲溶解性差，且生成的高反应性O-酰基化异脲会导致产物的部分消旋化，限制了其在多肽固相合成中的应用。针对这一问题，可通过在反应体系中加入HOBt或HOAt生成活化的三氮唑酯中间体来减少消旋化。然而，鉴于HOBt潜在的易爆性，科学家们随后开发了新型肟类添加剂如Oxyma和COMU等，代替HOBt用于DIC介导的多肽缩合反应，对于某些特定氨基酸的缩合反应优于苯并三氮唑类缩合剂。

为克服易消旋化、产生副反应等问题，科学家们开发了新型高效鎓盐类缩合剂（如脲阳离子类、磷正离子类等），其中TBTU、HATU和PyBOP等广泛应用于多肽固相合成，逐渐取代了碳二亚胺类缩合剂，鎓盐类缩合剂具有缩合效率高，副反应少，产物光学纯度高等优势，但该缩合方法价格昂贵，不适合多肽的规模化制备。缩合过程需要在碱性环境下（通常需使用DIPEA）进行，且需要加入HOBt等。缩合机制如图7-7所示，在三级胺存在的情况下，保护氨基酸中的羧基氧负离子与缩合剂反应生成对应的OAt活化酯［图7-7（b）］，通过与树脂上的氨基酸氨基缩合来延长肽链［图7-7（c）］。甲脒类缩合剂TFFH可原位生成HF，适用于大位阻氨基酸的缩合反应。

通常情况下，在缩合步骤中需要极性非质子溶剂如DMF和NMP和过量的活化氨基酸（一般需过量2～10倍）来提高反应物的溶解性，确保高的反应浓度，促进缩合反应的进行。缩合反应中需使用氨基酸等当量的缩合剂，过量的缩合剂会与肽链N端氨基反应生成鸟苷类结构，进而阻止肽链延长。Kaiser比色试验可定量检测游离氨基，广泛应用于监测多肽缩合是否完全。经Kaiser比色试验证实缩合不完全的，可改变反应条件，如更换反应溶剂或加入新的缩合试剂进行再次缩合，如若仍未完全缩合，需加入醋酸酐俘获氨基，终止肽链的延长，游离氨基的存在可能会导致肽链的聚集。

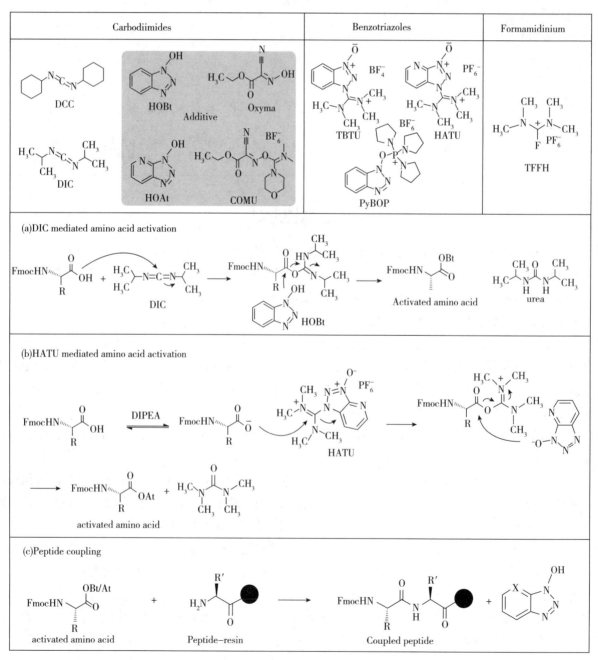

图7-7 常见的氨基酸活化试剂及肽键形成机制

五、多肽的切割与纯化

在完成既定序列的多肽合成后，需要将目的多肽从树脂上切割下来，然后进一步精制、分离与纯化等操作。根据不同的合成方法和连接链，其切割方法不同。对于 Boc 合成法合成的多肽，主要使用 TFA 和 HF 裂解和脱侧链保护。对于 Fmoc 合成法合成的多肽，主要使用 TFA 进行切割和脱侧链保护基。在裂解过程中，侧链保护基会产生稳定碳正离子，其与氨基酸（如 Cys、Met、Tyr、Thr、Ser 及 Trp 等）富电子侧链反应生成副产物，需要在裂解体系中加入俘获剂去俘获碳正离子减少副反应的发生。

多肽的纯化通常采用高效液相色谱法、亲和层析法、毛细管电泳法等，其中高效液相色谱法使用最为广泛。

第三节　多肽固相合成技术的挑战与应用前景

一、多肽固相合成技术在药物合成中的应用

多肽固相合成技术在药物合成中应用广泛，本节将通过代表性实例来阐述多肽固相合成法在活性多肽和天然多肽合成中的应用。

（一）抗疟环肽的合成

环肽具有广泛的药理学活性，该类化合物通常具有稳定的活性构象，较高的靶点选择性和代谢稳定性。与线性肽相比，环肽因缺少极性的N端和C端而表现出较好的跨膜能力。为合成抗疟环肽类化合物，Serra 等人首先采用固相合成法合成线性肽，再分别通过液相环化和基于树脂的环化策略来制备目标环肽（图7-8）。

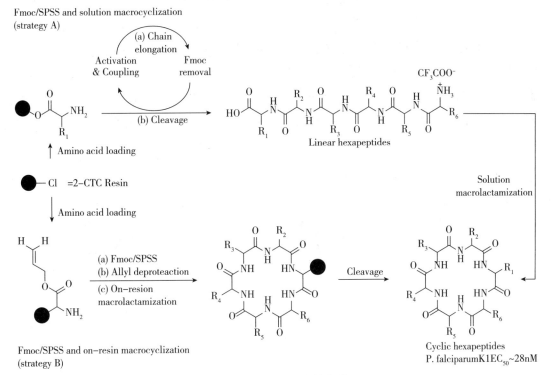

图7-8　抗疟环肽的合成

在液相合成法中（图7-8，strategy A），Serra等人选用空间位阻较大的2-CTC树脂来减少哌嗪二酮副产物的生成，且2-CTC树脂裂解条件温和。通过反复的缩合反应生成目标肽链，肽链从树脂上裂解下来后，在1~5mM浓度下经HATU或HBTU介导缩合环化生成目标环肽。在环化过程中，环的大小和氨基酸种类是能否环化成功的关键。为避免环化过程中的消旋化和非对应异构体的生成，Serra等人选用甘氨酸作为C端，同时也减少了环化过程的空间位阻。在基于树脂的环化策略中（图7-8，strategy B），作者亦选择空间位阻较大的2-CTC树脂来减少环化过程中的消旋化现象，烯丙基作为C端羧基保护基，Fmoc作为N末端氨基保护基，肽链延长方法与液相合成法一致，使用DIC/Cl-HOBt体系来介导分子内环化反应，最后以较高的产率和纯度获得目标环肽。

需要指出的是，基于树脂的环化策略中使用氨基酸侧链羧基来锚定树脂，目标环肽中均含有游离羧基，便于构建环肽化合物库。在上述两种方法中，环化产率很大程度上取决于氨基酸序列。抗疟活性测试表明，所合成的环肽对氯喹耐药的恶性疟原虫K1具有较好的抑制活性，其中Cyclo-Cys（Trt）-Gly-Thr-(t-Bu)-Gly-Cys（Trt）-Gly的抑制活性最好（$EC_{50}=28nM$），与青蒿素活性相当（$EC_{50}=20nM$），对HepG2细胞没有毒性（$EC_{50}>250\mu M$，SI>8900）。

（二）抗利尿激素的合成

抗利尿激素（vasopressin），又称为血管加压素，通过影响组织通透性来控制肾小管中分子的重吸收，控制尿量排出。文献报道，异腈/HOBt体系可通过硫脒醚羧酸混酐（thio-FCMA）活性中间体介导硫代酸与胺的高效缩合反应［图7-9（a）］，且这一方法已成功应用于环肽oxytocin的全合成。基于此，Danishefsky等人首次将异腈介导的酰胺化反应应用于多肽固相合成，以较高的产率得到多种含有2-6氨基酸的肽链，氨基酸底物范围广，且反应中硫代酸仅需1.2~1.5倍当量即可实现肽键的高效形成，这一方法随后被应用于抗利尿激素的合成［图7-9（b）］。

以甘氨酸连接的树脂（1）为起始原料，在t-BuNC/HOBt体系中，通过与精氨酸衍生的硫代酸缩合生成二肽（2），随后经哌啶脱Fmoc保护基及与另一二肽衍生的硫代酸缩合生成四肽类化合物（3），重复这一操作，分别通过与天冬酰胺、谷氨酰胺、苯丙氨酸、酪氨酸和半胱氨酸衍生的硫代酸缩合生成抗利尿激素的骨架肽链（4），然后在TFA/TIPS/H₂O体系中裂解生成二氢抗利尿激素（5），该过程涉及14步反应，总产率为43%。二氢抗利尿激素（5）在pH 7的条件下经空气氧化生成抗利尿激素，产率为71%。在此基础上，Danishefsky等人进一步将异腈介导的酰胺化反应扩展到基于固相载体的化学选择性片段缩合法（solid phase fragment coupling，SPFC），以较高的收率得到多个复杂肽链。这一方法的优势在于：氨基酸底物范围广，无需对氨基酸/肽链片段进行保护，仅需使用当量的反应物，具有较好的原子经济性，有望用于长肽和"困难序列"多肽的合成。

(a) Isonitrile/HOBt–mediated amidation

(b) Isonitrile/HOBt−mediated SPPS of vasopressin

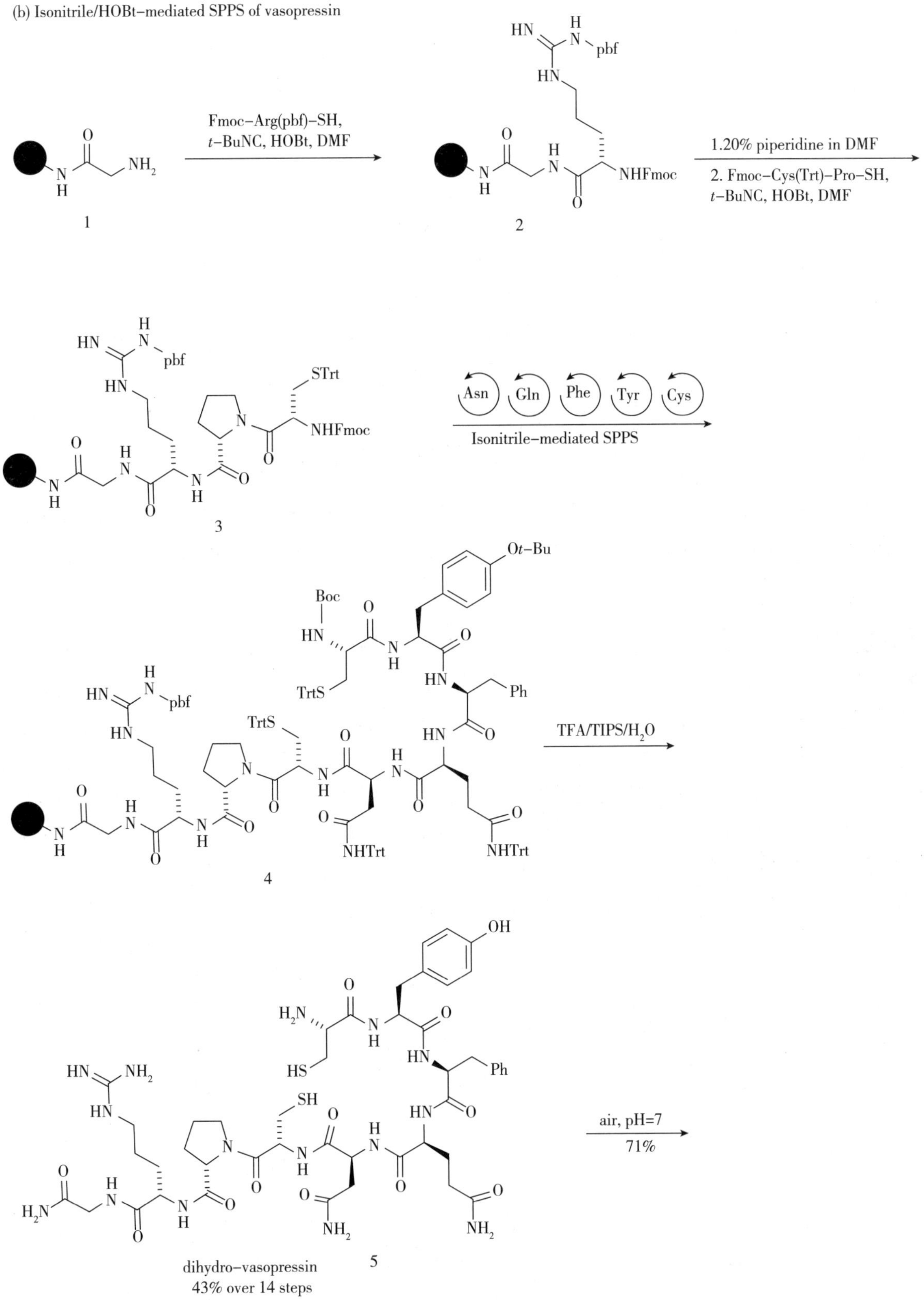

dihydro−vasopressin
43% over 14 steps

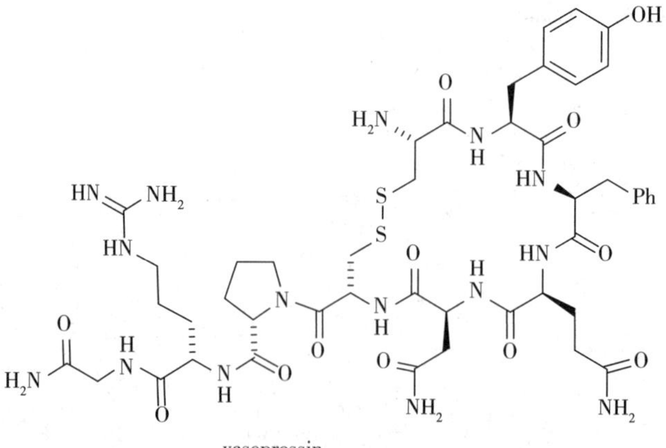

vasopressin

图7-9　抗利尿激素的合成

二、多肽固相合成技术所面临的挑战

多肽固相合成技术作为一类重要的多肽类药物合成方法，近年来取得了积极进展，但仍面临诸多问题与挑战，包括多肽合成过程的消旋化、多肽聚集和副反应等，亟需针对上述问题提出合理解决方案。

（一）多肽消旋化

保护的氨基酸在羧基活化过程中通常会发生一定程度的消旋化，其消旋化机制如图7-10所示，保护的氨基通过异构化进攻活化的羧基生成噁唑酮中间体，进一步的酮式和烯醇式互变导致消旋化现象，随后与另一氨基酸反应生成消旋的多肽。通常在反应体系中加入HOAt或HOBt可一定程度上抑制消旋化现象。CuCl$_2$/HOBt体系适用于多肽液相合成法肽段缩合过程中抑制消旋化，而CuCl$_2$适用于多肽固相合成法中4,4,4-三氟-N-Fmoc-O-t-Bu苏氨酸的缩合。组氨酸和半胱氨酸在活化过程中容易发生消旋化，通过在组氨酸咪唑环系N原子上引入甲氧基苄基保护基可很大程度上降低消旋化现象。对于半胱氨酸，抑制其消旋化的方法亦有报道，如使用BOP（或HBTU或HATU）/HOBt（HOAt）缩合体系，DCM/DMF（1/1）溶剂体系，无需预活化羧基，使用弱碱Collidine，这一方法尤其适用于在脂肽合成中将异戊烯基化的半胱氨酸交联到树脂上。

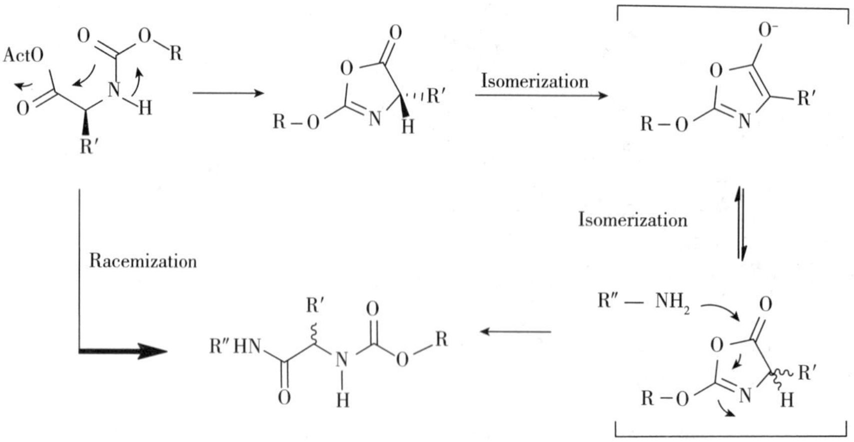

图7-10　多肽消旋化机制

消旋肽是多肽合成中的常见杂质，肽链中含有1个或多个非预期手性构型的氨基酸，由起始原料（如保护的氨基酸）或缩合反应中的消旋化引入，消旋异构体的存在大大降低了目标肽的产率。由消旋异构体杂质生成的消旋肽与目标肽性质接近，较难分离与纯化，需进行严格控制。目前对终产品中消旋肽的测定方法较复杂，通常是将合成多肽完全水解成游离氨基酸，再通过对不同构型的手性氨基酸混合物进行对映体分离、计算外消旋化的相对比例来间接测定。

（二）多肽聚集

多肽合成过程中因形成氢键缔合和β-折叠导致多肽聚集现象，这一现象与多肽序列、氨基酸种类及亲水疏水性质等有关，通常发生在多肽序列的第5~21个氨基酸位置，前五个氨基酸或第21个氨基酸之后不易发生聚集现象。聚集发生的标志之一是肽链不再延长。一般来说，疏水多肽序列容易发生聚集现象，Ala、Ile、Met和Lys氨基酸较易发生聚集，而Pro、Arg、His不易发生聚集现象。多肽的聚集现象会导致树脂-多肽的不完全溶剂化、多肽N端难以与其他试剂充分接触等，进而造成N端的脱保护不完全和缩合效率低下。

通过干扰氢键的形成和抑制β-折叠可有效减少多肽合成过程中的聚集现象，可采取的方法如下。

（1）Fmoc脱保护不完全时，可使用DBU替代哌啶；若采用Boc/Bn合成法，可采用原位中和方法；体系中加入DMSO或对体系进行超声处理或在更高温度下进行缩合；在体系中加入促溶盐（如CuLi、NaClO$_4$、KSCN等）或非离子洗涤剂或碳酸次乙酯；采用微波辅助的合成方法。

（2）可使用低取代的树脂或其他不同类型的树脂重新合成多肽。

（3）对含有丝氨酸或苏氨酸的多肽，可通过对其进行酯化处理合成对应的缩酚肽（depsipeptide，图7-11）来减少聚集现象。缩酚肽指多肽中一个或多个酰胺键被酯键所替代，主要存在于海洋及微生物天然产物中，其在弱碱性条件下通过分子内O，N-酰基转移机制生成多肽，这一方法已成功应用于长链缩酚肽的全自动化合成。

（4）在肽链主链N原子上引入保护基如2-羟基-4-甲氧基苄基（Hmb，图7-11）或N，O-Fmoc双保护的Hmb可减少多肽的聚集现象，Hmb一般以其五氟苯酯的形式被引入多肽序列中，通常每6-7个氨基酸序列引入一个Hmb基团可有效减少聚集现象。O-Fmoc基团可用哌啶处理脱除，Hmb基团可在TFA裂解过程中被脱除。

（5）多肽序列中的脯氨酸被证实可干扰聚集，因此在Fmoc合成法中可将丝氨酸、苏氨酸或半胱氨酸转化为对应的伪脯氨酸（pseudoproline，图7-11）片段来破坏β-折叠，进而干扰聚集，这一方法已成功应用于复杂多肽和"困难序列"多肽的分步合成。最后，利用TFA裂解多肽的同时可将伪脯氨酸结构转化为对应的丝氨酸、苏氨酸或半胱氨酸。

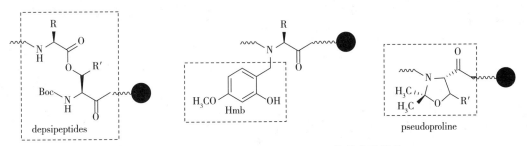

图7-11 缩酚肽、Hmb和pseudoproline修饰多肽结构

（三）常见副反应及解决策略

在多肽固相合成和裂解过程中会发生一定的副反应，如生成哌嗪二酮（diketopiperizine）和天冬酰亚胺（aspartimide）等，与多肽序列和特定氨基酸密切有关。在Fmoc合成法中，当有2个氨基酸连接在树脂上后，用哌啶处理脱Fmoc保护基时，生成的游离氨基进攻连接树脂的酯键生成二酮哌嗪副产物（图

7-12），这一副反应与氨基酸和连接链的种类有关，当其中一个氨基酸为脯氨酸、甘氨酸或哌啶酸时，二酮哌嗪副产物生成尤为明显。

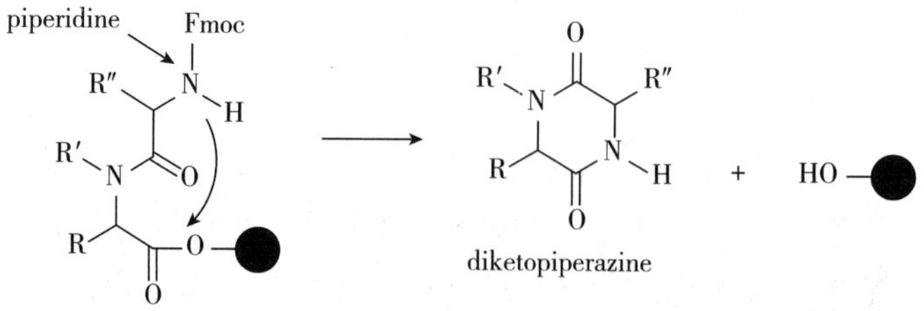

图7-12　二酮哌嗪副产物的形成机制

为减少二酮哌嗪副产物的生成，可通过以下策略：①使用空间位阻较大的Trt类树脂；②将第二和第三个氨基酸首先生成二肽，再与第一个氨基酸缩合，从而避免了树脂-二肽中间体的生成，避免了该类副产物的生成；③使用N端Trt保护的氨基酸与第一个氨基酸缩合，然后采用低浓度的TFA脱Trt保护基，生成的质子化的树脂-二肽中间体通过原位中和的方法继续与后续氨基酸缩合，原位中和法也适用于在Boc合成法中抑制二酮哌嗪副产物的生成。

在多肽固相合成过程（如脱Fmoc保护基、缩合或TFA裂解等）中，另一常见的副反应为天冬氨酸（或酯）通过分子内环化生成天冬酰亚胺中间体，这一副反应在酸性或者碱性条件下均可发生，天冬酰亚胺水解生成 α- 或 β- 多肽，或在脱Fmoc保护基时与哌啶反应，开环生成对应的 α- 或 β- 哌啶肽（图7-13）。这一副反应与多肽序列密切相关，尤其是多肽序列中含有Asp-Gly、Asp-Ala、Asp-Ser、Asp-Cys或Asp-Asn[Trt]时，较易发生该类副反应。20世纪90年代，人们通过增加天冬氨酸酯基团的空间位阻来降低天冬酰胺的生成，但这类大位阻的氨基酸酯具有较大的疏水性，导致了较低的缩合效率。对于某些特定序列如Asp-Gly，可通过在肽链酰胺N原子上引入Hmb或二甲氧基苄基(Dmb)生成Asp-(Hmb)Gly或Asp-(Dmb)Gly，进而减少天冬酰胺的生成和肽链的聚集。在Fmoc合成法中，一般来说 t-Bu足以用于Asp的保护，但对于特定序列如Asp(O-t-Bu)-Asn(Trt)，可在哌啶溶液中加入添加剂HOBt减少天冬酰胺的生成。在Boc合成法中采用 β- 环己基酯代替 β- 苄基酯可显著降低天冬酰胺副产物的生成。

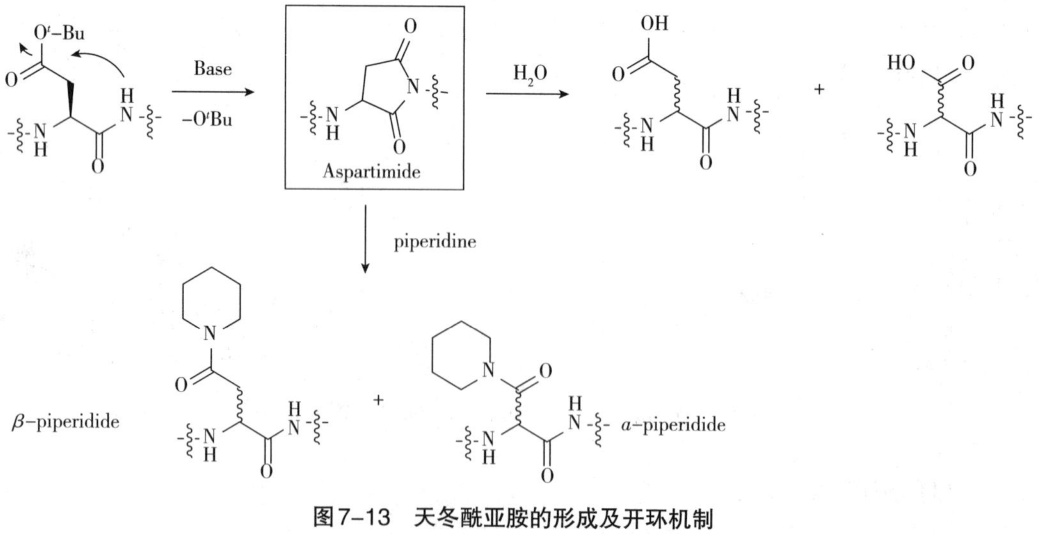

图7-13　天冬酰亚胺的形成及开环机制

虽然上述方法均可一定程度上减少天冬酰胺副产物的生成，但仍缺乏通用的保护策略。为此，Bode等人开发了一类新型天冬氨酸羧基保护基，即腈基硫叶立德（cyanosulfurylide，CSY），其通过稳定的碳-

碳键来保护羧基，在强酸、强碱、氧化环境及存在自由基的条件下均具有很好的化学稳定性，同时可兼容除甲硫氨酸外的所有氨基酸，完全抑制天冬酰亚胺副产物的生成，提高多肽合成效率 ［图7-14（a）］。在水相下，等当量的亲电卤代试剂如NCS可高选择性的水解碳-碳键，对易被氧化的氨基酸如色氨酸、叔丁基硫醚保护的半胱氨酸、赖氨酸和精氨酸等没有影响，以较高的产率快速生成对应的脱保护天冬氨酸 ［图7-14（b）］，产物具有较高的光学纯度，且水解过程中不生成天冬酰亚胺副产物。腈基硫叶立德保护基适用于除甲硫氨酸外的其他易形成天冬酰亚胺副产物的序列，如Asp-Gly、Asp-Asn、Asp-Cys、Asp-Asp等。腈基硫叶立德具有一定的亲水性，除抑制天冬酰亚胺的形成外，还可提高多肽的溶解性，进而提高多肽的合成效率，已成功应用于多种多肽和蛋白如替度鲁肽、泛素和低密度脂蛋白A的合成。腈基硫叶立德制备简单，脱保护条件温和，且在多肽和折叠蛋白上均可现实高选择性水解，在多肽的高效合成上具有较好的应用前景。

(a) Cyanosulfurylide for masking aspartic acid

(b) Chemoselective removal of cyanosulfurylides

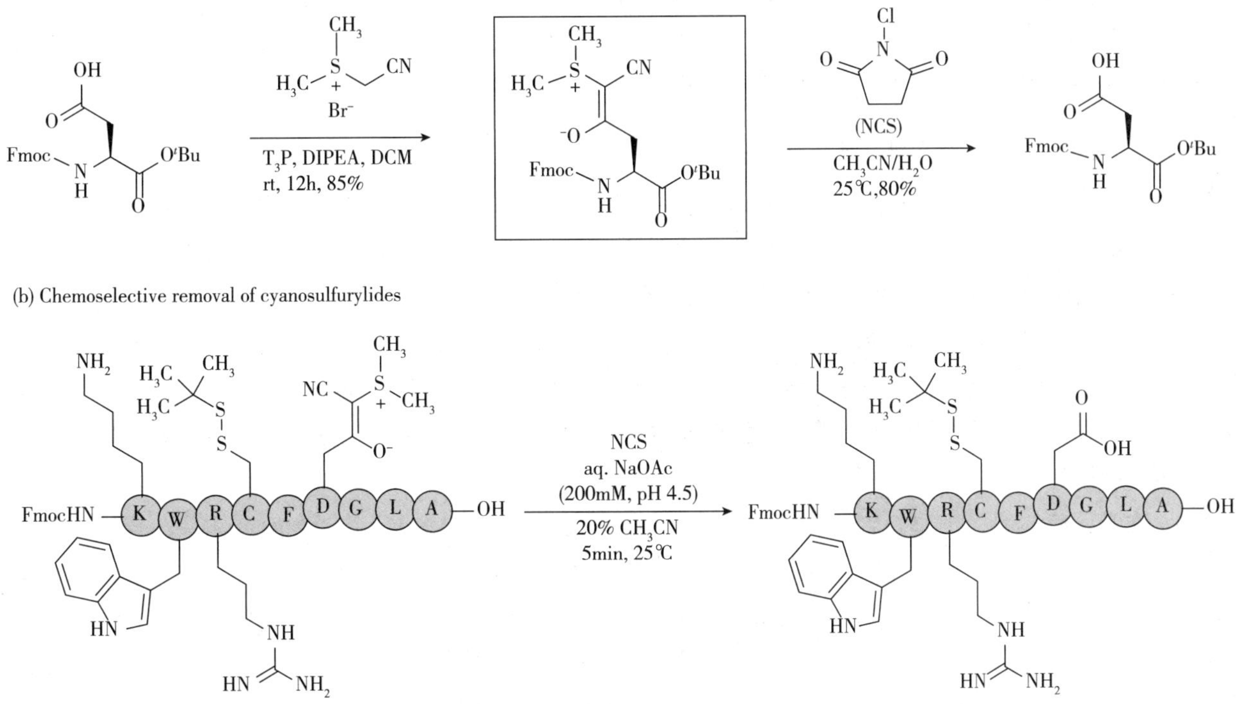

图7-14 天冬氨酸羧基保护基腈基硫叶立德

除上述副反应外，在多肽固相合成过程中其他常见副反应亦有报道。N端谷氨酰胺在碱性条件下可通过分子内环化反应生成焦谷氨酸；多肽C端若为保护的半胱氨酸，其在碱性条件下生成脱氢丙氨酸，再与哌啶通过1,4-加成反应生成哌啶基丙氨酸；鎓盐类缩合剂可与未保护的树脂-多肽N端氨基反应生成对应的胍，其不可逆地中断了肽链的延长；在多肽最后的裂解和脱保护阶段，磺酰基可从精氨酸转移到色氨酸，对应副产物的量取决于取代基的类型和精氨酸与色氨酸间的距离；甲硫氨酸硫醚侧链在酸性条件下氧化成对应的亚砜；在酸性条件下，色氨酸和苏氨酸可发生 N,O-酰基转移。此外，在HF裂解过程中，叔丁基类保护基水解生成的叔丁基碳正离子可烷基化C端甲硫氨酸的硫醚基团，进一步的分子内环化反应生成高丝氨酸内酯；谷氨酸在HF裂解过程中可生成酰基阳离子，其可通过分子内环化或与捕获剂如苯甲醚反应分别生成焦谷氨酸或芳基酮；在HF条件下，Asp-Pro键可被水解。副产物影响多肽原料药的杂质水平，进而影响多肽的安全性和有效性，需严格控制副反应的生成，提高原料药的质量。

（四）其他

虽然多肽固相合成技术近年来取得了快速的进展，已成功应用于生物活性多肽和蛋白类药物的合成，但依然存在亟待解决的问题，如合成的多肽序列短、合成效率低、目的多肽的纯度低、合成成本高、使用的试剂毒性大等，这些问题很大程度上限制了多肽固相合成法的应用。多肽固相合成法主要适用于30个氨基酸以内的短肽合成，肽链过长会导致目标肽局部浓度过低，羧基活化效率较低，进而导致总体合成效率低下。对于长肽链的合成，可采用多肽片段连接法或基因工程法来合成，将短肽通过缩合反应生成长肽段。对于复杂多肽的合成，选择合适的合成策略或使用全自动的多肽合成仪可提高合成效率，降低合成的成本。

三、多肽固相合成技术的发展前景

随着多肽固相合成技术的快速发展，长肽和复杂多肽的合成得以实现，有望解决"复杂序列"多肽、拟肽和翻译后修饰多肽的合成难题，多肽固相合成技术的发展也必将带动其他药物如多肽偶联药物（peptide-drug conjugates，PDC）和蛋白类药物的开发，具有广阔的应用前景。

（一）"困难序列"多肽的合成

"困难序列"多肽可分为随机型和非随机型。随机型"困难序列"与氨基酸的疏水性和空间位阻有关。氨基酸侧链的空间位阻较大或树脂的负载量较大时，会导致酰化试剂难以扩散或树脂上的肽链溶剂化不完全，最终导致缩合效率差。非随机型"困难序列"指易形成稳定且特异性 β-折叠的肽链序列，该类肽链序列达到一定长度时易发生氢键缔合，且与树脂载体之间容易出现分子聚集现象，肽链的氨基可能埋没在二级结构中，进而阻止缩合反应。通过改变反应体系、改变反应条件、改变合成策略、采用新的合成技术手段等可为"困难序列"的合成提供解决思路，但部分策略仍处于实验室研究阶段，很难实现规模化生产。

1. 改变反应体系　①选择合适的溶剂体系，如NMP、DMF、DMSO或其混合溶剂体系，合适的溶剂体系可使多肽树脂处于更加充分的溶胀状态，且溶剂上羰基与肽链上的N-H可以形成氢键，从而抑制了肽链自身形成氢键而造成的聚集，进而抑制 β-折叠的生成，提高缩合反应效率；②使用溶胀性较好的树脂，同时减少树脂载量，有利于"困难序列"多肽的合成；③使用高效的缩合剂（如HATU、PyBOP等）或添加剂可有效促进缩合反应的进行，是解决"困难序列"多肽合成的常见方法。

2. 改变反应条件　①适当提高反应温度有助于降低链聚合，进而提高缩合效率，尤其是在Fmoc合成法中，肽链易形成 β-折叠结构，合成过程中需提高温度破坏这种结构，但可能会导致一定程度地产物消旋化或部分脱Fmoc保护基等副反应；②根据肽链中氨基酸的酸碱性，适当调节反应pH可提高肽链的溶解性，促进反应的进行，但该方法可能会导致肽链保护基不稳定；③使用高离液盐如尿素、LiCl、NaClO$_4$等可干扰肽链上的氢键缔合，进而破坏 β-折叠结构，提高"困难序列"多肽的合成效率。然而，高离液盐会降低反应液的浓度，对反应速率有一定影响。

3. 改变合成策略

（1）"困难序列"多肽片段合成法　先合成带有保护基的中间序列片段，再经过活化、缩合和脱保护等操作得到目标多肽。片段合成法要充分考虑多肽片段的长短、连接位点和树脂等关键因素。由于肽链C端氨基酸较易发生消旋化，因此需选择合适C端氨基酸，如Gly、Pro、Glu、Leu和Asn等。片段合成法缩短了合成周期，提高了粗肽的收率和纯度。对于大于60个氨基酸的肽链，尤其是易形成 β-折叠的复杂多肽序列，通常溶解性较差，可通过固相合成和液相合成相结合的片段缩合法来实现。与常规多肽固相合成法相比，天然化学连接法的优势在于其可实现从N端到C端的多肽合成，即从多肽碳端开始按照氨基酸的顺序依次合成，但对多肽序列中半胱氨酸的位置有一定的要求，一定程度上限制了这一方法的应用。多肽C端硫酯基团与另一N端含有半胱氨酸的多肽片段反应生成新的硫酯中间体，其通过分子内的酰基转移机制生成目标多肽，已成功应用于多种复杂多肽的合成［图7-15（a）］。在传统的天然化学连接法基础上，又进一步发展了基于树脂的天然化学连接法［图7-15（b）］，该方法的主要特征在于在肽链C段引入双(2-硫乙基)胺［bis(2-sulfanylethyl)amido,SEA］基团，含有SEA基团的树脂-多肽序列与另一C端SEA活化N端含有巯基的多肽序列重复反应实现肽链从N端到C端的延长，该方法已实现60个氨基酸长度的硫酯肽合成。

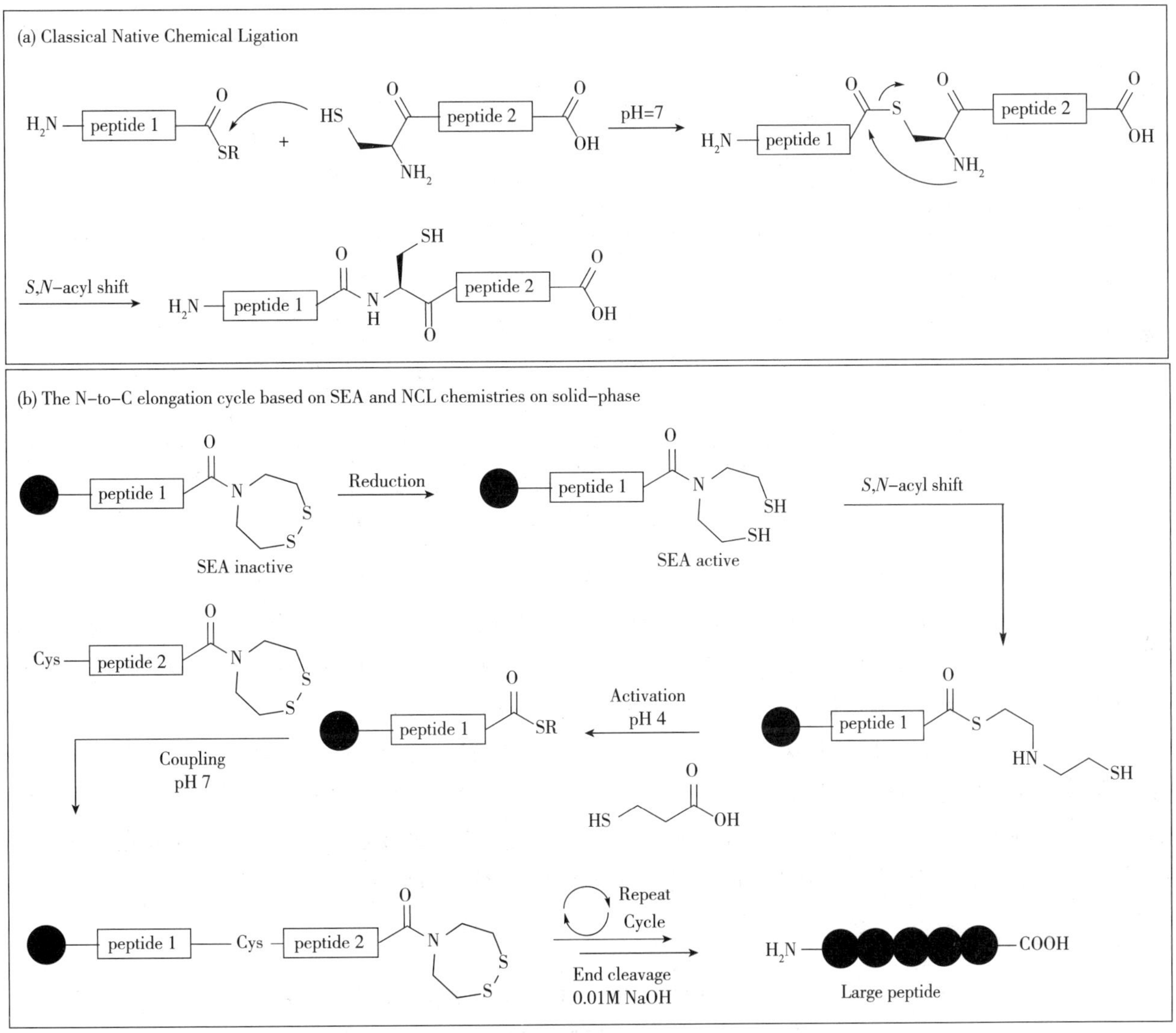

图7-15　天然化学连接法及其在多肽固相合成法中的应用

（2）肽链修饰　对肽链进行必要的结构修饰，如合成缩酚肽、伪脯氨酸引入和Hmb保护基等，可减少多肽的聚集或副反应，从而实现"困难序列"多肽的高效合成。缩酚肽具有较好的稳定性，适用于含有丝氨酸、苏氨酸或半胱氨酸的多肽合成，在合成效率上与伪脯氨酸策略相当［图7-16（a）］。脯氨酸参与肽键形成后无氢键供体，且脯氨酸的 α-碳原子处在刚性的五元环结构中，从而抑制 β-折叠结构的形成，减少聚集。因此，在合成"困难序列"时可引入脯氨酸或伪脯氨酸结构，最后在裂解过程中可恢复正常序列，不会影响多肽的结构和性质［图7-16（b）］。在氨基酸的氨基上引入Hmb或其结构类似物，可破坏肽链聚集现象，促进缩合反应的进行，提高"困难序列"多肽的合成效率［图7-16（c）］，但引入 Hmb 取代基需要对保护的氨基酸进行额外的结构修饰。

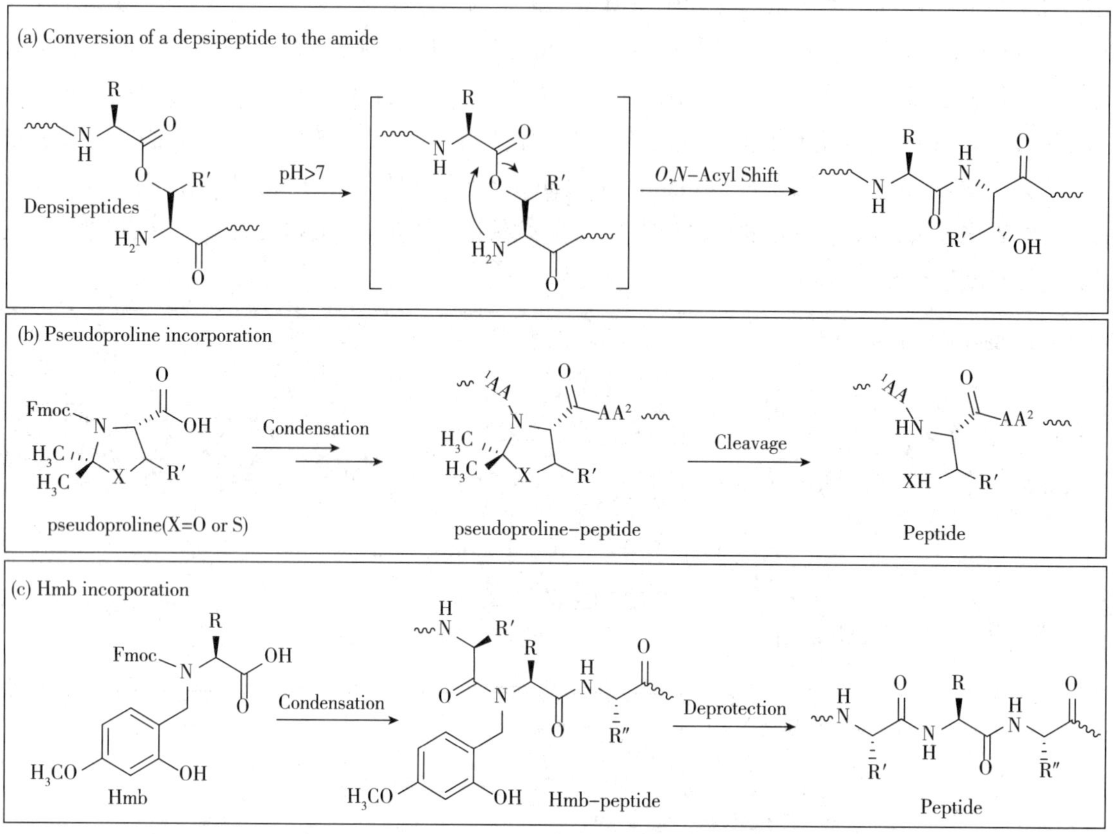

图 7-16 "困难序列"多肽合成中的肽链修饰策略

（3）采用新的合成技术　固相多肽合成反应的非均相性变化导致其在应用中存在一定的问题。微波合成、超声辐射和红外加热等新技术手段具有加热快速、均质、选择性好、提高产物的产率及纯度和降低反应成本等优势，已成功应用在"困难序列"多肽如酰基载体蛋白 ACP（65-74）肽等的合成。在实际应用中也可联合使用这些新的技术手段合成"困难序列"多肽。

4. 其他　一般来说，肽链从树脂上裂解后可通过氧化形成二硫键，部分肽链在裂解过程中亦可形成二硫键，通过形成分子内二硫键生成二硫环肽，该过程需要在极低浓度下进行，避免生成分子间二硫键，加入 DMSO 可促进这一环化反应。对含有多个二硫键的肽链，需要进行交叉保护来实现选择性的二硫键形成。对于天然序列多肽，可尝试在氧化还原体系中同时进行脱保护和环化操作。

（二）拟肽和修饰肽的合成

天然多肽体内降解迅速、清除率高、水溶性差，这些不足限制了其临床应用，而通过共价化学修饰可提高其生物利用度和稳定性，延长半衰期。共价修饰策略包括：①使用非天然氨基酸；②肽链骨架结构修饰，如引入拟肽结构、多肽环化等；③多肽 N 端酰化和 C 端酰胺化修饰；④其他共价修饰，如翻译后修饰和聚乙二醇化修饰等。

拟肽整合了非天然氨基酸结构片段，同时维持了天然多肽的结构特征，具有天然多肽类似地或改善的生物学功能，多肽固相合成技术已成功应用于拟肽的合成（图 7-17）。缩酚肽是一类最为常见的拟肽类化合物，其中 romidepsin 已获批上市用于肿瘤的治疗。缩酚肽的固相合成策略包括 N 端锚定在树脂上的氨基酸与 α-羟基酸酯缩合或 C 端锚定在树脂上的 α-羟基酸与氨基酸缩合，基于 Fmoc 保护的缩酚肽片段固相合成复杂缩酚肽的通用方法已有文献报道。肽链氮原子被肼或氨氧基取代生成

α-hydrazinopeptide、α-aminoxypeptide 和 β-aminoxypeptide，该类拟肽可利用 PEG 树脂和 Boc 合成法来合成。Azapeptide 是指一类多肽链中一个或多个 R-碳原子被氮原子取代而生成的拟肽类化合物，通常引入的氮原子上有其他取代基（R''），在先导化合物生成和构效关系研究方面具有很好的应有前景，上市药物 HIV 蛋白酶抑制剂 Atazanavir 属于此类。Azapeptide 可通过 Fmoc/t-Bu 合成法来制备，微波辅助法可缩短 Azapeptide 的反应时间，且适合自动化合成。

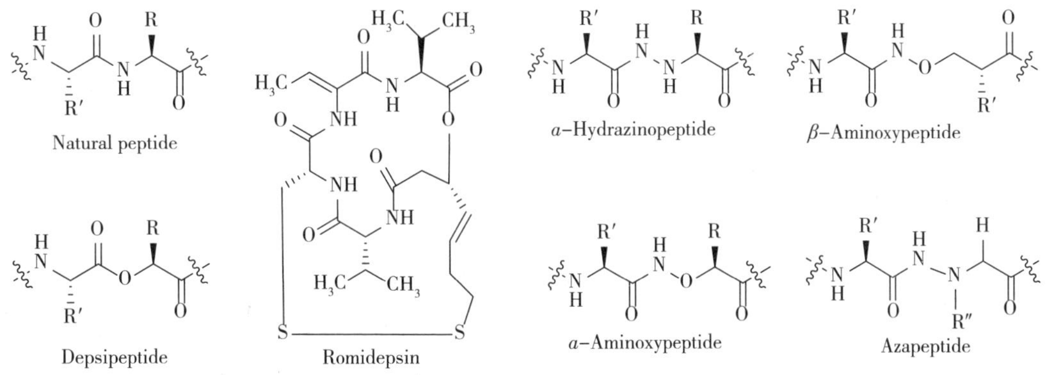

图 7-17　天然多肽及常见的拟肽结构

常见的多肽翻译后修饰包括磷酸化（phosphorylation）、糖基化（glycosylation）、脂化（lipidation）、异戊烯基化（prenylation）和棕榈酰化（palmitoylation）等，通常发生在肽链的多个位点或级联反应中。翻译后修饰多肽具有重要的生物学功能，在化学生物学、结构生物学、细胞生物学等领域广泛使用，同时也是蛋白半合成的重要原料。此外，聚乙二醇化修饰（PEGylation）是另一重要的多肽共价修饰策略，可降低多肽药物的肾过滤和免疫原性，提高溶解性、稳定性和体内分布，调控多肽药物的药动学和药效学等。截至目前，已有多款 PEG 修饰的多肽、脂肽和修饰蛋白如 pegloticase 等获美国 FDA 批准上市。

翻译后修饰多肽的固相合成法要求反应条件温和，以便引入额外的报告基团（如荧光基团等）和在肽链裂解后 C 端含有不同功能基团、羧基和酯基等。磷酸肽的固相合成法主要包括：①使用磷酸化试剂（如二芳基磷酰氯或亚磷酰胺）对交联在树脂上的氨基酸进行磷酸化，此情况下磷酸化位点如丝氨酸、苏氨酸和酪氨酸需用可脱去的保护基进行交叉保护。②固相合成法中使用磷酸化的保护氨基酸，这一方法是最为常用的多肽磷酸化方法，可避免半胱氨酸、甲硫氨酸和色氨酸的氧化副反应等；在磷酸肽的 Fmoc 合成法中，引入单苄基保护的磷酸酯可减少磷酸酯的 β-消除和苏氨酸的 N,O-酰基转移，进而提高合成效率。多肽糖基化修饰主要发生在天冬酰胺，丝氨酸或苏氨酸残基上，其合成方法与磷酸化修饰多肽类似，可在交联在树脂上的氨基酸进行羰基化处理或使用糖基化的氨基酸，后者是糖基化多肽固相合成法的常用方法，而前者要求使用对酸碱稳定的连接链和过量的经过活化处理的糖结构单元。糖基化多肽固相合成中通常采用 Trt 或 Mtt 作为氨基酸的保护基，使用 Wang，Rink amide，Sasrin 或 Trt 树脂，且寡糖上的羟基需乙酰化保护。多肽脂化修饰包括异戊烯基化和棕榈酰化，主要发生在半胱氨酸和 N 端的氨基上。异戊烯基化基团对酸敏感，而棕榈酰化基团对碱敏感，但在脱保护和树脂裂解的酸性条件稳定，因此脂肽的固相合成方法取决于脂化基团，理想的连接链应在酸碱性条件下均较为稳定。对于非 N 端修饰的脂肽合成，需使用脂化修饰的氨基酸结构单元，而对树脂-多肽直接进行脂化修饰则需使用大大过量的脂化试剂，造成产品纯化困难，这一方法并不适用于长链脂肽的自动化和大量合成。Novo Nordisk 公司开发的脂肽 liraglutide 于 2010 年获美国 FDA 批准上市，用于治疗 2 型糖尿病。聚乙二醇（PEG）可通过酰基化或烷基化连接到多肽的氨基、巯基、羟基和酰胺上，而固相合成法是 PEG 化修饰多肽合成的常用方法，小于 2kDa 的 PEG 结构单元可引入树脂上，而大的 PEG 结构单元需通过液相法引入肽链中。虽然 PEG 具有多分散性、不可生物降解等缺陷，但 PEG 修饰仍是成功的多肽修饰策略，已有多款PEG修饰多肽药物上市。

（三）蛋白固相合成技术

自1963年Merrifield教授提出"多肽固相合成技术"这一概念以来，该技术取得了快速发展，尤其是多肽片段缩合法和天然化学连接法的出现，使得复杂多肽和蛋白的高效合成得以实现。根据首个氨基酸与树脂连接位点（N端或C端）的不同，基于天然化学连接法的蛋白固相合成策略可分为N-to-C合成法［图7-18（a）］和C-to-N合成法［图7-18（b）］。蛋白构象和空间取向很大程度上取决于多肽链与树脂的连接位点，连接链和朝向溶剂的化学基团影响树脂的亲水性/疏水性平衡及蛋白和树脂间的相互作用。

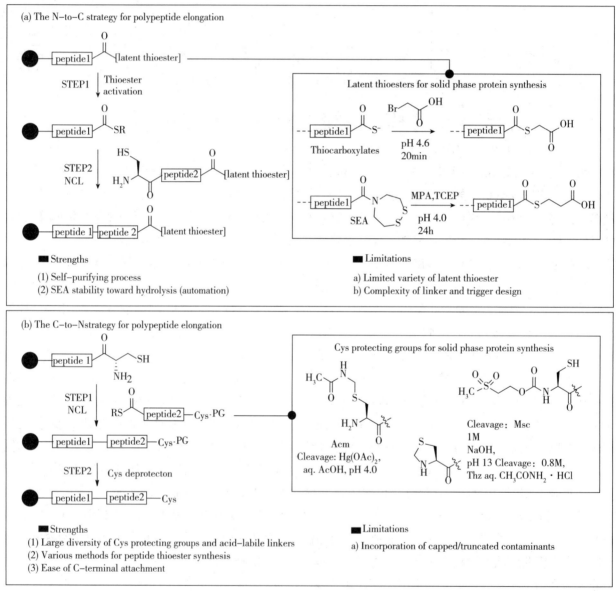

图7-18　基于天然化学连接法的蛋白固相合成策略

在N-to-C合成法中，需使用C端含有硫酯前体的树脂/多肽片段和N端含有Cys的多肽片段［图7-18（a）］。该方法中使用的硫酯前体常为硫代羧酸盐和SEA，分别经过烷基化和还原剂三（2-羧乙基）膦[tris(2-carboxyethyl)phosphine，TCEP]/3-巯基丙酸(3-mercaptopropionic acid，MPA)还原成为活性硫酯，其通过天然片段连接法与另一多肽链缩合延长肽链，反复这一过程最终得到目标多肽。该方法的优势在于便于纯化，SEA硫酯前体容易引入，且具有很好的水解稳定性，便于储存，适用于蛋白的固相自动化合成等，但不足之处在于连接链和能够在温和条件下促使肽链裂解的诱发剂设计具有很大挑战性，且适合蛋白固相合成的硫酯前体较少。

在C-to-N合成法中，需使用N端Cys保护且C端为硫酯基团的肽链，其与树脂/肽链片段（N末端为Cys）通过天然化学连接法缩合，再经Cys脱保护基后生成新的肽链［图7-18（b）］。蛋白固相合成的应用得益于多肽硫酯便捷制备方法的发展、新型Cys保护基和酸稳定的连接链的开发等。近年来开发的Cys保护基温和脱除法将进一步简化C-to-N合成策略，有望用于蛋白的固相合成。相比较于N-to-C合成法，C-to-N合成法在蛋白固相合成中应用更为广泛，原因之一在于传统多肽固相合成法中所采用的连接链和连接策略适用于蛋白的C-to-N固相合成，但不足之处在于易引入多肽杂质。

基于树脂的天然化学连接法已初步应用于蛋白的合成，但液相天然化学连接法仍是目前蛋白合成的主要方法，其已成功应用于膜蛋白和>400氨基酸的蛋白合成。开发新的适合蛋白合成的树脂，并将已报道的连接策略用于蛋白固相合成将促进蛋白固相合成技术的发展。此外，开发基于树脂的连接速率和产率的简单定量方法也是当前需要解决的关键问题之一。

药知道

多肽固相合成技术

多肽固相合成法操作简单，产品收率和纯度高，且易于实现自动化，能显著缩短多肽类药物的研发周期，已成为多肽合成的一种常规技术手段，该技术的发展也将带动其他药物如多肽偶联药物和蛋白类药物的开发，具有广阔的应用前景。特别是新型冠状病毒感染的全球流行更加凸显了加速药物研发和应用的重要性，多款多肽类药物和疫苗进入临床或获批上市。预防和治疗新型冠状病毒感染多肽鼻喷剂药物HY3000的开发，或可规避奥密克戎的主要变异。国内合作开发的高效广谱抗新冠病毒多肽EK14C已在一期临床试验中。北京大学深圳研究生院/深圳湾实验室联合开发了多肽-药物偶联物，该工作首次尝试了多肽-药物偶联物来抑制SARS-CoV-2 PLpro的可能性，为新型抗病毒多肽-药物偶联物设计提供了参考。其他更多多肽类抗新冠药物也在开发中。多肽固相合成技术将有助于上述多肽类药物的快速开发，同时也为多肽固相合成技术带来了新的发展机遇。

思考

简述"困难序列"多肽的分类、结构特征及其合成策略。

目标检测

答案解析

本章小结

一、单选题

1.因提出并发展了多肽固相合成技术而荣获1984年诺贝尔化学奖的学者是（　　）

　　A. Emil Fischer　　　　　　　　　　　　B. Max Bergmann

　　C. Bruce Merrifield　　　　　　　　　　D. du Vigneaud

2. Fmoc 合成法中精氨酸侧链常用的保护基是（　　）

    A. 磺酰基类　　　　　　　　　　　　　　B. 酯

    C. 三苯基甲基类　　　　　　　　　　　　D. 苄基类

3. 在多肽肽键缩合反应中最常用的溶剂是（　　）

    A. THF　　　　　　　　　　　　　　　　B. DMF

    C. MeOH　　　　　　　　　　　　　　　D. Dioxane

4. 多肽聚集现象通常发生在（　　）

    A. 前5个氨基酸　　　　　　　　　　　　B. 第5～21个氨基酸位置

    C. 第21个氨基酸之后　　　　　　　　　　D. 与多肽序列无关

5. 采用腈基硫叶立德来保护天冬氨酸羧基不兼容（　　）

    A. 甲硫氨酸　　　　　　　　　　　　　　B. 色氨酸

    C. 赖氨酸　　　　　　　　　　　　　　　D. 精氨酸

6. 缩酚肽的结构特征是（　　）

    A. 多肽酰胺键被酯键所替代

    B. 具有五元刚性结构

    C. 酰胺 N—H 键被 Hbm 取代

    D. 肽链氮原子被肼或氨氧基取代

7. 下列结构不属于拟肽的是（　　）

二、多选题

1. 多肽固相合成需满足的条件有（　　）

    A. 树脂应化学惰性

    B. 树脂上应有足够的反应位点

    C. 不参与形成酰胺键的基团需保护

    D. 裂解步骤中需加入清除剂

2. 多肽固相合成中通常采用的树脂有（　　）

    A. 交联聚苯乙烯类　　　　　　　　　　　B. 聚丙烯酰类

    C. 聚乙烯－乙二醇类树脂　　　　　　　　D. 以上均不是

3. 与线性肽相比，环肽具有的优势有（　　）

    A. 具有稳定的活性构象　　　　　　　　　B. 较高的靶点选择性

    C. 代谢稳定性好　　　　　　　　　　　　D. 较好的跨膜能力

4. Fmoc 合成法中含有的（　　）序列较易生成二酮哌嗪副产物

    A. 脯氨酸　　　　　　　　　　　　　　　　　　　　　　　B. 甘氨酸

    C. 哌啶酸　　　　　　　　　　　　　　　　　　　　　　　D. 天冬氨酸

5. Fmoc合成法中（　　）可通过伪脯氨酸策略来抑制多肽聚集

A. 丝氨酸

B. 苏氨酸

C. 半胱氨酸

D. 甲硫氨酸

三、简答题

1. 简述多肽固相合成技术的一般流程。

2. 简述多肽非固相合成法的定义、分类及各自的优缺点。

3. 简述多肽固相合成中侧链锚定策略的优势。

4. 简述抑制多肽聚集的方法。

第八章　计算机辅助合成技术

>> **学习目标**

　　1.通过本章学习，掌握计算机辅助合成技术的概念与原理，逆合成分析、反应预测和自动化合成的工具及相关基本概念，计算机辅助药物设计方法、人工智能辅助药物设计、计算机辅助药物合成路线设计策略与应用；熟悉计算机辅助药物开发现状、计算机辅助药物智能合成机器的分类；了解计算机辅助合成技术发展历程及面临的挑战。

　　2.具备对计算机辅助合成的专业分析能力及利用该技术开展合成的能力，能够利用计算机技术辅助设计满足特定要求的合成路线。

　　3.培养良好的科学素养、职业道德和探索精神，注重高效开展药物设计和合成，以加速药物研发进程，保障患者获得优质的治疗。

　　计算机辅助合成技术（computer-aided synthesis technology）是指运用计算机技术设计出目标化合物，并以该化合物分子为起点，通过对获得的若干中间体进行排列，设计出最终的合成路线。该技术旨在帮助化学家科学合理地发现目标分子，并对其合成路线进行设计。一般来说，计算机辅助合成技术运用逆合成分析、反应预测和自动化合成手段，结合机器学习模型，可有效加速药物研发过程并提高所设计和合成的药物分子的质量。近年来，随着计算机计算能力的提升、数据的积累和算法的不断进步，对计算机辅助合成技术的研究日益深入，通过计算机辅助合成技术设计和合成药物分子备受关注。

第一节　概　述

一、计算机辅助合成技术的发展

　　1948年，Claude Shannon提出了信息论理论，为数据科学与化学合成的融合奠定了基础。Hammett和Brønsted等线性自由能关系式的建立，使得计算机能以越来越复杂的方式进行反应的预测。1960年，Vladutz提出将化学反应储存于计算机中进行检索，后来，又提出基于反应数据库的计算机辅助有机合成的概念。1966年，以计算机驱动的机器人实现了化学反应的自动化，这意味着肽的高通量合成成为可能。1969年，Corey和Wipke等人将逆合成逻辑与启发式方法相结合，建立了第一个计算机辅助合成设计程序：应用于合成分析的逻辑与探索（logic and heuristics applied to synthetic analysis，LHASA），并掀起了人工智能的发展高峰。之后，SYNCHEM（synthetic chemistry）、CAMEO（computer-assisted mechanistic evaluation of organic reactions）、WODCA（workbench for the organization of data for chemical application）等程序被相继开发。

　　自ChemDraw等程序以及SMILES等字符串出现以后，分子结构信息更容易在计算机上进行表达。21世纪初，分子结构的计算机表达迅速发展，分子指纹、字符串、分子图、物理化学等描述符进一步发展，推动了计算机辅助合成系统的开发。2016年，阿尔法围棋（AlphaGo）的胜利，标志着人工智能走向一个全新高度。此后，机器学习和深度学习等相关领域备受关注。当时的计算机辅助合成技术关注的是复杂分子的逆合成分析、反应高保真预测和化学反应的自动化。如今，随着计算机计算能力的显著加速、自动化硬件和软件的日益先进、化学合成的算法日趋完善，计算机辅助合成技术为药物分子自动化设计、合成、测试、分析奠定了更加坚实的基础。

二、计算机辅助合成技术的概念及原理

（一）概念及组成

计算机辅助合成技术是指运用计算机技术设计出先导化合物，并以目标化合物分子为起点，通过对获得的若干中间体进行排列，设计出最终的合成路线。一般来说，计算机辅助合成技术包括以下6个方面：①运用机器学习模型设计药物分子，用于发现苗头化合物或先导化合物；②切断化学键规则的模板库，用于设计断键位置；③递归模板应用引擎，为目标分子生成大量可能的中间体；④无需进一步逆合成分析的化合物数据库，用于终止逆合成分析；⑤搜索化合物程序，用于搜索生成的中间体是否存在于化合物数据库；⑥评价机制，可用于合成路线的评价和筛选。

（二）基本原理

计算机辅助合成技术的基本原理大致如下：运用计算机辅助药物设计方法，结合人工智能模型，设计出苗头化合物；以目标化合物为起点，进行逆合成分析，生成一系列候选前体；对候选前体进行排列，获得一系列合成路线；通过对每一条合成路线进行检索，并确定可行性。若路线可行，则进一步确定反应试剂是否可获得；若可获得，则路线设计成功，反之，则失败。

三、计算机辅助合成工具

计算机辅助合成技术利用人工智能，尤其是机器学习技术，合理地进行逆合成分析、反应预测，从而设计出目标分子的合成路线。随着计算机硬件和数据可用性的进步，计算机辅助合成在逆合成分析、反应预测、自动化合成等领域出现了一些新的工具。

（一）逆合成分析

20世纪60年代，Corey等首次提出逆合成分析是将目标分子以断键的方式还原成更简单前体化合物的迭代过程。自Corey等应用启发式算法设计出应用于合成分析的逻辑与探索（logic and heuristics applied to synthetic analysis，LHASA）以来，逆合成分析程序发展迅速。逆合成分析程序主要分为两类：基于逻辑的高级程序和详尽逆合成路线预测程序，其工作原理如图8-1所示。

通常，基于逻辑的高级程序通过应用特定的启发式，同时配合有经验的用户，以实现对目标分子的逆合成分析。该程序能针对特定的化合物输出一个或多个合成建议，并由用户选择最佳方案。而详尽的逆合成路线预测程序是通过基于规则或无规则的策略将目标化合物进行拆分，以达到对化合物进行逆合成分析的目的，从而对目标分子进行合成路线设计，甚至预测反应条件。

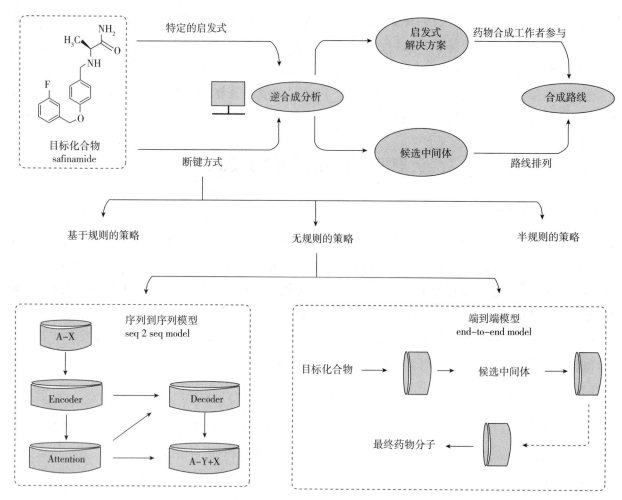

图8-1 逆合成分析系统工作原理

1.基于规则策略 基于规则的逆合成分析策略是将目标分子与反应规则匹配以产生一种或多种候选中间体。一般地,反应规则是由化学家手动编码或从数据库中自动提取。由Grzybowski等人开发的程序Synthia(又称为Chematica)是具有代表性的基于规则的逆合成分析工具。该程序的反应规则数据库由数万条手动编码的反应规则组成,相应反应规则是由有机化学家基于所掌握的有机合成知识和有机规则进行编码并手动整理的。考虑到已报道的反应数量增加较快,从数据库中自动提取反应规则是一种更高效的方法。基于Route Designer(一种利用自动化合成规则的逆合成分析工具)和计算机辅助合成工具IC_{SYNTH}的设计思路,Segler团队通过深度神经网络模型从所搜集的350万个反应数据中自动提取反应规则,并成功预测了目标反应。将这种设计思路与蒙特卡洛树搜索(Monte Carlo tree search,MCTS)相结合,建立了速度更快、准确率更高的逆合成路线分析方法。蒙特卡洛树搜索是一种经过选择、扩展、运行和更新四个阶段的迭代过程,其中扩展阶段可利用神经网络进行目标化合物的路线设计,其结构如图8-2所示。盲测结果表明,受试者很难分辨出模型给出的逆合成路线与人类专家设计的逆合成路线,表明该计算模型具有高度准确性。

2.无规则策略 无规则的逆合成分析策略不需要任何反应规则,是一种更具前景的逆合成分析策略。同时,无规则的逆合成分析策略能避免基于规则的逆合成分析策略存在的弊端:①反应规则数据库的质量决定了所设计合成路线的质量以及完整性;②过分依赖反应规则导致不能提出模板反应库之外的切断方式;③设计合成路线需要消耗大量的计算资源。

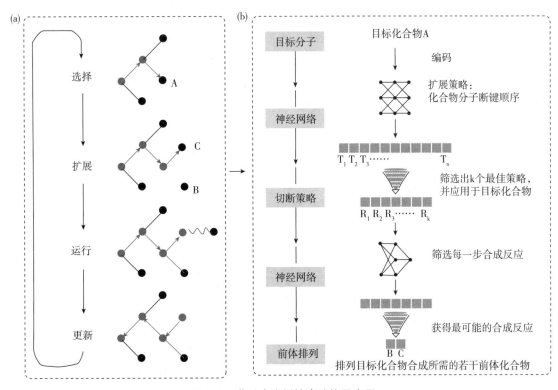

图8-2 蒙特卡洛树搜索结构及应用

（a）蒙特卡洛树搜索结构；（b）扩展步骤应用于逆合成分析的详细过程

无规则策略包括序列到序列（sequence-to-sequence，seq2seq）模型和端到端（end-to-end）模型两种。序列到序列模型是将反应产物SMILES码转换为反应物SMILES序列，以构建神经网络模型来分析反应产物与反应物之间的内在联系。该模型采用美国专利中的10类50000个反应实例作为训练样本。研究表明，该模型预测反应物的准确率达57%。同时，该模型存在以下优势：①能够通过端到端的方式进行训练；②能够适应更大的反应数据集。一般来说，用户输入分子的SMILES字符串和特定的反应类型，即可通过seq2seq模型实现对化合物分子的逆合成分析。例如：对于化合物分子1，输入其SMILES字符串和C—C键的形成，即可利用seq2seq模型输出反应物的SMILES字符串，即化合物2和3，如图8-3所示。

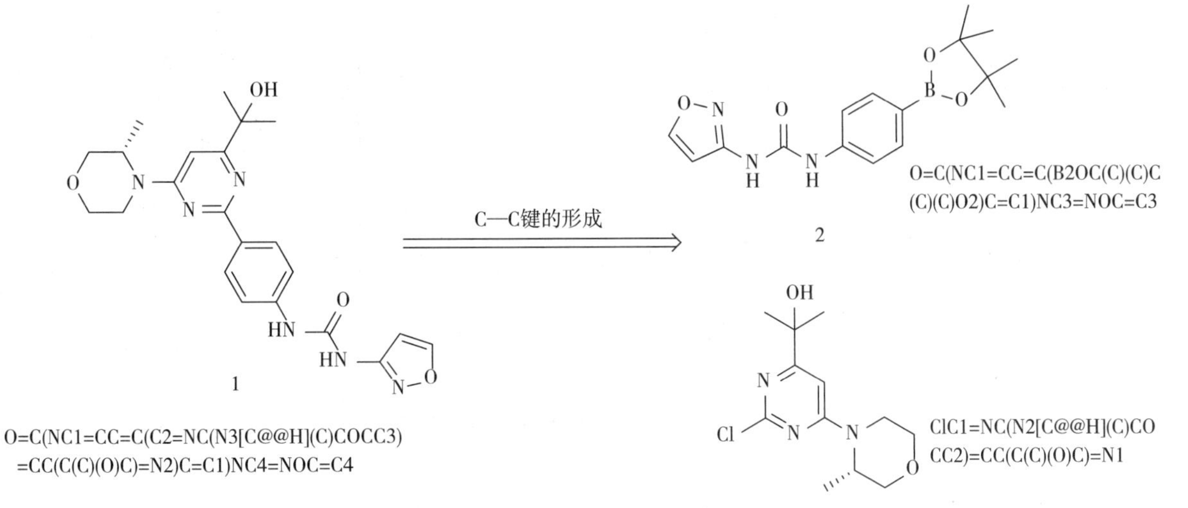

C—C键的形成

2
O=C(NC1=CC=C(B2OC(C)(C)C(C)(C)O2)C=C1)NC3=NOC=C3

1
O=C(NC1=CC=C(C2=NC(N3[C@@H](C)COCC3)=CC(C(C)(O)C)=N2)C=C1)NC4=NOC=C4

3
ClC1=NC(N2[C@@H](C)COCC2)=CC(C(C)(O)C)=N1

图8-3 利用seq2seq模型对化合物分子1的逆合成分析

端到端的模型是另一种无规则策略模型。AutoSynRoute系统是一个典型的端到端模型，即结合蒙特卡洛树搜索系统（MCTS）和启发式打分函数建立的逆合成路线规划系统，可用于单步逆合成分析，并成功对抗癫痫药物卢非酰胺（rufinamide）、GPX4的变构激活剂等药物分子进行了逆合成分析。例如对于抗癫痫药卢非酰胺的合成，利用该系统可将代表卢非酰胺的SMILES字符串输入，并通过Transformer将反应物的SMILES输出，以获得卢非酰胺的合成原料，其分析过程如图8-4所示。

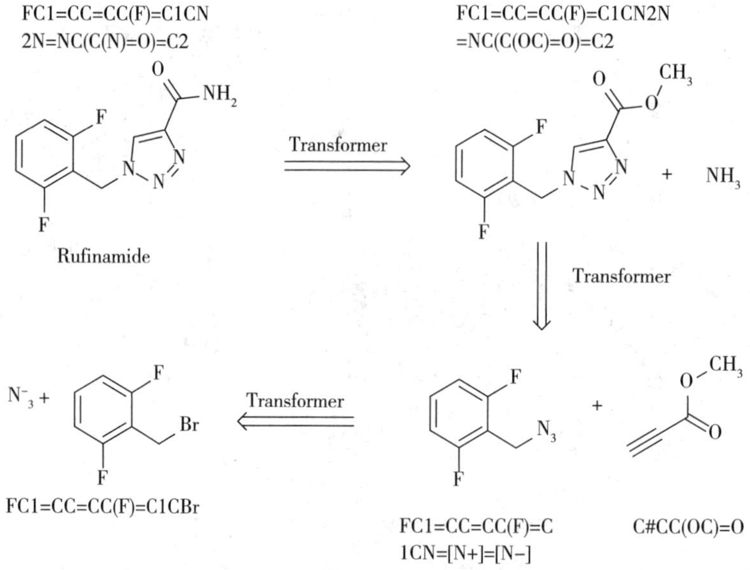

图8-4　利用end-to-end模型对卢非酰胺的逆合成分析

3.半规则策略　是指根据分子特征预测反应中心，并根据反应中心断开相关化学键而获得合成子，通过合成子与虚拟原子相匹配，从而准确地生成反应物。SemiRetro是一种半规则策略模型，该模型通过两个步骤对目标化合物进行逆合成分析，即化学反应中心识别与反应物生成。例如，对于化合物分子4，利用DRGAT（directed relational GAT）提取化合物分子的特征以预测反应中心，并断开相应化学键而获得合成子Ⅰ和Ⅱ。通过另一个DRGAT模型将两个合成子分别与相应的半规则相匹配，并利用算法模型推断出反应物，即化合物5和化合物6，其逆合成分析过程如图8-5所示。该模型能有效减少规则的冗余，并提高精度。当反应类型未知时，SemiRetro的性能增益明显增加，远超过有规则和无规则策略的方法。

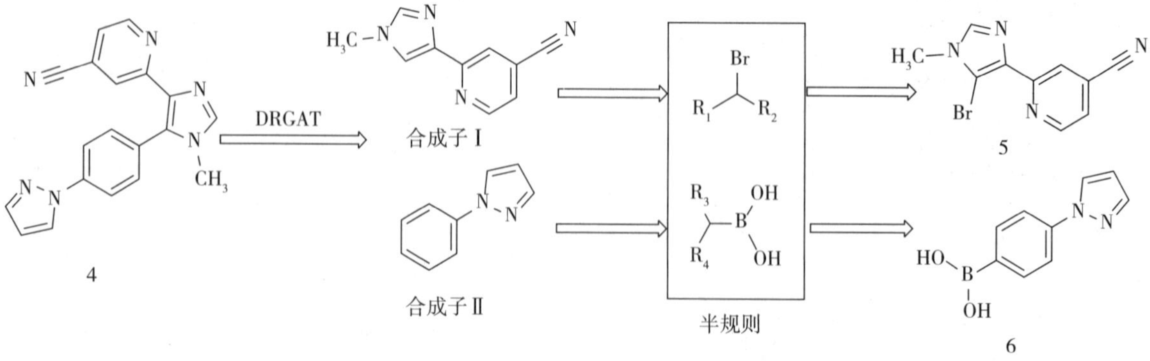

图8-5　利用SemiRetro对化合物4的逆合成分析

（二）反应预测

对于拟合成的目标分子，一方面，计算机辅助药物合成可以通过逆合成分析设计合成路线，另一方面，可通过计算机分析能力进行反应条件与产物的预测。传统以实验的方式确定反应条件，会消耗大量的时间和资源，故通过数据驱动的计算机辅助合成技术来预测反应条件逐渐受到化学家的重视。通过计算机进行反应条件预测的重点是：①使用高质量的数据以确保数据的化学空间覆盖的广泛性；②使用合适的描述符描述反应变量（包括底物、溶剂、温度、添加剂、碱和配体等），以确保反应预测模型的可靠性。而数据库的质量和描述符的选择会影响算法的选择，从而影响反应预测的准确性。

1.数据库　一般来说，数据库中的数据是从 SciFinder、Reaxys、专利、已发表的化学文献或专有的数据库中获取的，即不以实验的方式创建包含众多数据点的大型数据库。同时，为了确保反应预测的准确性，所获取数据的化学空间覆盖要广泛，以保证建模所需数据能够包括代表可能参数范围的多个数据点，从而避免对训练集的过拟合或引入偏差。有意义的描述符能够有效地表征反应变量，从而以一个或数个反应变量进行反应预测模型的建立。

2.分子描述符　可分为两类：基于物理的描述符与基于信息的描述符。基于物理的描述符可与实验导出的参数相结合，允许化学家从模型中直观地获得额外的物理信息；基于信息的描述符则通过计算机软件从字符串或二维结构表示中访问，提供了一种更通用、更容易的方式储存化学信息。目前，较为常见的分子描述符有物理化学描述符、分子指纹、分子简写式、分子图等方式，例如，乙酸分子的分子描述符如图 8-6 所示。

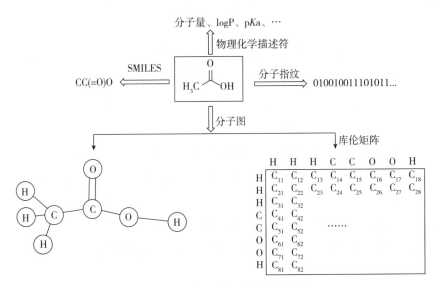

图 8-6　乙酸分子的四种分子描述符

（1）物理化学描述符　是一种提取化合物分子物理化学参数（如 $\log P$、pK_a 和分子量等），并将其汇总为一组特征向量，训练机器学习模型的方法。

（2）分子指纹　是以二进制向量表示化合物分子的方法。该二进制向量可以特征性地描述某分子和其他分子的相似性和不同处，因而称为指纹。

（3）分子简写式　常用的分子简写式有 SMILES（simplified molecular input line entry specification）和 InChI（international chemical identifier）两种。最常用的 SMILES 是利用 ASCⅡ字符串编码，以原子符号、键符号和语言规则描述分子的三维结构和化学反应。通常，化合物分子与 SMILES 之间的相互转化的规则包括：①有机物中的 C、N、O、P、S、Br、Cl、I 等原子可以省略方括号，其他元素必须包括在方括号之内，氢原子常被省略。对于省略了方括号的原子，用氢原子补足价数。例如：水的 SMILES 就是 O，乙醇是 CCO。②双键用"="表示；三键用"#"表示。含有双键的二氧化碳则表示为 O=C=O，含有三键的氰化氢表示为 C#N。③如果结构中有环，则要打开。断开处的两个原子用同一个数字标记，表示原子间有键相连。例如：环己烷（C_6H_{12}）表示为C1CCCCC1。需要注意，标记应该是数字（在此例中为1）而不是"C1"这个组合。扩展的表示是（C1)–(C)–(C)–(C)–(C)–(C)–1而不是（C1)–(C)–(C)–(C)–(C)–(C1)。④芳环中的C、O、S、N原子分别用用小写字母c、o、s、n表示。⑤碳链上的分支用圆括号表示。例如：丙酸可表示为CCC(=O)O，三氟甲烷表示为FC(F)F或者C(F)(F)F。⑥SMILES也可以表示同位素、手性和双键结构。双键两侧的结构分别用符号"/"和"\"表示。例如，F/C=C/F表示反式二氟乙烯，它的两个氟原子位于双键的两侧，而F/C=C\F表示顺式二氟乙烯，它的两个氟原子位于双键的同一侧。

（4）分子图　是将分子抽象为一张向量图或无向图，以图中的节点和边描述原子和化学键。库伦矩阵是一种用分子图描述化合物分子的方法，可以描述原子核排斥和自由原子的势能信息，并对分子的平移和旋转保持不变。

3.人工智能算法模型　人工智能的算法对于提高药物研发效率至关重要。人工智能涵盖机器学习和深度学习，是在机器学习的基础上建立的，二者最主要的区别在于数据量的大小和模型的复杂度，深度模型更为复杂、数据量需求更大。

（1）机器学习　基于已有的数据进行编程，分为监督型和非监督型两种类型，包括决策树（decision tree）、随机森林（random forest）、支持向量机（support vector machine）、k-最近邻（k-nearest neighbors）、朴素贝叶斯（naïve bayesian）、人工神经网络（artificial neural network）等算法。机器学习在药物发现中被广泛应用于分类和回归预测。

（2）深度学习　是以人工神经网络为基础，通过处理多层深度神经网络进行大规模数据提取，包括卷积神经网络（convolutional neural network，CNN）、循环神经网络（recurrent neural network，RNN）、变分自编码（variational auto-encoder，VAE）、生成对抗性网络（generative adversarial network，GAN）、玻尔兹曼机（Boltzmann machines）及相关变种。

在合成化学中应用的机器学习算法可以分为线性和非线性两类。多元线性回归已被用作探索线性自由能关系和模拟反应选择性的工具，该方法可用于较小的数据集，一般是数十个数据点量级，适合与传统的实验筛选方法一起使用。非线性方法已经成为大型数据集建模常用策略，已在合成化学中测试或应用的非线性算法包括随机森林、k-最近邻、支持向量机和神经网络。非线性算法多用于包含几个反应变量（如催化剂、溶剂、添加剂和温度）的多维反应预测，而线性方法侧重于对一类反应的单个反应条件变量进行预测。

（三）自动化合成

逆合成分析与反应推测能够为化合物合成提供方案，自动化合成是利用自动化硬件平台将合成方案转化为现实。自动化合成仍处于初级阶段，包括高通量试验（high-throughput experience，HTE）和自动化学合成系统两大方向。HTE可以快速、高效、小型化和系统化地生成反应数据点，用于反应预测。自动化学合成系统的目标是尽可能多地采用自动化合成，减少化学合成工作者的直接参与。

1.高通量自动化合成系统（high-throughput automated synthesis systems）　HTE大致分为孔板或微流控两种形式，反应的量通常在毫克到微克，现已出现含有24或96孔反应器的HTE。此外，纳摩尔级的超高通量合成可以同时进行数千个反应，但价格昂贵。目前，高通量实验能实现的化学反应类型是有限的，最容易实现的是室温条件下在低挥发性溶剂中进行的均相反应及加热反应，但冷却、搅拌、光照和气体处理等操作则需要额外的处理。例如，DiRocco和Knowles等使用高通量试验研究了用于治疗慢性丙肝病毒感染的艾尔巴韦（elbasvir）合成步骤中的关键中间体的脱氢反应（图8-7），期望为脱氢反应寻找一种绿色催化剂，用来代替KMnO₄。研究人员在4种氧化剂、12种光催化剂和2种溶剂中进行了高通量试验，筛选出了合适的催化体系，即氧化剂为2-(2-叔丁氧羰基氨基噻唑-4-基)-2-戊烯二酸(tBPA)，光催化剂为[Ir(dF-CF₃-ppy)₂(dtbpy)](PF₆)，溶剂为二甲基乙酰胺（DMA），该反应产率达62%。

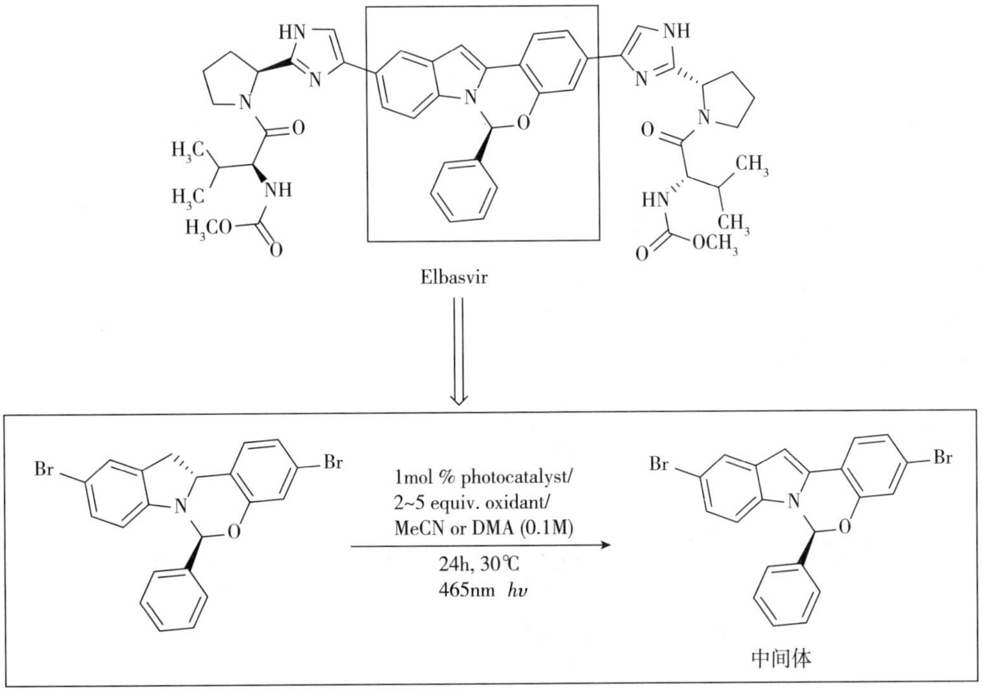

图8-7　Elbasvir合成步骤中关键中间体的脱氢反应

2. 自动化学合成系统（autonomous systems for chemical synthesis）　与HTE相比，自动化合成系统商业成本较高，其目的在于尽量减少化学合成工作者的参与，实现高度自动化的有机化学合成。2006年，Takashi Takahashi等利用自动化合成仪成功合成了紫杉醇。除合成天然化合物外，利用自动化合成系统可有效实现药物分子的合成。Cronin等研发了Chemputer系统，通过4个模块分别完成了反应、提取、过滤和蒸发的操作。在合成抗过敏药盐酸苯海拉明（diphenhydramine hydrochloride）、抗癫痫药卢非酰胺（rufinamide）和抗高血压药西地那非（sildenafil）的实验中，产率与人工合成相近。随着计算机技术的进步，出现了移动机器人化学家。Cooper等人研发的KUKA移动机器人，使用优化贝叶斯算法，历经8天688次实验，在10个实验变量中筛选出了光解水产生氢气的最优催化条件。但这些自动化合成系统只针对特定的反应，普适性和成本仍面临挑战。

第二节　计算机辅助药物开发

20世纪60年代以来，计算机技术已经在药物合成的各个阶段表现出巨大应用潜力，能够辅助化学工作者进行药物分子的设计、药物合成路线的设计以及药物分子的合成。本节将对计算机辅助药物设计、计算机辅助药物合成路线设计、计算机辅助药物智能合成机器进行介绍，主要内容如图8-8所示。

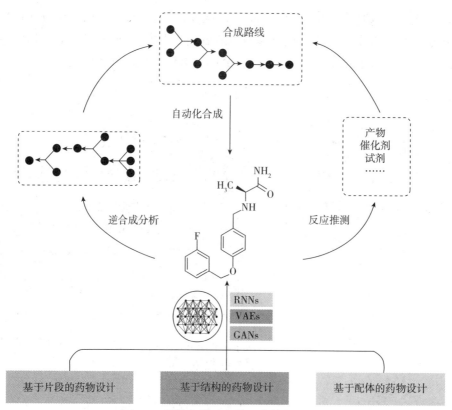

图8-8 计算机辅助药物开发的主要内容

一、计算机辅助药物设计

传统药物设计具有盲目性，开发效率较低。随着计算机技术以及生物信息学的发展，计算机辅助药物设计因能降低药物研发成本而备受关注。计算机辅助药物设计以计算化学、计算机科学、生物学等学科为基础，对靶标蛋白质与配体药物的结合过程进行计算、模拟、预测，评估药物分子结构与其生物活性、毒性和代谢等性质的相互关系，进行药物分子的发现与优化。根据计算机对药物的筛选原理的差异，计算机辅助药物设计的方法有基于配体的药物设计、基于结构的药物设计与基于片段的药物设计三种。近年来，随着药物研发领域的数据化程度不断提高，人工智能，尤其是深度学习在药物分子的设计中已表现出应用潜力。

（一）计算机辅助药物设计方法

1.**基于配体的药物设计**（ligand-based drug design，LBDD） 基于配体的药物设计主要针对受体结构未知的药物分子，通过分析与受体结合配体结构进行药物设计，故又叫作间接药物设计，包括药效团模型和定量构效关系模型（quantitative structure-activity relationship，QSAR）的构建与应用。但基于配体的药物设计忽略了受体结构对药物和靶点相互作用的影响，同时，了解蛋白质的动态特性也是至关重要的，故基于配体的药物设计具有较大发展空间。

2. **基于结构的药物设计**（structure-based drug design，SBDD） 基于结构的药物设计是指直接根据受体蛋白的三维结构设计出特异性配体的方法，适用于实验方法（如X-射线晶体衍射或核磁共振等）或理论模拟预测方法（如虚拟筛选或从头设计等）已得到受体或与配体复合物的三维结构，故又叫作直接药物设计。SBDD常用方法包括虚拟筛选、分子对接、分子动力学模拟。虚拟筛选是药物设计中应用最广泛的方法，它是指用分子对接的方法发现与受体具有特异性作用的配体，并用于生物活性测试。SBDD在药物结合位点预测与分子对接方面取得巨大进展，并且设计出的药物更加安全有效。但是，SBDD面临许多挑战，如蛋白质结构信息的准确性不足以及解析蛋白质结构的方法受限。

3.基于片段的药物设计（fragment-based drug design，FBDD） 基于片段的药物设计是指通过筛选片段库得到苗头片段，随后基于结构的设计策略对片段进行优化和改造获得先导化合物的研究方法，是一种新兴的计算机辅助药物设计方法。具体来讲，FBDD将药物视为由两种以上的小分子片段组成，通过筛选低分子量小分子化合物后，确定片段与药-靶结合的结构信息，考察结合区域的相互作用情况，然后根据片段与药-靶相互作用的结构信息对小分子片段进行优化或衍生，或将不同片段连接成较大的配体。FBDD设计出的药物活性和靶向性更高，但FBDD筛选出的药物小片段可能存在与靶蛋白的亲和力低等缺点，仍需要不断完善。

（二）人工智能辅助药物分子设计

随着人工智能理论的发展、计算机计算能力的提升和组学数据的积累，人工智能技术因其强大的学习推理及协助决策能力，在药物设计和发现领域取得显著进展而应用广泛。目前，将计算机算法模型应用于基于配体的方法而设计出先导化合物分子的案例已被广泛报道。其中，常用算法模型包括递归神经网络（RNN）、变分自编码（VAE）、生成式对抗网络（GAN）等，其工作流程图如图8-9所示，即以专利分子作为训练集，利用计算机算法模型学习归纳出训练集的特征，生成虚拟化合物库，从而设计出目标药物分子。

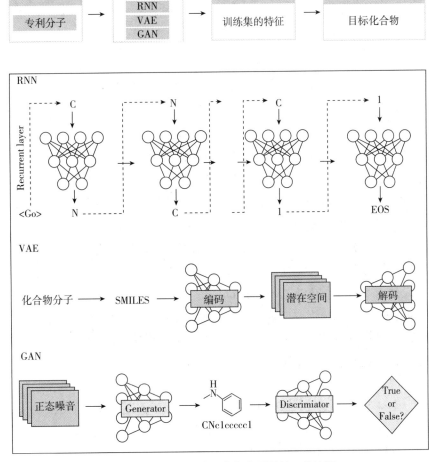

图8-9 人工智能辅助药物分子设计工作流程

1.RNN RNN模型是由Segler首次提出，并已证明其用于分子工作的可行性，是一种应用最为广泛的神经网络结构。常规的前馈神经网络含有输入层、隐藏层和输出层，有大量神经元联结，通过激活函数增加模型的非线性处理能力，层与层之间通过权重连接。而RNN可以在层与层之间建立连接，也可以在各个神经元之间建立权重连接。RNN模型应用于药物分子的设计已被广泛报道。例如，Schneider等通过RNN设计了类视黄醇X（retinoid X receptors，RXRs）和过氧化物酶体增殖物激活受体（peroxisome proliferator-activated receptors，PPARs）激动剂。研究人员选取25个含有羧基官能团RXRs和PPARs激动剂，利用微调的人工智能算法模型，生成含有羧基官能团的虚拟化合物库，并通过与已知生物活性配体的相似性进行比对，获得49个化合物，并合成其中5个化合物（结构如下）。对5个化合物进行了RXRs和PPARs的体外活性测试，结果表明，有4个化合物表现出纳摩尔到低微摩尔的受体调节活性。该研究说明了深度生成模型能捕捉到化学结构与相关理化性质之间的关系，展现了人工智能用于全新分子设计的可行性与潜力。

2.VAE VAE模型是由Gómez-Bombarelli开发并首次应用于化学结构生成领域，该模型既能设计出药物分子，还能有针对性地优化先导化合物。一个变分自动编码器是由编码器和解码器组成的框架，用于最小化编码解码数据和初始数据之间的重构误差。Blaschke等测试了各种基于自动编码器（auto-encoder，AE）的生成模型，并运用VAE进行了靶向多巴胺受体2（DRD2）的化合物设计。选取7218个pIC_{50}大于5的化合物分子和343204个pIC50小于5的化合物分子作为已知化合物，并作为DRD2的训练集，采用卷积神经网络（convolutional neural network，CNN）作为VAE模型的编码器，门控循环单元结构（gated recurrent unit，GRU）作为解码器，生成与多巴胺分子活性类似的化合物。

3.GAN GAN模型是一种强大的生成模型，与VAE相比，GAN具有更强的约束条件，同时最大限度地减少生成器和判别器的损耗，也没有先验分布要求。GANs模型已被应用于多种药物设计方法之中，如基于结构的药物设计、系统生物学方法等。Fabritiis等采用基于结构的设计方法结合人工智能，进行药物分子的设计，通过GAN生成与蛋白口袋互补的配体三维结构并利用分子对接和虚拟筛选对该方法进行评估，证实该法具有较大优势。Méndez-Lucio等利用系统生物学进行药物分子的设计，他们使用化合物结构和化合物诱导基因表达谱的数据训练GAN模型，根据基因表达信号进行药物分子的设计。

二、计算机辅助药物合成路线设计

（一）计算机辅助药物合成路线设计的策略

计算机辅助药物合成路线设计程序能对输入的化合物分子进行逆合成分析，并使用建立的路线设计策略获得候选前体，通常有以下几种策略。

　　1.基于官能团的策略　利用目标分子中存在的官能团进行逆合成分析的简化。通常以断裂、连接和消除方法处理复杂官能团。该策略适用于所含官能团较少的目标分子。

　　2.拓扑策略　使用经验规则选择切断特殊、关键的化学键，以达到合成问题的简化，化学键的选择根据目标分子的结构确定。例如，在用于治疗心血管系统疾病的双乌头碱D（weisaconitine D）的逆合成分析中，通过识别桥环并断开，以减少结构的复杂性，以获得获选前体或合成原料，过程如图8-10所示。

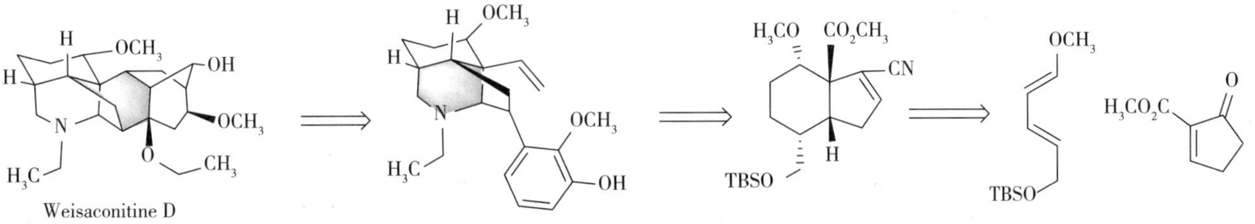

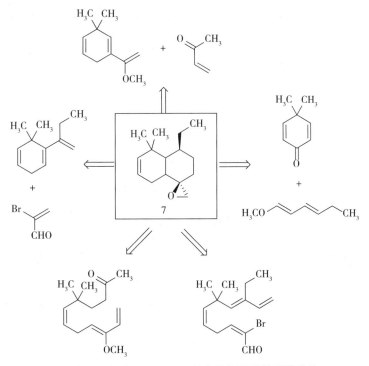

图8-10　应用拓扑策略对双乌头碱D的逆合成分析

　　3.基于转化的策略　在目标分子中引入其他结构特征使得某些转换得以运用。例如，对于化合物7的逆合成分析，运用Diels-Alder转化，得到一系列候选中间体，如图8-11所示。

图8-11　应用Diels-Alder转化获取可能的候选前体

　　4.基于立体化学的策略　通过识别并除去立体化学中心以简化化合物分子。在应用该策略时，由于缺乏经验规则，故需用户指定立体化学中心。

　　5.基于起始物策略　系统在数据库中搜寻可能的起始物作为起点，合成指定目标化合物。反应原料由逆合成分析系统按优先顺序提供，或由用户从原料中任意选择。经过目标化合物分子与原料分子的原子相匹配，识别从目标分子到原料分子需要的官能团和骨架得变化，按照相应的合成规则，例如，协同反应规则、芳香亲电规则等合成规则等，从数据库中选择合适方法，以达到目标分子到原料分子的变化。

（二）计算机辅助药物合成路线设计的应用

随着机器学习模型的发展，计算机辅助药物合成路线设计在预测反应选择性、反应产率、反应条件与反应产物中表现出了巨大的应用潜力，反应预测工作结构如图8-12所示。

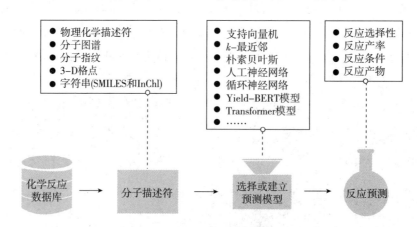

图8-12 反应预测工作结构

1. 反应选择性预测 对于给定的反应物与反应条件，机器学习能够从实验人员无法理解的大量数据集里发现反应模式，从而发现高效催化剂，并快速优化催化反应，实现对一系列手性金属配合物催化反应的对应选择性精准预测，以优化催化剂的结构。但是，大多数研究只针对单一催化体系，模型的普适性和拓展能力有限。Denmark等预测了手性磷酸催化的硫醇与酰亚胺的不对称加成反应的选择性，是预测反应选择性的代表，如图8-13所示。

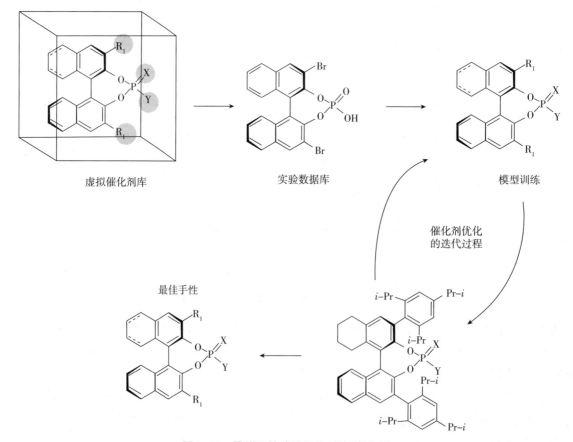

图8-13 最佳手性磷酸催化剂的预测过程

研究人员选择1,1'-联-2-萘酚衍生的手性磷酸作为催化剂骨架,构建出了806个催化剂的虚拟库。使用基于取代基的电子描述符和平均空间占有率(average steric occupancy,ASO)的空间描述符用以描述催化剂电子和空间结构特征。随后,使用Kennard-Stone算法抽样选出代表性子集,并构成通用训练集(universal training set,UTS)。在1075个实验数据点中,随机选取训练集,并分别应用支持向量机和深度前馈神经模型建立催化剂的对映选择性模型,成功预测出了一种具有最佳选择性的催化剂。

Sigman等预测了1,1'-联-2-萘酚衍生手性磷酸催化的亚胺的亲核加成反应的对映选择性。收集367个文献反应组成数据库,基于亚胺的几何构型将数据库分为3种对映选择性数据集,并使用二维定量构效关系与三维计算描述符共同描述催化剂和底物,构建了多元线性回归模型。实验结果表明,这些模型可以准确地预测新反应的对映选择性。除了预测手性金属配合物催化反应的对映选择性外,利用机器学习模型预测了不对称氢化反应的对映选择性也有报道。通过选取58种联苯配体、190种烯烃和亚胺组成的368个反应数据作为模型数据库,模型参数为9种分子参数与22种代表分子特性的描述符。结果表明,随机森林算法能准确地预测反应的对映选择性。

2.反应产率预测 以高通量筛选平台筛选相关反应作为数据集,并通过相关化学描述符对相关变量进行描述,利用适当的机器学习算法预测反应产率。自发现随机森林算法模型能有效预测反应产率,越来越多的算法模型被开发,用以预测反应产率,能有效加快药物的研发进程。Doyle等通过随机森林模型预测了Buchwald-Hartwig胺化反应的反应产率,如图8-14所示。研究人员依靠高通量反应筛选平台得到4608个Buchwald-Hartwig偶联反应,由15种卤代芳烃和卤代杂环芳烃底物、23种异噁唑添加剂、4种钯配体和3种有机碱构成偶联反应数据集。随后,用分子描述符、原子描述符以及振动描述符共计120种相关的描述符对4种变量进行描述。以这些描述符作为输入值,以反应产率作为输出值。结果表明,在多种机器学习算法模型中,随机森林法表现最佳,其预测产率值与实际产率值间的线性相关度最高,标准误差值(RMSE)为7.8%,R^2值为0.92。进一步实验表明,该模型也能准确地预测反应数据集之外的8种异噁唑添加剂的反应产率。

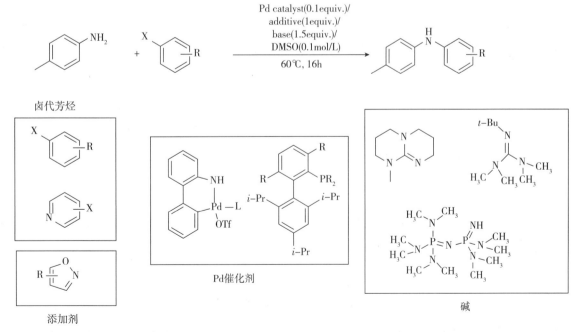

图8-14 随机森林模型预测Buchwald-Hartwig胺化反应的反应产率

Schwaller等则将SMILES编码器与反应回归任务相结合，构建了Yield–BERT模型，用于反应产率的预测，如图8-15所示。研究人员分别对高通量反应数据集和专利反应数据集进行训练和测试。在Buchwald–Hartwig反应和Suzuki–Miyaura反应的高通量数据集上，模型预测产率与实际产率线性相关度较高，Yield–BERT模型的R^2达0.95，0.81，与基于one–hot或者密度泛函理论（density functional theory，DFT）描述符输入的方法相比，其表现更佳。同时，研究人员进行了专利反应数据集的测试，但可能由于反应指纹接近的不同类别反应产率差别较大，模型预测产率得到结果是平均值，R^2不到0.2，表现较差。

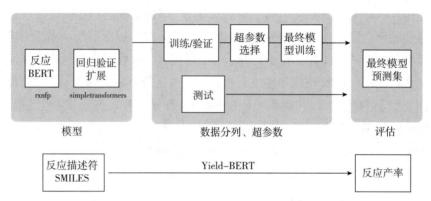

图8-15 用于预测反应产率的Yield–BERT模型的结构

3. 反应条件预测 由于反应空间的高维性，以实验的方法确定反应条件耗费时间和资源，通过神经网络模型可以有效预测药物合成反应的条件。Jensen等建立了一种分层设计的神经网络模型用以预测反应条件，如图8-16所示。该模型对来自Reaxys中的1000万个反应进行了训练，以预测催化剂、溶剂、试剂与温度等反应条件。在训练集之外的100万反应测试中，该模型预测了排名前10的反应试剂和催化剂，其准确率高达69.6%。

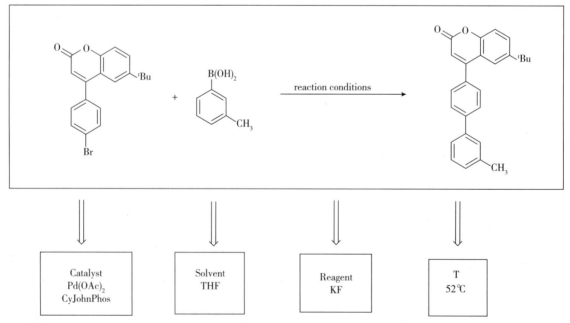

图8-16 分层设计的神经网络模型预测反应条件

4. 反应产物预测 对反应产物的预测是利用各种算法模型学习反应规律，从而实现对反应产物的预测。但是，由于反应数据库缺乏具体的浓度信息，需要对实验参数进行简化，且反应数据库缺少副产物数据，所以，对产物的预测大多限定于主产物的预测。以问题为导向，下面按类讲述计算机学习应用于有机反应的产物预测。

（1）以反应机制预测　Baldi等从反应机制的角度对反应产物进行预测，并开发出"反应预测者（ReactionPredictor）"。该程序使用分子的图形表示和近似分子轨道方法，从反应物出发，将反应分为亲核亲电反应、周环反应、自由基反应类型，预测可能的产物。该程序能够考虑反应之间的相互作用并进行排序，但是，由于需要人工编码机制规则和扩建训练集，从而限制了使用规模和可扩展性。

（2）以反应物预测　以反应物为起点，通过反应模板库产生大量产物。对选用的反应模板进行排序，确定主产物所分布的唯一模板。Guzik等使用计算机学习预测反应模板，建立了适用性概念验证，并对反应物分子结构进行SMARTS转化。对于给定的反应物和试剂，该模型能够预测16种反应规则中最相关的类别，同时，进一步预测可能的产物。结果表明，该模型对反应类型归类的准确率在80%以上，预测产物的准确率在50%以上，但是，对反应物的分子结构SMARTS转化并不能完全描述反应类型的机制。由于只局限于卤代烃和烯烃的16种反应类型，故适用范围窄。后来，Waller等将该方法扩展到Reaxys的实验数据。研究人员利用CDK1.5.13软件对反应物进行基于分子指纹（ECFP4）的编码。每一个反应物所对应的指纹在算法提取的模板库中产生概率分布。但是，由于该方法是基于规则的方式设定，故不能预测规则以外的反应，此外，该模型未考虑立体化学因素。由于应用排名最高的模板可能会产生几种不同的产物，上述两种方法并未直接预测主要产物。

（3）反应产物排序　一般来说，文献只倾向于报道收率在50%以上的反应，而对于未完成或收率较低的反应报道较少，但这些反应数据有助于训练模型正确识别反应是否可行。由于缺乏这部分数据，模型不能深入学习化学反应的特性。因此，为克服这一缺陷，Jensen等构建了混合系统。该系统能够将基于模板的正向反应与计算机学习的产物排名相结合，通过两步预测反应产物。由于分子指纹表征结构变化的性能有限，Jensen等设计了一种基于编辑的表征方法，能够实现对化学知识更丰富、更明确的编码。他们将原子和化学键的变化构建成前馈神经网络模型的输入，对特征向量转化整合，构建参数化模型，将候选产物产生概率分布。通过模型的训练学习，实现主产物概率的最大化。该混合系统在预测主产物中表现突出。但是，对于产物的预测仅停留于模板反应库和使用模板扩增的数据，限制了可扩展性。

（4）产物生成　预测产物主要是使用反应模板对探索空间进行限定，但是，模板覆盖率和效率面临极大的挑战。Jensen团队基于反应中心构建模型进行产物的列举和排序。与使用反应模板不同的是，他们用具有原子和化学键特征的属性图表示反应物分子。基于特征向量，计算反应物中每组原子对间的成对反应活性，对原子对之间的相互作用变化倾向量化打分。通过构建模型并进行训练，实现产物的列举并确定真实产物。结果表明，与基于模板的方法相比，该方法预测产物的成功率更高，效率更快。

（三）计算机辅助药物合成路线设计专业软件

1.Synthia　逆合成软件Synthia被誉为化学界阿尔法围棋（AlphaGo），在合成路线设计方面取得瞩目成绩，如图8-17所示，用户将具有药用价值的天然化合物分子、药物活性分子等输入逆合成软件Synthia中，经逆合成分析得到若干候选合成路线，经验证，得最佳合成路线。

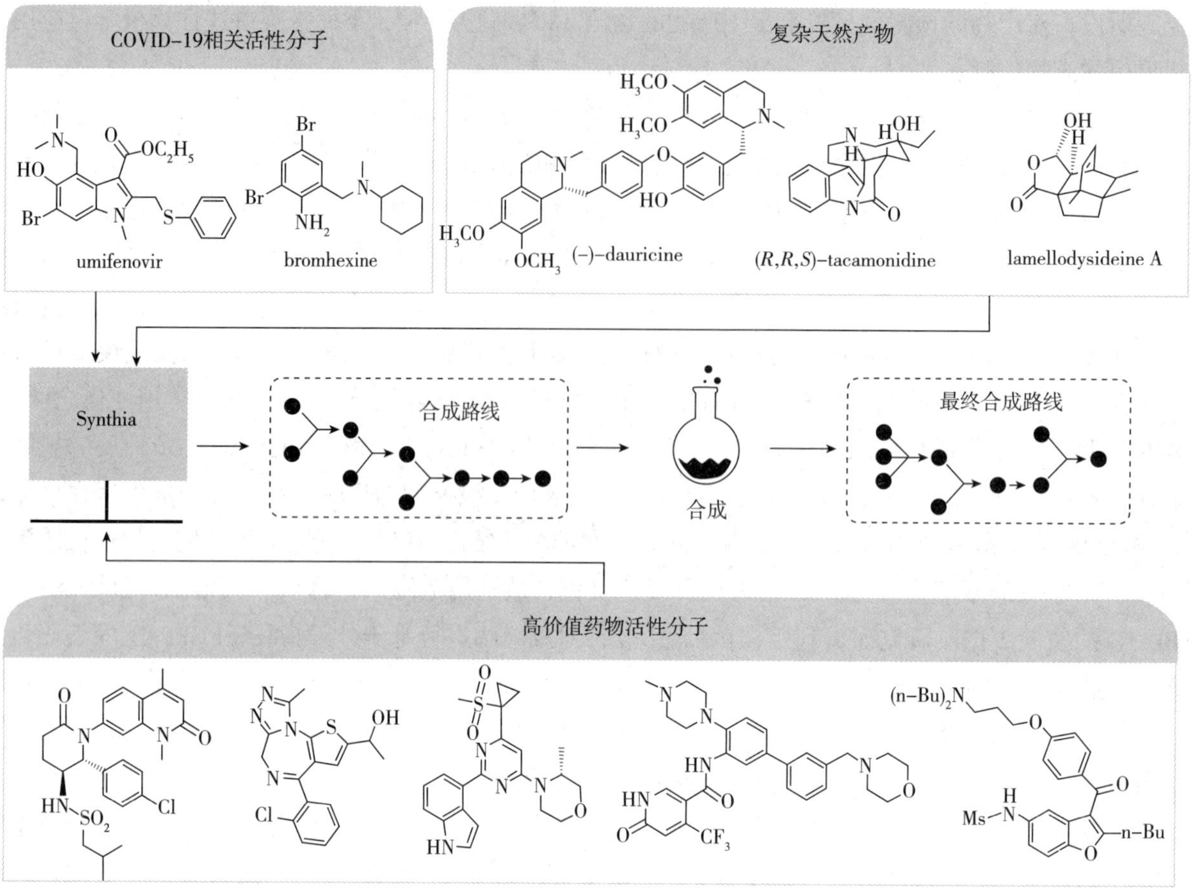

图8-17　Synthia设计相关药物分子的过程

　　Grzybowski等选择了7种生物活性分子与1种天然产物，在一定条件下，利用Synthia对8种高价值医药相关化合物进行路线设计。然后，研究人员在8周内，尽量少地对反应路线优化的情况下，成功完成预设化合物的合成。与文献报道路线相比，节约成本、增加产量、减少反应步数。

　　例如，在设计抗心律失常药物决奈达隆（dronedarone）的合成路线时（图8-18），Synthia设计的合成路线始于芳基碘化物和1-己炔的Sonogashira偶联反应，得到炔基取代的芳基化合物中间体，后与一氧化碳、芳基碘化物，在钯的催化作用下，构建出药物分子的中心环骨架，这是与药物的专利合成路线所不同的。虽然，Synthia设计路线的产率为39.6%，与专利合成路线41%的产率相当，且合成起始原料简单，但是，合成过程中产生的碘化物的处置将会耗费更多成本，难以在工业生产中应用。

　　2020年，研究人员将Synthia加以改进，并对复杂天然化合物进行合成路线设计。首先验证了新版Synthia的合成能力，结果表明，新版Synthia设计的路径与化学家设计的更接近，并且反应路线更精巧独特。然后，研究人员选取了(−)-dauricine、(R,R,S)-tacamonidine、lamellodysidine A三种结构复杂的天然化合物进行验证，后两种当时尚未被全合成。Synthia为三种化合物提供多条合成建议，研究人员选取最佳合成路线，除对反应条件进行调整外，其余均不允许更改。最终有16条路线通过验证，并实现了对(R,R,S)-tacamonidine、lamellodysidine A的首次合成。

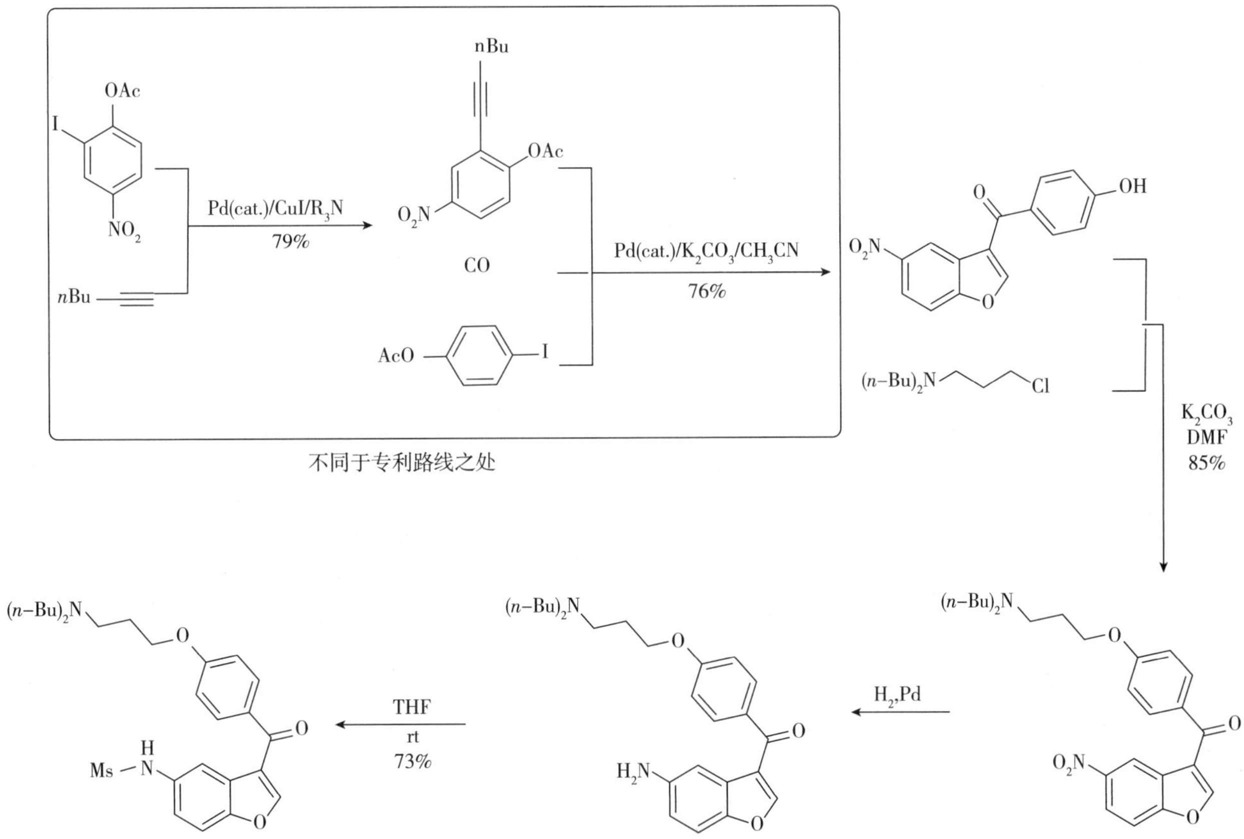

图8-18　抗心律失常药物决奈达隆的合成路线

2.ASKCOS　由"药物发现与合成的机器学习联盟（machine learning for pharmaceutical discover and synthesis consortium，MLPDS）"开发的ASKCOS旨在利用已知反应数据进行合成路线的预测，其功能包括多步合成路线设计、正向反应预测和反应条件预测。该逆合成软件在逆合成分析中的案例之一是BTK抑制剂branebrutinib的逆合成设计，如图8-19所示。在branebrutinib的合成路线未存在于数据库中的情况下，ASKCOS成功地设计出了合理的合成路线，且设计的合成路线的起始原料与报道路线类似。二者不同之处在于：①ASKCOS提出用Boc保护烷基酰胺中间体9的N—H键；②ASKCOS建议通过化合物9和10的C—N偶联合成branebrutinib。而文献报道的合成路线使用的腈类的类似物代替化合物10，这是由于甲酰胺的存在阻止了C—N键的偶联。虽然ASKCOS未捕捉到这一细节，但它提出的设计思路和化学家最初的尝试不谋而合。

3.Retrosynthesis　是SciFinder^{n}提供的逆合成设计工具，其运算基于世界上最大、更新速度最快、最权威的反应数据CASREACT，加之先进的AI搜索引擎技术，确保结果的质量和可靠性。通过Retrosynthesis，用户可以在数分钟内可预测新化合物分子的合成路线，或查找已知分子的新合成路线。同时，Retrosynthesis能综合考虑合成人员在设计合成路线中必须考量的因素（如收率、绿色、成本、原料是否易得等），设计出合理的反应路线。

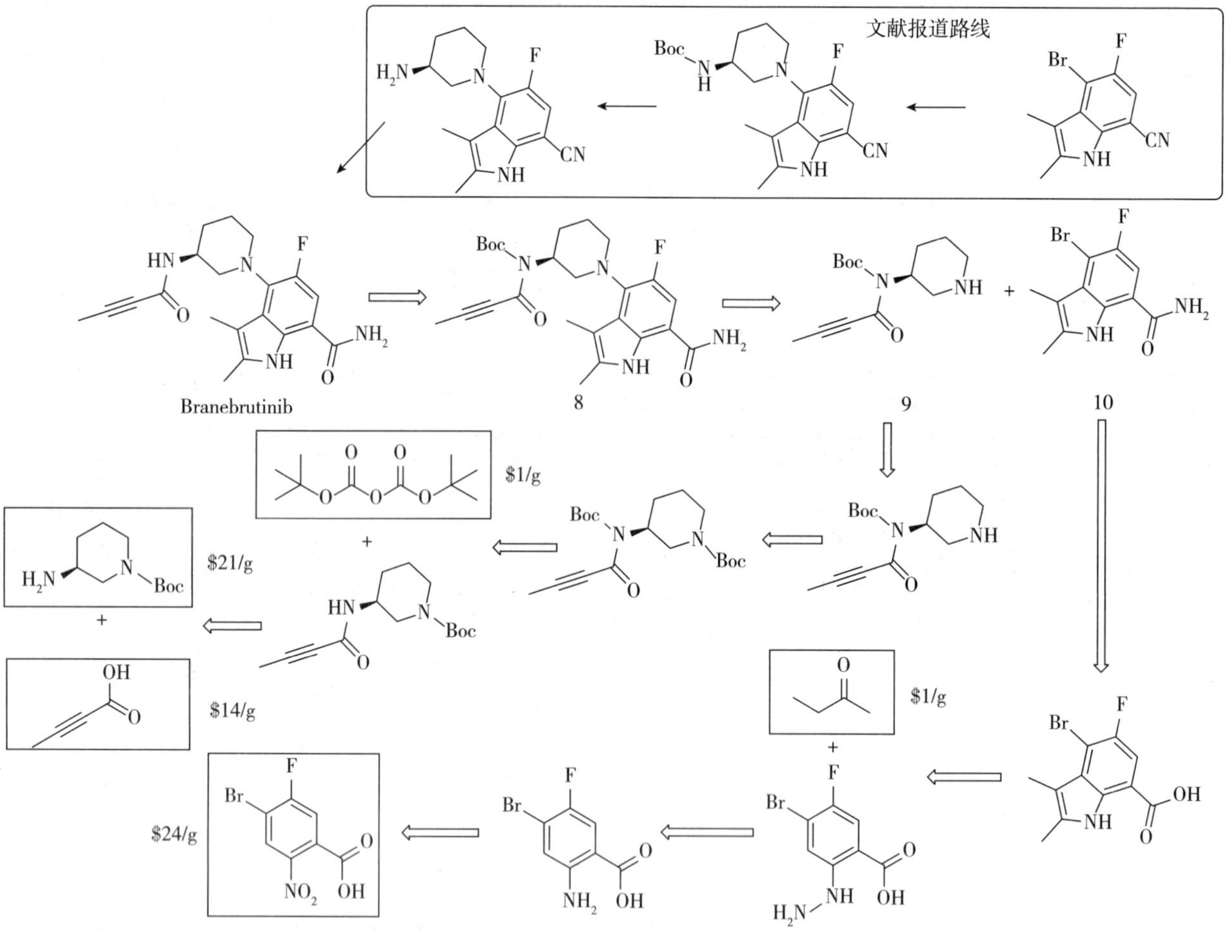

图 8-19　ASKCOS 对 branebrutinib 逆合成分析

三、计算机辅助药物智能合成机器

计算机辅助药物智能合成机器是合成化学发展的又一目标，其结构如图 8-21 所示。智能合成机器的应用不仅能够降低合成反应成本、提高效率，还能够辅助化学合成工作者进行重复性的、高成本与危险性的合成实验。随着人工智能的发展，通过建立机器学习算法控制的系统，可以开发出能自主进行化学反应的智能机器。但是，截至目前，仍没有通用的交互式操作标准和平台实现化学合成的自动化。

（一）模块化智能合成机器

1. 线性合成机器　大多数的智能合成机器使用的是模块化设备。Coley 等设计出一种逆合成软件与机械臂控制相结合的自动化连续流动平台，该平台使用逆合成软件 ASKCOS 进行逆合成设计，将所设计出的合成路线、反应条件等相关信息与化学工作者提供的额外信息共同交予模块化的连续流动平台执行。根据所提供的信息，确定反应路线，并由机械臂将模块化单元组装成连续流动路径，以加速小分子的自动化合成。目前，该平台共合成了 15 个具有药理学活性的分子。例如，将解热镇痛药阿司匹林（aspirin）输入该系统，系统能够利用 ASKCOS 逆合成分析软件设计出阿司匹林的合成原料与合成条件，并交由自动化合成平台合成目标化合物。虽然该平台需要化学工作者提供停留时间、化学计量和浓度等额外信息，但它仍是化学反应完全自主化的一个重要里程碑。

Cronin等研发的Chemputer系统与Coley构建的系统相似，旨在通过模块化方法实现台式化学的自动化，该系统包括反应烧瓶、可加热或冷却的夹套过滤装置、自动液–液分离模块和溶剂蒸发模块，这些模块分别执行反应、提取、过滤和蒸发操作。为了控制系统，研究人员编写了一个名为Chempiler的接口程序，为模块化硬件平台产生特定指令。在合成抗高血压药西地那非（sildenafil）、抗癫痫药卢非酰胺（rufinamide）和安眠药尼托尔（nytol），其产率与传统的人工合成相当。

Bédard等使用模块化的方式设计了一个具有5个区域的连续流动合成实验平台。这5个区域可从6个不同模块选择进行配置，其中可供选择的模块有加热反应器、冷却反应器、基于发光二极管的光化学反应器、填充床反应器、基于膜的液液分离器或旁路。同时，该平台允许优化和探索反应条件。目前，该平台在碳–碳和碳–氮交叉偶联、烯烃化、还原胺化、芳香亲核取代、光氧化催化和多步骤合成反应中都取得优异成绩。

2.径向合成机器 Chatterjee等设计了径向智能合成机器。与线性合成设备相比，反应器可在不同条件下重复使用，大大减少了仪器的重新配置。同时，径向合成设备能储存中间体用于反应路线的优化和汇聚合成。这种径向合成设备由溶剂和试剂输送系统、中转站、备用模块和收集容器四个部分组成，包括试剂分配、反应、备用（用于储存多步反应中的中间化合物）和收集模块，如图8-20所示。研究人员用该系统进行了抗癫痫药卢非酰胺（rufinamide）的优化合成。

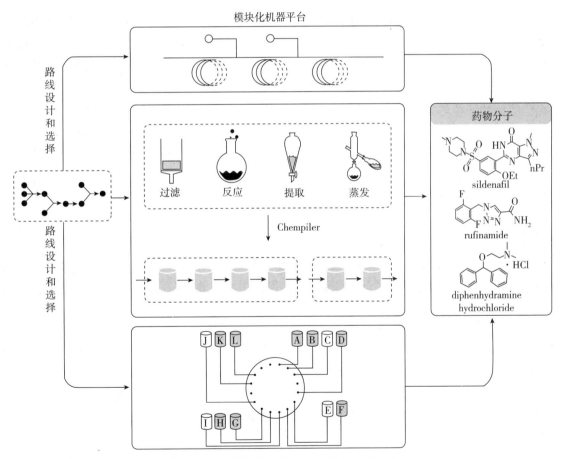

图8-20 计算机辅助药物智能合成机器结构

（二）机器人"化学家"

Cooper等人研发的KUKA移动机器人，不同于以往将不同设备连接成一个界面的情况。该移动机器人使用优化贝叶斯算法，进行了光解水产生氢气的光催化剂的研究。该机器人能够模拟化学家在实验室进行操作，将反应原料与光催化剂装瓶后，进行光解反应，并对反应产物进行色谱分析。该机器人历经8天688次实验，在10个实验变量中筛选出了光解水产生氢气的最优催化条件。该机器人的运用为自动化药物合成带来前景。对重复性的、高危险性的药物合成实验，机器人化学家可进行添加反应原料、反应后处理和产物分析等操作，以提升药物分子的合成效率。

第三节　计算机辅助合成技术的挑战及发展前景

一、计算机辅助合成技术的挑战

人工智能与药物合成的融合，加速了药物研发的进程，已在药物合成和设计的诸多领域应用，如分子从头设计、目标化合物合成路线的设计与优化、化学反应区域和立体选择性的预测、催化剂的合理设计、反应条件优化、自动化合成药物分子等。目前，计算机辅助药物合成技术作为一门新兴研究领域，仍面临诸多挑战，包括但不限于缺乏高质量的数据库、缺少有效的算法模型、成本高等。

（一）实验数据

1.高质量实验数据的获取　数据库中仅记录较为成功的实验数据，故大多数反应预测是按照成功的反应训练的，但失败的实验数据对于预测反应也至关重要。由于失败的实验数据的缺失，导致模型从数据库中获得信息是有限的。目前，出现了电子实验记录本等记录方式，能够记录包括失败实验数据在内的大量实验数据，但由于其普及性较低，难以从本质上提高数据的质量。

2.实验数据的开放与共享　目前，化学家仍是通过 SciFinder[n] 和 Reaxys 等数据库获取反应数据，免费开放的化学信息学数据库较少。数据的共享也是不容忽略的挑战。研究工作的相关数据集的开放，不仅能方便基准测试，也会促进机器学习算法的开发。同时，机器学习模型众多、程序结构复杂，难以通过简单的图示或文本进行描述，故开发和采用新的数据和代码共享方法来确保机器学习方法在此领域的可用性至关重要。

（二）描述符

预测化学反应或性质的机器学习模型建立的成败取决于是否能有效地表示分子结构或化学反应，故描述符的使用对计算机辅助合成技术至关重要。神经网络中的分子指纹的应用推动了化学预测改进。

（三）机器学习算法

机器学习算法需要大量的数据才能有效地学习并被训练。如想从有限的数据中尽可能多地获得知识，元学习（meta-learning）是一个解决方案。元学习是一种在问题内部和问题之间学习的方式，能学习自主设置和定义参数变量，并在已获取的知识基础上快速学习新的任务。因此，可有效解决人工调节参数和训练模型的问题。贝叶斯程序能够在数据有限的情况下对 one-shot 分类任务表现出接近人类水平的性能。

二、计算机辅助合成技术的应用前景

计算机辅助合成技术能够运用机器学习算法设计出目标化合物，并以该化合物分子为起点，通过逆合成分析获取并排列若干候选中间体，甚至预测反应条件，设计出最终的合成路线，并由自动化合成机器合成，显著提高路线成功率、有效加速药物研发过程并提高所设计和合成的药物分子的质量。随着化学合成自动化、反应数据的生成、计算机硬件和算法模型的进一步发展，算法模型与模型背后的理论框架的建立，物理有机策略和理念在机器学习中的应用，有意义的分子描述符的使用、自动化平台的发展，计算机辅助合成技术将会为药物开发的范式转变提供可能。

（一）计算机辅助药物设计的应用前景

深度学习算法应用于计算机辅助药物设计主要进行药物分子的从头设计。目前，已报道的药物设计案例都是利用算法虚拟设计和评估一系列符合特定性质的分子，即设计出一个虚拟化合物库，大大提高了药物筛选的效率。但是，人工智能设计出的药物分子对化合物的稳定性、合成的可行性、药代动力学和毒性等方面仍欠缺考虑，与上市药物仍有差距。同时，训练数据的质量和算法模型的可解释性仍有欠缺。未来，随着分子生物学的发展，更多高质量的数据会被揭示出来，有望进一步提升药物分子设计的准确率。同时，人们应该合理挖掘现有数据，并扩大人工智能技术的应用范围，以满足对药效等方面的预测。

（二）计算机辅助药物合成路线设计的应用前景

计算机辅助药物合成路线设计通过逆合成分析、反应条件预测、正向反应预测三个方面对药物分子的合成路线进行设计。从已报道的设计案例可以看出，计算机辅助药物合成路线设计通过对目标化合物进行逆合成分析，迅速设计出多条路线，有助于苗头化合物发现过程中的合成与优化；利用机器学习算法模型对试剂、溶剂、催化剂等进行推测，能有效地避免浪费，并保护环境；通过数据和程序自我学习和优化，以获得最新报道的反应并避免人为偏见；通过量子力学计算，在设计出的若干合成路线中筛选出最佳合成路线，显著提高合成路线成功率。随着无规则逆合成分析方法的发展、反应数据获取方式的改善、机器学习算法模型的优化，计算机辅助药物合成路线设计会减轻化学工作者的工作量，快速处理复杂的合成问题。

（三）计算机辅助药物智能合成机器的应用前景

目前，大多数的计算机辅助药物智能合成机器是使用逆合成分析系统与模块化设备建立的实验平台，这些平台在药物分子自动化合成方面表现突出。但是，计算机辅助药物智能合成机器仍处于起步阶段，所建立的智能合成机器数量较少，且每个智能机器合成的药物分子有限。随着自动化化学在线分析和实时优化的发展，一方面，将会建立起更多的通用实验平台，以满足单个平台合成多个药物分子；另一方面，开发更多的机器人化学家，模拟实验室的药物合成操作，以辅助药物合成工作者进行重复性的、高成本的和危险性的合成工作。

药知道

人工智能赋能药物研发

人工智能凭借其强大的学习推理能力和协助决策能力，驱动计算机辅助合成技术显著缩短药物研发周期，加速药物分子合成。因此，计算机辅助合成技术在药物研发中展现出全方位赋能作用：①快速确定相关药物靶点结合位点，通过基于结构的药物设计和深度学习算法，能够精准解析靶标蛋白三维构象，并准确预测潜在结合位点及蛋白质-配体复合物结合亲和力；②快速进行先导化合物筛选和设计，依托循环神经网络（RNN）、生成对抗网络（GAN）和变分自编码器（VAE）等人工智能模型，可高效构建虚拟化合物库并进行药物分子设计，如Schneider团队通过

RNN模型设计类视黄醇X受体和过氧化物酶体增殖物激活受体激动剂，获得4个纳摩尔级活性分子，展现了人工智能用于全新分子设计的潜力；③针对已有候选药物分子设计全新合成路线，使合成路线高效、原料廉价易得且避开专利。逆合成分析工具与自动化合成系统形成技术闭环，如AutoSynRoute系统通过逆合成分析为抗癫痫药卢非酰胺设计出高效且原料易得的合成路线；Chemputer系统通过模块化操作实现卢非酰胺的全流程自动化合成，产率与人工合成相当，证明了计算机辅助合成技术进行合成路线设计和执行的可行性和经济性。

？ 思考

Denmark等通过机器学习模型预测了手性磷酸催化的硫醇与酰亚胺的不对称加成反应的选择性。简述该过程使用的描述符和机器学习模型，并简要论述其预测过程。

目标检测

答案解析

本章小结

一、单选题

1.逆合成路线预测中，将目标化合物拆分的策略有（ ）

A.基于规则策略   B.无规则策略

C.半规则策略   D.以上策略都是

2.以二进制向量表示化合物分子的分子描述符是（ ）

A.物理化学描述符   B.分子指纹

C.分子简写式   D.分子图

3.基于片段的药物设计是指（ ）

A.针对受体结构未知的药物分子，通过分析与受体结合配体结构进行药物设计

B.直接根据受体蛋白的三维结构设计出特异性配体的方法，适用于实验方法（如X-射线晶体衍射或核磁共振等）或理论模拟预测方法（如虚拟筛选或从头设计等）已得到受体或与配体复合物的三维结构

C.通过筛选碎片库得到苗头片段，随后基于结构的设计策略对片段进行优化和改造获得先导化合物的研究方法

D.以上说法都不对

4.计算机辅助药物合成路线设计策略中，使用经验规则选择切断特殊、关键化学键的策略是（ ）

A.基于官能团的策略   B.基于转化的策略

C.拓扑策略   D.基于立体化学的策略

5.大多数的计算机辅助药物智能合成机器使用的是（ ）

A.线性合成设备   B.机器人"化学家"

C.径向合成设备   D.线性和径向合成设备

6.深度学习应用于计算机辅助药物设计主要在（ ）

A.分子从头设计   B.虚拟筛选

C.分子对接   D.分子动力学模拟

7.计算机合成技术面临的主要挑战不包括（ ）

    A.实验数据的开放与共享   B.分子描述符的选择

    C.机器学习算法的建立   D.自动化平台的普及

8.要想从有限的数据中，尽可能多地获得知识，一个有效的解决方案是（ ）

    A.电子实验记录本   B.分子指纹

    C.元学习   D. ASKCOS

二、多选题

1.计算机辅助合成技术预测反应条件时，影响算法选择的因素有（ ）

    A.数据库的质量   B.逆合成分析策略   C.描述符的选择

    D.机器学习   E.深度学习

2.深度学习算法有（ ）

    A.卷积神经网络   B.循环神经网络   C.变分自编码

    D.人工神经网络   E.生成对抗性网络

3.人工智能辅助药物分子设计常用的人工智能算法模型有（ ）

    A. RNN   B. VAE   C. GAN

    D. Decision tree   E. Naïve Bayesian

4.计算机辅助药物智能合成机器中，径向合成设备与线性合成设备相比，具有的优势有（ ）

    A.可在相同条件下重复使用，大大减少了仪器的重新配置

    B.可在不同条件下重复使用，大大减少了仪器的重新配置

    C.能储存中间体用于反应路线的优化

    D.能储存中间体用于汇聚合成

    E.属于机器人"化学家"

三、简答题

1.简述计算机辅助合成技术的组成和原理。

2.逆合成路线预测中，无规则策略有哪两种模型？与基于规则的策略相比，避免了哪些弊端？

3.计算机辅助药物设计的方法有哪些？人工智能辅助药物设计的药物例子有哪些？请举一例。

4.逆合成软件Synthia在合成路线设计方面取得瞩目成绩，试举例说明其成就。

5.计算机辅助药物合成技术面临哪些挑战？其前景如何？请简要概述。

第九章　绿色化学合成技术

学习目标

1.通过本章学习，掌握绿色化学的基本概念、基本原则、衡量指标、实现途径以及绿色合成方法与技术；熟悉各类绿色催化剂、氧化剂、还原剂和溶剂、典型的绿色化学反应；了解绿色化工生产中的工程评价、工艺技术。

2.具备应用绿色化学的专业理论知识开展绿色合成反应的能力，能够设计符合绿色化学标准的合成路线，具备运用这些知识分析问题和解决问题的能力。

3.培养绿色化学意识，树立科学的世界观、人生观和价值观，坚持实事求是的科学态度，增强科学素养。

化学品的生产、使用和处理给环境造成了严重的污染，人们一直试图通过减少"三废"的排放量来解决污染问题，并通过法规来对其进行监管。近年来，人们逐渐认识到，最佳的环境保护方法是从源头上防止污染的产生，而不是产生后再去治理。1991年，美国化学会提出了绿色化学的概念，绿色化学（green chemistry）又称清洁化学（clean chemistry）、环境友好化学（environmentally friendly chemistry），相比于传统化学而言，绿色化学强调通过化学方法降低或消除对生态环境和人类健康产生危害的化工原料、催化剂、溶剂等的使用，是从源头上减少或消除污染。随着绿色化学概念的不断完善，符合其基本原则的各类新合成理念迅速发展，为提高合成效率、精简合成步骤、缩短合成周期起到了重要的指导作用，并迅速成为热点研究领域。

第一节　概　述

一、绿色化学的发展历程

绿色化学的兴起大致可分为三个阶段，即初级阶段（1990—1994年）、发展阶段（1995—1998年）及快速发展阶段（1999年至今）。在经典有机反应不断涌现的时代，化学家并未过多关注试剂与溶剂的毒性所带来的环境问题，这也直接导致了更新较慢的制药行业仍然使用大量的氧化剂、重金属等试剂。这些陈旧的工艺所带来的环境问题已经成为制约企业发展的瓶颈。环境问题逐渐引起了全世界的关注，1983年联合国成立了世界环境与发展委员会，旨在于世界范围内制定一份长期、可持续发展、环境友好的纲要。在这样的背景下，1990年美国通过了污染预防法，"绿色化学"首次在法律条文中出现；1991年，"绿色化学"由美国化学会（ACS）提出并成为了美国国家环保局（EPA）的核心口号，确立了其重要地位；1992年在巴西举行的联合国环境与发展大会上，102个国家共同签署了《关于环境与发展的里约热内卢宣言》和《21世纪议程》等5个文件；1995年美国设立了"总统绿色化学挑战奖"，旨在奖励为绿色化学的发展作出杰出贡献的个人与集体；1999年起，绿色化学的发展达到了世界性阶段，并诞生了第一本英文国际杂志 *Green Chemistry*。

绿色化学作为未来化学工业发展的方向和首要工程，受到各国政府、企业和学术界的广泛关注，同时世界各国纷纷开展了绿色化学化工的研究和建设竞争。随着绿色化学理念的不断进步和有机合成化学知识体系的日益完善，绿色化学对药物制造与工艺开发提出了更高的要求。

二、绿色化学的基本原则

绿色化学十二原则是指导现代工业发展和设计反应路线的黄金法则。绿色化学对于产品设计和流程的指导可由以下十二条原则体现：①预防，即预防废弃物产生优于后续处理废弃物；②原子经济性，即工艺中的所有原料都融入最终产物中；③减少危险和有毒化学品的使用，即尽量不使用或产生有毒物质；④产品设计更加安全，即设计有效的化学品且毒性降至最低；⑤溶剂和辅剂无害，即使用安全的溶剂；⑥设计节能高效，即设计的工艺路线尽量在室温常压下进行；⑦优选可再生原料；⑧较短的合成路线，即采用"无保护基合成"，因为保护基的使用会增加反应步骤以及更多的废弃物；⑨使用催化计量的试剂来代替化学计量；⑩设计可降解产品，即设计可迅速分解成无害物质的产品；⑪实时分析，污染预防，避免副产物的生成；⑫固有安全化学，防止事故发生，即利用安全流程，降低事故发生的可能性。

后续美国化学家阿纳斯塔斯（Anastas）以及齐默尔曼（Zimmerman）在绿色化学和绿色工程概念的基础上，于2003年提出了绿色工程十二原则，包括：①尽量使用固有安全性设计；②防止废弃物产生优于处理以及清理，也能够节约能源和材料；③设计能源和材料消耗最少的分离和纯化工艺，叠缩工艺可以降低操作时间、人员成本、溶剂试剂、废弃物处理，同时能够提高总体效率；④提高工艺的物质、能量、空间和时间的效率；⑤产品、工艺和系统在使用能量和原料时应该是"输出拉动"而不是"输入推动"；⑥保持产品的复杂性，并利用内部的熵来回收、再利用和处理废弃物；⑦保证产品是耐用且可降解的；⑧产能设计满足需求且不过量；⑨多组分产品应该尽量减少原料的多样性以便于拆解和回收；⑩产品、工艺和系统在设计时应该集成和互联现在的能源和材料；⑪产品、工艺和系统在设计时应该考虑商业"生命期"；⑫考虑原料与能源的可再生性。

绿色工程十二原则旨在节约能源、避免浪费、避免使用有害物质，这与绿色化学的初衷是相同的。

三、绿色化学的衡量指标

（一）原子经济性

原子经济性（atom economy）于1991年由美国斯坦福大学教授特罗斯特（Trost）提出，其本人也因此获得1998年美国总统绿色化学挑战奖的学术奖。该理念是绿色化学的核心内容之一，是指在合成过程中，合成方法和工艺应被设计成能把反应过程中所用的所有原材料尽可能多地转化为最终产物。这一理念既要求节约不可再生资源，又要求减少废弃物排放。理想的原子经济性反应是原料分子中的原子百分之百地转化为产物，而不产生副产物，实现废物的零排放（zero emission）。原子经济性一般用原子利用率（atom utilization）来进行衡量，即目标产物分子量所占反应物总分子量的百分比。一般来说，重排反应、加成反应均拥有100%的原子利用率。

$$原子利用率\% = \frac{目标产物分子量}{所有产物分子量} * 100\%$$

近年来，原子经济性反应的发展成了为绿色化学领域的研究热点之一。要实现反应的高原子经济性，通常需要发展新的反应策略或用高效的催化反应代替传统的合成手段，1997年美国总统绿色化学挑战奖新合成路线奖的获得者——BHC公司所开发的布洛芬（ibuprofen）的合成工艺是原子经济性策略很好的例证。该分子传统生产工艺包括6步化学反应，总体收率16%，原子利用率低于40%（图9-1A），而BHC公司仅用3步反应，经傅里德−克拉夫茨（Friedel−Crafts）酰基化反应，并在氢气/钯碳条件下还原生成醇后，通过钯催化插羰基偶联反应完成了布洛芬的合成，该路线中的氟化氢可实现循环利用，副产物乙酸也可进行回收利用，因此该路线原子利用率可达到99%（图9-1B）。

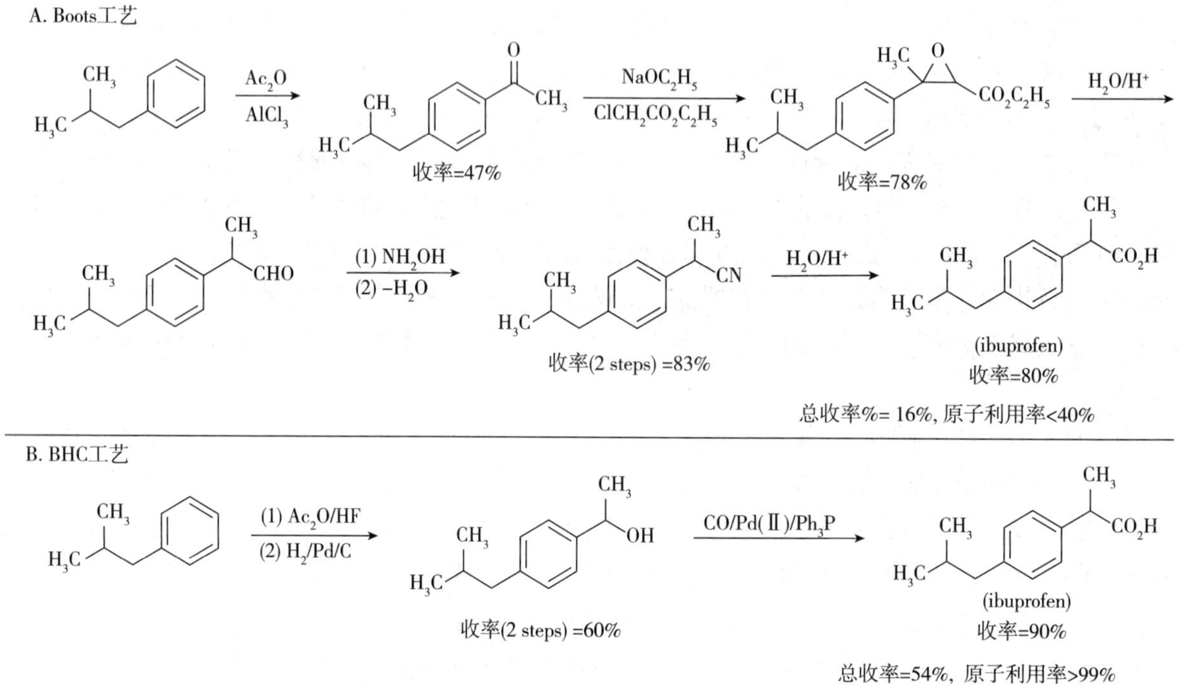

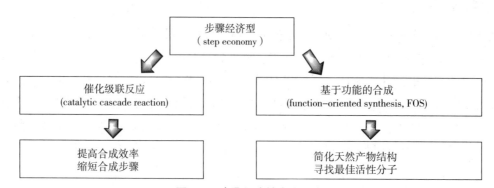

图9-1　布洛芬合成工艺比较

（二）步骤经济性

步骤经济性概念（step economy）由美国斯坦福大学教授温德（Wender）于1993年提出，该理念要求在合成过程中尽可能利用最少的步骤完成目标分子的合成，旨在缩短合成步骤，提高合成效率，随后符合绿色化学基本原则的级联反应（cascade reaction）策略与基于功能的合成（function−oriented synthesis，FOS）策略应运而生（图9-2）。

```
步骤经济型
（step economy）
        ↙            ↘
催化级联反应            基于功能的合成
(catalytic cascade reaction)    (function−oriented synthesis, FOS)
    ⇩                    ⇩
提高合成效率            简化天然产物结构
缩短合成步骤            寻找最佳活性分子
```

图9-2　步骤经济性合成理念

级联反应也被称为多米诺反应或串联反应，是指包括至少两个连续反应的化学过程，即每一个后续反应只凭借前一个步骤中形成的化学功能而发生。在该反应中，不需要分离中间体或是额外加入催化物质，因为组成该序列的每个反应都是自发发生的。级联反应的优点除了高步骤经济性外，还能够减少由几个化学过程产生的废物。级联反应的效率可以用在整个序列中形成的键的数量、通过该过程增加结构复杂性的程度及其对更多种类底物的适用性来衡量。最早的级联反应是英国化学家罗宾逊（Robinson）在1917年报道的托品酮的合成（图9-3），该方法利用三种简单的化工原料，通过两次曼尼希反应（一次分子间，一次分子内），"一锅"地合成了托品酮，该路线的产率为17%，经后续的改良优化产率高于90%，罗宾逊也因此获得了1947年的诺贝尔化学奖。

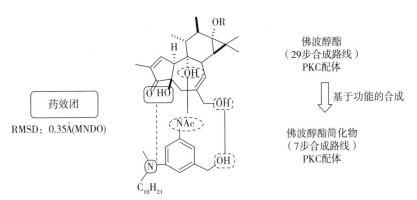

图9-3　利用级联环合策略的托品酮的合成

基于功能的合成是以全合成的复杂天然产物分子为基础，对其进行结构编辑与优化，进而增大寻找到先导化合物概率的一种合成策略。早在1986年温德（Wender）就报道了利用该策略对佛波醇酯简化物的合成（图9-4）。该路线对已完成全合成的天然产物进行了结构设计与优化，将合成步数从29步降至7步，成功制备出了活性更好的佛波醇酯简化物，为后续药物先导化合物的发现提供了充足的物质基础。

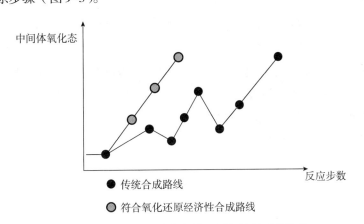

图9-4　"基于功能的合成"策略的佛波醇酯简化物的合成

（三）氧化还原经济性

氧化还原经济性（redox economy）是美国斯克里普斯（Scripps）研究所教授巴兰（Baran）于2008年提出的合成理念，要求在合成研究过程中，中间体的氧化态是逐渐升高的，这样可以避免一些不必要的副反应以及额外的还原步骤（图9-5）。

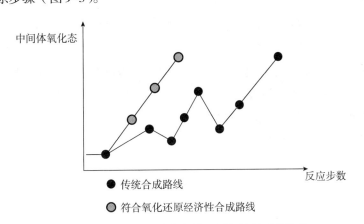

图9-5　传统合成路线与氧化还原经济性路线比较

天然产物(+)–巨大戟二萜醇（ingenol）是一种PKC激活剂，具有显著的抗肿瘤活性，能够抑制细胞间通信。2013年美国斯克里普斯研究所化学系教授巴兰报道了该分子的全合成（图9-6），该路线分为环合与氧化两个阶段，共经历14步反应，其中氧化阶段，作者多次利用氧化剂，使合成中间体的氧化态逐渐升高，避免了繁琐的氧化还原转化，充分展现了氧化还原经济性理念。

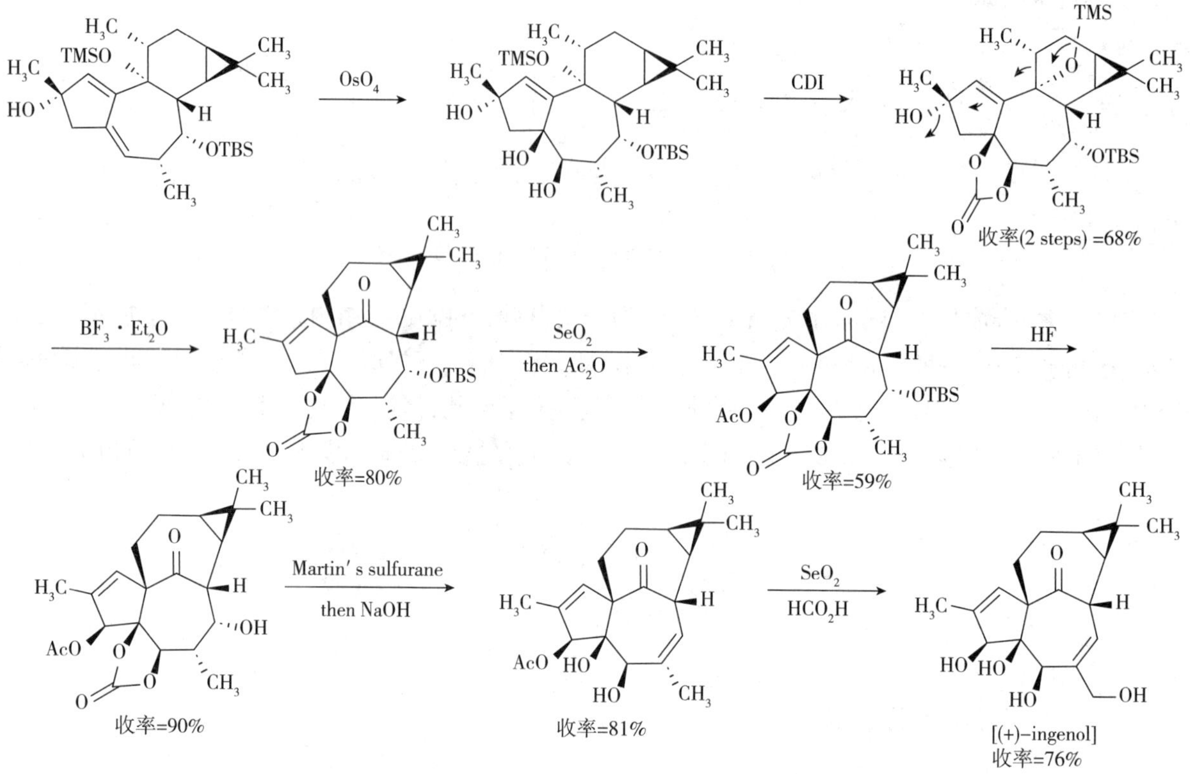

图9-6　活性分子(+)–巨大戟二萜醇（ingenol）的合成

（四）时间经济性

时间经济性（time economy）是2021年日本化学家池袋林（Hayashi）提出的绿色化学合成概念。在合成研究与工艺开发过程中，若在短时间内完成目标分子的合成，不仅可以节约劳动力成本和能源成本，也可以避免对目标化合物的储备，降低储存成本与管理时间。除了优化工艺路线提高合成效率以外，目前可采用流动化学装置实现反应时间的缩短，另外采用微波反应条件也可以达到减少反应时间的目的。

科里内酯（Corey lactone）是合成前列腺素的关键手性中间体，完成该化合物的高效对映选择性全合成具有重要的经济价值。采用不对称狄尔斯–阿尔德（Diels–Alder）反应以及拜尔–维利格（Baeyer-Villiger）氧化可实现科里内酯前体的合成，但整条路线所需反应时间大于44小时，且后处理繁琐，步骤较长（图9-7A）。近年来，以"时间经济性"理念为基本原则，利用短时间内的[3+2]环加成反应为关键策略，在152分钟反应时间内可实现科里内酯的合成，该路线仅需5步反应、1次后处理操作，极大的降低了时间成本与实验操作难度（图9-7B）。

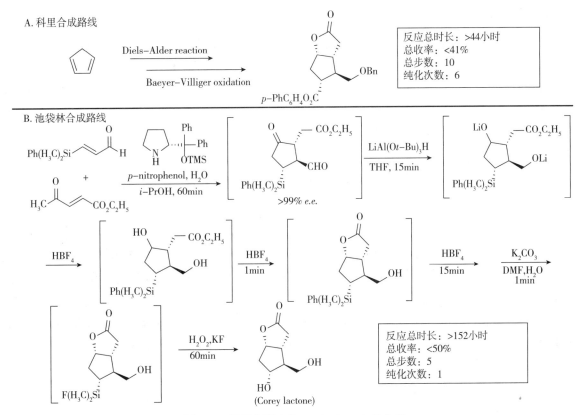

图 9-7　科里内酯（Corey lactone）的合成

（五）操作经济性

操作经济性（pot economy）是日本化学家 Hayashi 在合成抗流感药物达菲（tamiflu，商品名为磷酸奥司他韦）时提出的新理念，是指将连续的反应放在一个反应容器中进行以得到目标化合物的过程。在此过程中不需要分离提纯，从而可以达到节约后处理时间，减少后处理过程中产物损失等目的。符合"操作经济性"的几步反应一般要求反应物完全转化为产物，不会产生过多的副反应而影响接下来的操作，否则整个反应体系会变得越来越复杂，影响整体收率。例如，在达菲的合成中，采用不对称迈克尔（Michael）加成反应与后续的迈克尔加成/霍纳-沃兹沃思-埃蒙斯（Horner-Wadsworth-Emmons）反应级联策略，完成了达菲的"操作经济性"不对称全合成，该路线仅需"两锅反应"，收率可达 60%，为后续达菲的工艺开发奠定了基础（图 9-8）。

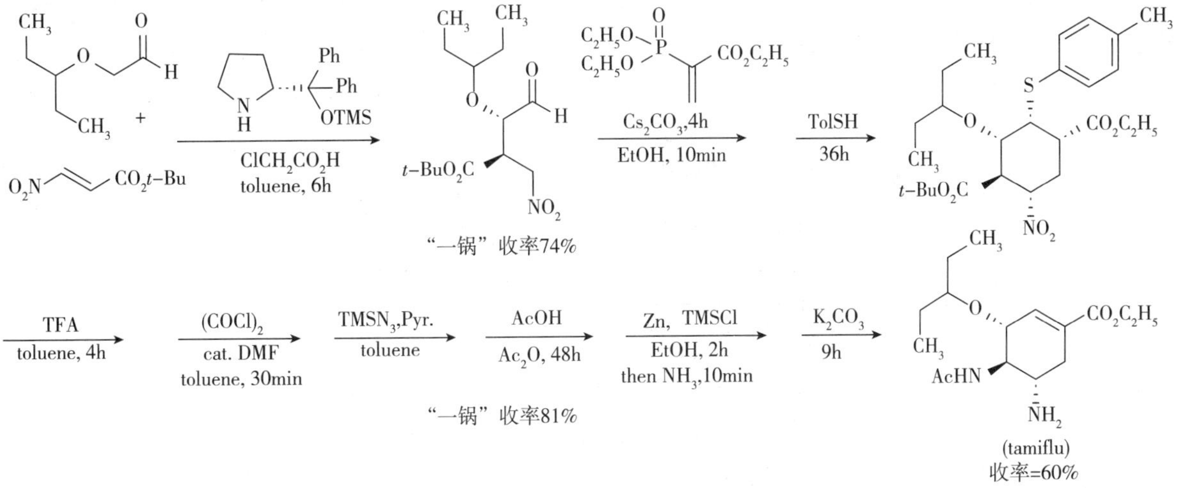

图 9-8　抗流感药物达菲（tamiflu）的合成

（六）环境因子

环境因子（environmental factor）是指产品生产全过程中所有废物质量与目标产物质量的比值。它不仅针对副产物、反应溶剂和助剂，还包括了在产品纯化过程中所产生的各类废物，例如中和反应时产生的无机盐、重结晶时使用的溶剂等。从化学工业相关的各个子行业来看，往往产品越精细，附加值越高，环境因子也越大。例如石油化工产品环境因子一般为0.1，大宗化学品为1～5，精细化学品在5～50，而药品的环境因子可高达100以上。

四、绿色化学的实现途径

（一）设计安全有效的目标分子

为从源头上消除污染，首先需要保证目标分子是完全安全有效的。设计安全有效目标分子主要包括两方面：①对新的安全有效化学品的设计；②对已有的有效但不安全的分子进行重新设计。设计安全目标分子就是"利用分子构效关系获得最佳的所需分子，且保证分子毒性最低"。传统的设计方法首先会合成化合物，再对其性质进行检验，这样的工作量十分庞大且会对资源和环境造成不良影响，随着计算机和计算技术的发展，对分子结构和功能的开发不断系统深入，分子设计和分子模拟研究已引起人们的广泛兴趣（图9-9）。

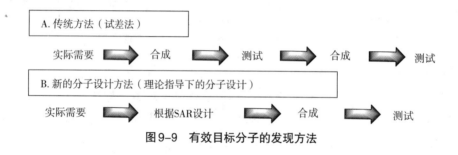

图9-9 有效目标分子的发现方法

（二）寻找安全有效的反应原料

寻找安全有效的反应原料包括两方面，一方面可利用无毒无害的原料代替有毒有害的原料；另一方面是使用可再生资源。目前化工生产中经常使用光气、甲醛、氢氰酸、丙烯腈为原料，毒性较大。以光气为例，它本身是一种军用毒气，但它又能与许多有机化合物发生反应，生成异氰酸酯（isocyanate）、聚亚氨酯（polyurethane）以及聚碳酸酯（polycarbonate）等，除原料本身有剧毒外，还会生成对环境有害的副产物氯化氢。在上述反应中，光气提供了羰基，因此在符合绿色化学的生成方法中，可利用二氧化碳来代替剧毒的光气，其副产物仅为水，这样不仅解决了原料的问题，也不会对环境造成破坏（图9-10）。

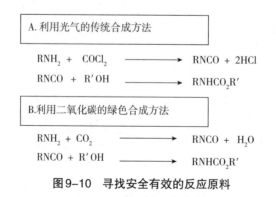

图9-10 寻找安全有效的反应原料

（三）寻找安全有效的合成路线

1996年，温德（Wender）提出了理想的合成路线需要满足的条件。

（1）反应原料价格便宜易得。

（2）制备与操作过程简单安全、环境友好。

（3）无论是对于天然产物，还是设计的目标分子，都应满足反应快速、目标分子的产率尽可能高的要求。

（4）在寻找安全有效合成路线时，还必须特别考虑到所用路线的原子经济性。

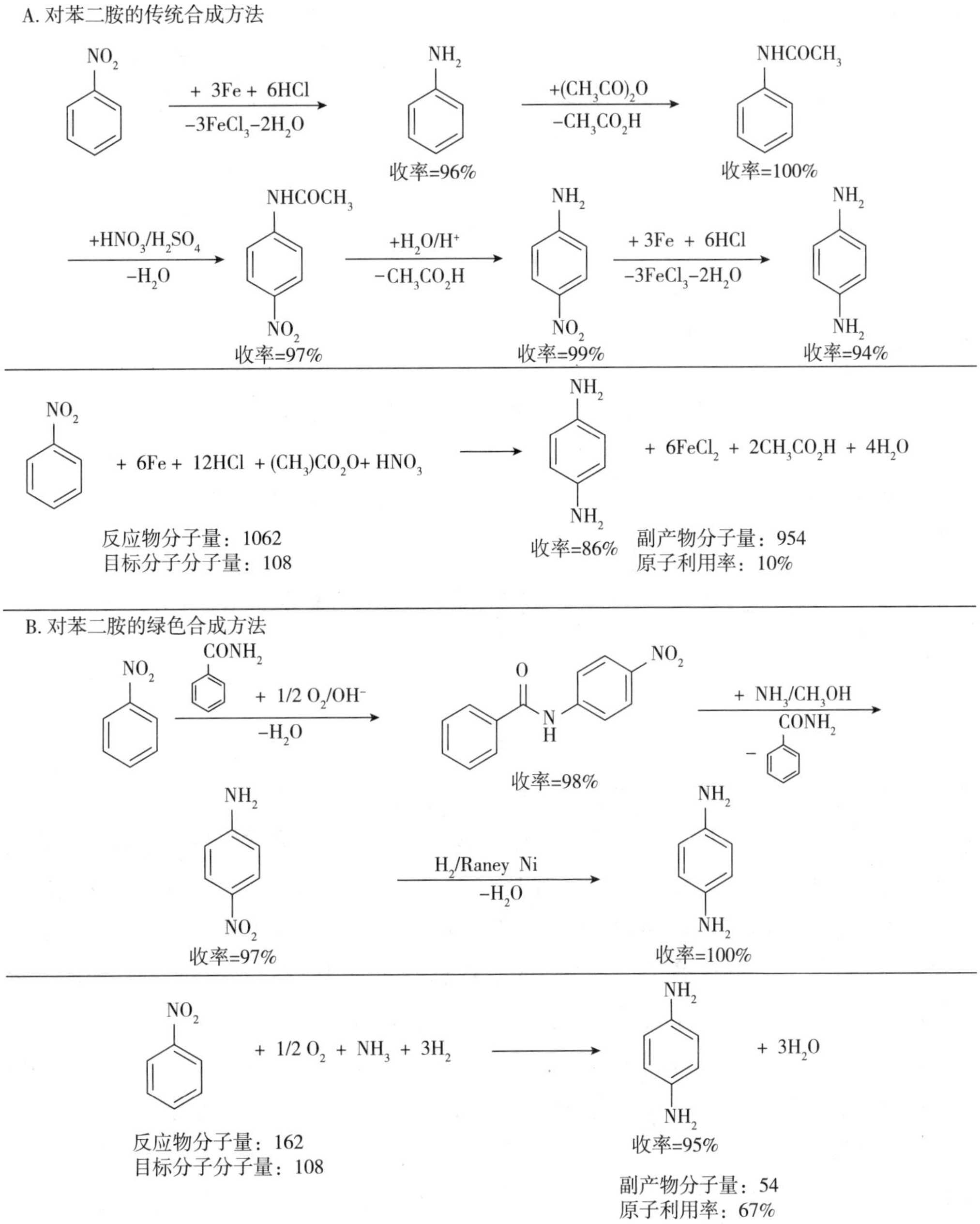

图9-11 两种对苯二胺制备路线比较

以硝基苯合成对苯二胺为例，根据绿色化学指导原则，路线A由于需要进行保护基的转换，因此每生产1分子的目标产物需要多使用1分子乙酸酐，并生成2分子的乙酸副产物，总路线的原子利用率为10%（图9-11A）；路线B每生产1分子的目标产物仅生成3分子的水为副产物，不仅不会对环境造成污染，且原子利用率可达到67%，显然是更符合"绿色化学"标准的生产路线（图9-11B）。因此，寻找安全有效的合成路线需要符合原子经济性原则，既要考虑产品的功能与价格，又要使产生的废物与副产物最小化，并对环境不造成影响。

（四）寻找安全有效的转化方法及反应条件

寻找安全有效的转化方法即寻找非传统的转化方法，目前包括催化离子体方法、电化学方法、光化学以及其他辐射方法。

以电化学方法为例，该过程可以避免有毒有害原料的使用，并可以在常温常压下进行转化。自由基反应是有机合成中一类重要的C—C键构筑反应，传统自由基环合多采用过量的三正丁基锡氢来实现，这样的过程原子经济性低，且锡试剂有毒又难以除去。采用维生素B_{12}作为催化剂进行电化学环合反应，可以避免上述问题，且维生素B_{12}为天然无毒的手性化合物，不会对环境造成污染。

寻找安全有效的反应条件分为两方面内容：①寻找安全有效的催化剂，可进一步分为活性组分的负载化与用固体酸碱代替液体酸碱；②寻找安全有效的反应介质，可进一步分为采用超临界流体作为反应介质与水作为溶剂的两相催化法。

第二节　绿色有机合成方法和技术

一、组合化学

以往制药技术一般是在对生物活性和指定化合物寻找期间，在天然产物或者已经存在生物活性方面的化合物之中进行指定化合物的详细信息获取，进而通过某个化合物来进行逐个新药的合成的方法。这种方法需要花费大量时间，同时又要消耗大量财力，所以，从发现指定化合物到新药研发成功需要很长时间。近年来，不断有先进技术被应用到了新药研发之中，使得物质活性筛选的速度大幅提升。组合化学即为其中之一，它是一门将化学合成、组合理论、计算机辅助设计结合一体，并在短时间内将不同构建模块巧妙构思，根据组合原理，系统反复连接，从而产生大批的分子多样性群体，形成化合物库，再运用组合原理，以巧妙的手段对库成分进行筛选优化，得到可能的有目标性能的化合物结构的科学。该技术已为传统的有机合成化学带来了革命性的变化，是近年来取得的重要成就之一。

组合化学包括两种不同的策略。

1.混合物合成方式　即在反应体系中多种反应物混合在一起进行反应，得到多种产物的方法，如正丁酸与不同的醇排列组合进行缩合可生成多种酯（图9-12A）。

2.平行合成方式　即在合成过程中以平行的方式同时合成多种反应产物，其中每个反应都是独立进行的（图9-12B）。

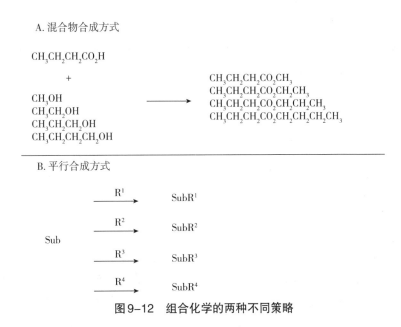

A. 混合物合成方式

B. 平行合成方式

图9-12 组合化学的两种不同策略

目前常使用固相合成及液相合成替代传统方法。固相合成法是一种物质制备方法，它可以用固体作为反应介质，通过有机或无机反应而引起晶体增长形成新的物质，最常见的介质包括氧化锆、二氧化硅以及金刚石等。固相合成法具有以下优点：①反应温度可以控制在低温条件，避免有机物失活或分解；②反应条件温和，不受外界环境干扰；③节省原料和能源，经济效益高；④产品纯度高。固相合成的优点在于可以使用过量的试剂使反应物完全反应；在反应结束后，可以通过过滤、洗涤固相介质除去反应物，可以节省分离时间；反应收率高，产品纯度高。

相对于固相组合合成法，人们对液相组合合成的研究起步较晚。液相组合合成可以进行混合物的合成，能够提高合成速度，并且能够与传统的有机合成接轨，有成熟的合成路线与工艺，合成方法也较为成熟，其应用范围较广泛，在合成步骤较少的小分子化合物合成中有优势，因此人们将视线逐渐转向具有药理活性的有机小分子合成的同时，液相组合化学也得到了快速发展。液相合成法包括三种方式：化学沉淀法、溶胶–凝胶法和水热合成法。

二、无溶剂反应

传统的有机合成常常在有机溶剂中进行，有机溶剂存在毒性大、挥发性强以及难以回收等缺点，大量有机溶剂的使用会造成环境污染，危害人类健康，而无溶剂反应由于在反应过程中不使用溶剂，不仅克服了反应中溶剂对环境的危害，有利于降低成本，也使反应的选择性和转化率大大提高，而且反应周期变短，同时对反应条件的要求也大大降低。因此，无溶剂有机合成成为绿色合成的重要途径，是目前有机化学研究的热点之一。

无溶剂合成主要采用以下四种方法来实现：①常规加热或微波辅助加热合成法；②固相研磨合成法；③球磨或超声波辅助合成法；④载体负载合成法。

以球磨法为例，研磨可以增大底物之间的接触面积，经典的链状烯烃合成反应可通过将反应物在球磨中研磨得到，该反应收率良好，可达到90%以上，反应时间也比传统的搅拌方法缩短很多。

等量的苯甲醛、乙酰乙酸乙酯、尿素及催化量的对甲苯磺酸在一起研磨3~5分钟即可生成四氢嘧啶类衍生物，且收率可达94%以上，与其他合成方法相比，该方法存在路线简单、不需贵金属催化剂、合成效率高等优点，符合绿色化学标准。

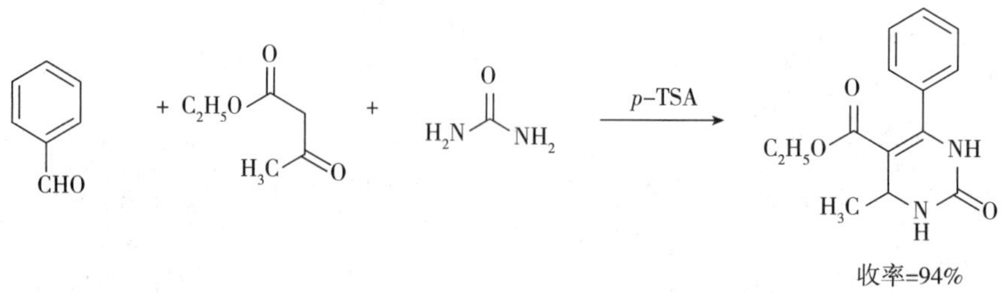

收率=94%

香豆素的传统合成方法包括冯·佩奇曼（Von Pechman）反应、帕金（Perkin）反应、克脑文格尔（Knoevenagel）反应、瑞富马斯基（Reformatsky）反应以及维蒂希（Wittig）反应等，其中冯·佩奇曼反应是最直接、最简单的方法，该反应多是在无溶剂条件下进行的。例如，以 $TiCl_4$ 作为催化剂的无溶剂反应提高了合成香豆素类衍生物的反应效率，且具有更好的产率和更温和的反应条件。

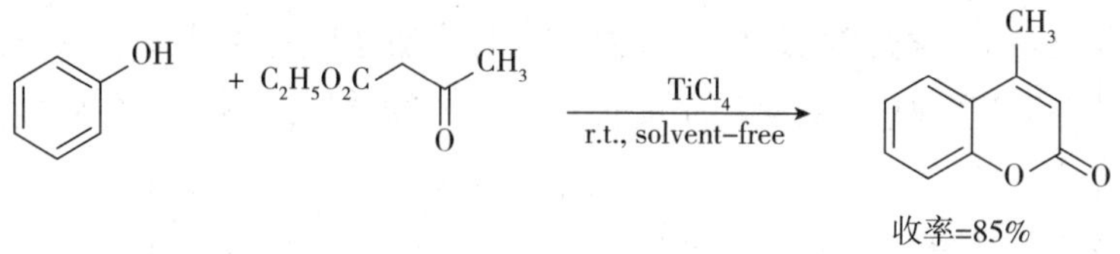

收率=85%

三、微波促进的反应

有机物多为极性和非极性化合物。极性分子带有的电量从宏观上看是中性的，但由于微观上正负电荷的中心并不重合，因此会产生偶极作用；而非极性分子也会由于极性分子的存在而产生诱导和色散偶极。在微波这种高频交变的电场作用下，极性分子和非极性分子会产生不同程度的剧烈振动而导致"热效应"。热效应的大小与其在电场中的极化程度密切相关，极化程度可用介电常数表示，介电常数越大，对微波的耦合作用越强，热效应越大；反之，对微波的耦合作用越弱，热效应就越小。有的非极性分子（如聚四氟乙烯、聚丙稀、玻璃等）不会产生耦合作用，但能透过微波，因此常常作为加热用的容器或支撑物。

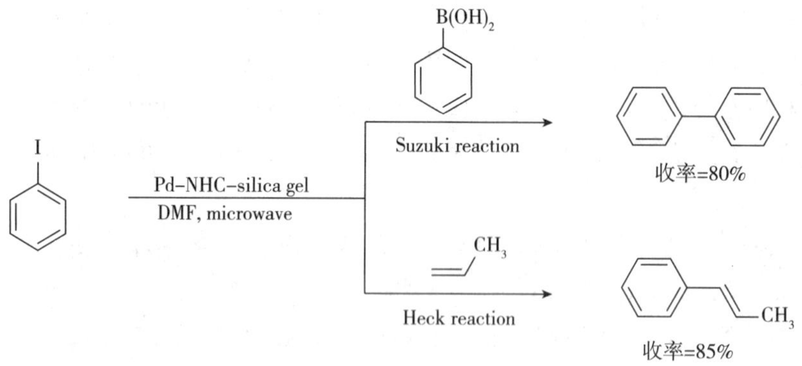

收率=80%

收率=85%

近年来微波辅助化学在有机合成中得到快速、良好的应用，如各类偶联反应。可溶性的钯催化剂经常用来催化赫克（Heck）反应和铃木（Suzuki）反应进行C—C键的构建，但此类反应对于产物的有效分离和催化剂的重复利用问题仍是目前面临的难题。以上问题现已通过在微波的体系下使用溶胶-凝胶法的多相钯催化体系得到了有效的解决，这些高产率的C—C键偶联反应在具有高周转次数（TON）和高周转频率（TOF）的微波影响下能够有效的进行，并且在几个循环中催化活性没有任何变化。

黄酮和类黄酮是一类含有氧杂双环的化合物，其无溶剂合成原料一般是间苯三酚和 β-酮，传统合成方法一般是将反应体系进行加热，存在反应时间长、条件苛刻等缺陷。微波辅助的发展弥补了传统加热的不足，可以91%的收率得到目标产物。

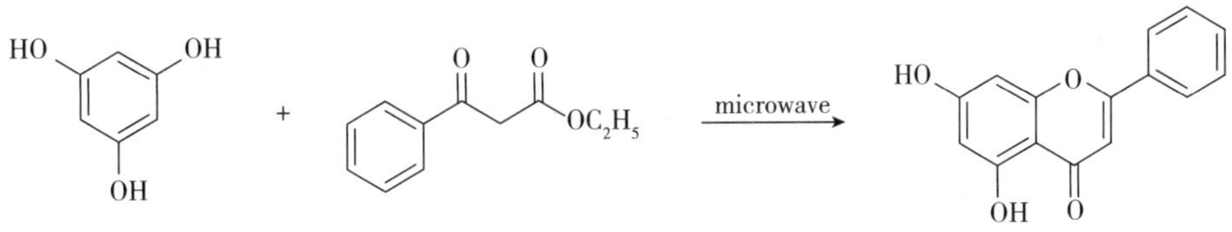

收率=91%

四、超声波反应

超声作用原理是超声波对化学反应的促进作用，而非声波与反应物分子的直接相互作用。超声波之所以能够产生化学效应，一个普遍接受的观点是"空化现象"，即存在于液体中的微小气泡在超声场的作用下被激活，表现为泡核的形成、振荡、生长、收缩乃至崩溃等一系列动力学过程。气泡在几微秒之内突然崩溃，气泡破裂类似于一个小小的爆炸过程，产生极短暂的高能环境，由此产生局部的高温、高压。这种局部高温、高压存在的时间非常短，仅有几微秒，所以温度的变化率就非常大，这可以为在一般条件下难以实现或不可能实现的化学反应提供一种特殊的高能环境。另外，高温条件也有利于反应物分子的裂解以及自由基的形成，可以提高化学反应速率。

经典的瑞富马斯基（Reformatsky）反应中使用锌粉进行催化，一般反应活性很低，且在使用前需要活化，为实验操作造成了困难，通过在超声清洗器中加入催化量的碘与未活化的锌粉反应，大大提高了反应活性，可以95%的收率得到目标产物，同时也解决了反应安全性的问题。

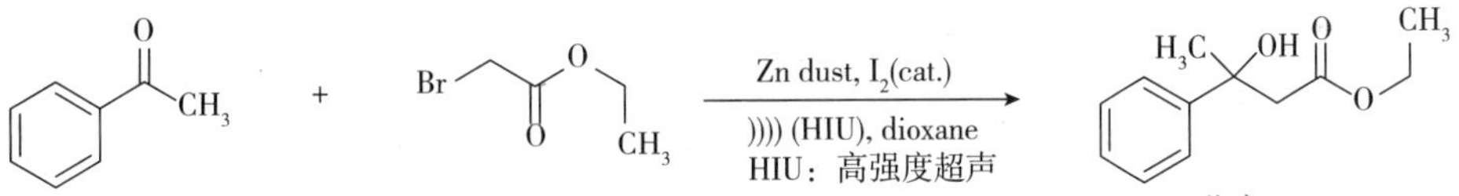

收率=95%

超声也会对贝利斯-希尔曼（Baylis-Hillman）反应有所影响，在超声波的作用下，以DABCO作为催化剂，可以90%收率得到目标产物。

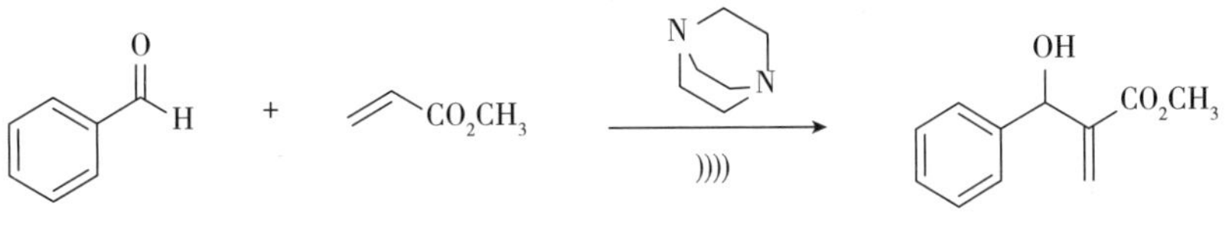

收率=90%

醛、酮、胺利用超声波辅助，能够以氨基磺酸为催化剂，进行"一锅法"的曼尼希（Mannich）反应，可以90%收率得到目标产物，该反应具有条件温和、收率高、后处理简便等特点。

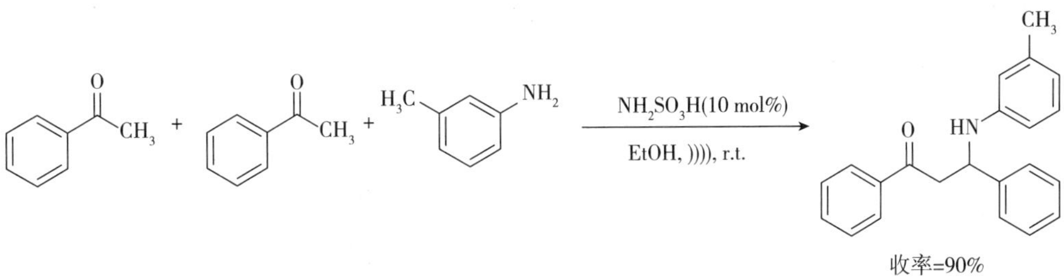

收率=90%

五、电化学反应

有机电化学就是将有机合成化学和电化学技术相结合的一门技术，在电化学反应中，通过电子的得失推动反应的进行，无需化学氧化剂和还原剂的使用，不仅可以节约购买催化剂的成本，也可以防止对环境的破坏，电化学合成已被证明是一种环境友好的绿色合成法。电化学合成技术也是一种理想的反应技术，其技术本身没有污染，没有催化剂需要转移提取或循环使用，还可以回收价格昂贵的试剂。因此也是绿色化学反应技术中的一个热门研究方向。

通过电化学反应可进行芳基卤化物和吡咯的电还原偶联反应，该反应可在室温条件下进行，利用一个无隔膜的单室电解池内电解，Zn作阳极，并使用催化量的苝酰亚胺为还原介质。与以往报道的方法相比，该法无需使用金属催化剂或添加碱物质，反应条件温和，收率理想。

六、生物技术

生物技术主要是指利用细胞工程、基因工程技术等生物学手段，或是生物材料资源，对传统化学合成工艺进行优化与改进。生物酶是一种十分有效的生物化学催化剂，这一材料目前已经被广泛应用于生物医药工业。绿色化学工业中涉及的酶类催化剂大都是工业酶或自然界中的重要蛋白质，与其他化学催化剂相比，酶催化剂的优势更明显，其反应环境相对温和、选择性高且废物排放较少，符合"绿色化学"标准。

2010年，"CO_2在生物合成中循环利用"相关研究获得美国总统绿色化学奖。该研究利用经基因改造的工程菌可从葡萄糖或直接利用CO_2合成长链醇，突破了野生微生物不能合成2个碳以上醇分子的限制，提高了醇类作为燃料添加剂的能量值。该技术如实现商品化，每年可替代四分之一的石油燃料，也可为地球减少约8.3%的碳废气。

七、有机合成中典型的绿色化学反应

有机化学的发展史上充满着探索与挑战，由于科学中的不确定性，化学家在研究过程中不可避免地会出现出未知性质的副产物，只有经过长期应用和研究才能熟知其性质，这些新物质可能会对环境或人类生活造成影响。

传统的化学工业给环境带来的污染已十分严重，目前全世界每年产生的有害废物达3亿~4亿吨，给环境造成了严重危害的同时也威胁着人类的生存与安全。严峻的现实使得科学家必须寻找一条不破坏环境、不危害人类生存的可持续发展道路。生产出对环境无害的化学品，甚至开发出不生产废物的工艺，是科学家共同追求的目标。

（一）C—H活化反应

C—H键的直接活化与官能团化可以避免多余的预官能团化等步骤，对于缩短合成路线，提高反应的原子经济性具有重要意义。通常碳氢活化反应仅需要较低的温度与压力，甚至可以在常温条件下进行，这可以降低反应的能耗和成本，同时也能够减少反应过程中的环境污染以及废物的产生。2013年，美国化学家埃文斯（Evans）报道了铜催化的C—H活化反应，该转化以10mol% CuBr$_2$为催化剂，通过对羰基 α 位的直接活化，生成 α-溴羰基中间体，随后与脂肪族仲胺反应得到目标产物。该策略可在室温条件下进行，且空气可被用作氧化剂。

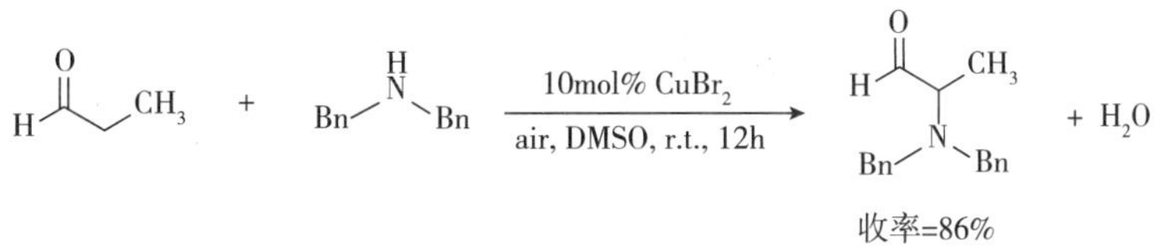

收率=86%

（二）不对称氢化反应

不对称氢化反应是制药行业中应用最广泛的一种反应类型，这种操作简便且原子经济性高的合成策略也促使了手性催化剂的发展，并已在绿色药物合成中展现出巨大的潜力，已有多个药物分子采取该方法进行了工艺放大与生产。2013年报道的Rh–TangPhos为一种手性催化剂，可高对映选择性地实现 β-酰氨基硝基烯烃的不对称催化加氢反应，该策略以三氟乙醇（TFE）作为溶剂，在常温条件下实现了从 (Z)-N–(1–(3–溴苯基)–2–硝基乙烯基) 乙酰胺向 (R)-N–(1–(3–溴苯基)–2–硝基乙基) 乙酰胺的转化，可达到93%的对映选择性，且仅需1mol%的催化剂即可实现98%高产率。目前，该方法已为奥司他韦、氯吡格雷、阿西马多林以及GR–205171A等多个临床药用分子提供了符合绿色化学的合成方案。

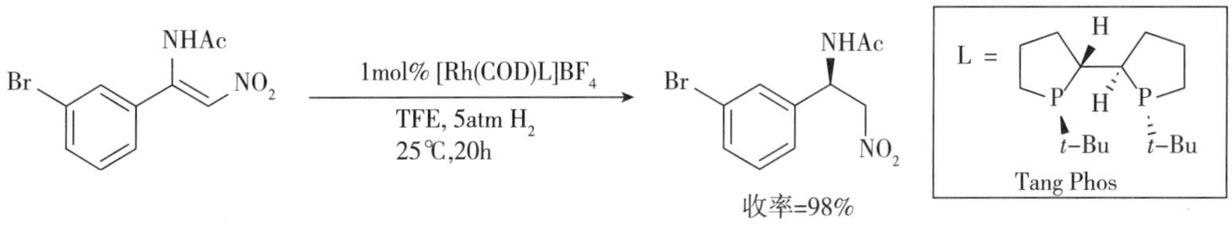

收率=98%

（三）氧化反应

有机合成中的绿色氧化过程对于防治环境污染具有重要意义。绿色氧化过程可以利用氧气、过氧化氢、电化学氧化、光催化氧化、酶促氧化等方式进行。在合成过程中，对目标分子的氧化态进行逐步提升是符合"氧化还原经济性"的一种绿色合成方式，这可以缩短合成步骤，减少废物的产生。如利用吡美唑的不对称氧化反应所完成的抗溃疡药物埃索美拉唑（esomeprazole）的合成（图9–13）。该策略在亚硫酰氯存在下，5–甲氧基–1H–苯并[d]咪唑–2(3H)–硫酮与吡甲基醇反应，可以85%的收率得到吡甲唑；随后利用(S,S)–酒石酸二乙酯进行不对称氧化，以99%的高收率得到埃索美拉唑。

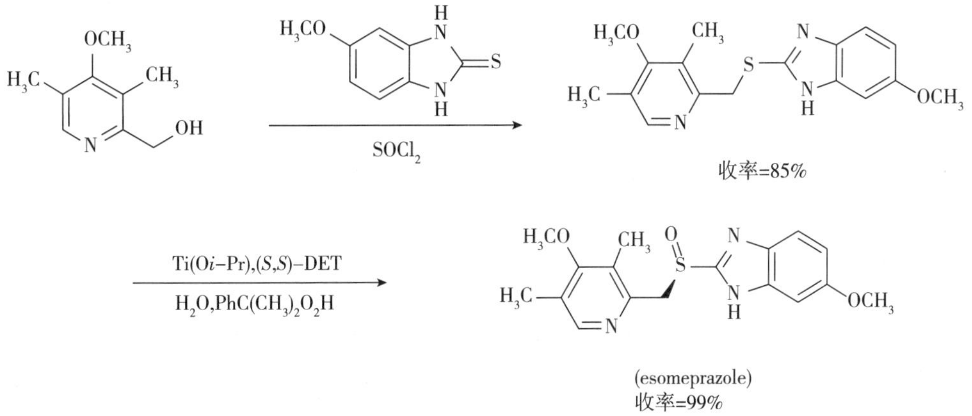

收率=85%

(esomeprazole)
收率=99%

图9–13　绿色氧化反应用于埃索美拉唑（esomeprazole）的合成

（四）还原反应

制药行业中所用到的绿色还原反应多是将酰胺还原为胺、将酯还原为醇以及将腈还原为伯胺等，利用如碱金属或类金属、酸、酶类等，可代替传统高压还原条件，实现更加安全的操作环境。例如 N-(4-溴亚苄基）苯胺化合物中亚胺结构的还原，可以利用硼催化还原体系，避免了以往金属催化剂的加入，也避免了有毒试剂的使用，以高产率完成了亚胺的还原反应，实现了胺衍生物的合成。

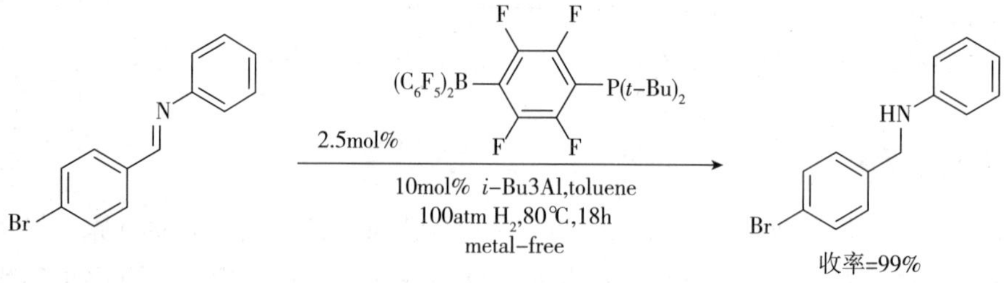

收率=99%

（五）缩合反应

酰胺是药物分子中的常见结构，酰胺的合成一般会考虑通过酰氯来进行，但酰氯的制备通常会使用到一些有毒有害的挥发性试剂，目前利用绿色化学原理对酰胺缩合反应的研究日益成熟，这对该类反应原子经济性的提高起到了积极作用。例如，酰胺衍生物的合成可以使用纳米氧化镁为催化剂，在无溶剂条件下进行，该反应催化剂最佳负载量为5mol%，且可循环使用五次。

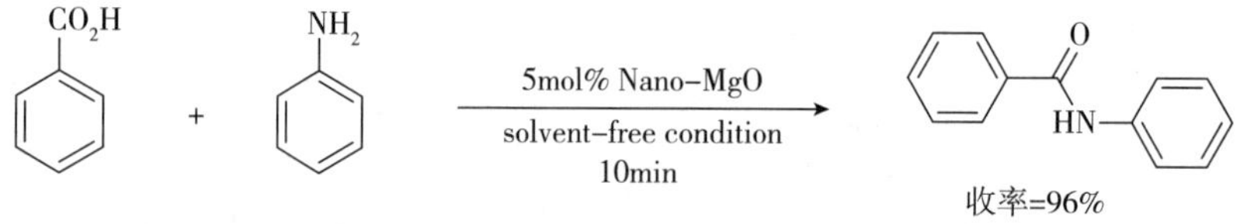

收率=96%

（六）廉价金属催化的交叉偶联反应

金属催化的交叉偶联反应在制药行业中发挥了巨大的作用，新型催化剂的探索与应用使得该类反应的成本降至很低的水平。铁催化剂由于其价格低廉、可持续性好等特点，被认为是贵金属催化剂的绿色替代品。例如，在芳基衍生物的合成中，可以利用1mol%的铁为催化剂，在室温条件下实现烯丙基-芳基交叉偶联反应，完成C—C键的构筑。该策略为烯丙胺类药物如桂利嗪、萘替芬、氟桂利嗪等临床应用分子的合成提供了一种切实可行的绿色合成思路。

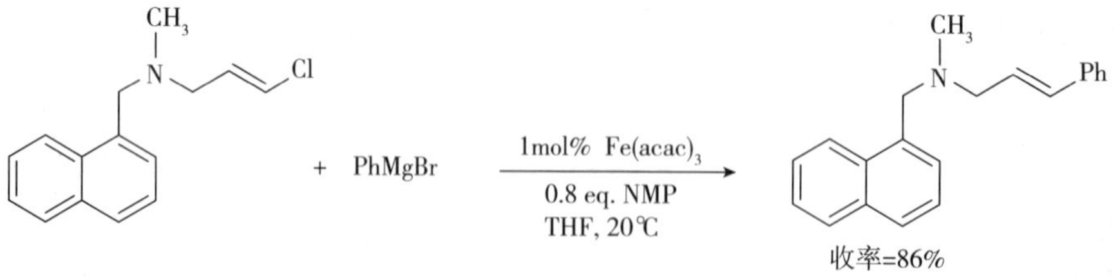

收率=86%

第三节 绿色催化剂

随着人们对环保的日益重视以及环氧化产品应用的不断增加，寻找符合时代要求的工艺简单、污染少、绿色环保的环氧化合成新工艺显得更为迫切。20世纪90年代后期绿色化学的兴起，为人类解决化学工业对环境污染，实现可持续发展提供了有效的手段。因此，新型催化剂与催化过程的研究与开发是实现传统化学工艺无害化的主要途径。

　　绿色化学要求最大限度地合理利用资源进行化学品的生产，并最低限度地产生环境污染和最大限度地维护生态平衡。它对化学反应的要求如下：①采用无毒、无害的原料；②在无毒无害及温和的条件下进行；③反应需具有高的选择性；④产品应是环境友好的。在这四点要求之中，有两点涉及催化剂，人们将这类催化反应称为绿色催化反应，其使用的催化剂称为绿色催化剂。绿色催化剂包括固体酸催化剂、固体碱催化剂、固载化均相催化剂、生物催化剂和膜催化剂。

一、固体酸催化剂

　　固体酸催化剂是指具有极强的给出质子或接受电子对能力并可作为催化剂参与反应的固体，催化功能来源于固体表面上存在的具有催化活性的酸性部位。固体酸催化剂多数为非过渡元素的氧化物或混合氧化物，可分为九类：固载化液体酸、氧化物（简单氧化物和复合氧化物）、硫化物、金属盐、沸石分子筛、杂多酸、阳离子交换树脂、天然黏土矿以及固体超强酸。其催化性能不同于含过渡元素的氧化物催化剂。与液体酸催化剂相比，固体酸催化剂具有容易处理和储存、对设备无腐蚀作用、易实现生产过程的连续化、稳定性高、可消除废酸的污染等优点。因此固体酸催化剂在实验室和工业上都得到了越来越广泛的应用。

　　例如，大孔树脂-15可用于催化酯化反应，除该固体酸催化剂外，还可用Nafion NR50或HNbMoO$_6$。该类催化剂更加绿色环保，且可以重复使用，大大降低了成本。

收率>40%

　　除此之外，二氧化硅可作为高效的固体路易斯酸催化剂用于向山羟醛（Mukaiyama aldol）反应，反应溶剂可使用环境友好的乙醇水溶液，不使用有害的有机溶剂，并且催化剂可重复使用而不影响催化活性。

收率=94%

　　随着人们环境保护意识的加强以及环境保护要求的严格，有关固体酸催化剂的研究更是得到了长足的发展。当然，固体酸催化剂除了具有许多优势的同时，还存在一些不足之外，诸如固体酸的活性还远不及硫酸等液体酸、固体酸的酸强度高低不一、不能适应不同反应需要、固体酸价格较贵、单位酸量相对较少，因此还存在用量较大、生产成本较高等问题。

二、固体碱催化剂

　　固体碱催化剂是一类固体材料，具有强质子受体或电子给予能力，能参与催化反应。这些催化剂表面通常具有阴离子空位，如O^{2-}或O^{2-}-OH，可用作活性位点。固体碱催化剂包括有机固体碱、有机无机复合固体碱、阴离子交换树脂和无机固体碱，或者分为金属氧化物型、金属含氧酸盐型和负载型固体碱。在有机合成中，固体碱催化剂的应用范围逐渐扩大。例如，磷酸钾催化氢迁移反应是以磷酸钾为催化剂，用于醛酮的转移加氢反应。磷酸钾在高温下与2-丙醇一起作为氢源，能迅速还原芳香醛为相应的醇。特别是对于含氯或硝基取代基的苯环，反应速率更快。

$$\text{（反应式）} \xrightarrow[600℃,5h]{K_3PO_4}$$

收率=99%

固体碱催化剂的优点包括高活性、高选择性、易分离和可再生性。它们对反应设备的腐蚀性较低，提高了设备寿命和生产效率。在精细化工中，固体碱催化剂可提高反应的选择性和转化率，减少了能源消耗和废物排放。然而，固体碱催化剂的制备复杂、成本高昂、需要高温高压、稳定性差、容易受污染和中毒，并且比表面积较小。因此，如何制备高性能的固体碱催化剂是目前研究的重点。鉴于全球对绿色化工和环保的重视，固体碱催化剂具有巨大的研究和应用潜力。

三、固载化均相催化剂

均相催化剂和多相催化剂在催化反应中具有不同的特性和应用优势。均相催化剂能够实现高度选择性，因为可以通过选择特定的配位基来调控金属原子周围的电子和空间性质，从而仅促进特定的反应。此外，均相催化剂中的所有金属原子都能发挥催化活性，因此具有高的金属原子利用率。这些反应通常在较为温和的条件下进行，因此能够降低能量损耗。然而，均相催化剂也面临一些挑战，特别是在分离和回收方面。在一些情况下，催化剂可能难以从反应产物中分离出来，这可能导致成本和产品污染的问题，特别是当贵金属络合物用作催化剂时。为了解决这些问题，研究人员开发了固载化均相催化剂。

固载化均相催化剂是将均相催化剂与固体载体结合，形成一种特殊的催化剂。这种催化剂保留了均相催化剂的高活性和高选择性，因为其活性组分与均相催化剂具有相似的性质和结构。同时，由于催化剂固定在固体载体上，因此具有多相催化剂的优点，如易于分离和回收。此外，固载化均相催化剂的浓度不受溶解度限制，可以在小型反应容器中使用，降低了生产成本。例如，均相固载铑催化剂可以在温和的条件下对一系列醛、烯烃和炔烃进行高效和化学选择性氢化（图9-14）。

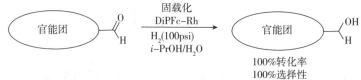

固载化
DiPFc-Rh
H_2(100psi)
i-PrOH/H_2O

100%转化率
100%选择性

官能团：Ar-Br, Ar-OBn, Ar-NO_2, Ar-SR, 烷基硫化物
催化剂易于分离和回收

图9-14　均相固载铑催化剂催化氢化反应

综上所述，固载化均相催化剂兼具均相催化剂和多相催化剂的优点，具有广泛的应用前景。它们不仅能够提高反应的效率和选择性，还能够解决分离和回收的问题，有望在绿色化学和催化领域发挥重要作用。

四、生物催化剂

生物催化是指利用酶或者生物有机体（全细胞、细胞器、组织等）作为催化剂进行化学转化的过程，这种反应过程又称为生物转化。生物催化剂是指由常规选育或经现代生物工程方法获得的菌株、细胞系或从中提取的酶。基于许多原因，生物催化成为传统化学催化的一种有用的替代方法。酶促生物催化剂反应具有高度的化学、区域和对映选择性；通常具有快速动力学；比化学催化剂的反应条件更加温和；消除了金属催化剂的废料、毒性和成本问题；降低了与化学反应相关的能量需求。生物催化剂的定向工程提高了高温下催化剂的稳定性，使生物催化在制药、化学、生物燃料和食品行业中得到广泛应用。

生物催化与"绿色"、可持续和经济有效的化学产品制造有关。例如，淀粉酶能够加速淀粉的降解，蛋白酶能够加速蛋白质的消化；抗体是免疫系统中的一种生物催化剂，它能够特异地识别和结合外来抗原，并触发一系列免疫反应来对抗病原体；RNA酶是一种能够催化RNA分子降解的酶，常见的例子包括核糖核酸酶P和核糖核酸酶D；胰岛素是一种激素，它可以促使细胞对葡萄糖的摄取和利用，从而降低血糖水平。这些生物催化剂在生物化学反应中发挥着重要的作用，具有高效、选择性和可重复使用的特点。

相对于化学催化，生物催化剂针对合成具有固有的优势，包括：①显著的化合物多样性，可以来自天然也可以来自基因工程，可应对广泛的化学转化；②生物催化反应的特异性，减轻了对某些传统化学合成/加工策略的需求，如使用阻断/去阻断基团，对映异构体混合物分离，以及去除不需要的副产物的工作；③基础设施和原料要求的简化，因为许多生物催化过程可在"一锅"反应中执行，消除了传统化学催化所需的分步反应。

五、膜催化剂

膜催化剂是将催化剂制成膜反应器，反应物可选择性地穿越催化膜并发生反应，产物也可以选择性地穿过膜而离开反应区域，从而有效地调节反应区域内的反应物和产物的浓度，这也是将膜技术和催化综合的一种催化工艺。膜催化技术打破化学反应在热力学上的平衡或严格地控制某一反应物参加反应时的量和状态，从而提高了选择性，是近年来在多相催化领域中出现的一种新技术，也是催化领域的一门前沿学科。

膜催化剂现已应用于催化化学反应中。例如，钯膜催化器可催化乙醇脱氢为乙醛、乙酸乙酯，证明了膜催化剂可以提高反应的总收率以及可控性，同时在膜的渗透侧产生有价值的氢气。该反应绿色、环保，为替代工业上利用瓦克（Wacker）氧化反应制备乙醛提供了新的思路（图9-15）。

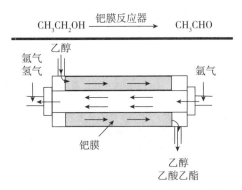

图9-15 钯膜催化器催化乙醇脱氢反应

膜催化剂的优势显而易见。首先，膜的大比表面积和丰富的活性中心使其具有高催化活性。其次，多孔的膜结构有助于分子扩散，提高了催化剂的选择性，特别是对于生物膜催化剂，其选择性可高达100%。此外，载体型膜催化剂具有耐高温、耐化学腐蚀、机械强度高和催化寿命长等特点。

第四节　绿色氧化剂和还原剂

绿色氧化剂或还原剂是指不含重金属元素、不放出有毒气体的可催化氧化或还原的化学物质，是当今化学反应的重要推动力。绿色氧化剂和还原剂可以替代传统的氧化剂和还原剂，为实现绿色化学技术发挥重要作用，逐步取代有害物质，促进可持续发展。

一、空气 / 氧气

利用空气催化氧化反应可以有效地处理尾气和工业废气中的有害气体，减少对大气的污染。例如，在汽车燃烧过程中产生的一氧化碳、氮氧化物和挥发性有机物会严重影响空气质量和环境。通过催化剂的作用，这些有害气体可以转化为相对无害的二氧化碳和水，实现废气处理与净化的目标。此外，在有机合成中也发现了空气中氧气的氧化作用。例如芳基硼酸氧化为醌的反应，可以利用空气中的氧气而不使用任何有机金属催化剂。

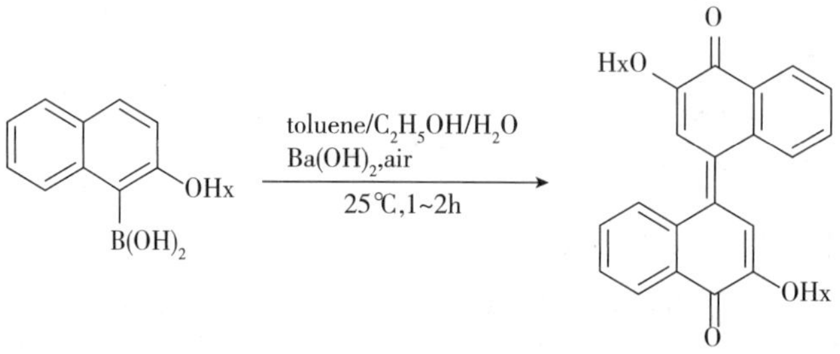

收率=99%

空气催化氧化反应具有多个优势：①氧气含量丰富，无需额外添加氧化剂；②相比传统的化学氧化反应，减少了对环境的负担，更加环保；③无需额外能源提供热能，因为空气中的氧气已具备足够的能量。然而，空气作为氧化剂也存在一些缺点：如空气中的其他气体成分可能影响反应的选择性，产生不需要的副产物；空气催化氧化反应对催化剂要求较高，需要寻找高效的催化剂，增加了研发和生产成本等。在实际应用中，需要综合考虑这些因素，选择合适的催化剂和反应条件，以实现高效的氧化处理。

二、臭氧

臭氧是一种强氧化剂，被广泛用于许多领域。在水处理中，臭氧氧化能高效去除有机和无机污染物，对难降解有机物和微污染物尤其有效。此过程称为臭氧氧化，通过将臭氧引入水中，分解有机物质，消除异味和颜色，以及杀灭细菌和病毒。臭氧氧化是一种可行的水处理技术，特别适用于饮用水和废水处理，并且对环境友好，不产生有害副产物。例如，臭氧对烯烃进行1,3-偶极环加成得到初级臭氧化物，重排得到两性离子过氧化物，再一次1,3-偶极环加成生成最终的臭氧化物（图9-16）。

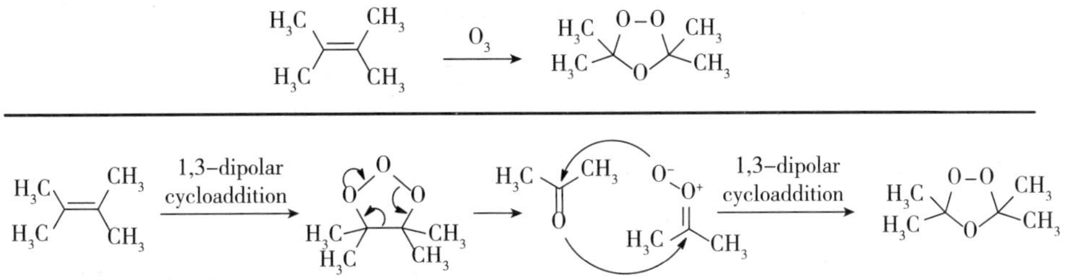

图9-16 臭氧化反应

该反应不产生有毒试剂，高效快速地实现了双键的氧化反应，为后续研究奠定了坚实基础。然而，臭氧氧化反应存在一些局限性。设备建设和运行成本较高，经济因素限制了应用范围；而且臭氧具有高氧化能力，需要严格控制剂量和操作条件，要求专业管理和操作。尽管如此，臭氧氧化反应在水处理和空气污染控制领域得到广泛应用，为改善环境质量和人类健康作出更大贡献。

三、过氧化氢（双氧水）

过氧化氢是一种无色透明的化合物，可在不同浓度下存在，广泛应用于各个领域。在土壤和水体修复中，过氧化氢催化氧化反应具有重要应用，可以用于降解有机污染物，改善环境质量。它是一种强氧化剂，可将污染物迅速氧化成无害产物，而不产生有害副产物。这种方法在环保和生态恢复方面发挥关键作用。在有机合成中，过氧化氢也是一种重要的氧化剂。例如合成环氧化合物的反应，可利用L-脯氨酸衍生物为催化剂、过氧化氢为氧化剂，完成不对称$a,\beta-$环氧醛的合成。这种反应在环境友好的条件下进行，产率高，且对映选择性良好，为有机合成提供了一种高效方法。

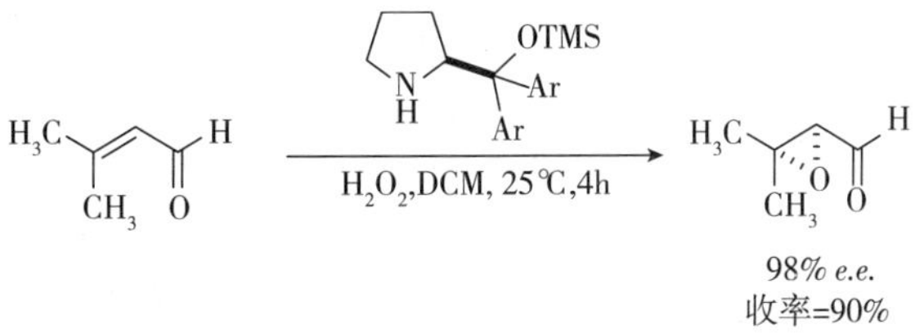

98% e.e.
收率=90%

过氧化氢的优点包括高效氧化能力、适用于多种污染物类型、无毒无害、对环境友好、可精确控制反应条件等。然而，其催化效率和稳定性受催化剂和使用条件的限制，这需要进一步的研究和优化。总体来说，过氧化氢催化氧化反应在环境修复和有机合成中都具有巨大潜力，将继续受到广泛关注和研究。

四、高铁酸盐

高铁酸盐是六价铁的含氧酸盐，有效成部分是高铁酸根，具有很强的氧化性，可在有机合成反应中促进氧化反应的进行。例如，苄醇的氧化反应，可利用高铁酸盐为高效氧化剂，能够以100%的收率将苄醇氧化成醛。将高铁酸盐与合适的载体组合，可获得多种环保且反应活性高的氧化剂。

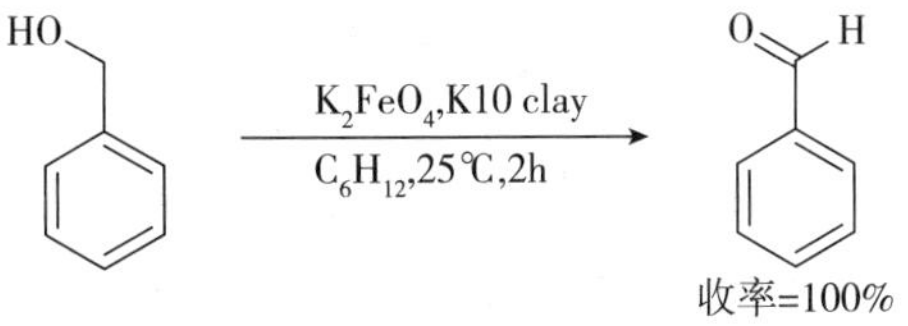

收率=100%

在污水处理过程中，高铁酸盐氧化反应可以将污水中的有机物质、重金属离子等有害物质氧化转化为较为稳定的无害物质，从而提高污水的净化效果，减少对环境的污染。高铁酸盐作为催化剂，具有较高的催化活性和选择性，能够在相对温和的反应条件下促进氧化反应，提高反应效率；高铁酸盐催化氧化反应通常具有较好的选择性，可以选择性地氧化特定的官能团或化合物，减少副反应的生成；高铁酸盐催化氧化反应无需使用有毒有害的氧化剂，减少了对环境的污染。高铁酸盐催化氧化反应的优点在于高效催化、选择性好和环境友好，但其缺点是催化剂失活和回收困难。在实际应用中，需要综合考虑这些因素，选择适合的高铁酸盐催化剂及反应条件，以实现高效、经济和环保的氧化反应。

五、有机高价碘试剂

碘是在卤素元素中最容易极化，电负性最小的元素。由于这个原因，碘比较容易形成高价。高价碘试剂伴随着离去基团的离去，比较容易还原成一价的碘，所以它具有很高的氧化能与离去能力。有机高价碘试剂作为一类重要的氧化催化剂，可以在有机合成反应中发挥关键作用。

戴斯-马丁（Dess-Martin）氧化反应即发展了一种高价碘氧化剂，可以氧化醇化合物。反应在室温快速进行，可以将伯醇氧化成醛，将仲醇氧化成酮。对较大位阻的醇、在 α 位有不对称中心的外消旋混合物（比如羰基化合物），或 α,β-不饱和醛的合成非常有效。该试剂被应用在多种复杂化合物的合成中。

收率=89%

另外，霍夫曼型重排/伯胺羧基化反应也可以利用有机高价碘试剂进行催化，且该方法具有广泛的底物实用性范围并具有45%以上的收率。

收率=83%

有机高价碘试剂具有较高的催化活性和选择性，能够在相对温和的反应条件下促进氧化反应，提高反应效率；有机高价碘试剂在氧化反应中不仅作为氧化剂，还可以参与其他反应步骤，增加了合成的多样性；有机高价碘试剂通常可以回收和再生，降低了催化剂的使用成本，同时有利于环保。但其缺点是催化剂的合成复杂，毒性和废弃物处理需要谨慎，同时选择性受到限制。在实际应用中，需要根据情况选择适合的有机高价碘试剂及反应条件，以实现高效、经济和环保的氧化反应。

六、氢气

氢气可作为一种绿色的还原剂用于还原反应中。通过加氢反应将化合物中的双键或多键还原为单键。例如在烯烃的加氢还原反应中，氢气可以作为还原剂，与烯烃反应，将双键还原为相应的饱和烷烃。在与炔烃发生还原反应时，可通过改变催化剂实现炔烃的顺式或反式加成。这些反应在有机合成中广泛应用，可简化反应步骤，提高合成目标分子的效率。

氢气不仅可以用于还原碳碳双键，还可以还原亚胺、羰基等官能团。例如，利用手性双膦配体BINAP与金属Ru配位得到手性配合物作为催化剂，能够以70%以上的收率和92%的对映选择性实现羰基的还原。

98% e.e.
收率=80%

(R)-BINAP

氢气催化还原反应是一种高效的还原方法，能够将化合物中的多键迅速还原为单键，具有较高的反应活性和选择性；氢气是一种环境友好的还原剂，通过催化还原反应生成的副产物为水，减少了对环境的污染；氢气是一种可再生的能源，可以通过多种途径获得，具有良好的可持续发展性。

虽然氢气催化还原反应在许多应用领域表现出很多优点，但也存在一些局限性。氢气是一种易燃易爆的气体，在存储和运输过程中需要采取严格的安全措施，增加了反应的操作难度和成本；氢气催化还原反应通常需要合适的催化剂，催化剂的选择对反应的效率和选择性有很大影响，需要进行催化剂筛选和优化；有些催化还原反应需要特定的反应条件，如压力、温度等，对反应条件的控制要求较高等。氢气作为一种绿色还原剂，随着研究的深入，未来的应用范围将越来越广泛，为改善环境质量和人类健康作出更大的贡献。

第五节 绿色溶剂

在传统制药工艺中，使用量最大、最常见的溶剂为石油醚、醇类、酮类、苯类和卤代烃等，这些有机溶剂绝大多数都是易挥发、有毒的，容易造成环境污染。而绿色溶剂一般是指化学性质不稳定，容易被土壤生物或其他物质降解成低毒或无毒的物质，也称环境友好型溶剂。

FDA将制药行业的溶剂分为4类：第1类溶剂不应用于制造药物，因为它们具有很大的毒性或有害的环境影响。包括苯和各种氯化碳氢化合物；第2类溶剂由于固有毒性，只能在制药过程中少量使用，包括乙腈、二甲基甲酰胺、甲醇和二氯甲烷；第3类溶剂毒性较小，对人体健康的风险较低，包括许多低级醇、酯、醚和酮；第4类溶剂没有足够的数据证明其毒性，包括二异丙醚、甲基四氢呋喃和异辛烷。其中第3类与第4类溶剂更符合现代制药行业标准。目前常见的绿色溶剂包括水、离子液体、超临界水、超临界二氧化碳等。

一、水

用水作溶剂，具有价廉易得、无毒无害、不燃不爆、不污染环境等优点，还可以省略许多官能团转化等的合成步骤，是传统挥发性有机溶剂的理想替代品。水作为反应介质时，根据条件的不同，可将反应分为"在水上"和"在水中"，"在水上"是指水作为反应介质，反应组分不发生溶剂化作用；"在水中"是指底物存在于另一介质中时，水作为添加剂使反应组分发生溶剂化作用。

"在水上"的反应最早可追溯到1980年，环戊二烯与甲基乙烯酮的环加成反应中，用水作溶剂比用异丙烯为溶剂的反应快700倍，后续研究人员对水相环加成反应做了进一步的探究，发现水相反应在一些条件下，可以同时提高某些反应速率和选择性。

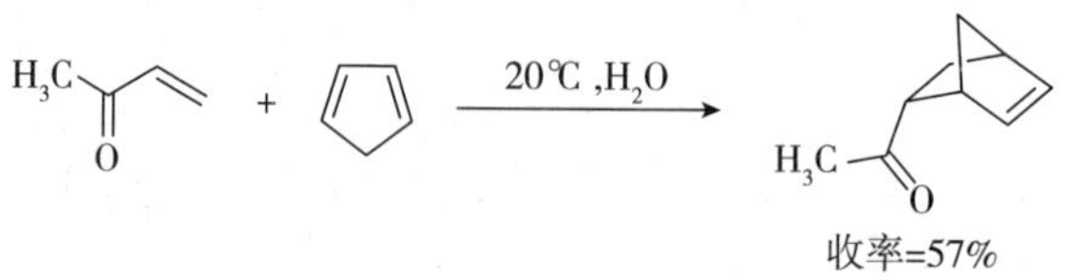

"在水上"的反应还包括在有机金属催化领域，其中，新型的水相反应建立并发展了合成 β-羟基酯的新方法。该方法打破了传统的观点，过渡金属介入和催化的有机反应必须在有机溶剂和惰性气体保护下才能进行。

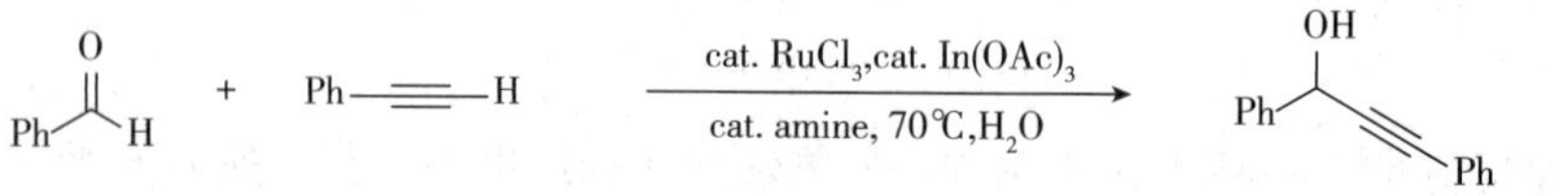

而"在水中"的反应，一般可分成3种类型：第一种是所有的底物都可以溶解在水中；第二种是在表面活性剂的作用下水形成胶束后，所有的底物再溶解在水中；第三种是亲脂性反应物在水中形成悬浮液。比如在羟醛缩合反应中，水的加入可以提高反应的收率及选择性（图9-17）。

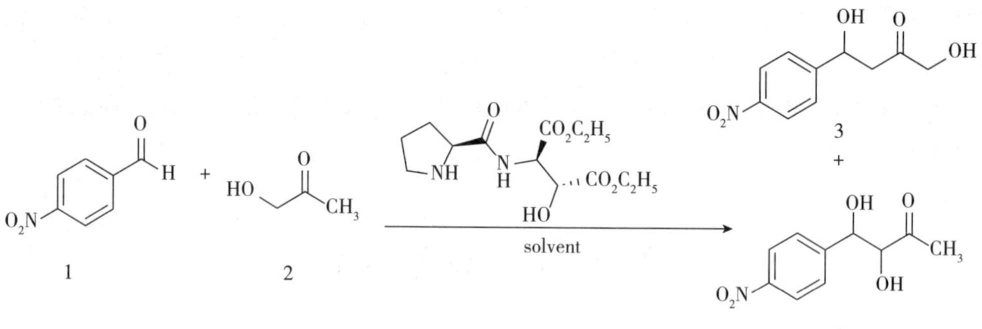

entry	solvent	yield（3）	yield（4）
1	THF/H$_2$O（2：1）	95%	<5%
2	THF	36%	58%

图9-17 水对羟醛缩合反应的影响实例

作为环境友好和对人类无害的优良绿色溶剂，水已经应用在化学工业、生物制药天然植物提取和纳米材料制备等各个领域中。

二、离子液体

离子液体是指全部由离子组成的液体。离子化合物在常温下一般都是固体，这是因为离子键是很强的化学键，而且没有方向性和饱和性，大量的阴、阳离子同时存在时，离子键使它们尽可能地彼此靠近，空间结构上很紧凑，所有离子只能在原地振动或者角度有限地摆动，而不能自由移动。因此，离子化合物一般具有较高的熔、沸点和硬度。如果阳离子或阴离子的体积足够大，使阴阳离子之间难以在微观上有效的紧密堆积，相互作用力减弱，从而使化合物的熔点降低，这样就有可能得到常温下是液体的离子化合物，即室温离子液体。

早在1914年，就发现了第一个离子液体——硝基乙胺；20世纪80年代初，首次有含氯化铝的离子液体1-丁基吡啶盐和 N-乙基-N′-甲基咪唑盐的报道，并成功应用于傅里德-克拉夫茨（Friedel-Crafts）酰化反应。但是此类离子液体对水极其敏感，需要在完全真空或惰性气氛条件下进行处理，阻碍了它的广泛应用；直到1992年，研究人员合成出了抗水性、稳定性较强的1-乙基-3-甲基咪唑硼酸盐离子液体，极大地引发了人们对离子液体研究的热情，推动了室温离子液体的研究进展。如图所示为离子液体在偶联反应中的应用。

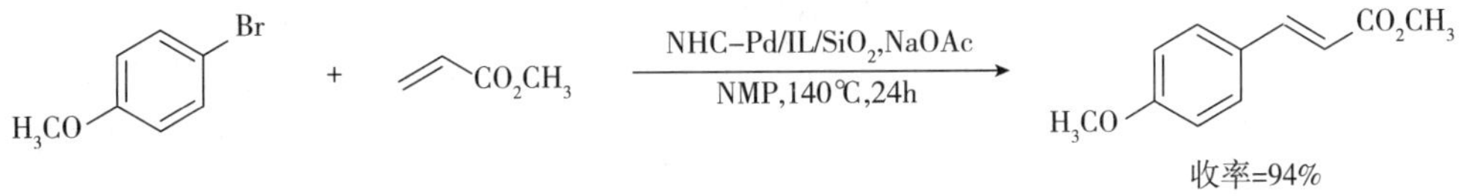

收率=94%

注：NHC-Pd/IL/SiO₂是对修饰过的离子液体中的咪唑阳离子再加入三甲氧基硅基形成的

室温离子液体阳离子主要有5种：N,N'-二烷基取代咪唑阳离子$[RR'im]^+$，N-烷基取代吡啶阳离子$[Rpy]^+$，烷基铵阳离子$[NR_xH_{4-x}]^+$，烷基磷阳离子$[PR_xH_{4-x}]^+$，烷基锍阳离子，其中最受关注的阳离子是 N,N'-二烷基取代咪唑阳离子；常见的阴离子有 $AlCl_4^-$、$Al_2Cl_7^-$、BF_4^- 和 PF_6^- 等。与一般的有机溶剂相比，离子液体具有无味、无恶臭、无污染、不易燃、易与产物分离、易回收、可反复多次循环使用、使用方便等优点，是传统挥发性溶剂的理想替代品，它有效地避免了传统有机溶剂的使用所造成严重的环境、健康、安全以及设备腐蚀等问题，是环境友好的绿色溶剂，适合于当前所倡导的清洁技术和可持续发展的要求，已经越来越被人们广泛认可和接受。

室温离子液体已经在诸如聚合反应、选择性烷基化和胺化反应、酰基化反应、酯化反应、化学键的重排反应、室温和常压下的催化加氢反应、烯烃的环氧化反应、电化学合成、支链脂肪酸的制备等方面得到应用，并显示出反应速率快、转化率高、反应选择性高、催化体系可循环重复使用等优点。此外，离子液体在溶剂萃取、物质的分离和纯化、废旧高分子化合物的回收、燃料电池和太阳能电池、工业废气中二氧化碳的提取、地质样品的溶解、核燃料和核废料的分离与处理等方面也显示出潜在的应用前景。

三、超临界水和超临界二氧化碳

任何一种物质都存在三种相态——气相、液相、固相，三相呈平衡态共存的点称为三相点。液、气两相呈平衡状态的点称为临界点，在临界点时的温度和压力称为临界温度和临界压力（水的临界温度和临界压力分别为374℃和21.7MPa）。不同的物质其临界点所要求的压力和温度各不相同。高于临界温度和临界压力而接近临界点的状态称为超临界状态，而此时的物质被称为超临界流体（supercritical fluid）。超临界流体既具有气体的性质，可以很容易地压缩或膨胀，又像液体一样，具有较大的密度，但它的黏度比液体小，有较好的流动性和热传导性能。超临界流体的介电常数随压力改变而急剧变化，通过控制超临界流体的温度和压力，可以方便地改变它的密度大小和溶剂性质，使得它在化学反应和分离方面得到非常广泛的应用，发展了如超临界流体萃取、超临界流体色谱和超临界化学反应等新的分离和反应技术，其中超临界流体萃取应用得最为广泛。

（一）超临界水

超临界水（supercritical water），是处于超临界状态的水。通常情况下，水以蒸汽、液态和冰三种常见的状态存在，是一种极性溶剂，可以溶解包括盐在内的大多数电解质，但对气体和大多数有机物则微溶或不溶。液态水的密度几乎不随压力升高而改变。但是如果将水的温度和压力升高到临界点

（Tc=374.3℃，Pc=22.1MPa）以上，使水的性质发生极大变化，即超临界水，则其密度、介电常数、黏度、扩散系数、热导率和溶解性等都不同于普通水。

超临界水氧化反应（supercritical water oxidation，SCWO）目前研究较多，该反应是指有机废物和空气、氧气等氧化剂在超临界水中进行氧化反应而将有机废物去除。因为SCWO是在高温高压下进行的均相反应，所以反应速率很快。在这个过程中有机物被完全氧化成二氧化碳、水、氮气以及盐类等无毒的小分子化合物，不形成二次污染，无机盐也可从水中分离出来，处理后的废水可完全回收利用。另外，当有机物含量超过2%时，SCWO过程可以形成自热而不需额外供给能量，使整个过程更加绿色环保。例如，德国开发出的一种技术，可以利用超临界水对聚氯乙烯污染物进行处理，在超临界状态水达到500℃时通入氧，对聚氯乙烯塑料进行处理，处理后的塑料中有99%被分解，且极少有氯化物产生，从而避免了燃烧塑料产生有毒氯化物对环境产生污染的问题。

（二）超临界二氧化碳

超临界二氧化碳流体作为介质常被用于有机合成，这是因为二氧化碳具有临界温度和临界压强都比水低，廉价易得，性质更稳定等诸多优点。

目前超临界流体二氧化碳多用于物质的萃取分离，比如可用于脂肪族、芳香族、环烷族等同系物分离精制，还可以用于己内酰胺等物质的脱水和回收有机溶剂，特别是对于分离醇水共沸物具有独特的优点，最后超临界二氧化碳用于回收烷基铝等催化剂及活性碳再生方面也有极好的效果。此外，超临界二氧化碳还可与其他技术联用，如检测毛发中毒品的超临界二氧化碳萃取结合气相色谱-质谱联用技术，该项技术可以用于检测人体毛发中的精神类药物（如甲基苯丙胺、氯胺酮、可待因等）的含量。

而在有机合成领域，超临界二氧化碳也经常被用于不对称合成反应，如不对称氢甲酰化反应、碳碳双键不对称催化反应、碳氮双键的不对称催化还原、不对称狄尔斯-阿尔德（Diels-Alder）反应、不对称酶催化合成反应。

四、其他绿色溶剂

除了上述四种常见的绿色溶剂，其他绿色溶剂还包括聚乙二醇、γ-戊内酯（GVL）、二氢左旋葡糖烯酮（cyrene）、碳酸丙烯酯（PC）、N-丁基吡咯烷酮(NBP)和5-(二甲基氨基)-2-甲基-5-氧代戊酸甲酯等。虽然这些溶剂中的一些仅在克级市售，但还是有一些试剂已经可以吨级规模制备，比如新型的绿色溶剂 Rhodiasolv® PolarClean，该溶剂是一种混合物，由5-(二甲基氨基)-2-甲基-5-氧代戊酸甲酯和 N,N,N',N'-2-五甲基戊二酰胺组成，可与水混溶，具有高沸点、不易燃、高度可生物降解等优点，目前被广泛应用于多肽合成反应中。

收率=97%

第六节 绿色化工生产

绿色化工是一种以环境友好、资源高效利用和减少污染为导向的化学工艺，旨在实现可持续发展目标，保护地球生态系统，并提供更可持续的解决方案。绿色化工通过优化反应条件、设计高效催化剂、选择环境友好的溶剂，并借助可再生资源等方法，致力于减少污染物的产生和资源的浪费。

一、绿色化工工程评价

绿色化工工程是一种综合性的工程实践，旨在通过设计和实施环境友好、可持续的化学工艺，最大程度地减少环境影响，节约资源，并提供高效的产品与解决方案。对绿色化工工程进行评价是确保其成功实施和可持续发展的重要环节。具体而言，其可以分为以下几个方面进行评估。

1.环境性能评估 绿色化工工程的环境性能评估是关键步骤，评估各个阶段对环境的影响，包括原料采集、合成过程、产品制造、使用阶段和废弃处理等；采用生命周期评估方法，对整个过程的环境影响进行全面考虑，包括资源消耗、废物排放和对生态系统的影响；基于评估结果，优化工艺参数和设计，减少环境负担，确保绿色化工工程的可持续性。

2.资源利用效率评估 评估绿色化工工程中的资源利用效率，包括原料利用率、能源利用率和催化剂利用率等；引入新的技术和工艺，提高资源的利用效率，降低生产成本，并减少对有限资源的依赖。

3.经济可行性评估 评估绿色化工工程的经济可行性，包括初期投资、运营成本和预期收益等；将环保与经济效益相结合，找到最佳的平衡点，确保绿色化工工程在商业上的可持续性。

4.可持续性评估 综合考虑环境、经济和社会等方面的评估结果，对绿色化工工程的可持续性进行全面评价；制定长期规划和目标，持续改进工程实践，确保绿色化工工程在未来的可持续发展中保持竞争优势。

总而言之，绿色化工工程的评价是实现可持续发展目标的关键步骤。通过综合考虑环境、经济和社会等方面的影响，优化工艺设计，提高资源利用效率，并与社会共享成果，绿色化工工程将为我们创造一个更清洁、更健康和更可持续的未来。

二、绿色化工工艺技术

绿色化工工艺技术是一种以环境友好、资源高效利用和减少污染为导向的化学工艺。它旨在降低对环境的不良影响，并提供可持续的化学解决方案。在实现这一目标的过程中，绿色化工工艺技术依赖于创新和持续改进。

1.原料选择与可持续性 鼓励使用可再生原料和环境友好的原料，并将废物转化为有价值的产物，从而减少对有限资源的依赖；优化原料的使用量，进行原料替代，选用更环保的替代品，最大限度减少资源浪费和废物产生。

2.原料优化与高效反应设计 绿色化工工艺技术要以最小化原料消耗并降低废物产生。它采用原子经济性的概念，使得反应过程更高效，副产物更少；利用计算化学方法，优化反应条件，提高反应产率，减少副产物的生成。

3.催化剂的设计与应用 绿色化工工艺技术重视催化剂的设计和应用，以降低活化能，促进反应速率，并降低反应温度和压力；绿色催化剂具有高效性、高选择性和可再生性，有助于减少催化剂的使用量和废物的产生。

4.绿色溶剂与替代　绿色化工工艺技术倡导选择环境友好的溶剂或替代品，如水、二氧化碳等，以减少对有机溶剂的依赖；绿色溶剂的选择可以减少反应对环境的影响，并降低工艺的成本。

5.废物处理与资源回收　绿色化工工艺技术注重废物处理与资源回收。它倡导将废物视为资源的来源，通过再利用和回收，将废物转化为有价值的产物，减少对自然资源的压力；实现废物"零排放"或最小排放，从而降低对环境的负担。

绿色化工工艺技术是一个不断发展的领域，它不仅能够减少对环境的负面影响，还能为工业生产提供更加可持续的解决方案。通过原料选择与优化、催化剂的设计与应用、绿色溶剂的选择和废物处理与资源回收等手段，绿色化工工艺技术将为我们创造一个更环保、更高效和更可持续的未来。

第七节　绿色化学技术在药物合成中的应用

一、绿色合成路线

（一）莫那比拉韦（molnupiravir）的合成工艺

莫那比拉韦（molnupiravir, LAGEVRIO™）是治疗新型冠状病毒感染（COVID-19）的有效药物。最初，莫那比拉韦是通过尿苷的五步合成工艺生产的，但是该合成工艺总收率低，并且会产生大量溶剂废物（图9-18）。

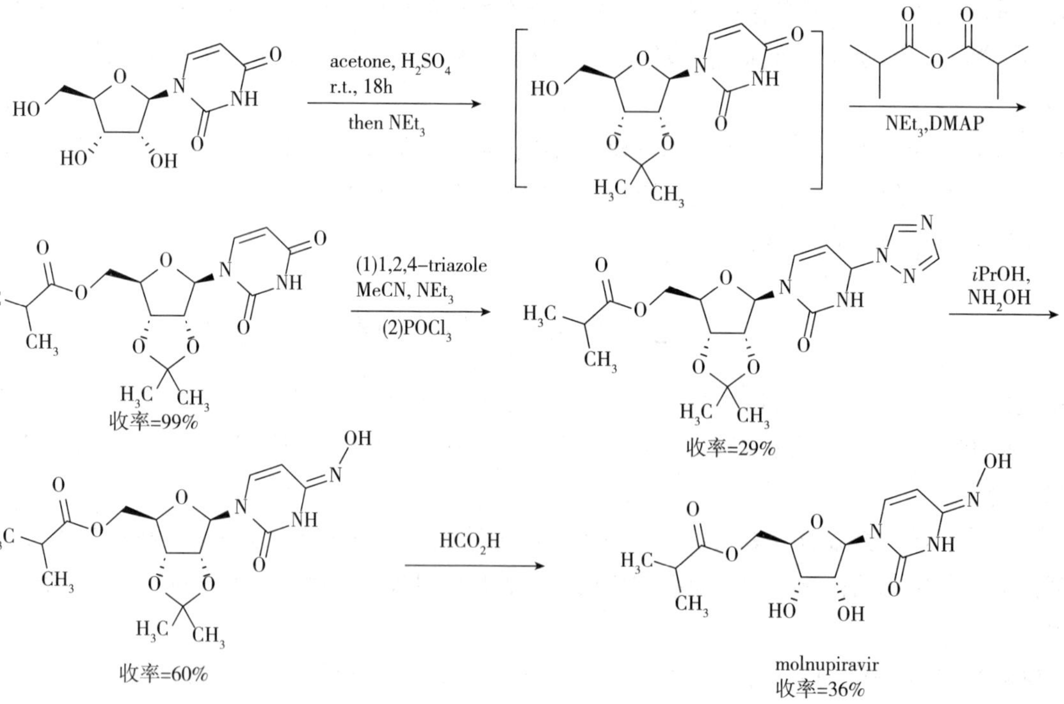

图9-18　莫拉比那韦的原始合成路线

默克团队开发了一种新的合成工艺，该工艺可减少废物的产生，将总产率提高1.6倍，并在此基础上发明了一种吸气式生物催化多酶级联工艺，该工艺以通用化学品为原料，通过三步合成莫那比拉韦，同时也为绿色核苷合成提供了一个新的通用技术平台，其新生产方法可大大减少产生溶剂等有机废物量，同时也减少了能源消耗（图9-19）。

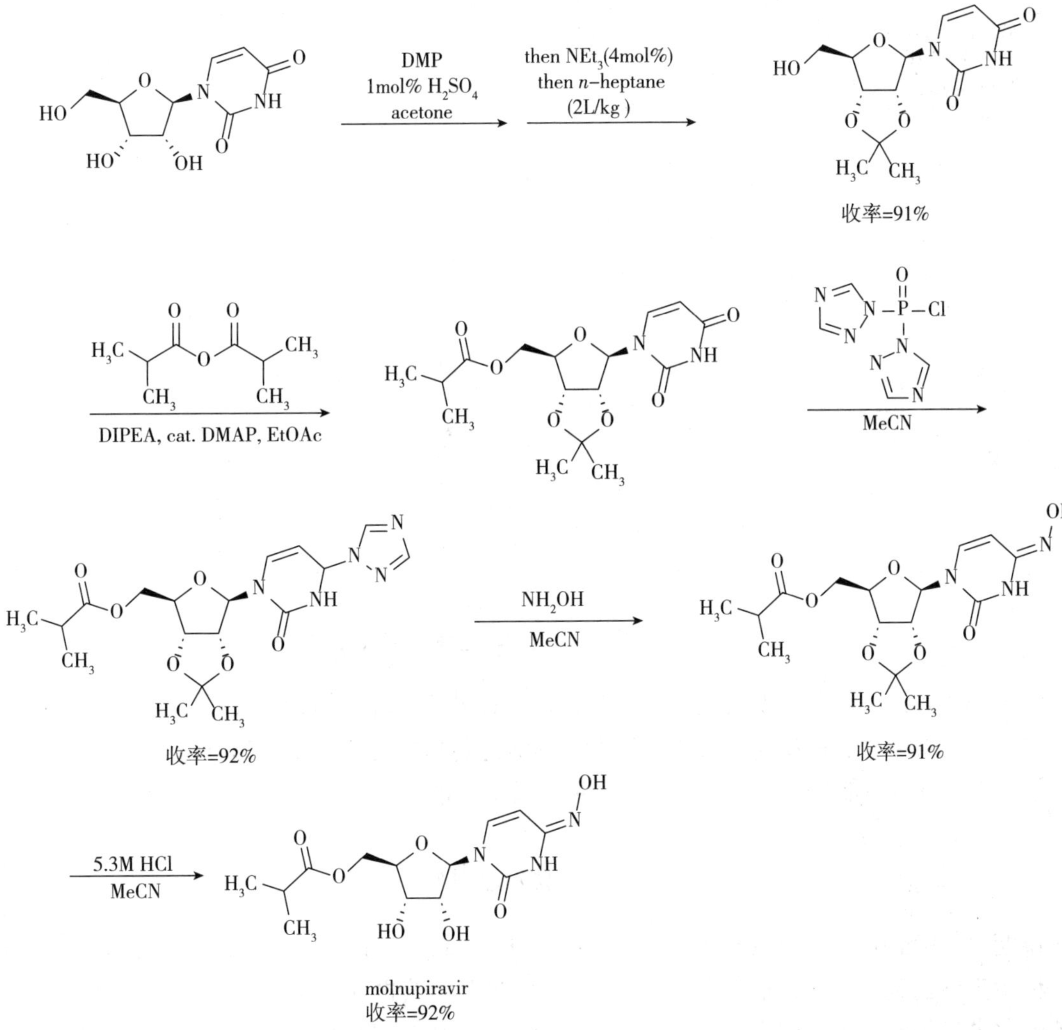

图9-19 默克公司合成莫拉比那韦路线

（二）吉法匹生柠檬酸盐（gefapixant citrate）的合成工艺

默克公司应用绿色化学技术合成了吉法匹生柠檬酸盐（gefapixant citrate），最终开发出一种绿色、可持续的商业生产工艺，降低了氰化物残留，保证了原料药的产品质量（图9-20）。这一过程中的关键创新是：①两步法高效合成甲氧基苯酚；②混合流动间歇法合成二氨基嘧啶的新工艺；③简化的磺酰胺直接合成工艺；④一种新颖而稳定的盐复分解方法，以高生产率始终如一地保证盐形态专一性。默克公司的生产工艺还显著提高了产量，使原材料成本降低为原来的六分之一。此外，烷基化步骤涉及高度危险化学品，已被取代，此生产工艺成为一个更安全和更强大的商业生产工艺。默克还实现了工艺节能，减少了二氧化碳和一氧化碳的排放。

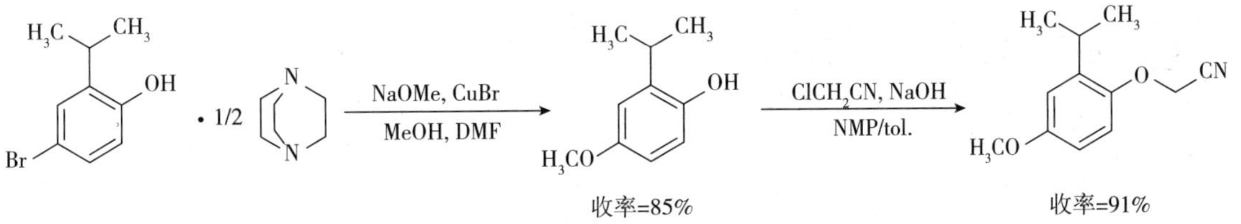

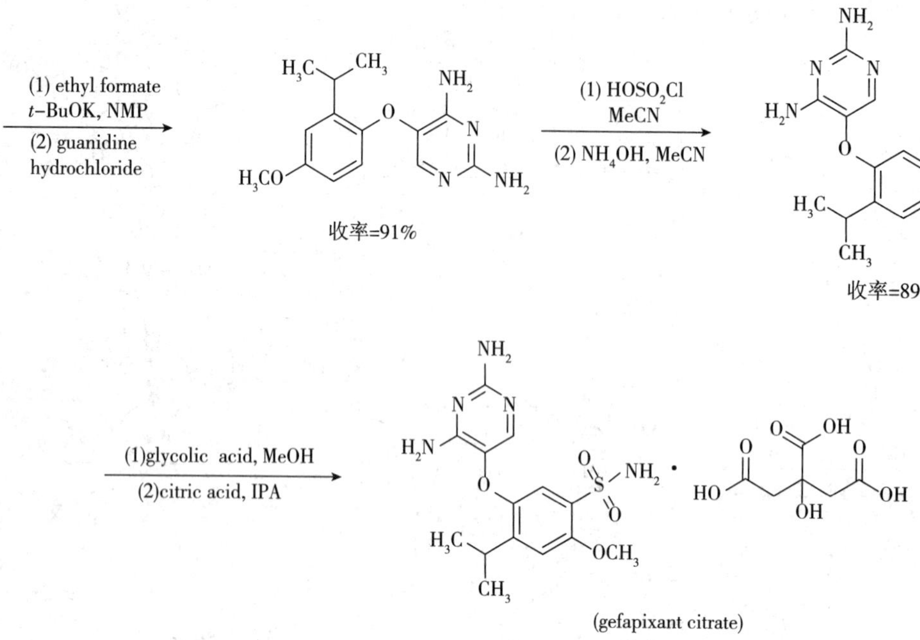

图9-20　默克公司合成吉法匹生柠檬酸盐路线

可持续发展过程的关键是开发智能PMI工具，该工具设定了理想的PMI目标，以不断激发合成方法的创新。这一工具帮助科学家找到了从商品化学品到活性药物成分的最直接和可持续的途径。默克公司提出的绿色化学原理与智能PMI相结合的方法在制药领域有着广泛的应用前景。

二、绿色反应条件

索托拉西布（Sotorasib，LUMAKRAS™）是一种治疗某些非小细胞肺癌的新药，安进公司（Amgen）开发了一种用于该药物生产的改进工艺（图9-21）。安进公司改进的产业化工艺，可通过减少合成步骤以及会产生大量溶剂废弃物的纯化过程，从而减少废弃物产生，缩短生产时间，提高生产效率。安进公司还实施了有害物质的循环利用措施，提高效率并减少了废物的产生量。

索托拉西布是一种旋阻异构分子，即由于分子中原子的空间排列（称为空间位阻）而限制化学反应速度，进而限制一个或多个化学键旋转的分子。安进公司通过对两种分离中间体实施改进的"一锅法"合成，最大限度地减少了化学废物并节省了时间，从而改进了索托拉西布的产业化生产工艺。

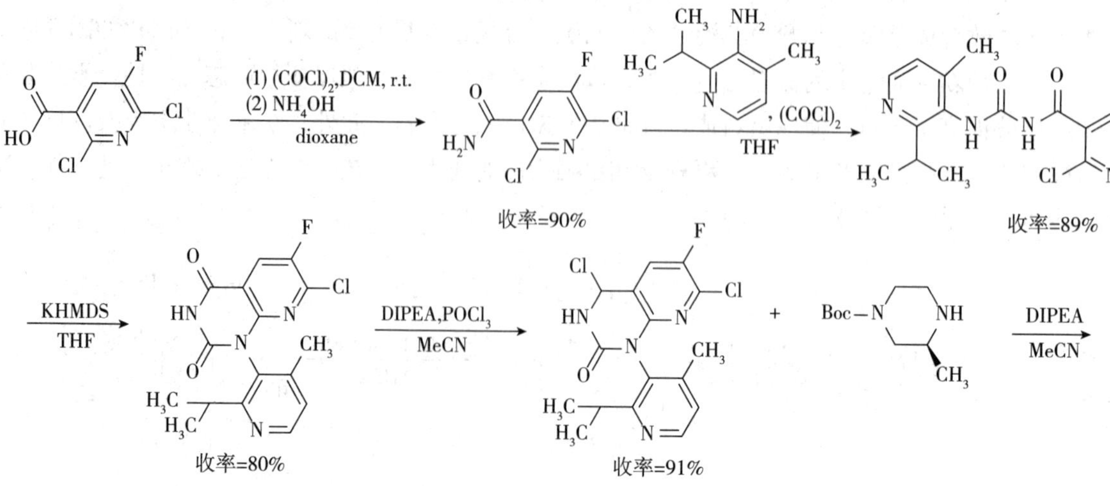

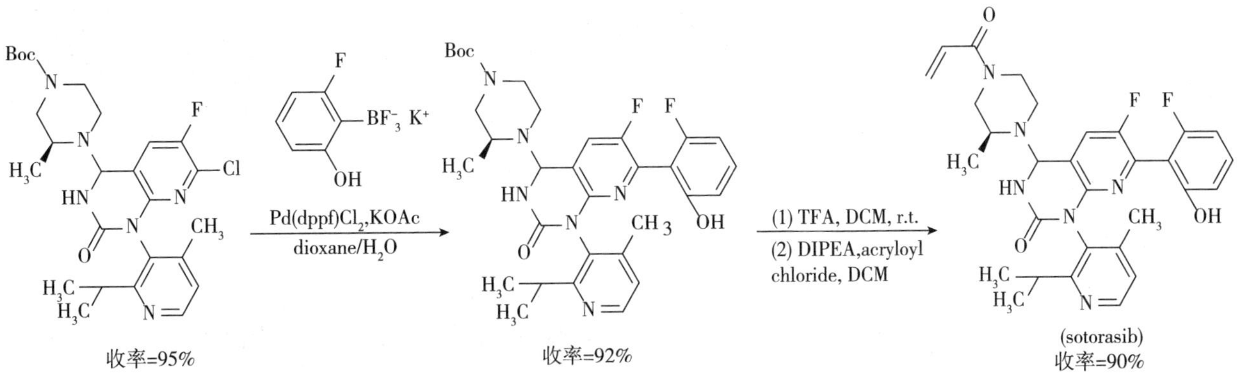

图9-21　安进公司合成索托拉西布路线

药知道

无金属催化的偶联反应

当今使用的许多化学品，尤其是药物，都是复杂的大分子结构，这些复杂的分子结构通常由一部分小分子连接在一起而产生的。实现这一目标的一种重要方法是通过交叉偶联反应，即在碳或硅原子之间产生新的化学键。传统的交叉偶联反应通常使用稀有金属和潜在危险的过渡金属化合物作为催化剂。康奈尔大学的林松教授团队开发了一种不使用这些金属催化剂的新方法来完成反应，同时也减少了能源的使用和浪费。

该系列偶联反应可在卤代烷和氯硅烷原料中选择性地形成C—C、C—Si和Si—Si键。这些反应使用廉价的碳或镁电极，而不是过渡金属催化剂。除此之外，林松教授的团队创建了一个与当前工业基础设施兼容的电化学反应器，用于产业化实验。这些高功能、高效的偶联反应可对制药行业产生重大影响，并可减少生成有害物质和能源使用，也因此获得了2022年绿色化学挑战奖的学术奖（academic award）。

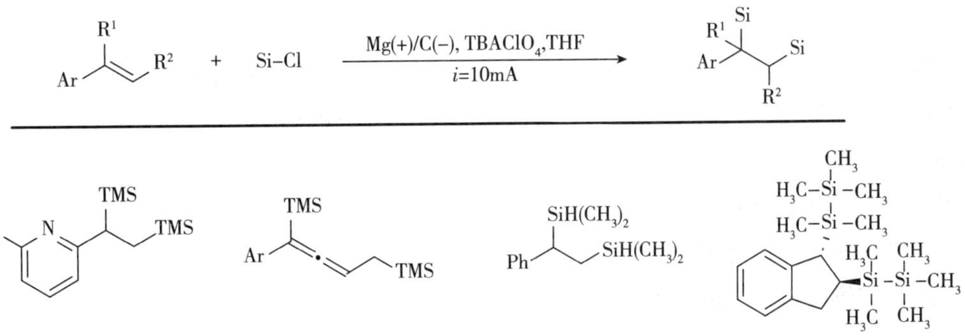

思考

通过对本章绿色化学的学习，谈谈绿色化学的发展经历了怎样的历程。

答案解析　　本章小结

目标检测

一、单选题

1.下列属于绿色溶剂的是（　　）

　　A.聚酸二甲酯　　　　　　B.水　　　　　　C.二氯甲烷　　　　　　D.苯

2.绿色化学和环境化学均属于化学学科，都担负着保护环境的职责，但和环境化学不同，绿色化学对环境保护采取的方式是（　　）

　　A.先污染后治理　　　　　　　　　　B.边污染边治理

　　C.源头治理不产生污染　　　　　　　D.只污染不治理

3.通常所说的白色污染指的是（　　）

　　A.冶炼厂的白色烟尘　　　　　　　　B.石灰窑的白色粉尘

　　C.聚乙烯等白色塑料垃圾　　　　　　D.白色建筑废料

4.一条化学产品生产线要实现零排放必须（　　）

　　A.原子利用率达到100%

　　B.产率达到100%

　　C.原子利用率和产率均达到100%

　　D.转化率达到100%

5.绿色化学中"AE"的全称为（　　）

　　A.原子经济性　　　　　　　　　　　B.碳效率

　　C.反应质量效率　　　　　　　　　　D.环境因子

二、多选题

1.绿色化学是（　　）

　　A.化学学科的一个分支　　　　　　　B.可持续发展化学

　　C.环境友好化学　　　　　　　　　　D.传统化学

2.离子液体是（　　）

　　A.全部由离子组成的液体

　　B.在常温下一般都是固体

　　C.一般具有较高的熔、沸点和硬度

　　D.常温下是液体的离子化合物

3.空气催化氧化反应具备的优势有（　　）

　　A.无需额外添加氧化剂　　　　　　　B.减少了对环境的负担，更加环保

　　C.无需额外能源提供热能　　　　　　D.不产生副产物

4.固相合成法具备的优势有（　　）

　　A.反应温度可以控制在低温条件

　　B.反应条件温和，不受外界环境干扰

　　C.产品纯度高

　　D.节省原料和能源，经济效益高

5.无溶剂合成主要采用的方法有（　　）

A. 常规加热或微波辅助加热合成法　　　　B. 固相研磨合成法

C. 球磨或超声波辅助合成法　　　　D. 载体负载合成法

三、简答题

1.绿色化学的基本原则有哪些?

2.绿色化学的衡量指标有哪些?

3.美国FDA将制药行业的溶剂分为哪几类?

参考文献

［1］林国强，孙兴文，洪然.手性合成：基础研究与进展［M］.北京：科学出版社，2020.

［2］A NDREAS VOGEL, OLIVER MAY. Industrial Enzyme Applications［M］. Weinheim, Germany: Wiley-VCH, 2019.

［3］GONZALO GONZALO, IVAN LAVANDERA. Biocatalysis for Practitioners: Techniques, Reactions and Applications［M］. Weinheim, Germany: Wiley-VCH, 2021.

［4］JOHN WHITTALL, PETER SUTTON. Applied Biocatalysis: The Chemist's Enzyme Toolbox［M］. NJ, USA: John Wiley & Sons Ltd, 2020.

［5］张万年，盛春泉.药物合成：路线设计策略和案例解析［M］.北京：化学工业出版社，2020.

［6］樊美公，佟振合.分子光化学［M］.北京：科学出版社，2013.

［7］刘守新，刘鸿.光催化及光电催化基础与应用［M］.北京：化学工业出版社，2006.

［8］HAMMERICH O., SPEISER B. Organic Electrochemistry: Revised and Expanded［M］. Boca Raton: CRC Press, 2016.

［9］潘英明.药物及其中间体的电化学合成［M］.北京：化学工业出版社，2023.

［10］BARD A J, FAULKNER L R, WHITE H S. Electrochemical Methods: Fundamentals and Applications［M］. Hoboken, Germany: Wiley-VCH, 2022.

［11］MARKEN F, ATOBE M. Modern Electrosynthetic Methods in Organic Chemistry［M］. Boca Raton: CRC Press, 2018.

［12］C.O.卡帕，A.斯塔德勒.微波在有机和医药化学中的应用［M］.北京：化学工业出版社，2017.

［13］彭金辉，梅毅，巨少华，等.微波化工技术［M］.北京：化学工业出版社，2019.

［14］李和兴，肖舒宁.微波化学合成［M］.北京：科学出版社，2020.

［15］袁先友，张敏.微波有机化学合成及应用［M］.长沙：湖南大学出版社，2007.

［16］LUIGI VACCRO. Sustainable Flow Chemistry: Methods and Applications［M］. Hoboken, Germany: Wiley-VCH, 2017.

［17］UPENDRA K. SHARMA. Flow Chemistry for the Synthesis of Heterocycles［M］. Berlin, Germany: Springer, 2019.

［18］JESUS ALCAZAR. Flow Chemistry in Drug Discovery［M］. Berlin, Germany: Springer, 2022.

［19］MENDONCA ALVES DE SOUZA. Flow Chemistry for Pharmaceuticals［M］. Berlin, Germany: Walter de Gruyter, 2025.

［20］邱智.蛋白质结合位点预测及辅助分子对接［M］.北京：化学工业出版社，2021.

［21］李洪林，郑明月.人工智能与药物设计［M］.北京：化学工业出版社，2023.

［22］张龙，贡长生，代斌.绿色化学［M］.武汉：华中科技大学出版社，2014.

［23］周淑晶，冯艳茹，李淑贤.绿色化学［M］.2版.北京：化学工业出版社，2023.

［24］房忠雪.绿色催化有机合成［M］.北京：化学工业出版社，2022.

［25］MUTTENTHALER M, KING GF, ADAMS DJ, ALEWOOD PF. Trends in Peptide Drug Discovery［J］. Nature Reviews Drug Discovery, 2021, 20（4）：309-325.